U0006252

3rd
Edition
+ Social Media
and more

The Advertising Concept Book

廣告行銷自學聖經

A
complete
guide to
creative ideas,
strategies
and campaigns

Pete Barry

100 原點
UNI-
BOOKS

目次

歡迎展閱《廣告行銷自學聖經》第三版

我現在比四年前更加快樂。

因為上一版推出後，顯然增進了人們對質樸真實事物的喜愛，產生一股反璞歸真的風潮。拜這股風潮所賜，有項備受創意人倚重的工具，曾一度失去光環，如今又再次風行。

這項工具就是鉛筆。

越來越多的廣告公司都將初始的概念畫在紙上，直接呈現，取代潤飾有餘、概念卻不夠成熟的設計圖。廣告和書封上、獨立咖啡店裡，處處是看不完的手寫字體。在此同時，科技界持續以傳統的筆跡為目標，追求完美擬真的觸控筆技術──這也包括不顧史蒂夫·賈伯斯（Steve Jobs）的喜惡而研發的蘋果鉛筆（Apple Pencil）。

對全球兩大龍頭廣告機構（美國的廣告大獎主辦單位，The One Club；以及英國的設計與藝術指導學會，D&AD）而言，鉛筆是其業務的重要象徵。直到今日，這兩大機構所頒發的獎座依然以鉛筆為造型，未曾被電子繪圖產品所取代──以後肯定也不會。其中，D&AD所舉辦的年度大獎還以「鉛筆類別」取代原有的獎項分類。

這些都讓人會心地微笑。特別讓人感到窩心的是，在這高度數位化的世界裡，儘管虛擬體驗越來越常見，人們卻依舊渴望反璞歸真：這從錄音的復古（黑膠唱片錄音技術東山再起）、手工藝之復興（講究手工的產品重新崛起）、到建築界吹起的自然風（在大自然裡蓋迷你綠建築），都可見一斑。同時多虧社群媒體的時興，以及各大品牌對這新興媒體的寵愛有加（我們會在新章節〈社媒廣告〉中詳盡分析），現在誰都可以無遠弗屆地分享心之所愛，許多潮流也因此更容易風行草偃。

不論你認為這股反璞歸真的風潮是強勢回歸，或是沒離開過，質樸真實的事物──以及背後所蘊藏的心血──帶給人們的感動是無可否認的。這在廣告也是一樣。

使用鉛筆愉快

Pete Barry 彼得·貝瑞
布魯克林，2016

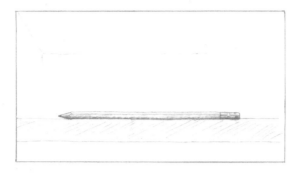

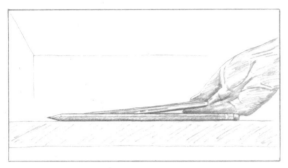

 iPad Air

蘋果 iPad Air：鉛筆廣告

我們以橫臥在桌上的鉛筆作為開場。隨著鏡頭朝鉛筆越推越近，場景隨之轉換。

男配音：這是一個簡單至極的工具，但是也極為強大。它可以用來起詩，或是譜寫交響樂的終章。它改變了我們工作、學習、創造和分享的方式，同時也被用來圖解事物、解決問題和構思新發明。它為藝術家和科學家所用，還有學者和學生。教室、會議室、展覽場，甚至外太空，都有它的身影。我們等不及想看你能將它發揮到何等境界。

一隻手伸到桌上，拾起為鉛筆所遮掩的物品。

男配音：這是更輕、更薄、更強大的 iPad Air。

字幕：iPad Air

守舊派一定會辯論説，「既然鉛筆就能完滿所有功能，那又何須機器代勞？」雖然廣告中有個別具匠心的轉折，揭示了纖薄、被遮掩住的 iPad Air，但這廣告卻更像是為 iPad 的對手量身訂做（這個對手就是萬能的鉛筆，而且價格不到 iPad Air 的 0.1％）（同樣以鉛筆入鏡的，還有第 10 頁的微軟廣告）。

——
客戶：蘋果（Apple）
廣告商：李岱艾（TBWA）旗下的媒體藝術實驗室（Media Arts Lab），洛杉磯

導論
Introduction

概念重於表現，實質大於風格

數年來，優秀的系列廣告層出不窮，數以百計，但是相關的工具書卻是出奇地少，只有寥寥可數的作者分享如何創作這種高品質廣告（我說「創作」，意思是聚焦於概念和點子發想的書，而不是談最終成品的樣貌或版面設計）。

自從所謂的「概念廣告」（Concept Advertising）★在 1950 至 1960 年間問世之後（這類廣告奠基於賴瑞·道布羅〔Larry Dobrow〕歷久彌新的珍貴著作，《當廣告百尺竿頭》〔*When Advertising Tried Harder*〕，出版於 1984 年），讓人惋惜地，只有極少的廣告天才和巨擘（小弟不才，未能躋身其列）將其智慧付諸白紙黑字。而真正付梓的「廣告人教科書」，雖然不乏真知灼見，大多的內容還是在歌頌成功營商的哲學，形塑廣告創意人的金科玉律，而這些在現今都已經顯得過時。

市面上是有一些以平面設計為主題的好書，那些書的作者都是聲望比我更高的賢達。除此之外，每年廣告大獎的得獎作品也會集結成冊，而這些書或許能充當靈感之源。當然，別忘了那些放置於咖啡桌上、圖片賞心悅目的廣告集；那些書看起來跟得獎作品集沒甚麼兩樣。另外，如果你想學習的是電腦繪圖軟體方面的最新技術，操作手冊和使用指南現在是越來越多了。

這本書的主題聚焦於創造經典廣告的第一步，同時也是最重要的一步：**概念**。沒有出色的概念，廣告無以為繼；就算最後端出成品，充其量不過是老山羊肉做成的料理，怎能和多汁鮮美的小羔羊相比。即便有絕美的字體、配色、相片或插圖，蹩腳的點子依然蹩腳，是救不回來的（用粗鄙的話挑白了說，就是：「糞土不可拋光」）。概念之於廣告，就像黑色小

禮服（little black dress）之於時裝流行，是絕對需要的。

（大部分的）妙點子都是經典

藝術風格，較之於文案，更能顯現出廣告誕生的年代。現今電視和平面廣告的美感潮流總是來來去去，一下就退了流行。將藝術風格的元素抽掉，就能直接品評廣告背後的概念，無須隔著為廣告上妝的版面設計霧裡看花。

就像史塔夫羅斯·科斯摩普洛斯（Stavros Cosmopulos）曾經說過的：

「我曾經在午餐室，看過火柴人塗鴉，潦草地畫在濕掉的餐巾紙上；那塗鴉的線條是如此模糊，幾乎難以看清到底畫了甚麼。但是在那餐巾紙上，確實承載著一個概念，而那概念有自己的生命。躍上心頭的文字和意象，之所以能栩栩如生，都是受到概念的鼓舞和加持；其生命力乃源於概念的力道和動能……就讓初稿粗糙吧，但概念一定要使人拍案叫絕。」

《廣告行銷自學聖經》聚焦於概念，力求樸實無華，所以我選用的廣告範例皆以手畫稿的形式呈現（這些手畫稿也被稱為藝術總監的迷你稿〔thumbnails〕、初稿〔roughs〕、色稿〔comps〕、速寫稿〔scamps〕、或薄棉稿〔tissues〕）。這樣一來，我們可以從內容來評判廣告，而不是表象。就我來說，我寧願自己的作品集是充滿奇思妙想的初始稿，而不是雕繢滿眼的成品。本書中的手繪稿橫跨五十年的光陰，老師能透過這些範例解釋老廣告何以歷久彌新，學生亦可藉此養成先發想、後設計的習慣，在工作之初先用鉛筆捕抓靈感，而不是先用電腦編排成品。

有些廣告人可能會說，「用迷你稿這招我早就見過了」——**我也見過**。這些初始手稿用於推銷、簡報、作品集和腦力激盪，早已行之有年。雖然我大可用完成稿的形式呈現本書中的範例，且不須更動一個字，照樣成冊，但是我很快就明白手繪初始稿與這本聚焦於概念和點子的書才是最相配的——這樣的書就我所知，以前沒人寫過。

★有些設計師和廣告創意人，包括原創性十足的鮑勃·吉爾（Bob Gill），都偏好用「點子」（idea）這個詞，勝於「概念」（concept）；他們認為像艾因斯坦那樣的思想巨人才夠得上用後者。當然，也有人會說廣告「點子」聽起來太沒有分量，太大眾化。隨學養背景不同，有些人則會用「概念」一詞專指系列廣告整體策略的中心思想，而中心思想的表現形式（executions）則被視為較小的「點子」。美國喜歡用「概念」，而英國則喜用「點子」。其實，用哪個詞真的無關緊要。我認為兩者沒有差別，都是介於廣告策略之後，廣告表現形式之前的中間物。所以這兩個字在本書中是可以互換的。另外，本書之所以命名為《The Advertising Concept Book》，不過是因為我覺得這樣唸起來比《The Advertising Idea Book》更好聽。

我持續書寫這本書的時候，又聽見了一席珠璣之語，讓我更加確定使用速寫式的迷你稿遠比藝術成品更具啟發性。四分色雜誌（CMYK）所主辦的設計比賽曾邀我擔任評審，在我審閱過一疊疊高度完成的學生作品後，執行創意總監湯姆·哈德（Tom Hudder）有感而發地說：

「我仍然希望參賽的學生沒有讓 Photoshop 制約得那麼深。我沒收到任何以鉛筆繪製的作品，總覺得是遺珠之憾。如果這些學生能掙脫科技的手銬（在發想概念的階段），他們的表現應該能有好得多的發揮，端詳兩者的差異該是多麼饒富興味。」

雖然我在本書中援引了不少經典廣告概念，但不是所有的優秀廣告都經得起時間的推移。畢竟，潮流汰換在所難免：人、社會、流行、科技，一切都會變。隨著著眼點的不同，現今的世界可以說是更自由、更無憂無慮，也可以說更獨裁、更講究政治正確。我們作為消費者，大腦裡建構的概念、懂得的圖像語言以及掌握的科技，已越來越複雜精細，對硬式和軟式的推銷（hard and soft sell）也都更為警覺，更不容易買單（參見〈硬式推銷 vs 軟式推銷〉，第 13 頁）。

學習繪圖

如果你還不清楚學習繪圖的好處，下面是知名的藝術總監藍布朗（Ron Brown）的說法：

「能繪圖是一種優勢；透過紙筆，就能捕抓點子。如果進一步懂得透視、光影、解剖學和留白的藝術，那對版面的完成將很有幫助；但要起草圖，我還是會用製圖筆，要做後製，我才會用電腦。」

為什麼要廣告？

這個問題每年都有學生提出（通常每班都會有一個抱持懷疑論的學生。這個問題就是他問的）。

你可能會覺得這個問題的答案再明顯不過了，對不對？廣告是一種久經考驗的販售之道，可以在這個高度競爭的市場中促銷產品和服務……

AFTER 500 PLAYS OUR HIGH FIDELITY TAPE STILL DELIVERS HIGH FIDELITY.

maxell
IT'S WORTH IT.

所有的概念都可以藉由一支筆開始說起：拉斯·安德森（Lars Anderson）的初始原稿，描繪出經典的廣告，〈沙發裡的人〉（Man in the Chair）。

客戶：麥克賽爾（Maxell）
廣告商：Scali、McCabe、Sloves
創作者：Lars Anderson、Peter Levathes

經過 500 次的播放，我們的保真錄音帶依然高度保真

多麼讓人耳目一新，由電腦公司來提醒我們電腦只是個工具。

——

客戶：微軟（Microsoft）
廣告商：靈智（Euro RSCG Wnek Gosper），倫敦
創作者：Tim Garth、Steve Eltringham。

個人電腦讓人虛擲光陰。好了，我們說出來了。你沒想過微軟會這樣說，是吧？但你沒聽錯。我們現在明白，無關緊要的電子郵件、了無意義的管理系統、沒完沒了的圖表，雖然已成為現代辦公室代表之物，卻也啃噬著你最寶貴的資源，也就是老式的思考時間。

Office 2000 充滿了新穎的科技，會教你各樣的祕訣和技巧，大量減少你花在冗雜瑣事上的時間。離開電腦螢幕，重新發現心靈得以吐納自在的空間。誰說得準呢，也許有天你會獲得靈感，改變人類的生活，讓我們都歇業。微軟，喜歡你的思考。

The man that invented the computer didn't come up with the idea sitting in front of a computer.

Your PC is a waste of time. There, we've said it. Never thought you'd hear that from Microsoft, did you? But yes. You see we've come to realise that irrelevant e-mail, meaningless admin, endless charts, the bywords of the modern office, are chewing away at your most valuable resource. Good old fashioned thinking time.

In Office 2000 you'll find a range of tips, tricks and new technology that will dramatically reduce the amount of your day you're spending mindlessly at work. Step back from your PC and rediscover some mental breathing space. Never know, might come up with an idea that puts us out of business. Microsoft. Like your thinking.

Microsoft

發明電腦的人所獲得的靈感，可不是坐在電腦前想到的。

但是通常這位抱持懷疑論的學生會持續語帶機鋒地詰問：「你說的沒有問題，但為什麼要勞心勞力進行創作？為什麼不直接介紹產品就好？」

「你說甚麼？」我有點吃驚。

通常這個學生會繼續說：「為什麼不用更直接了當的方式打廣告？就跟我們在地的車商一樣。他推出的電視廣告一點創意都沒有，糟糕到全世界無人能比。你隨時隨地都能看到他的廣告在電視上出現，每個禮拜還推陳出新。每個人都覺得他很煩，但是他卻因此大賺一票。」

通常對話進行到這裡，我會說一些像這樣的話：「他能賺那麼多錢的唯一原因，是因為他的廣告經常播放。他讓人無聊到不行，最後只好跟他買。人們都被洗腦了，甚至不記得自己喜歡或討厭那些廣告。再加上，這是地區廣告，刊登費相對便宜，地區市場也沒像全國市場那樣競爭。最重要的一點是，以長期來說，我保證，即便他推出的廣告只有一支，只要讓人驚豔，就抵得過上百支讓人不敢領教的廣告，使他**更為富有**。」

然後我會繼續闡明：「這就像有一對長得一模一樣的雙胞胎兄弟，走進酒吧跟小姐搭訕。雙胞胎一號搭訕無方，說了一連串枯燥乏味的台詞。這個小姐被纏住了，走不開。然後雙胞胎二號走了進來，這個小姐很想死。誰知道他走近這位小姐後，只是在她耳邊輕言細語地說了一句話，簡單、自然又原創。這位小姐立刻卸下心防，然後就和雙胞胎二號結婚，生了很多孩子。雙胞胎一號呢？大概還在酒吧裡廝混吧。」

通常我這樣說了以後，這個全班唯一抱持懷疑論的學生就會被說服，至少不再採取那樣敵對的觀點。

其實上述的謬想不只為許多廣告初學者所有，許多商人也抱持著同樣的看法。我曾經參赴一家建築公司所舉辦的會議，閒談的時候聊到 Gap 的廣告。有個有些自負的建築師知道我在廣告業工作，於是轉向我說：「Gap 現在只賠沒賺；他們就要一敗塗地了。他們的廣告雖然出名，卻沒發揮作用。」

接著我會看著他，很有禮貌地說：「你怎麼知道是廣告失靈，而不是這間公司有其他的問題？像是他們的品牌、商店，甚至產品。也許，要不是他們的廣告，只怕賠的錢還會更多。」

聽我說完後，這位建築師忽然就安靜了。

廣告的力量

我們都知道廣告具有改變人們思想的潛能，也能衝高買氣，甚至上達數十億；其效力不只是地方性的，還能擴展至全國，甚至全球。比方說，三年前，我家公寓前面那條林蔭人行道上到處是狗大便，多到讓人噁心（人字拖碰到狗大便可一點也不好玩）。這些狗的主人或許知道自己不對，但就是鐵了心，對許多住家前面張貼放置的告示視而不見。這些告示有的機智，有的凌厲辱人，但都沒有功效；因此，我決定試試身手。我在狗大便最密集的地雷區，選了一棵樹，放上了臨時告示，那告示上簡單地寫著，「這是人行道，不是廁所」，然後下面才寫一般告示都會寫的，「請清理自家狗狗的大便」。我特意使用直接了當的語氣，同時把姿態擺高，略帶睥睨。隔天我照常出門工作時，發現我貼的告示不見了——我以為是哪位狗主人被惹怒了，憤而把告示摘下。但當我工作完回來的時候，那張告示又被放了回去。不只如此，有人拷貝了我的告示，釘在我們街廓的每一棵樹上。一天之內，街上的狗大便都消失了，自此沒有再出現過。我貼的「廣告」或許離金鉛筆獎（One Show Gold）很遠，但是它發揮了作用。

「好是出類拔萃的敵人」

法國作家和哲學家伏爾泰（Voltaire）寫下了這句名言（後來為傑出的比爾・本巴克〔Bill Bernbach〕改寫，應用在廣告上）。這本書將主力放在引導你發想出類拔萃的點子，而不只是好主意；這等同助你找到工作，把你往出類拔萃的公司送，而不只是好公司（至於那些糟糕的「廣告公司」，根本不需要提）。

簡單來說，所有廣告創意人的目標不外乎創造出優良的電視或廣播廣告，力求出類拔萃；當人忍不住要把廣告錄下來，或是把廣告海報從牆上撕下，偷偷帶回家，廣告人就成功了。

在 2002 年出版的《自開腦洞術》（*The Do-It-Yourself Lobotomy*）裡，創作者湯姆・摩那漢（Tom Monahan）分享了他的觀察：

「當一個高度發揮創意、自我實現的人，意味著敞開自己的心智，即使沒有特意尋尋覓覓，也能發現出類拔萃的點子。到了這個境界，絕妙的點子就近乎俯拾皆是了。」

We've all advertised something.

adindustry.org

我們都曾打過廣告。

這個論點也替廣告業辯護，論證其正當性。這是一張替廣告業宣傳的海報，增益其形像。同系列的表現方式還有：結婚戒指、畫上花臉的球迷、反戰爭標示牌。
——
客戶：adindustry.org
學生：Jamie Gaul、Roussina Valkova

廣告人就是地攤老闆

有些人對廣告業懷有深深的成見。我有一位多年的鄰居（他原是銀行經理，現在則已經退休）最近對我說：「你爸跟我講，你從事廣告業。換句話說，你的工作就是叫人買他們不需要的東西？」

我一時驚愕得說不出話。沒錯，許多產品是人們想要，但不一定需要的。但如果今天我是個地攤老闆，在小村莊裡的市場賣抹布或廚房刀具，他肯定不會對我講那樣的話。不是有很多地攤老闆都在市場吆喝產品功能和價錢嗎，有些還像購物專家妙語如珠吸引消費者呢。（我曾經在倫敦東區聽過賣家叫賣：「各位辣妹辣媽，如果你想要跟男朋友或老公一刀兩斷，我這裡

賣的刀最適合快刀斬亂麻。」）如果這樣能賣出更多產品，到底有何不可？其他的地攤老闆還不是這樣叫賣。畢竟每個人都有帳單要付。重點是，沒有人是被迫去買的；能運用廣告，引動買氣，也是本事。

我真希望當時能對我的鄰居說出這番話。

廣告所扮演的角色

史提芬‧李雅考克（Stephen Leacock）曾寫道：「廣告或許可以說是一門學問，能叫注意力為之吸引，理解力為之停擺，時間長到足以讓觀眾掏出錢包來。」雖然我的鄰居對廣告的成見可能並不尋常，但是說一般大眾對廣告不屑一顧，也並非言過其實。這不難理解。人們有比廣告更重要的事情要看、要讀、要擔心。

我的叔叔鮑勃曾說：「電視上的工商時間就像小丑，每隔十五分鐘就敲你家大門。第一次開門，他說要進你家大廳，來一段表演，你說不要。但是惹人煩躁的是，他努力不懈——每隔十五分鐘一次！那你還會應門嗎？當然不會。所以工商時間一到，我乾脆把電視關了。」

這就是廣告的挑戰所在。要讓廣告受到注意（然後被記住），它必須出類拔萃。這就像你只有一次敲門的機會。而出類拔萃的廣告來自出類拔萃的策略思考；最終的廣告不過是一面長牆上的一塊磚，一座金字塔最頂端的部分，看起來就像右頁的圖示一樣。

這張表主要可分為三個區段。為了方便理解，也可以把金字塔想成一座冰山。在商業計畫／概念，和系列／單一廣告之概念，以及廣告表現方式（Executions）之間，就是廣告策略（Advertising Strategy）。但是消費者會看到的部分，就只有最終表現（有時最終表現會陳述品牌標語〔tagline〕，有時則否）。

哪裡來這麼多的壞廣告？

視你身處的國家而定，90%～99%的廣告都很爛。有一部分原因是出類拔萃的廣告會嚇到人，特別是客戶。廣告成敗未卜，但客戶已經花了一大筆廣告費，這無異於冒著損失難料的風險。另一方面，大部分的廣告商也害怕失去客戶。這就解釋了為什麼大部分的廣告都是安全而了無新意的作品。還有，客戶也有必須取悅的人，也必須顧慮周全。反過來說，當廣告商能教育客戶，讓他們知道唯有創意廣告才能達成互惠

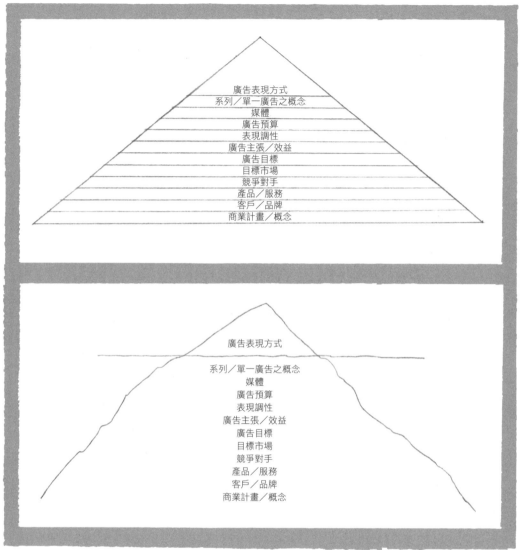

廣告表現方式
系列／單一廣告之概念
媒體
廣告預算
表現調性
廣告主張／效益
廣告目標
目標市場
競爭對手
產品／服務
客戶／品牌
商業計畫／概念

下 這座冰山顯示了消費者能見到的只有最終的廣告表現方式。廣告背後龐大的思考都藏在水平下。

廣告表現方式

系列／單一廣告之概念
媒體
廣告預算
表現調性
廣告主張／效益
廣告目標
目標市場
競爭對手
產品／服務
客戶／品牌
商業計畫／概念

目的時(建立品牌、帶來錢潮、還有贏得大獎),開創性的作品也就更能博得客戶的理解和賞識。有位客戶說得真好:「傑出的廣告背後都有傑出的客戶。」(請見〈批評與主觀〉,第 40 頁)

請記得,如果你是學生的話,作品不會發表。概念和表現當然要絕倫超群,但更大的挑戰依然存在於現實世界——將你的作品賣給客戶,流通於市場(〈簡報與成交密技〉一章會詳盡闡述這個主題)。

不論廣告好壞,它終究入侵了生活。在一個中型的城市,一般人平均每天會看到的廣告高達 5,000 個,是頗為嚇人的數目。就最好的情況而言,我們只會記得那些最傑出的,或許還有那些最糟的。其他都會視而不見,就像壁紙一樣。所以請問問自己,你的廣告會被記住嗎?那是因為傑出,還是糟糕?

硬式推銷 vs 軟式推銷
你可以爭論說,「硬式推銷」的廣告導向成功獲利,長年來已獲證實。這類型的廣告在各類媒體上都可看到,通常都硬是要消費者吞下它的推銷或優惠,而其背後的概念或創意則微乎其微。這樣的取向也許會在

Think different.

www.apple.com

不同凡想

馬丁·路德博士（Dr. Martin Luther King, Jr），連同其他舉世聞名的卓立之士，都出現在蘋果知名系列廣告「不同凡想」之中。

客戶：蘋果
廣告商：TBWA/Chiat/Day
創作者：Craig Tanimoto、Jessica Schulman、Eric Grunbaum、Margret Midgett、Susan Alinsangham、Bob Kuperman、Ken Youngleib、Amy Moorman、Ken Segall、Rob Siltanen

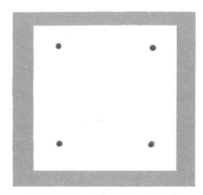

四點連線測試（按照練習中的指示完成連線）。

某些時候、對某些消費者發揮作用，但是想一想，如果所有的廣告都是這副德性，大概所有人都會被逼瘋吧。研究指出，現今的消費者越來越敏銳、複雜，且不會輕易相信人言。他們要的是「軟式推銷」（不用外露的推銷話術來賣東西）。這樣的方式比較細膩，較之於硬式推銷，要成功更為挑戰。但為了本書的目的（還有你未來那光明燦爛又挑戰的職涯），我們會著眼於創作軟式推銷的廣告。只是你要留意，發想軟式推銷的廣告，背後的概念更要清楚。換句話說，有堅實的思想，軟式推銷才能奏效。

備註：「軟式推銷」也用來指稱草根行銷和廣告。

Exercise：找一個硬式推銷的廣告（像是主打價格優惠的），然後「軟化」它。保留廣告中的產品資訊，為它發想出一個創意概念，要像量身打造的，而不是硬加在產品身上的。

做個思考者

廣告團隊通常都由文案寫手（負責文字）和藝術指導（負責圖像）組成。如果你還不清楚自己最適合哪個角色，請不用擔心。很多時候，傑出的藝術指導也有潛能成為傑出的文案寫手；反之亦然。文案寫手有可能發想出絕妙的圖像表現；藝術指導也有可能想出絕妙的品牌標語。

不論如何，當你正式踏入職場後，如果你真的想要侷限於一個蘿蔔坑，你有很多時間慢慢琢磨。現在呢，請你專心當個藝術指導兼文案寫手，或文案寫手兼藝術指導。然後就像蘋果有名的品牌標語所言，讓你的思考「不同凡想」。

有什麼能幫助你思考呢？讓自己沉浸在任何事物上，對萬事萬物著迷：電影、詩句、攝影、藝術、小說、報紙、時事、運動……都好。毫無疑問地，文藝復興時期的人們一定能成為極佳的廣告人。

Exercise：在商業界有句使用過度的陳腔濫調，那就是「跳脫框架思考」（think outside the box）。基本上，這句話的用意就是要思考者別太循規蹈矩。它同時也是解決旁邊這個問題的線索。四點連線測試，要參試者使用三條直線，連結四個點，同時筆不能離開紙面（答案在第 308 頁）。

策略／創意廣告團隊（或廣告人）Strategic/Creative Team (or Individual)

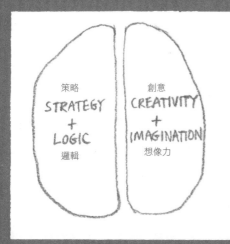

左腦／右腦

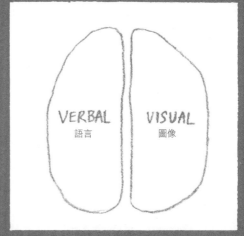

左腦／右腦

消費者反應 Consumer response

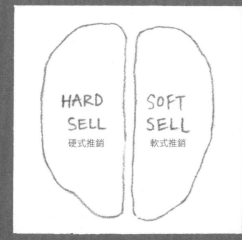

左腦／右腦

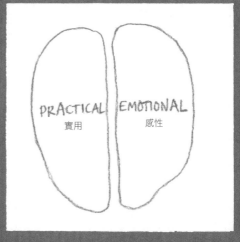

左腦／右腦

左上 理想的廣告團隊／廣告人同時擁有「左腦」的策略和邏輯，及「右腦」的創意和想像力。

右上 「左腦」的語言能力也要和「右腦」圖像能力結合。

左下 理想的廣告結合了硬式和軟式推銷。

右下 廣告應該同時作用於邏輯和實用的一面（大腦），以及感性和創意的一面（心）。

一半邏輯，一半創意

人類的大腦主要由錯綜相連的左右兩腦組成。直到 1962 年以前，人們都以為兩腦的功能大同小異。後來，羅傑‧斯佩里（Roger Sperry）總算證明兩腦各有所司，呈現了心智的雙重面貌──左腦負責理解對話和文字，右腦專攻圖像和數學問題。

以創造成功的廣告來說，最佳廣告團隊（或廣告人）必須兼顧策略和創意，這也意味著左右腦的邏輯和想像力、語言和圖像思考，必須協調平衡（許多廣告團隊都像古典的雙口喜劇組，一方扮演嚴肅的角色，負責捧梗，一方扮演詼諧的角色，負責逗梗；兩人必須配合無間，喜劇才能成功）。廣告的接受端，亦即消費者，也可以用左右腦的分工來看。廣告的讀者和觀眾，對平衡了左右腦特質的**廣告**是最有回應的。我們消費購物，其背後既有邏輯、實用、理性的考量，也有感性和創意的驅力。你是否喜歡一則廣告，取決於一邊的腦袋；但是判斷廣告是否具有說服力，則取決於另一邊的腦袋。

換句話說，廣告中的邏輯比例若是太重，則通常實際資訊較多、較無趣，屬於「硬式推銷」；創意和感性的比例太重，則可能缺乏實質內容，廣告概念也可能不夠扎實。所以，我們應該要確認，自己做的廣告能對消費者**兩邊**的頭腦／心智都發揮吸引力。

工作方法

你有兩個選擇。你可以自己工作，將作品累積成集，或者你可以找個夥伴（組成「創意團隊」）。

獨自工作的**優點**有：
‧獨擁一切發想的智慧財產權（也無須分享光榮）
‧自己就能決定工作時間和地點
‧無須應付另一人的自我和習性
‧不用和另一人累週連月相覷

獨自工作的**缺點**有：
‧發想點子後，沒有另一人提供意見，相互激盪（「一加一大於一」理論）
‧無法發揮兩人以上的力量（「一加一大於二」理論，也就是「總體的力量，大於部分之和」）
‧沒有人相互激勵（一個人工作，沒有夥伴敦促）
‧較難謀職（有些國家的廣告商，像英國，就偏好雇用團隊）
‧無法分攤工作量
‧無法分攤壓力

‧可能會感到孤獨

單純地從這張清單來看，團隊工作似乎比單打獨鬥更加理想。

團隊發想的過程

沒有兩個人是一樣的。所以我們大可推論，沒有兩個團隊會完全相同；結果就是，每個創意團隊都有不同的工作方式，不同的分工方式，不同的發想過程。舉例來說，假設有個團隊要為 Nike 發想新的品牌標語，該團隊由 A 和 B 組成，時間則定在 1980 年。在這樣的設定下，有三種基本的狀況可能發生：

狀況1：A 說，「Just try anything」（盡情嘗試）。B 說，「Just do anything」（放手一搏），然後 A 想到，「Just do it」（做就對了）。

狀況2：A 說了一堆品牌標語，B 聽到「Just do it」以後，說就是它了。

狀況3：B 在晚上淋浴的時候想到「Just do it」，隔天告訴 A。A 超愛，於是在下次接案的時候，更努力發想回饋團隊。

請注意每種狀況的結果最終都是一樣的。只是每個團隊達到最終共識的路徑各不相同。以上的狀況不受時空限制，在面對任何委託案時，都有可能發生。最重要的事情是，每位成員都為團隊貢獻己力。只要最終的創意概念令人滿意，發想無須拘泥於一定的模式。

團隊合作裡比較**忌諱**的，是下面的情況：

狀況4：B 在晚上淋浴的時候想到「Just do it」，隔天告訴 A。A 試著說服 B 這個主意不好，而那可能只是因為 A 沒有先想到。

（如果兩人無法取得共識，那他們就應該讓其他人，像是創意總監，來決定。）

請記得，點子通常不是天外一筆自己飛來的。搞創意跟搞藝術還是有分別的。當你找到一份工作時，會有同事和你一起工作，可能是兩人一組，也可能是更大的團隊。這並不是件壞事，就像之前的清單所列出的。你大可嘗試各種團隊組合，直到找到最佳拍檔。

創意路上的大路障

不論你是獨自工作或和團隊打拼，盡量不要讓下面的狀況阻礙發想（發想〔idea〕也被稱為「概念化」〔ideation〕——我對這個詞很反感）。這些創意路障都是湯姆‧摩那漢在《自開腦洞術》中提及的：

害怕未知
害怕出糗
過早提出批評
執著於：
‧舊觀念
‧過去的成功
‧對改變的抗拒
‧缺乏探索更佳可能的動能
‧想到一個好主意，就停止發想

點子讓世界轉動

最先説出「錢讓世界轉動」的人忘記了一個重要的事實——**錢也是人發明的**。錢幣不是從天上掉下來的。錢的初始，一定是概念。不論你是否是廣告人，發想能力的重要性不能小覷。

廣告不是萬靈丹

永遠要對創意彙報（creative brief）存疑；因為有些時候，廣告無法替客戶提供解答，或有時廣告並非必需的。下面就是一些實例：

當一個國家因為戰爭或自然災害，喪失無數的人命，我們會建立紀念館紀念受害者。在這裡，廣告或許能激發人們探訪紀念館的想望，但是設計良好的紀念館才能更為有力和完整地溝通深沉的理念（見五角大廈新天紀念館〔The Pentagon New Day Memorial〕，第 263 頁）。

又或者是產品無法行銷，即使最傑出的廣告也愛莫能助。舉例來説，如果男性不買護唇膏，是因為覺得唇膏是女人才用的，解決的方法可能是打造出能吸引男性的產品，把唇膏棒做得比較大根，強調那是「男人尺寸」，搭配男人味的口味配方（你可能會覺得可笑，但這樣的思考對面紙的行銷就發揮了功效）。

另外，還有一種特殊情況，那就是產品本身締造了成功，不再需要任何廣告。但是即使強勢如馬莎百貨（Marks & Spencer）也必須改變原來所抱持的「口碑」哲學，臣服於廣告的力量。

向廣告人舉杯致意

如果有個電視競賽節目，測試參賽者的創造力和問題解決的能力，我會把錢押在廣告商派出的隊伍上，賭他們奪冠。創作傑出廣告所能訓練的技能之一，就是發想原創、聰明的點子，同時以簡潔有力的方式溝通這些創意，而且大部分的廣告人都培養了其他術業的學養，也能將之運用於成就創意滿點的廣告上。但即使你後來沒有從事文案寫作，或藝術指導，甚至根本沒有走入廣告業，從廣告創作的訓練中所獲的益處，還是能運用於其他工作或興趣。廣告系出身的名人之中，也有如雷利‧史考特（Ridley Scott，導演）、薩爾曼‧魯西迪（Salman Rushdie，作家）、蓋瑞‧達豪（Gary Dahl，「寵物石」〔Pet Rock〕的發明人）之流，他們都沒有從事本科系的工作。

有個真實例子，是廣告人和相近領域的創意人同台競技，展現了他們獨特的本領。當我是個小孩的時候，我記得看過一個電視節目，主持人宣布進入決賽的有四人，他們將面對特殊的挑戰，拍攝一部短片，風格不限，藉此懷念 1950 年代的流行歌手／詞曲創作者，巴迪‧霍利（Buddy Holly）。短片須符合的條件主要有二，一是要配上巴迪的歌，二是預算有限。

第一位決賽者是黏土動畫的角色造型師，他下了許多功夫做出動畫，讓扮演巴迪的卡通黏土人隨著《佩姬蘇》（Peggy Sue）翩翩起舞。第二位決賽者是平面設計師，他以動態的藝術文字表現歌詞。第三位決賽者是導演，他拍攝了一部充滿藝術氣息的黑白片，主角則是找有巴迪明星臉的人擔綱。接下來是最後一位決賽者。他和他的團隊用硬紙板製作了一副黑框眼鏡（仿製巴迪的招牌眼鏡，細節維妙維肖），並將這副眼鏡貼在鏡頭前。接著他們到街上尋訪和拍攝各樣的路人，讓他們戴上那副眼鏡，隨著巴迪‧霍利的名專輯歡樂開唱。

多麼聰明、簡單又有趣的點子啊！這個想法真的抓住了巴迪‧霍利歌曲的精神。最重要的是，這位決賽者將思緒延伸到個人專長之外，深入巴迪的音樂、其影響和大眾魅力。二十年後，我依然對他的點子記憶猶新。回到向廣告人舉杯致意上，我依然記得那位在廣告公司工作的創作者，他當之無愧地贏得了決賽。

工具不是規則

《廣告行銷自學聖經》力圖切入廣告創意過程的核心，開闢出其他廣告書未曾指引的蹊徑。話説回來，我特意避免寫出一本創作廣告的「規則」之書。就像

創意是工具、才華、直覺和堅持的搭配組合。

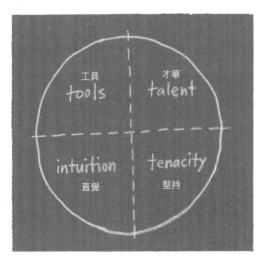

艾德·麥克蓋博（Ed McCabe）所言，「規則對我來說，毫無用武之地，只會限制璀璨優異的表現。」所以你可以把本書中的教學想成是**工具**，或引導。一如電腦是個工具，這本書可以幫助你發想點子，但不能提供點子。

在接下來的章節中，我會介紹許多工具，闡述其背後的道理；這些工具不單單源自廣告案例的研究，背後的道理也不只是事後諸葛的分析。我所分享的工具來自老師、同事、老闆和廣告大師，更有絕大部分是透過實地教學而研發的——它們是我教學五年多來，批改與指導近 15,000 個系列廣告習作後的結晶。這份工作有時讓人心力交瘁，但不論何時，只要看到出類拔萃的傑作，我每週六百英哩的來回旅程忽然就值得了。

教學。就是**我的**工具。教學會要求你思考，同時反思你曾經學過的一切；不只要識別成就絕佳廣告的**要素**，還要找出成就絕佳廣告的**方法**。再說一次。創意滿點的絕佳廣告不是只靠使用某些工具就能達成，其成功還需才華★、直覺和不屈不撓的堅持。這些都是沒有辦法教的。

最後我要提醒你，不要逐字背誦這些工具。直接使用它們（每個章節都有練習可以做）。這本書闡釋了工具背後的道理，但實做是不能偏廢的。我觀察到，實做會帶來新的領悟，讓人發現新的道理，或者用我偏好的字眼來說，就是洞見。

★「才華」指的是點子、想像力、文案寫作和藝術執行等能力。

尋找真實

沒人喜好聽取謊言，來自廣告的謊言更是過街老鼠。那些染髮劑的廣告植入了一句誇讚，「沒有人看得出來這髮色不是真的」；但是一如傑瑞·史菲德（Jerry Seinfeld）曾經道破的，「才怪，**每個人**都看得出來！」

所以如果我必須從過去五十年來的絕佳廣告中，挑出一個反覆出現的特徵——姑且不提概念的簡單明瞭——那其中絕大多數都蘊含了：

真實。

從概念到表現方式，真實能以各種不同的方式，存在於廣告的任何元素之中，甚至充滿廣告的每個角落：不論是廣告策略、創意概念、品牌標語及廣告標題（headline），乃至廣告文案、圖像語言、品牌形塑（branding）、字體美感和廣告調性（tone）。這個真實可大可小，可廣泛或特定，可能經過誇張或細緻琢磨，也或許是歸納或演繹而來。

所以記得這一點，在你下次遇到意涵深邃、充滿洞見的品牌標語時，或是當你欣賞 Absolut 伏特加所推出的廣告時，你可能會想說，「嘿，還真的咧，那看起來跟他們的瓶身造型還真像！」[1]

就像該系列廣告的藝術總監所說的，「真實必顯露。」

1譯註：Absolut 伏特加有一系列廣告，以神似其瓶身造型的場景為主體，其中足球場、游泳池、滑雪坡，乃至南韓遊行隊伍，都曾入鏡。

設定高遠的目標

至於廣告習作的品質，大可把標準設高，甚至比高更高。如果你真心要進入頂尖廣告商創意部門，獲得在那工作的門票，那你的目標就是要做出曠世傑作，比市面上那些獲大獎肯定的作品**更出色**。你無須應付客戶，也不必受限於公司的政策和顧慮，擁有一般廣告人所沒有的優勢，更能勇往直前地達陣。

01

基本工具
Basic Tools

你要說甚麼?

這也許是在廣告創意過程的最初,最先需要決定的要素。在你開始創作廣告之前,你必須問自己:「這間公司或組織,對於自己的產品或服務,想要在廣告裡說甚麼?」如果答案不明確,或者你面對的是市場上的新產品,那你可以問:「他們可以,或是應該說甚麼?」

一般在廣告業裡,這些問題的答案都被稱為**廣告主張**(proposition)。換句話說,你的提問就是,客戶主張他們的產品或服務能做甚麼?客戶承諾消費者甚麼?如果有個更清楚明白的字眼可以取代「主張」和「承諾」,那應該就是**效益**(benefit)。所以,上面的問題也可以轉換成,這個產品或服務的效益是甚麼?注意我用效益這個字,不是使用複數型。只溝通**一項**效益是不可輕忽的要點。也就是說,你必須找出這個產品至關緊要的一項主打點:能將它從同類競爭產品中凸顯出來的最大強項是甚麼?

這聽起來很簡單,但是客戶想要表達的通常不會只有一個主打點,頻繁的程度讓人驚訝:「可是我們的產品真的**又**快,**又**耐用。」這可能是真的——但是它不重要。你只有幾秒鐘的時間讓消費者了解這個產品。你必須一心一意。一個廣告需在短短幾秒鐘清楚溝通出**一項**效益,要做好這項工作,已經夠難了,更別提兩項或三項效益。那樣對閱讀者/觀眾/聽眾來說,實在太多訊息了,結果就是減弱訊息強度、客戶競爭力和品牌辨識度。總結來說:

單一主張=單一承諾=單一效益

許多出類拔萃的廣告都會堅守同一主張,且連年不移:富豪汽車(Volvo)安全,聯邦快遞(FedEx)快速,Tango 汽水喝起來真的很有柳橙味,金頂(Duracell)真的很持久(〈搞定雙重主張〉一節在第 148 頁,探討了一些少見的例外)。另外,還有許多案例研究顯示,一旦客戶改變其單一主張,品牌形象也會面臨嚴重的危機。

最重要的是,主張若是不明,廣告概念通常也會付之闕如。如果你不知道主張為何,如何能期待廣告概念與產品效益緊密相依?所以,不論含蓄或直言,總是要讓消費者了解產品。

....

Exercise:用最直接了當的語言,重寫下列清單中的第三個廣告主張(如果可能,用一個詞)。第一和第二個廣告主張已經重寫完成:

把你的手放在 X 牌烘手機下,它會在大約十五秒內將你的雙手完全烘乾=十五秒內乾透雙手

X 牌烘手機內建有超級發電引擎=強大

X 牌烘手機是唯一一受到眾多環境保護組織推薦、無須消耗紙巾的烘手機=

....

Exercise:打開電視、雜誌或報紙,並在看廣告的同時,過濾廣告所傳達的產品訊息。該廣告是主打一項效益?或者訊息太滿?請找出廣告的主張來。

....

你在對誰說話?

一旦你知道自己要說的重點,接下來要決定說話的對象。產品要對誰說話?你所選擇的受眾將決定表達的內容和方式,這些資訊是通往概念和點子的跳板。

受眾(也被稱為「目標閱聽眾」〔target audience〕、「目標群眾」〔target group〕或「目標市場」〔target market〕)可以由下列各項要素來界定:

・年齡
・收入
・教育
・婚姻/家庭狀況
・職業

廣告拼圖的最後一塊圖案：讓好廣告變成絕佳之作的方法。
——
客戶：經濟學人（The Economist）
廣告商：Abbott Mead Vickers BBDO，倫敦
創作者：Matthew Abbott，Martin Casson

（writer's block）或「空白畫布」（blank canvas）焦慮那麼簡單，所以本書才花了那麼多章節，致力於探索這個問題的答案。

這項創造廣告的根本工作還有另一個說明的方式：

重點不是你想說什麼，表達方式才是動人的關鍵。

南非有所舉世知名的 AAA 廣告學校（AAA School of Advertising），他們為招生打造了一系列簡直完美的廣告，其背後的訊息就是這句話（參見〈得寸進尺——廣告圖像〔平實 vs 平行〕〉，第 148 頁）。

・品味、態度和行為（與產品和市場相關的）
・嗜好

目標群眾可大可小，差異甚鉅。大體說來，受眾不宜太過廣泛，否則無益於廣告創作。你可以試試從某群受眾中，挑出一個最典型的人物。許多廣告大師都認為，不論媒體為何，最佳的廣告來自於**對人的了解**。為了做到這點，你必須下足「角色扮演」的功夫，將自己想像為他人，就像演員一樣。一般而言，廣告職涯裡多的是機會去遇到不熟悉的產品和市場，陌生的消費者就更不用說了。在這些情況裡，你可以試著推斷消費者的興趣、品味、傾向，揣摩帶給他喜悅或恐懼的事物；思考消費者和產品之間的關係；探詢消費者使用產品的場合、時間點、頻率和動機，或是他們還沒開始使用，或是停止使用了，你都要為這些行為找到原因（參見〈目標市場／目標群眾／目標閱聽眾〉，第 49 頁）。

....

Exercise：觀看電視廣告，翻閱雜誌或報紙上的廣告，推敲每則廣告瞄準、或說話的**對象**是誰。盡量將受眾的範圍縮小。找出受眾來。

....

好了，最後……你要如何說呢？
這是最困難的一部分。你已經知道你要說甚麼，還有要對誰說了，現在還需要構思說的方式，而這正是區別好廣告和絕佳廣告的分界線（「說的方式」在這裡並不是指調性，也不是指廣告是使用了文字，還是圖像，抑或兩者都有）。「說的方式」是完成整幅拼圖所需的最後一塊圖案，也是讓熱血創意人挑燈夜戰的誘因（好吧，至少對某些創意人來說是這樣的）。但是，這又不只是像寫手或畫家要克服「創作者瓶頸」

保持簡單，笨蛋
這是廣告界最為廣傳的一句話。其意涵部分是指廣告效益的數目（即不要超過一個），部分是指用來溝通這項效益的概念或點子。「保持簡單」是邁向成功廣告的第一步。後面的「笨蛋」一詞，或許有些讓人不敢恭維，但它也指出，即使是經驗老道的創意人也時常會忘記這項黃金準則。你如果不服氣，覺得自己不需要，也可以把這兩個字拿掉；也許「保持簡單」就夠你用了。

有些非關廣告的佳句，體現了「保持簡單」的精髓，其中最著名者，或許就是莎士比亞的「是存還是亡」（To be or not to be，簡短六個字，蘊含了精妙絕倫的深邃涵意！）。另外還有一個例子。拳王穆罕默德・阿里（Muhammad Ali）曾受邀到哈佛大學為畢業生演講，在那場激勵人心的演講接近尾聲的時候，有個學生喊道，「給我們一首詩！」阿里停頓了一下，然後以極短的字詞為這場演講做總結：「我。我們。」（Me. We.）。

另外，我們也可以從這個角度來看簡單：說重點。記得，廣告對人們的生活來說是種入侵。舉例來說，在報紙中，廣告要和人們買報紙的初衷，也就是新聞，競取讀者的注意力。同樣地，很少有人會為廣告買雜誌。艾德・麥克蓋博（Ed McCabe）說得好：把你的廣告想像成癮君子，在曼哈頓的人行道上借火。那時是上下班的時間。這兩種說法何者比較容易博取路人的注意力？是詢問「不好意思，先生，你身上有打火機嗎」，還是簡單的「有火嗎」？

簡單也有分好壞
學生有時創造出的廣告會展現無庸置疑的簡單——簡單，沒有別的。光是簡單是不夠的。寫出像這樣的廣

告標題「每次都能發動」（搭配一輛汽車停在冰天雪地中的圖像），確實直接了當地溝通了產品的效益，但是實在太無趣了！我把這種標題歸類為「不好的簡單」。一如大衛・奧吉爾維（David Ogilvy）所言，「你無法以單調的廣告吸引買主。」廣告必須具備魅力，展現機智，出人意表，為產品加分，和受眾產生連結。把上述的句子改成，「你曾想過開剷雪機的人如何開車到剷雪機的所在嗎？」這樣就符合簡單的要求，但多了一些深度。所以要以「好的簡單」為目標，別效法「不好的簡單」。約翰・赫加提（John Hegarty）說得好：

「把簡單戲劇化。」

快傳它（SLIP IT）：微笑、歡笑、知會、觸撥、涉入、思考

這裡有個簡單的解釋，可以說出好廣告和絕佳廣告之間的分別（不論是海報、平面廣告、電視廣告、廣播廣告、環境廣告、網路廣告或直郵廣告）。一則好廣告以單一主張為出發點傳達訊息，講究的是：

- ・清楚　・立即
- ・簡單　・切題

一則絕佳的廣告能抓住你的目光，停下你的腳步，將你吸進情境中（而廣告的外表，藝術風格，只是其中一部分的原因）。其中所蘊含的原創性，不但讓注意力為之停留，受眾也會有以下至少一項回應：

- ・微笑（**S**mile）
  讓你卸下心防
- ・歡笑（**L**augh）
  完全卸下你的心防
- ・知會（**I**nforms）
  傳達了你先前不知道的事情
- ・觸撥（**P**rovokes）
  撥動你的心弦，觸發你的情感
- ・涉入（**I**nvolves）
  與廣告產生連結，有所互動
- ・（促使你）思考（**T**hink）

或者，這六個回應可以濃縮成SLIP IT（快傳它）。我知道這樣聽起來有些老套，但是這口訣作為一種記憶輔助術，可以在你學習評估廣告的階段（這是我在本書中會不斷觸及的命題），充當基本、快速又簡易的檢查清單。

America is a capitalist country
美國是資本主義國家

God© Bless™ America®
天©佑™美國®

上 兩種表述方式。第一種平實而緩慢。第二種平行而立即。

Making London simple

下 這個系列廣告背後的創作者駕馭了簡單的藝術，抓到了文中所提的重點。[1]

客戶：倫敦地鐵（London Underground）
廣告商：BMP DDB，倫敦
創作者：Richard Flintham、Andy McLeod、Nick Gill、Ewan Patterson

1譯註：廣告中的兩座建築，前者為民宅，後者為位處皮卡迪利圓環（Piccadilly Circus）的倫敦地標，愛神邱比特（Eros）雕像；此圖描繪出一個不會塞車，沒有人擠人困擾的倫敦。

這些都是衡量廣告動人與否的標準（這張清單還可以延長）。畢竟，最終，一則廣告的目的就是說動潛在消費者，花費金錢或時間在你廣告的產品／服務上……

（評估「互動廣告」的口訣，可參見〈美國派（USA PIE）〉，第198頁）

無效的創意廣告：產品是甚麼？

許多廣告是如此了無新意和創意，讓人過目即忘，毫無效益可言。這些廣告沒有影響力，也無法引起

左 西聯電報的廣告（1962）直指舊時電報的地位；這也是廣告人追求的終極目標——每則廣告都應該像當時的電報一樣，難以漠視。文案開頭：漠視電報？做不到。沒有誰能漠視電報。

廣告商：Benton and Bowles
創作者：Dan Cromer、Jay Folb

右 這張阿拉巴馬忠烈紀念館（Alabama Veterans Memorial）的直郵廣告（2000）借用舊時戰訊電報的形式和地位，召喚受眾參加紀念館的破土典禮，賦予文宣雙重的力道。

廣告商：Slaughter Hanson Advertising
創作者：Marion English、Dave Smith

中 你在創作每一則廣告的時候，都該問自己這個問題。

客戶：《經濟學人》（The Economist）
廣告商：Abbott Mead Vickers BBDO，倫敦
創作者：Mark Fairbanks

下 任何通勤者看到這個廣告，都會停下腳步思考。

客戶：超時集團（Time Out）
廣告商：Gold Greenlees Trott Limited
創作者：Steve Henry、Axel Chaldecott

漠視它

西聯 五月十六號
我們抱著遺憾的心情告訴您，這是過去阿拉巴馬超過8,000個家庭得知他們親愛的家人為國捐軀的方式。
讓我們再次紀念他們。
阿拉巴馬忠烈紀念館破土典禮，將在五月二十九號星期六，早上十點，於安得自由大道1459號舉行，以緬懷二十世紀為國捐軀的英靈。

你能保持人們的興趣，或者他們輕易就會……看，有隻鴿子。　　　　《經濟學人》

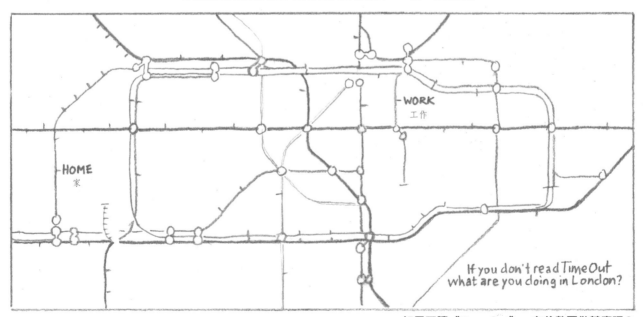

如果不讀《Time Out》，在倫敦要做甚麼呢？

共鳴，從各個角度來說，存在感都很稀薄。不論廣告本身、其中蘊含的訊息，或產品，都沒能讓消費者留下印象。另外還有許多廣告，廣告本身雖有記憶點（通常是概念），產品卻被忘記了。不論何時，當你聽見這句人們常常掛在嘴邊的評語，「我不記得產品了」，那就意味著時間和金錢都虛擲了。

只因廣告（為具有行銷潛能的產品而打造的）本身具有影響力和記憶點，不等於受眾會記得該廣告行銷的產品——這裡就是品牌形塑可以施力的地方。但即使品牌形塑是成功的，也無法保證產品的暢銷——這裡是廣告的切題度（relevance）和適切度（appropriateness）能發揮效力的地方。不論你的點子多麼創意十足，或多麼具有品牌形塑的效能，你要問它是否與產品和目標市場適配？

總結一句
有效、有創意的廣告近乎等於：
影響力＋品牌形塑力＋切題度（＝＄＄＄）

先寫，後編輯
要求發想的每個點子，不經任何修飾，就能百發百中地獲獎，就算對創造力高超的能人來說，也極為不切實際。你背負著越多的期待，壓力就越大，在創造廣告的過程中越容易感到挫折，結果也越容易讓人失望。發想本身就已經夠困難了，所以大可把每個點子都先記下來，然後再決定何者可行（這個過程也叫「腦力激盪」）。換句話說，就是要：先寫，後編輯。就像有些運動迷常說的：即使是最佳打擊手，打擊率高達 0.300，他還是十次揮棒七次空。闡明這點後，我們就可以順理成章地來到下一個工具。

備註：我在這個段落裡，是用「寫」這個字來代表「創作」。「寫廣告」這個詞，會引起誤會，好像做廣告只有用到文字，而廣告顯然除了文字以外，或者還用到圖像。所以你也可以將這節的標題想成，「先寫／先繪畫，後編輯」，或「先創作，後編輯」。

十中選一
這個簡單的工具對許多形式的創作來說都很適用。其實這就是「平均律」（law of averages）。借用愛迪生的名言來說，創造力是 90%的努力和 10%的靈感。如此類推，你發想十個廣告概念，這樣其中之一堪用的機率就比只發想五個、三個或一個來得高。這個工具在創造廣告的任何階段都可使用，但對發想廣告標題、品牌標語和圖像表現特別有幫助。不要發想十個點子就停下來。想二十個、三十個、四十個或更

多。平均律會增加你成功的機會。也就是說，不要在一得到好點子時，就停下來，即使你覺得那個點子真的不錯。

Exercise：參考《經濟學人》（*The Economist*）知名的平面系列廣告，依照其風格，寫下五則廣告標題。然後五則、五則寫，集成二十則。最後，將這些廣告標題打散，隨機排序，再請朋友看看。請他挑出最佳的前三名。他挑出來的前三名在你原本的書寫順序裡，應該列於中間或最後。

上面有幾個《經濟學人》的標語，你可以參考。

你能用一句話說出自己的點子嗎？
不論是單一廣告或系列廣告的概念，也不論廣告媒體為何，如果你的概念真的簡單明瞭，那用一句話來形容應該不是問題。當劇作家要和繁忙的製片人面試的

"I never read The Economist."

Management trainee. Aged 42.

The pregnant pause. Make sure you're not the father.

The Economist

Lose the ability to slip out of meetings unnoticed.

The Economist

上 客戶：《經濟學人》（*The Economist*）
廣告商：Abbott Mead Vickers／SMS，倫敦
創作者：David Abbott、Ron Brown

「我從來沒讀過《經濟學人》。」——管理實習生，年齡 42。

中 客戶：《經濟學人》（*The Economist*）
廣告商：Abbott Mead Vickers BBDO，倫敦
創作者：Guy Moore、Tony Malcolm

冷場時，請確認自己不是冷氣。——《經濟學人》

下 客戶：《經濟學人》（*The Economist*）
廣告商：Abbott Mead Vickers BBDO，倫敦
創作者：Sean Doyle、Dave Dye

失去了在會議中神遊不被發現的能力。——《經濟學人》

上 把隔音窗的效果秀出來，比用文字敘述更有趣。

客戶：Weru 隔音窗
廣告商：Scholz & Friends，柏林
創作者：Kay Luebke、Michael Haeussler
創意指導：Jan Leube、Matthias Spanetgens

下 這幅廣告的圖像將原本的概念平行延伸，用出人
意表的方式秀出產品效益。

客戶：Palladium 健身中心
廣告商：Vitruvio／李奧貝納（Leo Burnett），馬德里
創作者：Rafa Anton

時候，即使作品長達九十多頁，他們也會將其扼要成一句話。

對你的寶貝下重手

「寶貝」指的是我們所執著的妙點子，即便旁人都說行不通，我們還是愛不釋手。應用十中選一這個工具，可以避免陷入這種失控、偏執的情緣。為什麼？因為你發想的點子越多，你的防衛心就越不會那麼重（如果你只有一個「寶貝」，那要棄而不用當然比較困難）。

「放一晚」，試試看

你曾經在玩填字遊戲的時候，苦思線索，卻不得答案，最後放棄，丟著不管，而後再回來時，暮然發現答案得來全不費工夫嗎？不論你在發想的是概念、圖像表現或文字，都可如法炮製。「放一晚」，試試看（雖然有時候可能只需要十分鐘）；當你再次回頭尋找解答的時候，你的判斷會更清晰，編輯眼光會更犀利。這就是你的潛意識在冥冥中運作。或者用藝術總監史帝夫・蒙哥馬利（Steve Montgomery）經常對我說的話來講，「就算我現在沒有在想，思考依然在進行。」

寫下你的點子來

說自己總會記得好點子是邏輯不通的謬論，因為你如何知道曾否遺忘？我們都有想不起來重要事物的經驗，那就是許多傑出人物──從文藝復興時期的達文西到當今藝術家、作家和音樂家──都記下靈感的原因。簡短的筆記就夠了。就算只有概念且尚不完全，當你回過頭去看的時候，記下的一半或許已孵出剩下的一半。就算你是那種不會回頭看筆記的人，用圖像或觸覺筆記法摘要重點，也會在你的記憶裡留下持久的印象。

不要用說的，秀出來

用圖畫取代文字，這已經是由來已久的論調。我們都知道一張圖片勝過千言萬語，坐而言不如起而行。思及廣告必須在剎那之間傳遞訊息，圖像確實是更為立即的選擇。而且，現在有強而有力的論據，證明消費者已變得越來越傾向看圖，對文字越來越敬謝不敏。在大多數的情況下，秀出來也比用說的有趣；圖像會比標題更加吸引讀者的注意力。

這裡有幾個例子，展現了同一個概念的兩種傳達方式──一者以文字述說，一者以圖像表現。

■《Time Out》雜誌（倫敦）：
（文字）蠟燭兩頭燒（這裡是指努力工作，盡情玩樂；發揮生命的最大價值）
（圖像）一支蠟燭，水平捏在三指間，兩頭都在燒（見第 151 頁）

■ Weru 隔音窗：
（文字）我們的窗戶真的能大幅降低隔壁除草機的聲音
（圖像）一個男子用迷你除草機剪草坪（對頁左上）

■ Bic 筆：
（文字）我們的筆很耐用
（圖像）用該牌原子筆所畫的超大「無限」符號（見第 92 頁）

■ Palladium 健身中心：
（文字）「我加入時是胖的，離開前已瘦下來。」
（圖像：平實版）秀「之前／胖」，對照「之後／瘦」
（圖像：平行版）入口＝寬門，出口＝窄門（對頁左下）

當然，圖像不一定永遠都比文字有效。有些時候，文字或許更為適切，也更為有力，這要依你所要傳達的內容、形式和對象而定。企鵝出版社（Penguin Books）的「進來這」系列廣告，就諷刺地借用圖像魅力銷售文字魅力（見右上）。有些時候，你也可以運用文字在消費者的心裡製造圖像，特別是創造廣播廣告時（參見〈只下標題，或只用圖像，還是兩者兼施〉，第 60 頁；〈內心劇場〉，第 248 頁）。Nikon 有一個平面廣告，恰恰好是企鵝出版社的反例；它使用文字創造心像（讓我們想起一些捕抓到歷史時刻的知名照片）。

想像力：給暗示，別露骨
受眾不是笨蛋。你並不需要把概念全部袒露。留下一點謎題，讓受眾去揣摩，可讓他們更深地涉入。那就是想像力可能為所有工具中最強大者的原因。所以，不要把底牌都露出來，只需給予剛剛好足夠的訊息，讓受眾自行「腦補」。用另外一種說法來說就是，**給暗示，別露骨**。這與要讓口無遮攔、談吐露骨之人閉嘴的流行用語，「我資訊超載了」（TMI，too much information），有異曲同工之妙。做廣告時也一樣。除非有個必要的理由，含蓄內斂遠勝過大鳴大放；這在運用幽默時也一樣（參見〈大學幽默〉，155 頁）。

上 有點諷刺，這個系列廣告借用圖像魅力銷售文字魅力。主標：進來這。

下 文字之外：這則廣告在消費者心中創造出強而有力的影像。

客戶：企鵝出版社（Penguin Books）
廣告商：MML，倫敦
創作者：Dean Hunt、Simon Hipwell

客戶：Nikon
廣告商：Scali、McCabe、Sloves
創作者：Richard Kelley、Ron Rosen

猜猜這三個小孩誰穿的是費雪牌防滑溜冰鞋？

Which of these three kids is wearing Fisher-Price anti-slip roller skates?

FisherPrice

WHATEVER YOU CAN IMAGINE, WE'VE SEEN WORSE.

Last year, the ASPCA handled over 65,000 cruelty complaints, 6,000 in New York City alone. To learn how you can help prevent cases like this, visit ASPCAspeak.org

不論你想像到甚麼，我們都見過更糟的。

去年，美國愛護動物協會處理了 65,000 件虐待動物的申訴。光是紐約市，就有 6,000 件。若想了解如何盡一份心，幫助我們杜絕這些案件，請上 ASPCAspeak.org。

ASPCA

記得受眾一般也只會花幾秒鐘的時間，「弄懂」一則廣告，特別是平面廣告。所以你也不能把概念弄得太隱晦，讓受眾難以及時填入未言明的訊息──一般人都沒那個美國時間。你可以從自己創作的廣告著手，選出表現方式最明白的一則，持續收斂其訊息量，直到你找到含蓄與外放的平衡點。如果不能確定，讓同事朋友看看；每次修改後，就換一位測試（如果都是同一個人，可能他看過比較明白的版本後，對比較含蓄的版本會失去敏感度，測試結果就會不準確，也容易誤導你）。

換句話說：廣告創作可以平實起步，卻要平行收尾。

舉個例子，你可以看看費雪牌（Fisher-Price）推銷防滑溜冰鞋的平面廣告（對頁上方）。這則廣告大可把其他兩個跌坐在地、或掙扎要平衡的小朋友也畫出來。但是讓受眾自行想像這些畫面，反而更富趣味。這兩者完全是同一個概念，只是在表現方式上有些不同。這種「留下空白，讓想像力發揮」的技巧對其他媒體，包括電視和廣播，也同樣有效（參見〈電視廣告〉及〈廣播廣告〉兩章）。

比較兩則廣告標題。第一張比較露骨，第二張（市面上的）比較含蓄。

客戶：百富門公司（Brown-Forman Corporation）
廣告商：Court, Burkett and Company，倫敦

逆向思考：倒轉乾坤

反向操作是值得一試的練習。最糟糕的情形，只不過是做出與眾不同、卻派不上用場的廣告。最好的情況裡，你的廣告不但能大放異彩，發人省思，甚至還能帶動前衛的風潮。逆向思考這項工具可以運用在發想策略、點子、廣告標題和品牌標語上，也能用於藝術指導和圖像語言。如果反其道而行的風格背後，有邏輯做後盾，那是再好不過的。

▌策略和概念

如果你手上有個案子，這項產品的廣告原來走的是嚴肅風，那你大可試試幽默路線（反過來也一樣）。這樣或許可行，或許不可行。

你也可以找出產品可能的一項缺點（也是它的特色），然後將之扭轉為優點。比如說，倒滿一杯健力士啤酒（Guinness）的時間可能較漫長，他們用一句話將這項缺點轉為優勢：「好事情總是降臨在耐心等待的人身上」。

找出產品的一項缺點（其他人都避而不談的），然後將它轉為優勢。

透過誇張，或是自我揶揄的手法，加強產品本具的優勢，例如，Benson & Hedges 牌香菸 100 系列（右下）。

將你的廣告客戶置於消費者之後，如這句標語寫的：「病人現在可以看你了，醫生」。

如果產品通常都賣給老男人，試試發想吸引年輕女性的概念。

如果防曬乳液大多以渡假客為目標市場，說服一般大眾天天使用。

如果一般觀點將小車看得比大車脆弱，你不妨想個有力的反論（福斯汽車〔Volkswagen〕為 Polo 做的廣告便是如此，他們提出動物為了抵禦外力，常會蜷縮身形，而作為人類，則可以躲進 Polo 裡）。這也是將劣勢轉為優勢的例子。

「病人現在可以看你了，醫生」

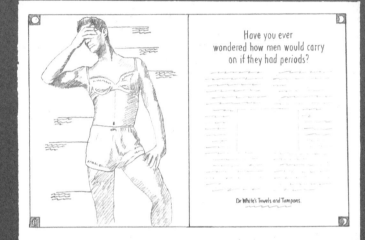

你有想過如果男人有經期，他們要如何自處嗎？

上 將逆向思考用在概念上。BUPA 是英國一間私人的醫療機構。這則廣告就將 BUPA 放在消費者後面。

客戶：BUPA
廣告商：WCRS，倫敦
創作者：Andy Dibb、Steve Little

中 透過挖苦異性，假設他們也有經期，讓女性莞爾共鳴。

客戶：白博士毛巾＆棉條（Dr. White's Towels & Tampons）
廣告商：Bartle Bogle Hegarty，倫敦
創作者：Barbara Nokes、John Hegarty、Chris Palmer

下 透過誇張，或是自我揶揄的手法，加強產品本具的優勢。

客戶：Benson & Hedges
廣告商：Wells Rich Greene
創作者：George D'Amato、Herb Green

Benson & Hedges 100 系列登版的劣勢

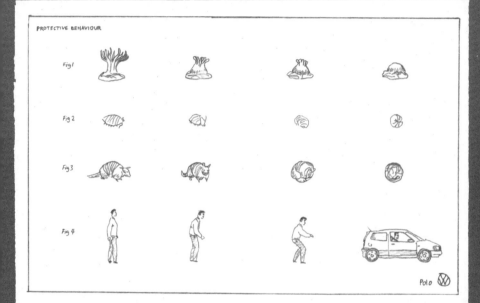

ALWAYS CARRY SPARE CAMERA.
DURACELL ULTRA. LASTS 50% LONGER THAN ORDINARY ALKALINE BATTERIES.

FOR BETTER PERFORMANCE CHANGE TOY FREQUENTLY.

記得多帶備用相機。

為保效能常新，請更換玩具。

PROTECTIVE BEHAVIOUR

Fig 1

Fig 2

Fig 3

Fig 4

Polo

自我保護行為

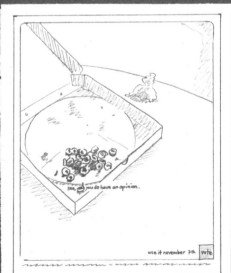

see, you do have an opinion.

use it november 7th　vote

看，你還是有意見的
表達它，就在 11 月 7 號

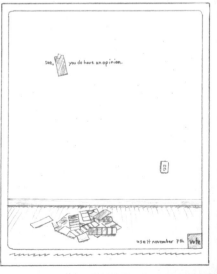

see, you do have an opinion.

use it november 7th　vote

看，你還是有意見的
表達它，就在 11 月 7 號

上 這一系列廣告的概念（金頂電池〔Duracell〕比其他需要電池的產品更持久）和標題（本來應該寫「電池」的位置，填入了其他產品）都展現了逆向思考。

客戶：Gillette Management（SEA）
產品：金頂電池
廣告商：奧美（Ogilvy & Mather），馬來西亞
創作者：Donevan Chew、Tan Chee Keong、Gavin Simpson
創意總監：Sonal Dabral
攝影：K. H. Mak，Barney Studio

中 將缺點轉為優點。

客戶：福斯汽車
廣告商：BMP DDB，倫敦
創作者：Joanna Wenley、Jeremy Craigen

下 人們覺得自己沒有主張，那就秀給他們看確實是有。標題：看，你還是有意見的。[3]

客戶：明尼亞波利斯女性投票者聯盟（Minneapolis League of Women Voters）
廣告商：Colle + McVoy，明尼亞波利斯
創作者：Liz Otremba、Eric Husband、Dave Keepper

3譯註：左圖是披薩盒和挑出來不吃的橄欖。右圖是空白的牆面上貼了一張挑出來的油漆色卡。

■ 廣告標題

「貪杯是勞工階級的詛咒」變成「工作是貪杯階級的詛咒」（王爾德〔Oscar Wilde〕，作家）。

「男人末梢懸掛的贅肉，叫作陰莖」變成「陰莖末梢懸掛的贅肉，叫作男人」（焦布蘭〔Jo Brand〕，喜劇演員）。

此法也可以運用在一、兩句話組成的廣告標題中，像是「調低音量。惹惱鄰居。」（客戶：爵士樂調頻〔Jazz FM〕）。

「你是最弱的一環。再見」變成「你是最強的一環。哈囉」（前面一句話是英國知名益智節目裡的經典台詞，後來《經濟學人》將它倒轉後變成廣告標題）。

不消說，逆向思考這項工具也可以運用在平面以外的媒體。辛格勒無線公司（Cingular Wireless）的手機Go Phone 曾打過一支電視廣告（BBDO，紐約），該廣告將母女爭吵裡的話全都反過來說，進而凸顯產品的優點：

辛格勒「無線」Go Phone

母親：我還真是沒有受夠你咧，小姐！

女兒：為什麼你總是把我當大人對待啊？

母親：因為你的行為舉止始終像大人呢，所以我要給你這支新手機。

女兒：它怎麼這麼小！我真是喜歡。為什麼總是給我我想要的啊？

母親：嗳，你知不知道我買這支手機有多麼不花錢？

女兒：我愛你！

母親：我知道你是認真的。

女兒：你從來沒恨過我，以後也不會。

母親：你這個知恩圖報的小……

男配音：辛格勒正在改變有關手機的對話……

寵物非玩物

TOYS
AREN'T US.

毛小孩要養一輩子。不只是聖誕節。

A DOG IS FOR LIFE, NOT JUST FOR CHRISTMAS.

[National Canine Defence League]

調低音量。惹惱鄰居。

Annoy the neighbours.
Turn it down.

jfm 102·2

上 玩具反斗城的英文名稱為「Toys "R" Us」，原意為玩具是我們，這裡將之轉為否定句「Toys Aren't Us」，意即寵物非玩物。

客戶：國家犬類保護聯盟（National Canine Defence League）
廣告商：李岱艾（TBWA），倫敦
創作者：Trevor Beattie、Steve Chetham

下 兩句或三句話組成的廣告標題最是適合正話反說。

客戶：爵士樂調頻（Jazz FM）
廣告商：Leagas Delaney，倫敦
創作者：David Hieatt、Roger Pearce

You are
the strongest link.
Hello.

The Economist

你是最強的一環。哈嘍。　《經濟學人》

Tock. Tick.

答。滴。

Great minds
like a think.

The Economist

偉大的心靈喜歡思考。　《經濟學人》

Thank you
for smoking.

Smiden & Son. 殯儀館

Smiden & Son. Undertakers.

感謝你抽菸。

In the real world,
the tortoise loses.

The Economist

在現實的世界裡，烏龜才是輸家。　《經濟學人》

左上「你是最弱的一環。再見。」變成「你是最強的一環。哈嘍。」

客戶：經濟學人
廣告商：Abbott Mead Vickers BBDO，倫敦
創作者：Jeremy Carr

左中 英文諺語說「Great minds think alike」，意思是偉大的心靈思考相近；這裡重新排列組合後，變成「Great minds like a think」，意思是偉大的心靈喜歡思考。

客戶：經濟學人
廣告商：Abbott Mead Vickers BBDO，倫敦
創作者：Tony Strong、Mike Durban

左下《龜兔賽跑》的寓言故事變成，「在現實的世界裡，烏龜才是輸家」。

客戶：經濟學人
廣告商：Abbott Mead Vickers BBDO，倫敦
創作者：David Abbott、Ron Brown

右上「滴。答。」變成「答。滴。」

客戶：歐蕾特效抗皺緊膚霜（Oil of Olay Special Care Wrinkle Smoothing Cream）
廣告商：上奇（Saatchi & Saatchi），開普敦
創作者：Slade Gill、Mark Mason

右下「感謝你不抽菸」變成「感謝你抽菸」。

客戶：西北無煙健康行動協會（North West ASH）
廣告商：Smith-Dennison
創作者：Richard Dennison、Markham Smith

■ 圖像

獵豹追著斑馬跑，**變成**斑馬追著獵豹跑。一盤牛排，
盤邊綴著番茄醬，**變成**一盤番茄醬，盤邊綴著牛排。
宜家家具（Ikea）的〈大吊牌〉（*Big Tags*）系列廣
告（創新了戶外媒體的使用方式）將真的椅子、衣櫃
或其他產品吊在廣告看板上，且將看板做成價格標
籤，除了主客易位分外吸睛，產品價格之低廉也徹底
放大。

左 將預料之中的（在便利貼上記事）變
成預料之外的，造成慧點的圖像，以一
種很有戲的方式凸顯出該產品的功用。[4]

客戶：Post-it®利貼
廣告商：Grey，巴西
創作者：Ulisses Agneli、Fulvio Oriola

4譯註：廣告中用便利貼拼貼出「買筆」
（BUY PEN）。

右 懷孕的女人變成懷孕的男人。英國廣
告將逆向思考運用於圖像表現者，此乃
最出名之案例。

客戶：英國健康教育協會（UK Health
Education Council）
廣告商：Cramer Saatchi，倫敦
創作者：Bill Atherton、Jeremy Sinclair

買筆

假如懷孕的是你，你會更加
小心嗎？

下 這則廣告將鳥兒跟人類開的玩笑顛倒
過來。[5]

客戶：海尼根（Heineken）
廣告商：Lowe Howard-Spink，倫敦
創作者：Simon Butler、Gethin Stout

5譯註：圖中鴿子的頭上頂著一泡鳥大
便。

多麼讓人耳目一新，多麼海尼根

▌圖像與廣告標題

圖像：福斯汽車的 Beetle。廣告標題：小處著眼（也許這是廣告界最有名的例子，它把兩件事顛倒過來：一是普遍用語「大處著眼」（think big），二是市場對高價位、高耗油量的大車之偏好）。

圖像：倚賴輪椅行動的人修理著一台壞掉的電視（其廣告標題則是：你眼見的其實是電視正修復一個人）。客戶：Goodwill Industries[6]。

6 譯註：Goodwill Industries 是間美國的非營利機構，專門提供職業訓練、就業安置等在地輔導計畫，幫助謀職有困難的人士。

舊

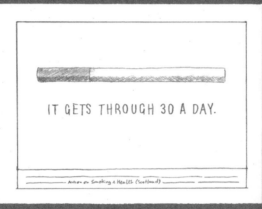

一天抽掉三十支菸。

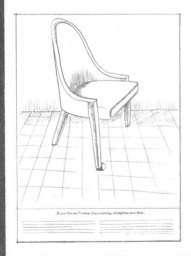

如果 Harvey Probber 的椅子會搖，
請把地板整平

小處著眼

左上 廣告如果使用星芒圖，一般都會在裡面寫上「新」（new），這裡很聰明地將之反轉為「舊」（old），為屹立好幾代的老牌洗碗精行銷。

客戶：Fairy
廣告商：Grey，倫敦
創作者：Ken Sara、Dave Henderson

右上 利用癮君子常說的一句話[7]，將之稍做修改、重新組合，轉變為強而有力的廣告。

客戶：無煙健康行動協會（Action on Smoking and Health），蘇格蘭
廣告商：Marr Associates
創作者：Will Taylor、Tim Robertson

7 譯註：癮君子常說的一句話應是指，It gets me through the day，意思是抽菸助我渡過難熬的一天。這裡的標語將之改為，It gets through 30 a day，意思則是一天抽掉三十支菸。

左下 顛倒慣性，正是逆向思考的精髓所在。這則廣告的標語是，如果 Harvey Probber 的椅子會搖，請把地板整平。

客戶：Harvey Probber
廣告商：Papert、Koenig、Lois
創作者：George Lois、Julian Koenig

右下 逆向思考同時運用在廣告標題和圖像上，成就了這幅《廣告年代》（Advertising Age）所推崇的二十世紀最佳廣告。

客戶：福斯汽車（Volkswagen）
廣告商：DDB，紐約
創作者：Julian Koenig、Helmut Krone

《大白鯊》

試著嘗試不同的圖像表現方式。這張海報並不是從典型的角度描繪鯊魚和泳客，反而創造了最強烈的戲劇張力。

———

客戶：環球影城
（Universal Studios）
設計者：Tony Seiniger
插畫師：Roger Kastell

■ 品牌標語

「完滿你在啤酒裡尋覓的一切體驗，甚至更多」變成「完滿你在啤酒裡尋覓的一切體驗，但是負擔更少」（美樂啤酒力特系列〔Miller Lite〕的品牌標語，暗示其優點：卡路里較少）。有句片語，說有些人「擁有的財力勝於智力」[8]，在品牌標語中則變成，「給那些智力勝於財力的人」。愛迪達（Adidas）的品牌標語，原句是「Nothing is impossible」（無事不可能），倒過來後就變成「Impossible is nothing」（所謂不可能根本微不足道）。儘管文法不正確，有些無厘頭，要說它是 Nike「Just do it」的複誦也不是站不住腳，但聽起來還是比「Nothing is impossible」有趣。

8譯註：這句片語是說人財富雄厚，而花錢無度。

■ 藝術指導

逆向思考也可以運用在藝術指導上，造成含蓄或誇張的效果；而此兩種風格都可以讓廣告看起來更活潑。就像知名的藝術總監史帝夫・唐（Steve Dunn）所解說的：

「你的工作進展到某些點時，是應該逆向操作試試。商標通常被放在右下角，你大可將它移到左上角。產品照片通常所佔版面較小，你大可把它放大。與其讓廣告標題一如往常大於其他文案，勇敢地反其道而行吧。這樣是離經叛道沒錯，但因為如此而出奇制勝的頻率之高，恆常帶給我驚喜。」

（參見〈版面設計〉一章，那裡有更多藝術指導可用的工具）

Exercise：隨興發想，運用任何想到的事物，拿來做逆向思考的練習。先從圖像開始，例如說，一個蛋。蛋通常是橢圓的，所以你可以把它變成方的。然後拿這個方形雞蛋來做廣告。也許這個例子的廣告標題可以是：基因改造的食物是不是過頭了？（似乎不是很理想，你可以想好的例子……）

不要說「最好」

用「最好」來形容產品實在太廉價、太一般了。你可以想想世界上有多少產品都想冠上「最好」兩字。只要把產品推上無以復加的最高級，其識別度立刻被摧毀，而且幾乎沒有例外。除非你能為「最好」背書（就像灰雁〔Grey Goose〕說自己是世界最好喝的伏特加，背後有美國飲料品鑑機構〔Beverage Testing Institute〕將其評為世界第一好喝），不然避免用這兩個字。還有，與其廣泛，不如精細地指出產品好在哪裡，或是優於其他產品的特點；即使是灰雁要說自己最好，也聚焦於好喝這件事上。

很不幸，「最好」兩字依然偶爾會潛伏進廣告之中，而且通常沒有根據，特別是在美國（英國的廣告管制機構，甚少核准其使用，如果真的有的話）。誰忘得了吉列（Gillette）那句泛泛的標語：一個男人所能擁有的最佳刮鬍刀（The best a man can get）。但是，若要說到使用「最好」的最糟範例，恐怕還是 1985 年可口可樂在同年推出又撤掉的新配方，他們為該配方所打造的標語是：「最好的剛剛變得更好了」。

「最好」這個字眼通常出自那些自以為有能力寫文案的人之手（像是美國小餐館或披薩店的老闆）。我最喜歡引用的例子，就是《精靈總動員》（Elf）裡的一個段子，該片由威爾‧法洛（Will Ferrell）飾演天真、孩子氣的男主角，他看到餐館外的霓虹招牌寫上了「世界上最好的咖啡」，便跑進店中大肆恭喜店主。

當然，「最好」是不能跟「更好」及「好」混為一談的。飛利浦的「讓我們做得更好」，傳達的是強而有力的重要訊息，「更好」只是剛好是訊息的一部分。另外還有像大衛‧阿伯特（David Abbott）為英國電信（British Telecom）所寫的簡潔品牌標語，「能聊聊真好」。又或者像「在森寶利超市好食物就是更划算」[9]。還有，像這類的句子，「有一種更好的方式，可以……」，也常運用在電視廣告中，但發揮的效能則視個案而異。健力士啤酒的品牌標語，「好事情總是降臨在耐心等待的人身上」，也是善用「好」這個形容詞的例子（這個概念最初是源自倒滿一杯健力士啤酒恰恰需要 119 秒的時間）；他們推出的電視廣告，如〈衝浪客〉（Surfer）、〈退化〉（noitulovE）都將此一概念展演得淋漓盡致。再一次，「好」這個字只是其背後概念的一部分，協同傳達了「恆常的耐心，就是美德」。

9譯註：森寶利超市（Sainsbury's）是英國第二大的連鎖超市。

圖像化

有一種說法，點出關於當藝術總監這回事，不過是看事情的角度與眾不同。如果有人要求你以鯊魚和泳客為主角，畫一張有戲劇張力的畫，那就有很多的圖像表現方式。最淺白的圖像應該就是側面畫；泳客小小的，在水裡泅泳，後面追著巨大的鯊魚，張開血盆大口（靈感來源應該是小朋友常畫的大魚吞小魚）。另一種呈現方式，可能是泳客在海平面上，後面是

鯊魚浮出水面的背鰭。兩者都非常簡單明瞭，溝通了畫者的意念。現在我們來看最早期的《大白鯊》（Jaws）的電影海報，拿前兩者與唐尼‧辛尼爵（Tony Seiniger）所素描的初稿比較。你可以注意到鯊魚放置的角度並不尋常：現在他的牙齒表露無遺，露出的尖頭則快速凸顯出與泳客體積的懸殊對比，而他的身形長度則留下了發揮想像力的空間。那尖尖的頭顱看起來就像高速飛出的子彈，還有他從深海直竄而出，泳客可以說是無從察覺，全都增加了鯊魚形像的毛骨悚然。海報的字體是粗體血紅的大字，與鯊魚正好產生視覺平衡。每次我看見這張海報，我就想大聲呼喊，「游快點！」一如辛尼爵曾經說過的，「（海報）應要是眾人前所未見，那肯定能博得注目的眼光」。

象徵

象徵是一種視覺隱喻，借用一項事物代表另一項事物（基本的例子像是紅色＝怒氣，狗狗＝忠心，獵豹＝速度）。象徵是一種速記，以圖像將概念簡化，在平面媒體上特別好用。象徵可以很直觀，像是一顆足球就可以用來象徵這項運動。但是你也可以發揮原創力，給予直觀的象徵出乎意表的變化。比如說，我們可以拿女性的粉餅／化妝盒，在它旁邊加上一支油漆工使用的大型油漆刷（以此作為象徵世界小姐選美賽的圖像）。單單使用粉餅／化妝盒也可行，但是加以出乎意表的變化（把一般的粉餅刷轉換成大支的油漆刷，甚至是敷水泥的抹刀），原來的概念就產生了平行的延伸（將直觀的概念平行推延的方法在第 148 頁的〈得寸進尺一廣告圖像〔平實 vs 平行〕〉中有更多討論）。

平行象徵是非常有效的溝通方式。象徵可以一開始就是平行的，獨立發揮功效，無須加以變化。下面那幅未曾發表過的學生作品是為自傳頻道（The

象徵是以圖像簡化概念的好方法。
———
客戶：自傳頻道
學生：Jenny Drucker

麥可 ‧ 傑克森

Biography Channel）量身打造，可以說是清楚體現一個想法的完美範例（是的，我們都知道麥可·傑克森〔Michael Jackson〕的皮膚隨著年齡的增長而越來越白），其表現的方式就是平行象徵。若要以直觀平實的表現方式，則可以貼出傑克森逐年變化的照片。但是這樣象徵式的表達法真是高明太多了。

倫敦杜莎夫人蠟像館（Madame Tussauds London）曾經推出一支電視廣告，單純以蠟燭代表展出的名流蠟塑（比如搖曳燭火的白色蠟燭＝瑪麗蓮·夢露〔Marilyn Monroe〕）。這個點子也很聰明，觀眾因此而涉入廣告的層次有兩者：他們會猜每一根蠟燭所代表的人物為何，同時廣告也沒有透露蠟像的真面目，如此便保留了懸念，避免了「劇透」的風險。

但是不論象徵是直觀或平行，或者不論你賦予它怎樣的變化，它其實就是一種好用的速記工具。

∙∙∙

Exercise：選六位你覺得其生命故事或自傳會在電視上播出的名人，在世或離世的都可以，替他們創造廣告概念（假想客戶是自傳頻道）。你可以先從家喻戶曉的名人取材（這種素材很有可能做出最成功的廣告），同時給予你的概念象徵變化：從他們真實的生平事蹟中尋找象徵，然後將它平行延展、誇張，但別憑空杜撰。你也可以語帶諷刺，就是不要重複陳腔濫調。

∙∙∙

備註：不知道為什麼，每次我讓學生做這個練習，有個概念總是一而再、再而三出現——那就是象徵奧茲·奧斯朋[10]（Ozzy Osbourne）的斷頭蝙蝠。這個象徵是直觀而沒有任何變化的。下面有些更好的例子：

10譯註：奧茲·奧斯朋是英國的重金屬歌手，為黑色安息日樂團（Black Sabbath）的主唱，有「英國重金屬搖滾之父」之稱。在他 1982 年的巡迴演唱會當中，有個歌迷扔擲了一隻蝙蝠上舞台，他當場將蝙蝠拾起，並將牠頭咬斷。

象徵／圖像	名人
包覆著花朵壁紙的手銬	瑪莎·史都華[11]
被子彈打得坑坑疤疤的（廣告看板）	艾爾·卡彭[12]
一只餐盤盛著一顆豆子	任何的超級名模

創作學生：珍妮·德魯克（Jenny Drucker），克莉絲汀·索倫提諾（Kristin Sorrentino）

11譯註：瑪莎·史都華（Martha Stewart）是活躍於美國電視圈的知名媒體人，一手創辦《瑪莎·史都華生活》雜誌與同名節目；後以內線交易罪名起訴，2004 年鋃鐺入獄。因其雜誌與節目大多聚焦於家居生活，史都華也因此被視為美國的「家居女神」。

12譯註：艾爾·卡彭（Al Capone）綽號疤面（Scarface），曾於 1920 年代領導芝加哥的南邊幫（Southside Gang）與北邊幫（Northside Gang）爭地盤，爆發多場槍戰；芝加哥現在依然有建築保留著當時的彈孔。

避免俗套的意象

所謂俗套就是「陳腐的說法或概念」，許多圖像一再重複，也早已成為窠臼。就像路克·蘇立文（Luke Sullivan）所指出的：

「每種類別（的廣告）都存在著陳舊意象。在保險廣告裡，那是和孫子一起放風箏的爺爺；在科技產業廣告中，則是一群勤勤懇懇的人盯著電腦螢幕；啤酒廣告中，最常見的就是咪咪。」

以下是我個人的「最愛」，在我做廣告的時候會不計代價避免（就像有人曾經諷刺的，「躲避俗套如黑死病」）。當你為了譏諷刻意模仿，或惡搞俗套時，則是例外。

這裡有些圖像俗套可以率先作為參考（這張表格隨著你的見聞增長，亦應該有所添加）：

▌不限媒體類別
‧吸血鬼
‧地獄天使[13]（Hell's Angel）抱著小嬰孩（這是問候卡常用的意象）
‧男人站在紐約公寓的窗口，吹奏薩克斯風
‧以 Photoshop 修編名人照片，讓他們的手上夾著大麻煙，或是吐出舌頭等等。
‧Nike 式的廣告（看起來像是運動愛好者的人擺出與眾不同的架子）
‧人體剪影（像蘋果 iPod 廣告那樣的）
‧象徵少數[14]（token minorities）
‧安迪·沃荷[15]（Andy Warhol）風的平面設計
‧女人在經期時，進行跳傘之類的刺激運動
‧車子沿著蜿蜒的山路馳騁
‧動物意外地和形貌相似的物體或產品交配

▌針對電視媒體
‧讓動物或嬰兒說話的電腦效果
‧讓產品用戶／家庭主婦做證式廣告（testimonials）
‧用大頭照式的鏡頭，拍攝「鄰家」演員，重複同一句廣告台詞（尤指美國）

・汽車或其他產品像變形金剛般變成機械人

（跟文案相關的的俗套，可參見第 244 頁的〈陳腔濫調〉一節）

13譯註：地獄天使是美國的機車幫會，成員通常都是身上刺有該會圖騰、狀似凶惡的彪形大漢。

14譯註：在影片、卡通、書籍或遊戲中，如果大多角色屬於同一族群，有時會刻意安排一位少數族群的配角，好讓作品看起來更「多元」；這位配角就是象徵少數。

15譯註：安迪・沃荷被奉為美國的普普藝術教父，它1960 年代初開始以絹印法作為創作主要手法，其中成名作《沃荷式的夢露》（Monroe in Warhol style）用色大膽，陰影區皆用單一色調，捨棄了陰影過度到光亮區的細膩變化，讓光影形成截然的對比，最常為後世所仿傚。

向最好的廣告學習優點，向最壞的學習教訓

這節的主題銜接關於俗套的討論剛剛好，因為俗套也是成就壞廣告的要因之一。從現在開始，留心你四周的廣告，分析和評估每則你看到的廣告。判斷它是「好」或「壞」廣告。如果它是壞廣告，或是差強人意，你要小心自己不會掉進同樣的模式中。

同時你可以大量接觸絕佳的廣告，尋找各大廣告獎出版的年鑑，看看評審的標準。再一次的，不要拷貝，即使那是好作品。保持原創最重要。

即使做廣告是一件很主觀的事，但只要你能區分下面幾種廣告的差異，那就等於抓住了訣竅：

・絕佳廣告和好廣告
・好廣告和表現平平的廣告
・表現平平的廣告和壞廣告
・壞廣告和糟到可怕的廣告

如此經過一段時間後，你就會擁有解析評論廣告的能力，對於獲獎作品也會有自己的見解。向最好的廣告學習優點，向最壞的學習教訓，都是學習過程的一部分。不用多久，當你具有鑑別廣告的眼光後，回頭看看自己早期的得意之作，或許會不好意思地縮起脖子。

不要跟風

太多時候，我們都被媒體上的廣告影響，不論有意識或無意識地。我們會情不自禁地想，那麼多廣告呈現出雷同的質地和手法，所以以我們也該從善如流。殊不知，高度的重複終究會淪為俗套，讓人無動於衷，進

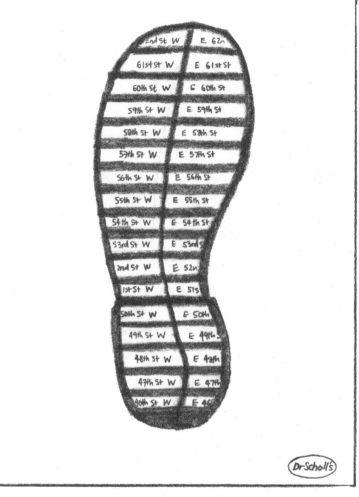

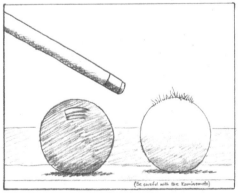

（謹慎使用加美乃素）

上 何須呈現人物在曼哈頓的街道上行走呢？[16]

客戶：Dr. Scholl's
學生：Jasmina Meheljic

16譯註：曼哈頓總共有 214 條街道，以數字命名。圖中的道路以第五大道（Fifth Avenue）為分際，左邊的街道名稱加上東，右邊的加上西。

下 何須使用真人模特兒幫生髮素打廣告呢？品牌標語：（謹慎使用加美乃素）。

客戶：加美乃素
（Kaminomoto）
廣告商：靈智（Euro RSCG Partnership），新加坡
創作者：Neil French

而被遺忘，與諸多徒具匠氣的廣告一起。就因為你聽到的廣播廣告聽起來都一個樣，不代表你也要起而做尤。做廣告，不要跟風。

廣告必須有人物嗎？

廣告裡有人物，或沒有，都不具非如此不可的理由。但是你一旦使用人物，那就等同放棄使用其他工具的權力，像是圖像明喻、象徵、以及類比／圖像隱喻等等，這些能更快傳達訊息、更有創意的可行方案。這其實就是一種化約主義。通常在創意過程中，最先發想的點子都會涉及人物使用產品的畫面；結果就是匠氣的廣告。**試試把同一個概念平行延展，不要使用人物。**這樣的簡約通常能激發出更多的創意。舉例來說，想像 Dr. Scholl's 的廣告秀出穿著他們家鞋子的模特兒，在曼哈頓的人行道上趴趴走。現在看看我之前的一位學生所創作的廣告（第 37 頁右上），他將同樣的概念平行延伸。同樣的道理，想像一則生髮素的廣告。無新意者（通常也不會有甚麼吸引力）常用男模特兒使用前後的髮況做對照；現在和這幅廣告（第 37 頁右下）的表現方式比較一下。這就跟第 24 頁的 Palladium 健身中心的廣告一樣，你不需使用人物，只需暗示其存在即可（參見〈得寸進尺一廣告圖像〔平實 vs 平行〕〉，第 148 頁）。

廣告必須秀出產品嗎？

儘管大部分的客戶都認為如此，但是廣告其實不一定都要秀出產品／服務。有些情況下，不秀產品確實是自殺性行為（比如，剛剛進入市場的新產品通常都要透過廣告亮相，其理由顯而易見）；又或者，你已胸有成竹，要跟 Absolut 伏特加以產品為主角的系列廣告一較高下。不然的話，如果廣告具備了趣味性和記憶點（而你也將廣告處理得很切題），那就已經達成廣告的目的了。對一般客戶來說，不秀產品的廣告像是一場豪賭：「秀出產品來，至少看的人會知道這個廣告在幹嘛，不是嗎？」那也要廣告有足夠的吸引力，不會無聊到彷彿不存在。拿我們每天所看到那麼多有產品照的廣告來說，你真的記得的有幾個？

還有一個重要的考量點，也站在「無產品」廣告這邊：若產品太不起眼、太無聊或賣相難看，連客戶自己也不想在廣告中秀出來；或是產品已具有家喻戶曉的知名度，只要亮出品牌寶號，就足以在消費者心中召喚出產品的真實樣貌，這些時候都可以不要秀出產品。歐洲主流的拉格啤酒（lager）廣告，走的都是「無產品」路線，像第 32 頁的「鴿子」就只搭配品牌標語，「多麼讓人耳目一新，多麼海尼根」。另

外，第 39 頁 Volvo 汽車廣告也只秀出「籠子」。

那如果客戶就是愛用產品照（有時也叫作「包裝照」，視產品種類而定）呢？有一種兩全其美的方法，收效也相當宏大，那就是創造出一種廣告概念，能在包裝照逐漸淡出後，依然讓消費者看到廣告就聯想到產品。這也許需要幾個禮拜、幾個月，甚至幾年，端視廣告在媒體上的曝露度而定。同樣地，對於登載於多媒體的系列廣告來說，產品也許只需要在某些媒體中出現就夠了。其實，一個品牌只要維持一貫的視覺識別元素、配音、調性和標語，就等於使用了輔助記憶的符碼，能在受眾心中召喚產品的形象，即使產品照付之闕如。只要掌握這個關鍵，廣告就能到達沒秀產品，但產品依然歷歷可見的境界。

....

Exercise：找出兩本頂尖廣告獎的得獎作品集——一本是二十年前的，一本是去年的。算算前後兩者以產品為主角的廣告各有多少，產品不是主角的廣告又各有多少，差距是否很懸殊？然後你可以評估看看這些廣告如果反其道而行，會表現得更好或是更差。

....

誇張 vs 杜撰

許多出色的廣告都運用了誇張手法，藉此向消費者傳達訊息；相反地，憑空杜撰而成功的頂尖廣告少之又少。**誇張比杜撰容易成功的原因在於，誇張以真實為基礎，杜撰則以捏造為能事。**而真實，可能與一般認知有所出入，正是廣告概念中非常重要的一大因素。

分辨概念是誇張還是杜撰，可以是一件很主觀的事；這通常是課堂上的辯論主題。上面（粗體字）定義的誇張和杜撰可以用來分辨大多數的案例。有些案例比較難分辨，最後則必須視廣告的主體而定，看看其主體是人類（或其他生物），還是物體。

身為人類，我們自然對人的行為有相當程度的了解。即便行為誇張或過火，只要有真實為基礎，還是有可能讓我們發噱和同理；而杜撰的行為既然離開真實，很容易就顯得矯揉不自然。所以當你衡量廣告人物的行動是誇張還是杜撰時，大可運用上述的邏輯。最快的方式就是問問自己：「真的有人會那樣做嗎？」

讓我們透過 Castlemaine XXXX 啤酒的廣告案例，進一步細究上述的邏輯。你可以說那樣的表現方式是杜撰的（沒有人會在鱷魚的嘴裡還心心念念著啤酒），

但如果回到這個系列廣告的中心概念（澳洲人就是要喝 XXXX 的啤酒），其表現方式便是種誇張，而非杜撰。我真的相信，有些澳洲男人嗜飲啤酒，愛它勝過所有。加上一點誇張，這個概念傳達的是他們偏愛 XXXX，高過世上的一切。

但是如果廣告中的事件是發生在主角身上，而非其行為呢？再一次，這也要視案例而定。拿第 40 頁的廣告海報來說，其中的女人因為整個夏天開著敞篷車趴趴走，部分褐髮讓太陽曬得嚴重褪色。這是誇張或是杜撰？我會說太陽把頭髮曬得褪色到這種程度，是一種誇張沒錯，但還是具有可信度和趣味，因為曬太陽會讓頭髮褪色是真實不虛的事。記得，所有的誇張都以真實為基礎。

我們以上述的情境為起點（長時間開著敞篷車），然後想一種**杜撰**的結果。你應該輕而易舉地就能想出許多例子。也許這個女人頭頂的髮絲全都掉光了，因為風一直拉扯。這個點子不但負面，而且完全沒有真實根據，是杜撰的：風沒辦法吹掉人的頭髮。那會吹乾頭髮嗎？會的。讓頭髮打結？會的。扯掉頭髮？不會。（如果這個廣告是為洗髮精所做，而非汽車，那又另當別論了。風中掉髮可以當作洗頭掉髮的誇張版，因為有些人確實會在洗頭時大量掉髮，堵住排水孔。這樣廣告就不是杜撰了，因為掉髮是真實會有的情況。）

當廣告概念以**物體**呈現，而我們要判定其表現是誇張或杜撰時，同樣的邏輯依然可作為準則：這個概念是否以真實為基礎呢？我們可以看看登祿普（Dunlop）輪胎廣告中呈現的「不測」。簡單的概念化為一句品牌標語：歷經測試，以防不測。據說，廣告腳本最初安排的不測路況有：突然的髮夾彎、小朋友跑到路上、卡車運載的貨物掉下來等等，都是一般司機每天都要小心防備的情況。然後，導演湯尼·凱（Tony Kaye）使用誇張手法，企及了更戲劇化的效果；他將現實轉變成超現實，學童變成了妖精，捆捆的稻草則變成高空急墜的鋼琴。如此表現手法依然可行，因為概念是奠基在真實之上：輪胎歷經測試，以助駕駛面對不測路況，避免車禍發生（參見第 40 頁）。

另外一個例子是 1960 年代的 Benson & Hedges 牌香菸 100 系列，他們的廣告誇張了這款新香菸過長的「缺點」，在其中一個幽默的電視廣告裡，有個男人錯估了香菸的長度，站得離窗子太近，菸頭撞到玻

籠子能保命
CAGES SAVE LIVES
VOLVO

AUSTRALIANS WOULDNT GIVE A XXXX FOR ANYTHING ELSE.

澳洲人就是要喝 XXXX 的啤酒

璃就歪了。

如果你和朋友正在檢視一則廣告，對它是誇張或杜撰（簡單說，就是「可信與否」）依然舉棋不定，你大可相信自己的看法，同意他人或持反對意見，或是乾脆投票決定（參見〈誇張法〉，第 137 頁）。

安全牌 vs 諷刺牌

我真誠地希望連歡笑都要受到管制的那一天不會來到。想一想，如果法律以保護民眾為名（對我來說，這比甚麼都冒犯人），大幅限制廣告內容，那該多麼讓人憂心。政治正確的界線確實越來越精細，廣告人也要小心不能輕易越界。往正面看，做廣告或許因這項限制，獲得激發創意的挑戰。而在此同時，現成的創作素材依然那樣豐富，一定夠你發想絕妙的點子，用諷刺來幽默現實（可別把諷刺性的幽默與廁所／大學幽默混為一談，參見第 155 頁）。

上 無須產品出場。這個牌子的汽車（以及它的安全性能）是如此知名，廣告只要放上商標就夠了。

客戶：富豪汽車（Volvo）
廣告商：Abbott Mead Vickers，倫敦
創作者：Mark Roalfe、Robert Campbell

下 此系列廣告的中心概念（澳洲人就是要喝 XXXX 的啤酒）以誇張手法表現，而非杜撰。

客戶：Castlemaine XXXX 啤酒
廣告商：Saatchi & Saatchi，倫敦
創作者：Peter Barry、Zelda Malan、Peter Gibb

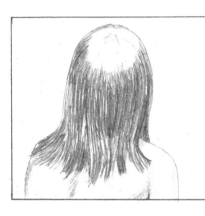

Polo，現在還配載電動天窗。
Polo. Now with free sunroof.

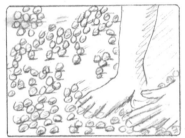

上 誇張手法以真實為基礎（曬太陽確實會讓頭髮褪色）。

客戶：福斯汽車
廣告商：BMP DDB，倫敦
創作者：Nick Allsop、Simon Veskner

下 超現實的廣告，但是底蘊是真實（車子輪胎經過設計，以因應各種路況和難料的障礙）。[17]品牌標語：歷經測試，以防不測。

客戶：登祿普輪胎
廣告商：Abbott Mead Vickers，倫敦
創作者：Tom Carty、Walter Campbell

17譯註：左邊上下兩圖皆是廣告中為路況帶來變數的超現實人物，右上圖則是灑滿地上的鋼珠。

批評與主觀

批評任何的創意概念，都會引發相左的見地，廣告也無法倖免，畢竟這是一種非常主觀的藝術形式。事實上，如果你想要，所有的創意都有得評，畢竟沒甚麼是放諸四海皆完美的（一如菲利浦·德斯拓奇斯〔Philippe Destouches〕在 1732 年所言，「批評簡單，藝術難」）。話說回來，一般而言，如果廣告界的大多數人都喜歡你的作品，那它大概確實很優。但是學生和業界的作品常會引發兩極的意見，特別是在專業人士和一般消費者之間。這不是壞事。至少這則廣告引發了激烈的反應；聽到「我好愛」或「那好爛」的兩極評語，總是比人人看到廣告都無動於衷好。

既然談到徵詢指教這件事，有些風險是要注意的。如果你徵詢意見的不是專業廣告人，記得別問他喜不喜歡，而是要這樣問：「你看得懂這則廣告嗎？」因為大多數的人（特別是親朋好友）都不想冒犯你，即使你要他們有話直說亦然。所以如果你創作的是平面廣告，大可將作品持舉於受測者面前，就像真的在現實生活中看到廣告一樣（也就是說，不能向他們解釋你的概念，那是一般廣告都沒有的奢侈）。如果他們對你的提問給出否定的回答，或是反應不冷不熱，那你可要找出問題點來。你可以問他們，「你覺得這則廣告要說甚麼？」或者也可以問，「你覺得廣告的意圖為何？」好好聆聽，然後依著答案，不是把廣告打掉重練，就是做些修正。即使你只改了幾句話（或是局部修圖），別找原來的受眾回鍋再看，去找其他沒看過廣告的人從頭測試。到頭來，「不喜歡」比「不懂」好，因為廣告最基本的要求就是即刻的溝通。如果受測者不喜歡，你也可以再找其他人，看看他們的喜惡。如同之前所提，如果大部分的人都「懂」、都「喜歡」你的廣告，那它應該就是成功之作。

另一方面，當你向內部（廣告商）成員提出概念，或向外部（客戶）報告時，難免要面對一群人馬，每個人都有不吐不快的意見要發表。若是沒有妥善的領導或決策技巧，那概念就會無可避免地或落入剪不斷、理還亂的糾結中。如果你想面面俱到（將所有想法都放進廣告裡），原初概念的純粹度勢必遭殃，而這也是許多深具潛能的廣告提案所遭逢的命運。為了幫自己打氣，不妨想想這句我曾聽過的珠璣之語：

「眾口紛紜，若求面面俱到，駿馬也會變成四不像。」

（參見〈哪裡來這麼多的壞廣告？〉，第 12 頁）

該選哪個媒體？

廣告媒體通常都是由制定廣告策略的團隊（或者稱為專案企劃〔account planners〕）決定的，不然就是客戶方的行銷團隊做好市場調查（consumer research），確認目標受眾最常使用的媒體，才進而決定的。這個抉擇是廣告策略的一大關鍵，所以也是創意彙報的關鍵，必定會影響到最後的廣告成品。在一些案例中，廣告商有時候會主動提供針對特定媒體發想的廣告概念（像是只能在廣播媒體上播放的點子），讓客戶參考，或是直接賣給對方。在這種情況下，媒體選擇就不是第一順位的考量。

登載媒體的費用是由總預算來決定的，常常是廣告商和客戶之間你來我往的談判焦點。廣告商常會揣摩客戶心思，大談成本效益；但真正刪減成本的，通常是客戶本身。那時候廣告商反而會要求提高成本，因為其報酬乃從總預算中依固定比率抽取；成本高，報酬才會跟著增加。傳統媒體（像是平面、電視）的廣告費，通常是由媒體採購員（代表廣告商和其客戶）和媒體販售員（代表平面媒體、電視台）來協商。

廣告媒體的形式各異，有傳統的（如平面、電視和廣播）和非傳統的（如環境廣告、游擊廣告〔guerrilla〕），也有互動式的（網路上的互動廣告）、綜合式的（單一概念以多媒體呈現）和直效行銷式的（如直郵廣告）。這其中除了直效行銷，其他的各種廣告媒體，我們都會在書裡逐一探究。

剽竊

剽竊是指把其他人發想的點子強取過來，挪為己用。廣告剽竊的方式有兩種：（i）從其他廣告直接剽取（最為廣告圈所不齒）；（ii）仿冒非廣告的作品（最為廣告圈外的人所不齒）。換句話說，廣告人比較傾向於接受從其他形式的藝術中「借用」靈感，但是一家廣告商「再創造」其他家的概念或表現手法，卻是萬萬不可（當然不行）。反過來，對廣告圈外的人來說，廣告人都是抄襲者，廣告人之間相互抄襲則是廣告人的事。

這裡的重點是辨別和了解剽竊和非剽竊的不同。藍布朗說過，「搞原創，別模仿。」從他說這句話的角度來看，甚麼樣的行為會被判為剽竊？甚麼不會？有些模仿是斬釘截鐵、毫無疑問的複製，有些則會引起爭論（本田汽車〔Honda〕的廣告片〈齒輪〕〔Cog〕所引起的剽竊爭議可能永遠都不會有結論）。

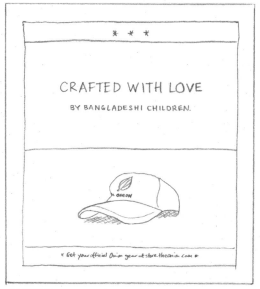

以愛製作
孟加拉孩童心血結晶

你可以語帶嘲諷，但必須考量嘲諷的效果。這個廣告後來沒有派上用場，追根究柢，就是因為客戶不認為這則廣告能代表《洋蔥報》（The Onion）[18]的聲音。

客戶：洋蔥報
廣告商：The Martin Agency，里奇蒙
創作者：Sara Grunden、Mike Lear、Kevin Thoem

18 譯註：《洋蔥報》是一家美國的數位媒體公司，其新聞以嘲諷著名。該公司也有販賣衣飾配件，通常都會印上洋蔥報的商標，或是嘲諷的短句。

他對爸媽說，他 X 的滾遠點。
他對寄養家庭的爸媽說，他 X 的滾遠點。
他對十四位社工人員說，他 X 的滾遠點。
他對我們說，他 X 的滾遠點。
但我們沒有離開。到現在都沒有。
……相信孩子。

廣告可以有震撼力，但不能無的放矢。這則廣告加了叉叉符號以後，依然具有撞擊的力道。

客戶：伯納多兒童關懷慈善機構（Barnardo's）
廣告商：BBH，倫敦
創作者：Nick Gill、Mark Reddy

重複的委託案摘要，重複的廣告。「血
快用完了」此一概念不約而同出現在世
界各地的紅十字分會廣告中。

剽竊可能是完全無辜的（如果兩個廣告策略雷同，焦
點都落在同一個窄區，那廣告概念相仿就是確有可能
的巧合）、下意識裡進行的（你在腦海裡下意識地記
下了原版廣告的概念）、或刻意的（剽竊犯巴不得沒
人看過原版的廣告）。

同上，當我把同一份廣告策略交給一大群學生的時
候，相同的概念會重複出現，是很自然的事。但是
近來有股（令人不安的）歪風在學生之間颳起，他
們一手蒐集產品資訊，一手大喇喇地取用客戶網站的
策略、概念、品牌標語、文案或圖像，將兩者混淆不
清。這與利用優質資訊發想更好、更完整的概念是截
然不同的（就像有人說過的，從何處獲得靈感不重
要，重要的是要取之有道）。

強取他人的**創意結晶**不但是懶惰，更是欺世盜名。誰
都辦得到。但是東窗總會事發，最後不是讓老師同學
發現，就是給其他的廣告人識破。有些廣告商或客戶
會要求你剽竊，或接受你的抄襲，但是一個盡責的老
師不會。廣告業裡也有讓人憂心的現象，那就是廣告
商雇用的「廣告匠」大喇喇地翻閱得獎作品年鑑，直
接用山寨版的點子完成委託案（有人就開玩笑說，這
些人沒有創造力，只有**再**創造力）。

要為反剽竊的論說做個總結，我們不妨思考下面兩則
引述：

原創失敗，總比模仿成功好—赫爾曼·梅爾維爾
（Herman Melville），小說家

模仿並不是恭維的最高表現—史帝夫·蒙哥馬利，藝
術總監

02

廣告策略
The Strategy

儘管本書英文書名的副標題[1]將「發想創意概念」放在「擬定廣告策略」和「打造系列廣告」前面，創作廣告的正確順序卻是：

擬定廣告策略第一
發想創意概念第二
打造系列廣告第三

換句話說，同一系列的廣告皆來自同一概念，這個概念則是從廣告策略來的。

在廣告界裡，「廣告策略」指的是整體的行銷或銷售方式。那是廣告概念背後的思維（說是思維背後的思維也可以）。廣告策略（或稱策略思路）的成形奠基於產品主張／效益、產品應用範圍、市場的背景資料和目標受眾的喜好等要素，也可能是綜合考量上面要素後的成果。每個廣告策略都該具備與眾不同的特色（不論小或大），走出與競爭對手不同的路線，從而衍生出獨具特色的廣告概念和系列廣告。

廣告策略應該彙整為**策略陳述**（strategy statement），也就是創意彙報。用白話來說，策略陳述是一份綱領，指引產品在市場中的定位或再定位（統稱為產品定位）。大部分的廣告商，特別是具有規模的，都雇有專案企劃、品牌經理、行銷專員、或廣告策略師來發展、擬寫每份創意彙報，並向創意部的團隊報告。在這本書裡，我主要討論的是廣告商，而非行銷公司，如何制定策略（後者傾向以更深入的統計和分析為手段，研究產品、價位、門市地點、通路和促銷。參見〈行銷是甚麼？〉，第266頁）。

廣告策略、廣告概念和系列廣告之間的重要分別

廣告策略、廣告概念和系列廣告這三者常被混淆。要了解三者的不同，最佳方式就是以案例研究來解說：

▌英國花卉植物協會

有許多年的時間，人們只有在特定的節日場合，像是情人節、婚喪喜慶，才會買花。花商所面臨的問題是，要怎麼提高買花的頻率和數量，讓人們不再受限於特定時節場合，全年都願意買花（花作為產品，非常適合上述的策略；因為花開幾天後就會凋謝，需要重新購置）。許多廣告商都將花卉重新定位成致歉／道謝產品，力圖擴張市場，與巧克力或卡片一類的產品分庭抗禮。

然後，有間廣告公司為英國花卉植物協會（Flowers & Plants Association）（他們有琳瑯滿目的花卉，就像豐盛的乳酪拼盤〔cheese board〕一樣）打造了完美的解決方案。他們很聰明地主張女性何不妨為自己買花，花不該只是買給別人的禮物。忽然之間，花卉透過策略而被賦予了與衣飾、巧克力同樣的定位。更重要的是，這項策略具有相當高的可行性（花卉本來就美，聞起來也芬芳怡人，而且花會讓擁有者覺得特別）。

廣告的創意概念從這個策略衍生，奠基於一般男性都不太樂意為自己、家庭或重要的人買花這個事實上，以直率的品牌標語道出：花。為什麼要等待？妳可以自己買。其系列廣告更掌握上述論點，描繪了男性和他們等不到贈花的老婆／女朋友，看了讓人心有戚戚焉。這個系列廣告還有個聰明的地方，它等於間接釋放訊息給單身女子，如果想要常有漂亮的花朵，沒有男朋友也沒差，甚至是更好。因為廣告策略可行性高，所以才能順利擴張成創意概念，並表現為系列廣告（見下一頁）。

▌BUPA 醫療服務

在1990年代中期，英國私人醫療服務的龍頭BUPA，正在謀求新的系列廣告，力尋能引起廣大群眾共鳴的創意概念。為了達成這個使命，作為起點的廣告策略就必須抓住大眾的心思。BUPA最大的競爭對手就是公辦的國民保健署（National Health Service），其資金來源是稅賦，服務的對象廣及所有英國公民。但是國民保健署麾下的醫院難以提供充足的診療時間，而且所有的醫療措施皆以成本效益分析為基礎考量（如果你過了一定的年紀，需要替換人工的髖關節，那很抱歉，國民保健署愛莫能助），一

1編註：原英文書名為《The Advertising Concept Book：A complete guide to creative ideas, strageties and campaigns》

HUGH NEVER GIVES VANESSA FLOWERS. HE'S WORRIED SHE MIGHT THINK HE'S UP TO SOMETHING. WHY WAIT? BUY YOUR OWN.

修從來不送花給凡妮莎。他擔心凡妮莎會認為他別有所圖。
為什麼要等待？妳可以自己買。

www.flowers.org.uk

FRANK HASN'T GIVEN HIS WIFE FLOWERS SINCE BUILDERS WOLF-WHISTLED AT HIM ON THE WAY BACK FROM THE FLORISTS. WAIT WAIT? BUY YOUR OWN.

自從那天在買完花的回家路上，遇到建築工人對他狂吹口哨，法蘭克再也沒有送花給老婆過。
為什麼要等待？妳可以自己買。

www.flowers.org.uk

The only bunch he brings home is his keys.

Flowers. Why wait?
Buy your own.

他唯一會帶回家的錦簇，只有一串鑰匙。
花。為什麼要等待？妳可以自己買。

www.flowers.org.uk

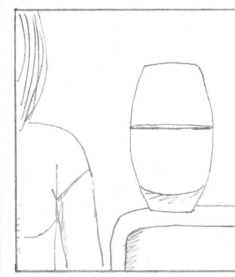

Last thing he handed me to put in water was a teabag.

Flowers. Why wait?
Buy your own.

他上次拿給我，要我放入水裡的東西，是個茶包。
花。為什麼要等待？妳可以自己買。

www.flowers.org.uk

左上 廣告標題：修從來不送花給凡妮莎。他擔心凡妮莎會認為他別有所圖。品牌標語：為什麼要等待？妳可以自己買。

客戶：英國花卉植物協會（Flowers & Plants Association）

左中 廣告標題：法蘭克再也沒有送花給老婆過，自從那天在買完花的回家路上，遇到建築工人對他狂吹口哨

客戶：英國花卉植物協會（Flowers & Plants Association）

右上與下 同樣的策略，同樣的品牌標語，發展成不同的系列廣告。英國花卉植物協會首發的系列廣告讓受眾知道為什麼男人不喜送花，而這個系列單純提醒女性男人不送花

客戶：英國花卉植物協會（Flowers & Plants Association）

直是為人所詬病之處。BUPA，相反地，就能提供品質更高的醫療服務，等待門診的時間也更短。但是消費者需要支付的費用也多很多。好的，在這樣的情況下，要制定甚麼樣的策略，才能讓長期浸淫在堅忍克己國風之下的英國人民，走進私人醫療機構，吐出大把鈔票呢？關鍵，一如所有偉大的廣告所洞悉的，就在於知會觀眾他們未曾想到的事。只是說，「我們關懷你，更甚於國民保健署」，「我們能提供更好的服務」，或是「如果你生病，我們會照顧你」，都太過意在言表、太過平實。這些訊息每個人都知道。最好的回應或許就是，「嗯，你最好認真照顧我，我可是花了大把鈔票呢！」該廣告策略平行推送了上述思考，更進一步告訴受眾：他們值得擁有健康的生活，那是 BUPA 認真照顧他們的**原因**。一夕之間，BUPA 成為了預防醫學的「霸主」，與「等到最後一分鐘我們再來救你命」式的醫療徹底分道揚鑣（我很確定這種醫療方式該有個正式的說法）。

概念從策略中誕生，反映於品牌標語，正是：你讓人驚艷。我們希望你維持那絕妙的風采。接著系列廣告也隨之蘊生，描繪日常生活中的身體活動，那些我們以為理所當然、卻是神乎其技的生理機轉，其表現方式兼具優美動人的文字、藝術風格和影像。最重要的，這個概念顯然具有引發廣大共鳴的可能性，大可登載於各種媒體。

這一系列廣告的成功是從策略發想開始的，而策略發想則是藉由參照目標市場、競爭對手和 BUPA 的三方關係，方而獲得靈感。當創意部的團隊依循如此傑出的策略，自然事半功倍就能創造出傑出的概念和系列廣告。

產品／服務：蘋果

策略：創造出蘋果在地位和規模上皆能與 IBM 分庭抗禮的認知（在 1981 年，蘋果還是間小公司，當時同類市場上主要的競爭對手只有二十多個）。
概念：認可 IBM 進入個人電腦市場。
表現：歡迎，IBM。真的歡迎。
調性：真誠、自信、踏實，同時兼具幽默感。
主張：蘋果跟 IBM 一樣先進。

Welcome, IBM.

Seriously.

Welcome to the most exciting and important marketplace since the computer revolution began 35 years ago.

And congratulations on your first personal computer.

Putting real computer power in the hands of the individual is already improving the way people work, think, learn, communicate and spend their leisure hours.

Computer literacy is fast becoming as fundamental a skill as reading or writing.

When we invented the first personal computer system, we estimated that over 140,000,000 people worldwide could justify the purchase of one, if only they understood its benefits.

Next year alone, we project that well over 1,000,000 will come to that understanding. Over the next decade, the growth of the personal computer will continue in logarithmic leaps.

We look forward to responsible competition in the massive effort to distribute this American technology to the world. And we appreciate the magnitude of your commitment.

Because what we are doing is increasing social capital by enhancing individual productivity.

Welcome to the task apple

策略：創造出蘋果在地位和規模上皆能與 IBM 分庭抗禮的認知。 概念：認可 IBM 進入個人電腦市場。

客戶：蘋果（Apple）
廣告商：TBWA／Chiat／Day
創作者：Steve Hayden

歡迎，IBM。
真的歡迎。

　　歡迎你們進入個人電腦市場。自三十五年前電腦革命發端到現在，這個市場已成為最激動人心、最有展望的市場。

　　也恭喜你們研發出貴公司的第一台個人電腦。

　　讓每個人都能擁有電腦，體會它真正的威力，等同提高人們工作與學習的效率，增進人們溝通和娛樂的品質。

　　電腦素養正快速成為與閱讀和寫作一樣基礎的技能。

　　當我們發明出世界上第一台個人電腦時，我們估計全球有超過一億四千萬人會認同其購買之必要性──如果人們能了解其效益的話。

　　單就明年來說，我們則估計全球會有一百多萬人，能領略到這個工具的好處。接下來的十年，個人電腦的使用人數更會以級數成長。

　　在這個各方人馬傾力攻佔的市場裡，我們期待彼此的良性競爭，可以更進一步把美國的電腦科技帶到全世界。所以我們非常讚賞你們大規模的投入。

　　我們所做的，無非是提高個人生產力，進而增益社會財富。

　　歡迎你們共同承擔這份工作。

策略：以汽車駕駛為目標受眾，而非騎驢找馬的摩托車騎士。概念：機車可以是比汽車更好的選擇。

客戶：Vescony 有限公司
廣告商：Carl Ally
創作者：Ed McCabe

Maybe your second car shouldn't be a car.

Vespa

也許你的第二輛車，不該是汽車。

策略：瞄準不想要「類型車」的買車人，訴諸其標新立異的要求。概念：寶馬迷你無法歸類於任何汽車類型。它自成一格。

客戶：寶馬迷你
廣告商：Crispin Porter + Bogusky
創作者：Ari Merkin、Mark Taylor

☐ SUV 運動休旅車

☐ WAGON 旅行車

☐ SEDAN 轎車

☐ MIDSIZE 中型車

☐ COMPACT 小型房車

☐ OTHER 其他

Exercise：翻閱廣告得獎作品年鑑，辨識其中之平面或電視系列廣告的（i）策略和（ii）概念（策略用一句話描述，概念也用一句話描述）。

產品／服務：偉士牌（Vespa）

策略：以汽車駕駛為目標受眾，而非騎驢找馬的摩托車騎士。
概念：機車可以是比汽車更好的選擇。
表現：也許你的第二輛車，不該是汽車。
主張：偉士牌機車勝過買第二輛汽車。

產品／服務：寶馬迷你（Mini）

策略：瞄準不想要「類型車」的買車人，訴諸其標新立異的要求。
概念：寶馬迷你無法歸類於任何汽車類型。它自成一格。
表現：列出其他類型的車款，並將保馬迷你置於「其他」選項。
主張：寶馬迷你趣味盎然，因為它是如此獨一無二。

備註：爵士樂調頻的策略陳述案例研究在第 52 頁，進一步說明了廣告策略、廣告概念和系列廣告三者的差異。

策略陳述（或稱創意彙報）
要擬定策略，作為發想概念之用，我們必須將它付諸白紙黑字。這會幫助我們清楚聚焦，在一開始就能掌握發想概念的方向。如果有人說一個概念「偏離了策略」，他的意思是概念無法和既定的策略呼應，也因此難以將概念賣給客戶（有些時候這樣的情況還是有補救之道，我在〈簡報與成交密技〉一章詳盡解説了方法）。

把策略陳述放在手邊，這樣就能在發想概念時，隨時翻閱參考。沒有內容紮實的策略陳述，即便你是老馬識途的廣告人，要生產出絕佳的系列廣告概念（或單一廣告概念），也是強人所難之事。那些出類拔萃的電影也是在一開始就有內容紮實的劇本作為基礎。你可以把策略陳述想成劇本或是故事大綱。你想要拿它來做怎樣的即興發揮，大可自己決定。

簡單來説就是，創意彙報越佳，你的工作就越輕鬆。一個模糊不清、「朦朦朧朧」的創意彙報，對廣告創意人來説形同廢紙，但是高度詳盡的簡報也會限制概念發想之多寡。

我將一份策略陳述應有的基本副標題列出如下，雖然這張列表乍看之下沒那麼平易近人，但其實很容易操作（業界是有很多創意彙報詳盡得沒有必要）。列表

中的每個元素都形成了策略的基礎，每一間廣告公司大概都會自備與此表等同功能的範本，其中的副標題和用詞可能稍微有些差異（有些常用的同義詞，下方的列表裡也一併寫出），但這些同義詞的涵義也相當通俗。

- 客戶
- 產品／服務
- 產品和市場背景資料（市場演繹〔Supposition〕）
- 競爭對手
- 商業目標／廣告目標（解決問題）
- 媒體
- 目標市場／目標群眾／目標閱聽眾
- 主張／承諾／效益
- 主張論據
- 調性
- 「指定項目」（指定置入／摒除）

讓我們逐一闡明策略陳述裡每個副標題該具備的內容。你可以把這些內容想成第一章的頭兩節，也就是〈你要說甚麼？〉和〈你在對誰說話？〉的精緻版。

▍客戶
這裡要寫提供產品或服務的公司或組織，例如，福特汽車公司（The Ford Motor Company）、伊士曼柯達有限公司（Eastman Kodak Ltd）、安海斯-布希公司（Anheuser-Busch）等等。

▍產品／服務
這裡要寫你所廣告的產品或服務之名稱，也許那是某個產品的特定系列（例如吉普汽車藍哥柴油引擎 XL 系列〔Jeep Wrangler Diesel XL〕），或是吉普汽車藍哥柴油全系列，或者是吉普汽車全系列，或是吉普汽車的其他產品，又或者你要為吉普汽車整個品牌做廣告。上述的每種情況都需要不同的策略，不同的策略自會衍生出不同的概念和系列廣告。

▍產品和市場背景資料（市場演繹）
這個副標下要寫的是任何與產品和市場有關的資訊。背景資訊對產品定位相當重要（決定了你要說甚麼、你要對誰說和你要怎麼說），這些資訊要顯示出業界曾用哪些方式廣告該產品，或競爭對手的同類產品，哪些蹊徑至今仍無人嘗試。裝備好現下和過往的資訊後，你就可以借鏡成功的案例，用他山之石攻錯，洞悉產品在市場裡的脈動轉折，評估是否要延用同一策略，或者稍微修改，又或者時機已到，該是開闢全新

策略的時候。在創意彙報裡，廣告商通常都會使用這樣的問句：他們（消費者）現在對我們（產品／服務／客戶）抱持何種觀感？

▍競爭對手
這一節要列出競爭對手，考慮產品的相似度，然後從市場的高端排列到低端。這張清單是一份提醒，幫助廣告人在擬定策略、發想概念或表現概念各階段，都秉持原創的精神，避免模仿。就像約翰・赫加提為某則 Levi's 廣告寫過的：「當世界往左，我偏要往右。」

▍商業目標／廣告目標（解決問題）
系列廣告的目標通常是解決行銷上的問題（或大或小），這個問題也會在「市場演繹」呈現，可能衍生自消費者對產品或服務抱持著錯誤的認知，或對整個產品類別／市場缺乏認識。這也不見得都是消費者的錯，可能是產品的使用方式造成了問題，也有可能是目標受眾設定有誤，乃至包裝、通路，甚或廣告，都可能是出了差池的所在。當然，問題也有可能出在消費者就是認為競爭對手的產品比較優。不論如何，你所做出來的廣告要能針對消費者的認知發揮作用，扭轉視聽；如此一來，才能提升產品／市場知名度（product／market awareness），進而賣出更多產品給更多消費者，賺更多的鈔票（如果你在行銷或是廣告的產品對市場來說是新的，而非現有的，則如之前所述，還是有一些特定的問題需要解決，其中吸引消費者的注意力和購買慾可說是最基本的）。在創意彙報當中，廣告商（在市場演繹的提問之後）通常都會提出：我們希望他們（消費者）對產品抱持怎麼樣的觀感（進而產生怎麼樣的行動）？

運用**二元簡報**（binary briefing），可以幫助客戶盤算如何將產品營收最大化。「二元」將一切歸納為非黑即白，非一即零。透過提出關鍵的四個「二元」問題，創意彙報（策略）的作用方式和範圍就會明朗。換句話說，每個問題都只有兩個可能的答案，而你只能選擇**其一**，不能兩個都要。一旦答案清楚，客戶就能評估出何種取向的廣告策略能幫助產品衝出最大銷售量。

這些問題分別是：

▍我們要提高市場佔有率，還是擴大市場？
如果我的市佔率高達 75%，那與其博取剩餘 25% 的青睞，不如吸引更多人進入市場；這樣用錢才是用

在刀口上（75％的市佔率代表説，我每吸引二十個消費者進入市場，其中有十五人會**自動**購買我家的產品；所以與其和其他商家爭取市場剩餘的 25％，不如大力拓展市場，這樣就可以獲得三倍的利潤）。反過來説，如果我的市佔率只有 25％，撒大把鈔票**發展**新市場就是沒道理的事（我每吸引二十個消費者進入市場，其中的十五人都會購買**其他家**的產品。若把錢用在市場本有的消費者身上，和他們溝通，告訴他們**改買**我家產品的好處，就不會花冤枉錢）。

▌我們要開發非使用族群，
還是要針對既有使用族群，提高產品使用率？
更高的銷售量從何而來？是針對**非使用者**，吸引他們成為顧客？還是針對**既有使用者**，説服他們提高產品使用率？答案取決於市場的飽和度。如果所有的人都在用你想賣的東西，那要他們試試你的產品，就沒多大意義。一旦「市場飽和」（market saturation）如斯，那就意味著你必須針對既有使用族群做廣告，提高產品使用率。

▌我們有 USP 嗎，還是需要下建立品牌的功夫？
如果你具備獨特銷售主張（Unique Selling Proposition，縮寫為 USP），或者也可以稱為獨家賣點，那當然要主打這項效益。唯須注意，這個用語裡有兩個重點：一是「獨家」，二是「會賣」。你的產品必須有消費者要的效益，單單與眾不同是不夠的。如果產品不具備引動買氣的效益，那不如下建立品牌的功夫（舉例來説，大部分的瓶裝水系列廣告都是這一類的，參見〈品牌和品牌建立〉，第 264 頁）。

▌我們應該訴諸邏輯論據，
還是記憶輔助法，以創造產品的記憶點？
這個問題是上一個問題的延伸。如果你有絕佳的獨家賣點，按照道理來説，你應該主打它。如果你沒有説服力強的賣點，那訴諸記憶輔助法建立品牌，是較好的方法。記憶輔助法可以是引人注目的噱頭，像百事可樂一度將「百事挑戰」（Pepsi Challenge）搬上廣告，後來這系列的廣告還幫該飲料創造了獨家賣點（百事可樂比可口可樂好喝）。另外，還有一些更為小巧的記憶輔助法，像是 Intel® Pentium® 處理器廣告最後畫龍點睛的廣告配樂（jingle）。

提綱挈領來説，下面四個決定是制定廣告策略時必須要做的：

· 提高市場佔有率 vs 拓展市場

· 開發非使用族群 vs 訴諸既有使用族群
· 主打獨家賣點 vs 建立品牌
· 邏輯論據 vs 記憶輔助法

備註：你越能清楚地回答每個二元問題（立基於你對產品和市場演繹的詮釋），你所制定的廣告策略就越有效。你可以隨時改變心意（直到真正創作廣告的前一刻）。

當然，廣告目標要解決的問題，並不是只在販賣蘇打汽水或其他消費性商品時，才會遇到。同樣的策略思路也可以應用在任何需要廣告的事務上，舉例來説，我們可以將客戶／產品假設為紅十字會的捐血活動，這裡的廣告目標＝鼓勵更多成人捐血，而需要解決的問題則是沒有足夠的捐血者（血庫存量因此低落）。只要往深一點的地方探究，你就會發現有些阻礙捐血的問題——像是許多人都對捐血救命冷感、覺得捐血麻煩且需耗費時間、怕針頭、怕昏倒等等——都可以透過廣告克服。面對上述挑戰，扭轉大眾對捐血的觀感，正是達成廣告目標的關鍵，成功的系列廣告也會因此而成就（舉例來説，有個學生做的系列廣告針對針頭恐懼症下藥，指出插針帶來的疼痛度，在日常生活中也會遇到，只是我們對其他的「尖刺」沒有恐懼〔像是蚊蟲叮咬、玫瑰荊棘、圖釘等等〕）。

這節最後我要補充説明一點，創造力引導師湯姆·摩那漢認為，「沒有問題，就沒有創造力……你能將創造力發揮得淋漓盡致，都是在面對問題的當口；是那些問題讓你超越自身的限制。」

▌媒體
使用哪種媒體，取決於產品或服務的類型、目標市場和客戶預算。系列廣告可以選擇一種媒體登載，也可多管齊下。傳統的廣告媒體有平面、電視和廣播；非傳統的，有環境廣告和游擊廣告；除此之外，尚有直效行銷和互動式媒體。英國是用一條假想「線」來區別各類媒體；傳統媒體也被稱為「線上」（above the line）媒體，直效行銷和互動式媒體屬於「線下」（below the line）。如果廣告商的業務含括各類媒體，我們則稱它為「全線」（through the line）廣告公司，其業務亦被稱為「整套服務」（full service）。（參見〈綜合廣告〉一章。）

廣告可依促銷手段不同來分類，企業對企業的廣告也和企業對消費者的不同。本書引導你創作的廣告，大多是傳統「線上」媒體暨企業對消費者的廣告。一旦你熟悉這些創作技能，你就可以將同一套創作過程運用於本書談及的其他媒體廣告上。

■ 目標市場／目標群眾／目標閱聽眾

你越**了解**和你對話的人，你的廣告就會越切題、越具說服力。在廣告業裡，我們常藉由大規模的市場調查界定目標市場。廣告受眾可以廣泛，也可以特定。不論如何，請記得廣告是兩人之間的對話（客戶和消費者），所以目標群眾越特定，你就越清楚對話的對象是誰，發想概念也會因此而變得更簡單。

當你確立目標受眾後，還要仔細觀察。不要把目標受眾想成「群體」。一個好的廣告策略師，或是專案企劃，能將目標受眾的特徵全都集中，歸納出一個最能代表該群體的個體。

目標受眾通常會跟你不太一樣。對你沒有吸引力的策略和概念，可能對目標市場來說是塊磁鐵；反之亦然。所以你必須學習「角色扮演」，走出象牙塔，進入不同角色的思維，揣想和你對話之人的個性。

目標受眾常用許多行銷行話來定義，像是「潮流領航者」（trendsetters）、「粉絲」（followers）、「錢多時間少」（cash rich, time poor）等等。行銷人、專案企劃、品牌經理和廣告策略師都非常熱衷於發明這些新詞彙和綽號；這樣不但聽起來更專業，也讓界定受眾更簡單。（其中有些詞彙雖然聽起來讓人莞爾，但是用起來卻是一針見血，像「傷心爸」〔sad dads〕，指的其實是「三十五到五十五歲的父親，很不捨地放棄了購買昂貴的兩門運動跑車，淪落到五門家庭用車的市場，強大的引擎是其屬意的折衷方案」）。

當學生在寫策略陳述的時候，常常會將受眾的年齡範圍放得太寬。舉例來說，假設你現在要以青少女為目標，你可以將範圍設定得再特定一點嗎？畢竟青春期初期的少女和中期及晚期的少女，在品味和意見上，都大異其趣；她們對廣告的回應也會因此而不同（第240頁的廣告專門對某個類型的年輕「女性」說話，是個絕佳範例）。

通常，對擬定新的廣告策略來說，能找到新的目標受眾，那就已經打勝了一半的仗。再舉個例子，為了要全年都能販售出花卉（而不只是在情人節、生日、婚喪喜慶、探病、道歉等場合），英國的花卉植物協會將目標受眾設定為等丈夫或男朋友送花、卻等到失望的家庭主婦和女朋友。他們的品牌標語總結了廣告概念：花。為什麼要等待？妳可以自己買。畢竟說到送花，男人都是廢柴；再說，花兒確實能美化居家環境，讓人開心（這個案例研究在第43頁有清楚詳細的解說）。

將同樣的訣竅運用在無酒精啤酒上，想想潛在的目標受眾有多少，其中又有多少等待開發：正在戒除酒癮的貪杯者、負責將所有酒友送回家的司機、懷孕的婦女、糖尿病患（這些人都還是想要品嚐啤酒的滋味），又或者企業主管在工作的午餐時間，或一些重要場合，必須保持清醒。新的、有趣的目標受眾一旦清楚界定，你會發覺，忽然之間，好多有趣的廣告也開始在腦袋瓜裡萌發雛形。

一般目標閱聽眾的資料可以分成**四大領域**，這些資料可以跟「資料表供應商」（list sellers）購買。有些產品或服務對這些資料的需求度較高，有些則否。一份資料表通常會顯示目標閱聽眾的：

- **人口特徵：**年齡區段（如十八至二十四、二十五至三十四、三十五至四十四）、性別（男性或女性〔太太、女士或小姐〕）、婚姻狀況、種族、家庭狀況、家庭收支、職業和教育程度。
- **生活型態：**高消費休閒活動（旅遊、烹飪、藝術、慈善、投資等等）、社群和公民活動、自宅活動（domestic activities）、高科技消費活動、進修活動、娛樂、嗜好和運動。
- **消費行為：**過去和新的購買行為、對同類商品可能產生的反應。
- **消費心理和態度：**對同類產品、相關廣告的觀念和態度。

■ 主張／承諾／效益

這是產品或服務承諾消費者的個別效益，也就是產品要給消費者甚麼？一如之前所述，廣告主張必須個別，而非多重，這是很重要的。

廣告主張可說是策略陳述中最要緊的一部分（洞悉產品、市場或消費者，常是廣告主張得以成形的基礎）。就廣告的創作來說，這個主張是概念發想的起始點，亦是催化劑。就客戶的立場來說，這個主張則是其產品和服務的代名詞。正因為這兩個理由，你所發想的廣告概念至少要能溝通已經定義好的主張。

廣告主張有時也稱為廣告承諾，或是銷售主張（selling proposition），或專一效益，或是專一主張（single-minded proposition，SMP），或價值主張（value prop）。

雙重效益（省油和充裕的後車箱容量）以六字道盡，不簡單。
——
客戶：福斯汽車
廣告商：DDB，倫敦
創作者：Peter Harold、Barry Smith

小口飲，大口吞

不論其名稱為何，重點是舉出產品與眾不同的點（而且要真切地與消費者的利益休戚相關），將它説出來。競爭對手的產品可能也具備這項與眾不同的特點，但他們尚未訴諸廣告，而你**搶先**説出。花旗銀行（Citibank）推出了以身分竊盜為主題的系列廣告，正好示範了上述的情況；他們將信用卡安全服務「據為所有」，把該服務的滴水不漏演得淋漓盡致，此後再有銀行要廣告同一項效益，只怕會徒勞無功。

用「最好」來定義產品效益，通常都是不著邊際。這是一種偷懶、老套的招數，但是卻偏偏出現在許多壞廣告當中（事實上，在英國，説自己的產品「最好」是不合法的）。不要只説自己的產品最好（如果有證據，那又是另外一回事），要告訴受眾**為什麼**你的產品是最好的（參見〈不要説「最好」〉一節，第34頁）。

獨家賣點，或 USP★，可説是終極的廣告主張，因為再也沒有其他的產品能宣稱這項效益。當然，除了獨家，還必須是賣點才行。很多的同類產品都不分高低，可以互相取代，那是因為它們沒有打出旗幟鮮明的 USP。其實 USP 是有方法可以找出來的，我在〈發想策略及概念〉一章裡就闡明了許多方式。

備註：專一效益是有反例，但是很稀有。其中之一，是美樂啤酒立特系列長壽的系列廣告，創作者找到一種新奇（也可以説是杜撰的）的方式同時傳達「滋味好」和「不脹胃」**兩種**主張；在廣告裡，你常可以看到兩方人馬各持己見，爭吵哪種效益比較重要。另外一個打破「唯一效益」原則的例子，是古典

音樂調頻廣播網（Classic FM）的系列海報（對頁），但是你也可以辦論説：「古典音樂有很多形式」，因而將其系列廣告的主張歸類為專一型的。這類的主張也被稱為「多元主張」（variety proposition），我們在〈發想策略及概念〉一章裡會進一步探究。但是一般來説，除非你的廣告表現能像古典音樂頻廣播網那樣出色，不然**每**則廣告都有一個主張，只會顯得焦點渙散，又畫蛇添足。

★USP 一詞是洛瑟・禮福斯（Rosser Reeves）發明的。

■ **主張論據**
這些是廣告主張之所以能成立的具體理由或事實；它們提供論據，讓消費者得以接受產品效益。通常一份策略陳述會列出一到五個主張論據，以切題度和重要性排列順序。主張論據隨產品而變，而且通常是市場調查和定位的結果。站在廣告創作的觀點來看，主張論據通常蘊含著資訊寶礦，是觸發靈感的繆思；廣告表現，甚或整個系列廣告的概念，都可能由此而來。

我還是要提醒你，不要因為主張論據列出許多效益，就做出我們的產品＝「最好」這樣的結論。你大可挑選其中的**一個**論據，或是從論據中理出**一個**方向，力求專一、特定，這樣你發想的廣告才能凝聚焦點，且卓越出眾。

■ **調性**
決定廣告「調性」的要素有二，一是目標群眾，二是產品／品牌；這兩者也可以單獨發揮影響力。調性通常以一個或一個以上的形容詞來描述，可説是品牌價

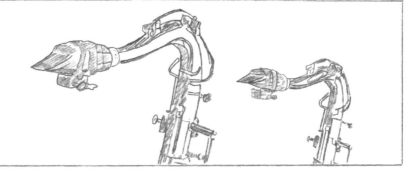

GRACE
CLASSIC fM 100-102

優雅

值的延伸，不應與這些價值相左（當然有些產品並未建立品牌價值，在這樣的情況下，你可以試著透過廣告的調性助其建立）。

不論你只用廣告標題，或是只用圖像語言，還是兩者兼施（於平面媒體），以表達概念，廣告調性都應該具體明白。對於系列廣告來說，**維持調性的一致**，貫串每則廣告的表現方式，是極為重要的事。調性失去一致性時，品牌誠信（brand integrity）就會破功，消費者也會因此覺得疑惑，甚至感到被騙。

備註：廣告的調性可以延伸至藝術指導，我們會在〈版面設計〉這一章討論。

大部分的廣告調性都是昭然若揭，舉例來說：

福斯汽車（特別是早期的廣告）	自我嘲解
Axe／Lynx 男士體香用品	有趣、性感
英國電信（「能聊聊真好」）	切身、溫馨
伯納多兒童關懷慈善機構	正經、震撼、具揭露性
嬌生公司（J＆J）	有同理心
〈有牛奶嗎？〉[2]系列廣告	直接、明白
Pepperami 香腸點心	挑釁、駭人
Fox 體育台	古怪／喜感／揶揄等
《經濟學人》	聰明、菁英
〈別投票〉[3]系列廣告	反諷

備註：廣告的調性可以用統稱界定（像是幽默），也可以用更特定的詞彙（想想各家品牌所展現的各種幽默）；而在你發想之初，可能也只有大致的方向。不用擔心。如果意涵較為寬廣的字（以小朋友的糖果棒廣告為例，「有趣」是個意涵寬廣的字眼），能給你更大空間自由發揮，你不妨放膽使用。如果這

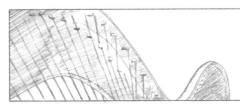

EXHILARATION
CLASSIC fM 100-102

高昂

樣還是太綁手綁腳，你也可以用「不限」；你隨時都可以回過頭來變換，或是微調用字。不過，一旦當廣告調性底定，那就必須一致（我有過調性跑掉的經驗，那時我幫英國導盲犬慈善機構〔Guide Dogs for the Blind〕設計電視廣告〔在第 177–178 頁有討論這個廣告〕，我們從數十個廣告腳本中，挑了三個開拍。在製片完成後，我們回過頭來審視，結果立刻發現其中一支片子不太對勁；那支片子的戲劇喜感，猶勝其他兩支。如果照樣播放，整個系列廣告的宣傳力道會因此而削弱，於是我們抗拒誘惑，將調性跑掉的片子按下沒用〔我自己也沒有該片的存檔〕。其實只要在挑選文字腳本階段更細緻地審查，像這樣白費心力的情況，是可以避免的）。

2譯註：〈有牛奶嗎？〉（Got Milk？）系列廣告是加州牛奶顧問委員會（California Milk Advisory Board）所推出，意在振興當時逐年下滑的牛奶銷售量。

3譯註：2008 年美國總統大選期間，曾有媒體公司推出〈別投票〉（Don't Vote）的系列平面廣告，其中一則在美國大陸的剪影上，打出「中國製造」的字樣，以此諷喻當時的美國經濟及不投票的後果。

Exercise：打開電視，翻開雜誌或報紙，如果用得獎廣告年鑑更好。閱讀其中的廣告，寫下描述其調性的形容詞。

■「指定項目」（指定置入／摒除）
這些指定項目是客戶或廣告商的特殊要求；其中「指定置入」可以是簡單的行動呼籲（call-to-action，廣

這一系列的廣告似乎打破了「唯一效益」的原則，但你也可以辯論說它依然專一，只是用了「多元主張」。此系列第三則廣告提出的效益是：力量。

客戶：古典音樂調頻廣播網
廣告商：BST BDDP，倫敦
創作者：Steve Hough、Oliver Devaris、Brian Connelly

告尾聲所見之網址連結、關鍵字或電話號碼都算）、某個象徵產品的虛構角色或真實人物、現有的品牌標語、新的商標、或用於品牌建立之視覺語彙（像柯達廣告的招牌黃），而「指定摒除」可以是客戶偏惡的事物、某個俗套、或市場嘗試過，但行不通的廣告概念。

要寫出紮實的策略陳述，就像任何其他技藝，需靠熟能生巧。陳述中的每一節都要盡量短小精悍，最多就是一個段落或一行字（主張論據除外）。當你進入廣告公司的創意部門時，策略陳述不需要（或不應該由）你來動筆。但是，你要具備批判策略陳述的眼光，因為品質不良、「朦朦朧朧」的策略無法提供發想概念的必要基礎，只會浪費時間。品質低落的策略陳述通常都有這三項通病：廣告主張不符專一、沒有確證鑿鑿的主張論據、目標閱聽眾面目不清。

∴∴∴∴∴∴∴∴∴∴∴∴∴∴∴∴∴∴∴∴∴∴∴∴∴

Exercise：依循上方調性練習的步驟，但是這次你要寫出的是整篇的策略陳述，包括客戶／產品、市場背景、廣告目標、目標閱聽眾、廣告主張、主張論據、調性和指定項目（雖然最後一項較難確認，但你可以放膽猜猜！）。

∴∴∴∴∴∴∴∴∴∴∴∴∴∴∴∴∴∴∴∴∴∴∴∴∴

策略陳述案例研究：爵士樂調頻
為了更進一步闡明策略、概念／點子、主張和廣告表現之間的差異，我們來看看這份為在地的爵士樂調頻量身打造的策略陳述：

▌產品／服務
WBGO 公共廣播電台爵士樂調頻 FM 88.3

▌產品和市場背景（市場演繹）
WBGO 是位在美國的非營利公共電台。爵士樂調頻 FM 88.3 不播放廣告，一般也沒有購買媒體、為自己打廣告的預算；所以廣告製作費必須降到最低，曝光區域也僅限於紐澤西及其周邊。

▌競爭對手
其他的全國／地方廣播電台和網路電台（爵士樂和非爵士樂電台）。其他形式的音樂播放，像是 CD、黑膠唱片、下載的音樂等等。

▌商業目標／廣告目標（解決問題）
此次的廣告目標是增加該電台（和爵士樂調頻）的知名度，找回曾有的舊雨，並增加新知（開發非使用族群以擴大市場）。需要解決的問題是，新的聽眾常會認為爵士樂矯揉而花俏，難以久聽。

▌媒體
黑白平面廣告。

▌目標市場／目標群眾／目標閱聽眾
十八歲以上之成年人（主要群體為三十到六十五歲之男性）；剛剛開始聽爵士樂或是爵士樂電台的樂迷，還有曾為樂迷的老朋友。

▌主張／承諾／效益
我們播放的爵士樂皆是出自世界頂尖的樂手。他們個個才華洋溢，而且創造力豐沛。

▌主張論據
（1）他們所創造的音樂，其他音樂家做不出來。
（2）爵士樂是唯一真正的即興音樂。
（3）這些頂尖的爵士樂手之中，有許多是家喻戶曉的名人。

▌調性
有點超現實，有點出奇。

▌「指定項目」（指定置入／摒除）
不要單單鎖定爵士樂迷，也不要以爵士樂專屬「菁英」這樣的既有觀感作為賣點。

總結來說，**策略**的重點在於吸引新的聽眾，引導他們讚賞爵士樂手，以此培養對爵士樂的喜好。

廣告主張的重點則在於爵士樂家必須具有非凡的才華，才能創造出這些讓人驚艷的美妙音樂。

從這個策略直接衍生出一個**概念**：這些爵士樂家是如此有才，已臻「超越凡人」之境，或許連他們的器官都比常人優異，方得成就此曲只應天上有。這樣的概念總結於品牌標語，即為：異數品種。

反映上述概念，此一系列廣告的**表現**（見右）以讓人心驚的身體器官為主視覺：要能彈鋼琴（彈得跟吉米‧麥克格律夫〔Jimmy McGriff〕一樣快），你需要多長兩根手指；要吹小號（吹得跟迪吉‧葛拉斯彼〔Dizzy Gillespie〕一樣洪亮震耳），你需要一對鐵打的肺；要即興演奏薩克斯風（演奏得跟查理‧帕克

〔Charlie Parker〕一樣隨心所欲），你需要比常人更大的創意右腦。

研究的重要性

策略陳述只包含第一階段的研究。在廣告創意小組拿到策略陳述的那一刻，思考、提問、深入其中列出的事實和洞見，就變成他們的工作。除此之外，他們要繼續蒐集有用的相關資訊，藉此擦出靈感的火花，孕育出系列廣告的創意概念、廣告標題／圖像表現的點子，甚或一段深具說服力的文案。研究的關鍵在於知道哪些訊息值得關注、哪些可以棄之如敝屣（但是有時候，有些狀似無聊、無關的事實也可能化腐朽為神奇，端看你如何使用和詮釋）。

這也就是說，每個主題，你都要盡可能地下足研究的功夫。為什麼？因為如果你只依照對該案的第一印象，或假想的成果做研究，最終的成品就會受囿於你的侷限。

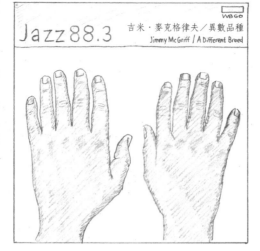

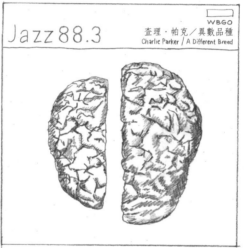

表現方式之一，吉米・麥克格律夫的「六指神彈」。表現方式之二，查理・帕克「大於常人的創意右腦」。表現方式之三，迪吉・葛拉斯彼「鐵打的肺」。

———

客戶：WBGO 公共廣播電台爵士樂調頻 FM 88.3
廣告商：ATM 設計＆建築
創作者：Pete Barry

樂高：四種可能的廣告策略

任何產品（這裡舉的案例是樂高）都可以有多種策略，作為選擇的參考。

下面各欄列出了四種策略，主要的差異處皆以粗體字標示。

策略陳述	1. 有益成長	2. 持久耐玩
產品和市場背景資料（市場演繹）	樂高發明於 1934 年的丹麥，目前是當今世上第六大的玩具公司。樂高積木的設計在 1958 年獲得專利。樂高的原文，Lego，其實是「leg」和「godt」兩個丹麥字的組合縮寫；兩字放在一起的意思是「玩得好」，縮寫組成 Lego 後，碰巧是拉丁文裡「我學習」和「我組合」的意思。	樂高發明於 1934 年的丹麥，目前是當今世上第六大的玩具公司。樂高積木的設計在 1958 年獲得專利。樂高的原文，Lego，其實是「leg」和「godt」兩個丹麥字的組合縮寫；兩字放在一起的意思是「玩得好」，縮寫組成 Lego 後，碰巧是拉丁文裡「我學習」和「我組合」的意思。
競爭對手	所有其他的玩具品牌，特別是電子類的玩具及藝術工藝類的產品，還有童書。	所有其他的玩具品牌，特別是電子類的玩具及藝術工藝類的產品，還有童書。
商業目標／廣告目標（解決問題）	**樂高的人氣正在下滑，其市場正因電動遊戲、電子玩具和電視節目的瓜分而流失。我們要重新提醒父母，樂高對小朋友來說健康得多，對智商、學習、想像力和創造力之發展都有益處。**	**樂高的人氣正在下滑，其市場正因廉價電動遊戲、電子玩具的瓜分而流失。我們要重新提醒父母，樂高的品質比其他玩具高，持久耐玩得多（也因此更有價值）。**
媒體	不限	不限
目標市場／目標群眾／目標閱聽眾	**主要是父母親，然後再加上祖父母、叔舅姑姨等親戚和家族友人（你也可以辯論說，小朋友才是樂高真正的「顧客」。不論如何，這裡的策略是以成人為訴求對象，走的並非「童言童語」的路線）。**	主要是父母親，然後再加上祖父母、叔舅姑姨等親戚和家族友人。
主張／承諾／效益	**樂高是益智玩具。**	**樂高出品，持久耐玩。**
主張論據	**實驗證實樂高能幫助兒童發展基礎的認知功能、創造力和想像力。**	**樂高積木是以特調塑料製造的，每塊積木的基礎設計都增益其堅實耐用，說是無可摧折，也不為過。**
調性	睿智、權威。	不限
「指定項目」（指定置入／摒除）	只使用傳統的樂高積木，以代表樂高的品牌，及其他相關的產品。	只使用傳統的樂高積木，以代表樂高的品牌，及其他相關的產品。

3. 身心健康	4. 教育啟發
樂高發明於 1934 年的丹麥，目前是當今世上第六大的玩具公司。樂高積木的設計在 1958 年獲得專利。樂高的原文，Lego，其實是「leg」和「godt」兩個丹麥字的組合縮寫；兩字放在一起的意思是「玩得好」，縮寫組成 Lego 後，碰巧是拉丁文裡「我學習」和「我組合」的意思。	樂高發明於 1934 年的丹麥，目前是當今世上第六大的玩具公司。樂高積木的設計在 1958 年獲得專利。樂高的原文，Lego，其實是「leg」和「godt」兩個丹麥字的組合縮寫；兩字放在一起的意思是「玩得好」，縮寫組成 Lego 後，碰巧是拉丁文裡「我學習」和「我組合」的意思。
所有其他的玩具品牌，特別是電子類的玩具及藝術工藝類的產品，還有童書。	成人教育、「創意電腦公司」。
樂高的人氣正在下滑，其市場正因天字第一號「保姆」，也就是電視節目而流失。我們要重新提醒父母，像樂高這樣的玩具，比電視和其他玩具安全健康得多；不論有沒有家長陪同小朋友玩（兩者皆有益處），樂高都顧及了小朋友的身心健康。樂高的招牌夠大，大可站定立場，反對兒童收看不當的電視節目。	樂高作為一個老字號，其人氣正在下滑，不能再固守「兒童玩具」這樣的定位。樂高一直都是學習、創造力和想像力的代名詞，大可將這些特質變成訴求據為己有，進攻成人市場（產品／方案可以依照策略，後續再來發展）。
不限	不限
主要是父母親，然後再加上祖父母、叔舅姑姨等親戚和家族友人。	成年人，可以包括兒童，也可以不包括。
樂高強烈反對兒童收看／收聽涉及性和暴力的電視節目，以及接觸電視播放的惡質語言。	永不停止學習、創造，還有發揮想像力。
研究顯示，從孩童時期到大學入學，每人平均在電視上能看到 8,000 次謀殺場景，4,000 次性愛場景，聽到 250,000 次罵人的髒話。	我們的學習能力、創造力和想像力，在成年後就開始下降（除非從事需要發揮創意的工作）。現今的世界裡，一般成人做的都是重複性高、挑戰性低的工作，而且在週休二日期間，也沒有培養需要發揮創意的嗜好。
嚴肅	有同理心、鼓勵進取
只使用傳統的樂高積木，以代表樂高的品牌，及其他相關的產品。	可能無需展示任何樂高產品。

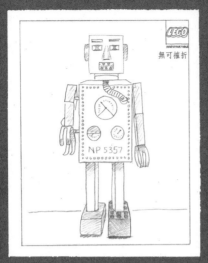

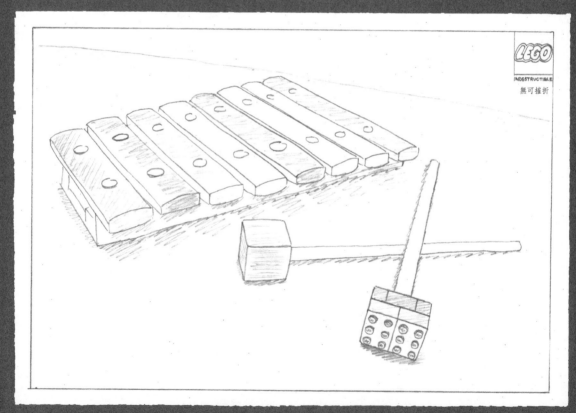

策略：與其他的新玩具不同，樂高出
品，持久耐玩。品牌標語：無可摧折。

客戶：樂高（Lego）
學生：Mariana Black

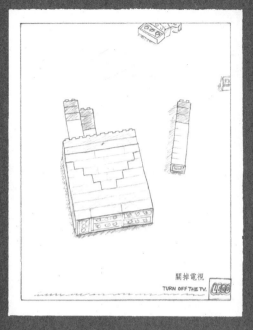

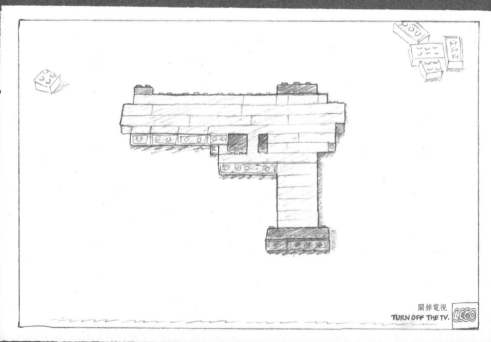

策略：樂高履行企業的社會責任，顧及兒童的身心健康，反對兒童收看不當的電視節目，畢竟我們都不應該低估兒童有樣學樣的能力。品牌標語：關掉電視。

客戶：樂高（Lego）
學生：Elizabeth Alexander

03

平面廣告
Print

平面第一，電視第二

傳統的「線上」**平面**廣告包括海報和刊物兩類。**海報**廣告（或稱為屋外廣告〔Out of Home／OOH〕）有看板型（大小如右表所列）、交通型（見於公車／輕軌候車亭、車廂內外、月台）、立牌型（三聯式、燈箱式）、車體包覆型、建築型、超大型和特殊型。**刊物**廣告則登載於報章雜誌（備註：以設計來說，「平面」這個字也指行銷推廣品〔collateral material〕、宣傳小冊、直郵廣告、年報等刊物）。

平面廣告是業界公認創作難度最高的，特別是跟電視和收音機播放的廣告相比。想想看，播放廣告或有三十秒的餘裕可以傳達概念，但平面廣告只有寥寥幾秒，圖像不能「動」，也沒有配音；而且在報章雜誌上，或許還有妙趣橫生的文字在廣告旁邊對讀者擠眉弄眼。

這正是你要先學習創作平面廣告，然後再挑戰其他媒體的原因。業界的共識是，你會創作平面廣告，那就沒甚麼難得倒你。用類比來說明的話，平面廣告之於廣告人，就跟人體素描之於藝術家一樣，都是創作能力的基礎。

備註：「平面」（print）這個字也意味著印刷，有時就只專指報章雜誌上的廣告；雖然海報廣告通常都也要經過印刷，然後才能登載。如果使用這樣的定義，「平面系列廣告」等於刊物系列廣告，那麼戶外／海報系列廣告則要獨立出來，不再歸屬於「平面」之下。

海報廣告：三秒鐘／八個字的上限

海報廣告是平面媒體中閱讀速限較高的，而看板廣告又是其中之最★。經過一面看板廣告的平均時間大約

★看板通常都立在道路旁邊，車輛快速通過，駕駛人要看，也沒有辦法分神太久。其他的海報廣告，如張貼於巴士候車亭，或月台區的牆壁（一般都隔著軌道貼在月台對面，英文稱之為「cross-tracks」），大概是閱讀速限僅次於看板的。另外，因為搭乘有時比候車的時間長，巴士和捷運的車廂內廣告可以允許更多閱讀時間，其上的文案也可以安插更多字數。

是三秒，轉換成字數的話，大約是八個字。照理論來說，如果訊息量超過這個限度，廣告就擔上了失去讀者青睞的風險。

所以八個字三秒鐘是無可撼動的極限嗎？也不是完全如此。有沒有用比較多字，卻依然成就了絕佳的看板廣告呢？還是有的。其中一例就是《經濟學人》的廣告（對頁），他們很聰明地反其道而行，使用較多的字凸顯產品效益。

因此創作海報廣告的關鍵就是：在無損概念，或不影響溝通效果的情況下，使用**最少量的必要用字**（其實刊物廣告可以說也是如此）。換句話說，把八個字三秒鐘的「律則」當作參考座標，盡量精簡，那就對了。你用的字數越少，傳達概念的所需時間就越短。

海報廣告有兩種主要的版型，一為「風景型」（寬＞高），二為「肖像型」（高＞寬）。兩種版型皆有不同尺寸和比例的規格，在這裡我們先比較英國和美國的（見對頁表格）。

看板廣告和其他類型的海報廣告都必須先印出來，然後一片一片拼組而成；端視最終成品大小，所需的「板片」（sheets）數目也不一。在英國，大型海報廣告以四片板片為計算「單位」，每單位大小為101.6 × 152.4 公分（40 × 60 英吋）。以此類推，如果廣告以四十八片板片組成，其刊幅就是十二個單位，直的兩個單位，橫的六個單位。在美國，海報廣告的計算單位則為一片板片，其規格約為 68.6 × 104 公分（27 × 41 英吋）。

刊物廣告（報章雜誌廣告）

刊物廣告尺寸多變，最常見的是單／全頁（肖像型）和雙／跨頁（風景型，英文叫做 double-page spread，簡寫為 DPS）。較小的刊幅包括 1／2 頁，可直放（肖像型），可打橫（風景型），另外也有 1／4 頁的。

備註：尺寸大小不是全部。你看第 60 頁的萬事達卡（MasterCard）系列廣告就知道了；此系列廣告行之已久，登載於綜合媒體，見於報章雜誌時，刊幅只佔 2.5 × 3.5 英吋。

海報廣告 vs 刊物廣告

一般而言，海報廣告上的訊息要比刊物廣告上的容易吸收，這是為了因應人們傾向於在報章雜誌上花比較多的眼力，對一般的海報廣告則不會這樣關注，這也是為什麼刊物廣告的文案容量／訊息承載潛能比較大（能與之抗衡的海報廣告，應該都見於通勤電車或巴

以「八個字或更少」這項律則來看，這幅廣告是少數優秀的例外。

———

客戶：《經濟學人》（The Economist）。
廣告商：Abbott Mead Vickers BBDO，倫敦
創作者：Tony Strong、Mike Durban

A poster should contain no more than eight words, which is the maximum the average reader can take in at a single glance. This, however, is a poster for Economist readers.

一幅海報廣告不應超過八個字，那是一般讀者一眼所見的極限；不過，這，可是給《經濟學人》的讀者看的。

常見海報廣告比例（寬 × 高）

美國	比例	英國	比例
		看板廣告（48 片）	2 × 1
看板廣告 1	5 × 2（約略）		
看板廣告 2	3 × 1（約略）		
看板廣告 3	7 × 2（約略）		
看板廣告 4	4 × 1（約略）	看板廣告（96 片）	4 × 1
看板廣告 5	5 × 1（約略）		

交通型／其他類型的海報廣告

地鐵車廂內廣告 1	11 × 1		
海報廣告（肖像型）	2 × 3	廣告海報（6 片）	2 × 3
		通勤電車／地鐵／巴士	3 × 1（約略）
地鐵車廂內廣告 2	6 × 1		

常見刊物廣告尺寸（寬 × 高）

	美國	英國
		210 × 297 mm（A4）
單／全頁	8.5 × 11 英吋（letter）	420 × 297 mm（A3）
雙／跨頁	17 × 11 英吋（tabloid/ledger）[1]	

1 譯註：美國的紙張規格與 A 系列的國際標準不同，其中與 A4 相近者，稱為 letter，與 A3 相近者，則稱為 tabloid 或 ledger。

士的車廂內）。你還是可以辯論說，三秒律也適用於刊物廣告，這樣才能吸引報章雜誌的讀者，定住他們的目光，不論他們是翻閱或是細讀；到頭來，報紙也好，雜誌也好，其內的廣告不但要和廣告競爭，還要和讀者購買的初衷，也就是內頁裡的文章競爭。可是，這些與廣告同場「競技」，博取讀者注意力的內文，不是都要花三秒以上才能閱讀完畢嗎？其實，這兩個針鋒相對的論點都可以成立；端視概念之良莠、說話的內容和對象，兩種「長度」的刊物廣告其實可以各擅勝場。吉姆·艾奇森（Jim Aitchison）用一

個簡單的問題，區分了圖像主導和文案主導的刊物廣告：「我是要寫一封信，還是要寄張明信片？」兩者之中，「明信片」通常會比「信」更容易化身成海報廣告，或刊載於報章雜誌。這種雙棲廣告也被稱為「畫報廣告」（英文為 proster，見下一節）。

許多廣告人在創作的時候，常將登載於報紙和雜誌的廣告混為一談，但兩者顯然有所不同。先說報紙，其文章扣緊時事脈動，讀者也比較廣泛，所以光是因應這兩點，廣告就應該有所不同。有些人會說，廣告業

Polo Crossword

ACROSS

2 Measure for comparing intensity of electric currents (3)

橫向

2 顯示電流強度比的單位

DOWN

1 Common name for Melophagus ovinus, a wingless fly that infests sheep (3)

直向

1 一種無翅蠅類，專門寄生在羊的傷口上，拉丁學名為 Melophagus ovinus

小而堅

Small but tough.

VW

上禮拜二的填字解答： 2 橫向：Vas 1 直向：Yak

Last Tuesday's solutions: 2 Across: Vas. 1 Down: Yak.

Polo 英文填字遊戲

上 小廣告，大聰明。這是福斯汽車 Polo 系列獲得獎項肯定的平面廣告。

客戶：福斯汽車（Volkswagen）
廣告商：DDB，倫敦
創作者：Steve Jones、Martin Loraine

右 尺寸嬌小的廣告（與實際廣告同樣大小）依然能傳達創意概念，引起廣大共鳴。

客戶：萬事達卡（Master Card）
廣告商：McCann Erickson

grill brush, propane refill and ground beef: $30
烤肉刷、瓦斯罐和牛絞肉：$30
(first burger of the season: priceless)
（燒烤季節的第一個漢堡：無價）

 Mastercard

there are some things money can't buy, for everything else there's MasterCard.
萬事皆可達，唯有情無價

者已經把這些差異拋諸腦後，低估報紙廣告的潛能和影響力，只將之視為雜誌廣告的次級版。

「畫報廣告」

「畫報廣告」算是一個新興字彙，從名稱就可以推想它是海報和刊物兩種廣告的混和體。這個字眼也反映出業界時興的作風：刊物廣告傾向以圖像主導，文案已然式微，甚至連蹤影都見不到。「畫報廣告」具有雙棲能力，既能登載於刊物，又能勝任海報廣告之用；有些時候，這還意味同一則廣告能在比賽中一石二鳥（雖然海報版和刊物版的格式會有些不同）。

「畫報廣告」此一詞彙的存在也激發了業界的辯論：現在還有人看文案嗎？文案包括廣告標題以外的文字段落，現在業界關心的是，在這個偏重圖像的文化中，我們還能要求觀者特別付出心力，閱讀廣告文案嗎？是不是連廣告標題，甚或品牌標語對觀者來說都是負擔呢？另外，也有人憂心說，刊物廣告本是文案的絕佳舞台，現在許多廣告人卻寧願自廢武功，創作畫報廣告取而代之。不諱言，現在得獎作品集中，確實越來越少看到偏重文案的刊物廣告了，但那也許是因為評審不喜歡閱讀？至少，廣告界依然有許多賢達會告訴你，如果你寫得好，即使篇幅較長，依然會有人讀。近來有些得獎作品證實了上述觀點，有趣的是，其中許多都避開傳統「先下標題，再鋪陳文案」的形式（見對頁）。也許，以新鮮的方式呈現溝通，會讓文案「敗部復活」（參見〈文案死了嗎？〉，第246頁）。

就學生作品集來說，廣告商和獵人頭公司還是希望能從中看見文案寫作的能力，也憂心此類作品集越見稀少的現象（取而代之的是只有圖像的系列廣告，商標和品牌標語都擠在角落），因為客戶依然需要技巧純熟的寫手，精寫或長或短的文字。這樣說來，你何苦縮限自己的機會，將自己摒除於文案寫手的行伍之外呢（參見第16章〈學生作品集〉）？

連環廣告

這類廣告以組為單位運作，尺寸可大可小，但必須一致，最常見的尺寸是1／4或1／2頁。連環廣告不只是「串在一起的系列廣告」，其排列順序通常別有用意，要看到最後一則才能了解裡面的梗，產品有時也會在最後才揭曉，所以要連起來看，才能發揮功效。

只下標題，或只用圖像，還是兩者兼施

就平面廣告來說（報章雜誌上的廣告、看板或其他海報廣告），其類型也可以依照標題和圖像之使用，分為三大基本類型：

LAND-ROVER
GO BEYOND
勇往直前

閱讀這篇密密麻麻都是字的廣告並不簡單。特別是如果寫的人覺得難以將心似乎有些確切的意思訴諸文字，然後使用很多不是絕對必要又多餘的贅字想盡快表達重點，就這樣絮絮叨叨又叨叨絮絮地說一些只有他自己覺得有趣的話。

還有如果寫作的人開始東扯西扯，嘟囔得不清不楚，沒有話一句聽得懂讓人，或是乾脆他就

像這樣沉默了幾個段落。你還會繼續讀下去嗎？還是告訴他，他真是好玩，然後帶他去酒吧，讓他逗每個人開心。

說實在的，閱讀需要一丁點專注力、一小撮的智力，還有不能絲毫浪費的，時間。相反地，電視廣告就容易收看得多，即刻就讓你知道他們葫蘆裡賣的是甚麼藥。為什麼有些人，比如像慈善機構，會寫一頁又一頁的蠅頭小字，長篇大論那些讓人想迴避的主題？他們不是只要請來湯姆‧克魯斯，讓他一絲不掛，然後說一聲「秀錢給我看」，這樣我們就懂要怎麼做了，不是嗎？幹嘛花我們那麼多功夫。反正只是一則廣告，又不是甚麼攸關生死的事；就算攸關生死，也不是我們的命。我們不想看這麼多字，費那麼多神──拜託直接說重點吧。

OK。自殺。我要談的是自殺，現在你還會繼續讀下去嗎？

（有很多人會就此打住。）但是你卻有心繼續閱讀和傾聽。好，讓我看看該怎麼說。我有想過這件事，誰沒有呢？我曾想用「今天要完成的事」這張清單當遺書，那不是絕佳的訣別嗎，能讓我和自己想做的事再見，要更成功、成為爸爸、變成更好的人、強健體魄、蓋間溫室、去渡假、修水龍頭等等等等。當然，留下這張清單，代表我不能，也不會完成清單上的任何事了，今天、明天或大後天都一樣，想都不用想了。

好了，我總算告訴你我想談的事了，但我還沒說完。花了我很久的時間，對不對？為什麼我不一開始就直接破題，那你就不用聽我啦哩啦雜說這麼一大堆了。

其實那些迂迴的啦哩啦雜已經說明了緣由，也說明了像我這樣的人，之所以善於傾聽，是因為我們願意為「傾聽」而付出。

你知道，好好傾聽就跟好好閱讀一樣，假裝在聽在讀，或是半調子地聽、半調子地讀，都是行不通的：如果你腦袋在想別的事，如果你心情糟透淚如泉湧，那要如何好好閱讀呢；如果你把書帶到酒吧看，或許還會因為干擾太多而爆氣吧。

當然你可以假裝自己在讀、在聽，但那反而透露你已應對失據（在別人對你吐露心事時開玩笑，也不是助人的良方）。

傾聽的能力，跟閱讀能力一樣，沒有捷徑：兩者都需要耐心，需要洞察力，才能捕抓到字裡行間的訊息；需要一些聰明才智，才能聽出言外之意就跟言內之意一樣重要；最重要的，傾聽需要你付出時間。

到這裡，你已經證明你是善聽之人。你可能有興趣知道，16％的男人會在第五個段落時，叫我不要想太多，10％的男女在第二段的時候就會開始慌張，7％的男人會告訴我，自己的問題自己解決。

就統計數據而言，你也比較有可能是女性（現在我知道為什麼我太太在閱讀書報這方面，比我內行那麼多）。女性比較願意談論自己的問題，因為其他的女性通常都會願意傾聽她說話。男性反而不會期望有人聽他們吐苦水、願意了解他們；所以有心事時，他們會開開玩笑，到酒吧喝一杯，然後醉得不省人事。我們都知道藉酒澆愁沒有幫助。對愁苦人佈誦人生的光明面，也沒有幫助。

真正有幫助的是真誠的聆聽，特別空出時間來傾聽，讓朋友告訴你他們的內心話，不要貶低他們遭遇的困難。

當你傾聽那些有煩惱的人，你可能也挽回了一條徘徊於生死線上的性命。撒馬利亞人關懷熱線經驗老到，深諳這個道理。他們也知道善聽之人無須是撒馬利亞人。這就是為什麼今年的撒馬利亞週，從五月十五到二十三號，會以傾聽為主題，致力於讓社會大眾明白傾聽的重要。

英國每九十分鐘就有一人死於自殺，其中 75％是男人。每七秒鐘就會有人撥打撒馬利亞人關懷熱線，他們每年總共會接到一百五十萬通無聲電話。55％的年輕女性和32％的年輕男性都動過尋死的念頭。

這些人可能是誰的同事、鄰居、兄弟、姊妹、爸爸、媽媽或朋友。請花一些時間，好好傾聽他們，並且運用你的直覺；如果你覺得某位朋友需要幫助，你的直覺很有可能是對的。打電話給他，不要吝惜你的關心，真誠地聆聽，那可能就是他選擇活下去而非自殺的原因。

謝謝你付出時間傾聽。

撒馬利亞人關懷熱線

・只下標題
・只用圖像
・標題和圖像兼施（或視覺和文字並行）

其他元素可能包括產品照／商標、廣告副標、文案和品牌標語。

不論是何種類型的系列廣告，最後的表現看起來和感覺起來都要渾融一體，那是系列廣告之所以顯眼的要素。因此，一個平面系列廣告，也**不該**將「只下標題、只用圖像、標題和圖像兼施」這些要素混搭表現。

上 用小小的平面廣告刊幅達成環遊世界的效果（這則廣告後來也變成橫幅廣告〔banner ad〕）。

客戶：Land Rover
廣告商：揚雅（Y&R），南非
創作者：Kevin Portellas、Werner Marais

下 只要寫得好，自會有人讀。使用左右對齊的大段落也可能具備概念的正當性，你不一定要採用〈廣告文案〉一章所提方便閱讀的「多段落」行文法。

客戶：撒馬利亞人關懷熱線（The Samaritans）
廣告商：奧美（Ogilvy），倫敦
創作者：Alun Howell、Marcus Vinton

你要如何海洛英重整生命海洛英的旗鼓，當海洛英你的海洛英所思海洛英所想海洛英都是海洛英？

你夜夜在不知何處的門簷下委身，凍得屁股發僵。你沒有工作、沒有錢、也搞砸了所有翻身的機會。你不知何去何從，只知道有個海洛英販子。賣海洛英的藥頭，總是不會缺的。風險呢？你已經無可損失了，記得吧。所以你讓自己沉入藥的迷醉，爽到了最高點。在你神志不清的情況下，大腦也不用多想；這對你的腦袋來說是假期，只是假期時間很短。當藥效退了，你的生命還是一團糟，甚至是更糟了；這恐怕是用藥前後唯一的不同。不過現在，生命至少有了期待。於是你越用越多，買藥的錢也越來越難籌。你越視用藥為必須，欠下的債就越難還。你越依賴它，就越無法思考其他的事物。酒精也是這樣。戒除它？說得比唱得好聽。憑甚麼？就因為幾個穿著絨毛大衣的小屁孩，讀過幾本歐文·威爾許描寫吸毒青年的小說，說他們了解，就要你戒毒？他們說的話或許不值一文，但其他的東西都要錢。賣《大誌雜誌》是賺點現鈔的方式。沒有五四三的條件。沒有自以為是。沒有違法的顧慮。當街友每個禮拜來批《大誌雜誌》去賣的時候，他們也藉此認識了大誌雜誌基金會，知道我們提供戒癮的資源。我們也幫助患有精神疾病的街友，提供職能訓練和就業諮詢，當然，還有安置服務。如果他們想要使用，這些資源不會跑走。用或不用，不需要有一點壓力；這也是為什麼，每年，都有上百位街友，願意使用我們的服務。大誌雜誌基金會之所以存在，正是因為我們相信，所有的街友都有改變生活的潛能。請你也好生思量。

上 維持字體大小的一貫，能賦予文案和標題同等的重要性。這也會鼓勵受眾看完整篇廣告。
—
客戶：《大誌雜誌》（*The Big Issue*）
廣告商：李岱艾（TBWA），倫敦
創作者：Nigel Roberts、Paul Belford

下 這是連環系列廣告（第一週：紅色法拉利。第二週：紅色與銀色法拉利。第三週：紅色、銀色與黑色法拉利，再加上神燈）。
—
客戶：法拉利汽車（Ferrari）
創作者：Pete Barry

話雖然這樣說，你在面對委託案時，可別抱持著「就讓這系列廣告走只有標題的路線好了」（或只有圖像，或標題和圖像兼施）這類的想法。你應該先把廣告概念發想出來，然後三種表現方式輪流嘗試。通常會有一種表現方式，比其他兩者更能溝通你的概念；何者能成就最棒的廣告（同時以質和量來考慮），到了這個階段，其實應該是很清楚的。

廣告標題

■ 標點符號

讓我們先來處理標點符號的問題好了。就平面廣告來說，長篇文案偶而使用驚嘆號、斜體字，甚至底線，以增添文章之表情，是沒有問題的；但是同樣的手法卻**不太能**使用在廣告標題或品牌標語上，那樣做無異於降低格調。

為什麼？讓我們拿 Nike 眾所皆知的品牌標語，Just do it，來做例子。這句話具有吶喊力道，同時保留了一些餘韻。因為本身的訊息已相當清楚，不需要再加油添醋；如果你再添加其他標點符號（好像真的要讓標語喊出聲來那樣），結果就會變成，Just do it！

把這個版本的標語大聲唸出來，忽然間，你會聽見糟糕的汽車推銷員高分貝地在你耳邊鼓動三寸不爛之舌，或是太過熱情的有氧教練高昂地叫喊著指令（我們還沒有加引號，就已經有這樣的效果了）。Just do it！實在太聲嘶力竭，太用力博取注意力了；聲量能傳達概念就夠了，不需要讓受眾覺得耳朵都快聾了。這個手法不只是寫品牌標語的時候要注意，從廣告標題到版面設計，一則廣告如果需要這麼用力才能吸引注意，那應該是有甚麼地方出差錯了。這就像參加單身派對，如果每位參與者的條件都差不多，急切表現以求青睞的，給人的反而是自負、肉麻、甚至是可憐的印象；相反地，那些冷靜、進退有據、低調的參與者還更顯風采翩翩，魅力自發。

所以如果你的廣告標題或品牌標語需要任何增添表情的標點符號，它很有可能還不夠理想。標點符號的使用要能成立，必須有充足的理由（也就是說，能跟你的概念相互呼應），有一個罕見的例子，那是喬治‧陸以斯（George Lois）用以號召整個新世代的標語，「我要我的 MTV！」（1982）。標語中的語氣讓人想起詹姆斯‧蒙哥馬利‧弗拉格（James Montgomery Flagg）有名的山姆大叔（Uncle Sam）海報標題，「我要你加入美國大兵」（1917），只是 MTV 標語使用了驚嘆號，增添了一份詼諧的誇張。

■ 廣告標題裡的反轉

反轉是喜劇演員和劇作家常用的手法，用在廣告上也一樣能產生幽默或嚴肅的效果。反轉通常將讀者或聽眾的想像引往一個方向，最後來個「急轉彎」的結尾，把想像拉往出乎意料的方向。我們會被誤導，常常是因為這類說詞前面聽起來很耳熟，有時甚至是一再重複的俗套。

舉例來說，電影《阿達一族》（*Addams Family Values*）裡的爸爸高魔子（Gomez）說過：

你會遇到一個特別的人，一個不會對你提告的人[2]。

還有像美國詩人朵洛蒂‧帕克（Dorothy Parker）的四行詩裡的倒數兩句，

三杯，我會醉倒桌下，
四杯，我會倒在東道主下[3]。

或者美國導演伍迪‧艾倫（Woody Allen）的名言：

人生海海，不是可怖，就是可憐[4]。

注意，上面這些句子的梗，全部留在接近尾巴的地方。梗雖然不一定要留到最後才破，但是太早揭露，會讓笑話失去笑點，讓戲劇張力失去爆點。叫梗發揮作用的關鍵就在於盡量延遲破梗的時間，把它放在壓軸的位置，舉例來說，電影《執法捍將》（*Wyatt Earp*）裡有句台詞：

我媽常對我說，今日命，今日斃。

把梗提到前面來破，效果頓時打了折扣：

今日命，今日斃，是我媽常對我說的話。

句末常是擺放重點訊息的地方，稍微處理不當，語氣的力道就可能減弱，下面有個例子：

男人。和他在同一屋簷下生活，難；對他開個一槍，也難。

會比這句鏗鏘：

男人。和他在同一屋簷下生活，或是對他開個一槍，都難。

2 譯註：「你會遇到一個特別的人」，一般指的是真命天子，或真命天女，這句話後面通常會銜接羅曼蒂克的綺想。

3 譯註：此詩前兩句是：我想來杯馬丁尼，／兩杯，不能再多了。

4 譯註：這句話出自伍迪‧艾倫自導自演的《安妮霍爾》（*Annie Hall*），他所飾演的艾爾維‧辛格（Alvy Singer）在與女主角的對白中表明自己是悲觀主義者，人生對他來說除了晦暗，還是晦暗。

這則環境廣告的標題分為兩個部分（第二部分是使用括弧的良好示範）。標題：保持海灘的美觀（也記得把垃圾撿起來）。
──
客戶：金牌健身房（Gold's Gym）
廣告商：Jack，洛杉磯
創作者：Jack Fund

保持海灘的美觀
（也記得把垃圾撿起來）

金牌健身房

因為不論是「一同生活」或「對他開個一槍」，若都以「難」收尾，將更能凸顯左右為難的窘境。

大衛・阿伯特（David Abbott）的筆下出過不少知名的廣告標題，其中之一將畫龍點睛的轉折硬是放在最後一個字上（或者也可以說是數字），成就了這則《經濟學人》的經典廣告：

「我從來沒讀過《經濟學人》。」管理實習生，年齡四十二。

標題如果分為兩句，而轉折落在第二句，用括弧把它框起來，可以製造備註的效果，比方說，上圖的廣告就在大垃圾桶上寫著：保持海灘的美觀（也記得把垃圾撿起來）。然後，我們才在最下面看到金牌健身房（Gold's Gym）的商標。

標題的轉折也能用廣告圖像來埋梗，像 Nike 有名的海報廣告（對頁上方）畫的是法國出生的曼徹斯特聯隊（Manchester United）球員艾瑞克・坎通納（Eric Cantona），廣告標題先是寫「66年對英國足球來說是非凡的一年」（可能有些人不知道，1966 年是英國足球代表隊唯一贏得世界盃冠軍的一年），接下來才托出轉折：「艾瑞克・坎通納誕生了」。別管我必

須為這個轉折補充資料這件事，就實際的表現來看，這則廣告完美地示範了標題轉折與圖像的呼應。另外，你也可以使用對比句，製造反轉效果，這我在第 243 頁有進一步解說。

將廣告標題（和品牌標語）化成提問
教英文會話的時候，老師首先要學會組織提問，以防學生用簡單的「yes」或「no」，就避開了練習開口的機會。舉例來說：「你喜歡足球嗎？」要回答這個問題太簡單了，幾乎用不到甚麼英文。相反地，要回答「你為什麼喜歡足球？」，學生就必須說更多話、更涉入。

廣告要做的就是讓受眾涉入。我們繼續沿用上面的例子，假設你今天要廣告的產品是足球，而你提出的標題是「你喜歡足球嗎？」，如此不但平淡無奇，而且帶有風險──如果受眾回答「yes」，那當然沒問題，你找到了一個潛在的消費者；如果他們說「no」，不就意味著他們對產品沒興趣嗎？想一想，如果將問題改寫成一種引導，讓受眾反過來問自己，為什麼對足球沒興趣，那會不會更好？或者乾脆不要提問，直接提出誘因，用一個例子說明足球的偉大之處，那不是更有機會讓人對足球改觀，喜歡上這項運動？

要記得，廣告存在的目的是為客戶提供機會，博取受眾青睞，誘導他們購買產品。以是非提問為廣告標題，是一種賭博行為；只要受眾的回答不是你要的，客戶馬上會損失一筆交易。如此一來，這則廣告就無轉圜地有負使命。所以，如果你要用提問下標題，這個提問必須經過鍛鑄，以防受眾以簡單的「yes」或「no」就打發這則廣告。當然，這個提問也不能削弱廣告概念的力道；如果標題還是以非問句的形式呈現較佳，大可保持原貌。話說回來，我們也不能排除有些時候，單純的是非提問更能發揮廣告功效。

是非提問能發揮效用的第一種情況是，受眾已經問過自己同樣或類似的問題，比方說，如果有人考慮軍旅生涯，那他**可能**就會對這個無趣的標題產生正向回應：你有試想過從直升機上一躍而下嗎？但是對廣告人來說，我們不能將希望寄託在「可能」上。你的廣告必須要有說服力，其中的論點必須推敲到極致，如此才能打造出讓人拍案的黃金標語。所以，上上之策是把上面的標題重新鍛鑄過，激勵潛在的將官之材，賦予他們從軍動機和勇氣。這樣比較容易達成廣告目標，以我們舉的例子來說，這個目標就是將募兵人數衝到最高點。

'66 WAS A GREAT YEAR FOR ENGLISH FOOTBALL. ERIC WAS BORN.

66 年對英國足球來說是非凡的一年。
艾瑞克・坎通納誕生了。

上 因為這兩句話之間的行距，說話節奏產生了停頓，使得標題的轉折更為有力。

客戶：Nike
廣告商：Simons Palmer Denton Clemmow and Johnson
創作者：Andy McKay、Giles Montgomery

下 這個是非提問讓人無法錯答成：「no」。

客戶：Oviatt 聽力暨平衡診所
學生：Kate Ambis、Michael Boyce、Cassandra DiCesare、Anna Bratslavskaya、J. D. Proulx

是非提問能發揮效用的第二種情況是，受眾不可能給出錯誤的答案，除非真的是傻蛋，不然就是在說謊。正文右邊有一則學生為 Oviatt 聽力暨平衡診所創作的廣告，是很好的例子：如果你看到的世界是這樣子，你會不會去找驗光師？這個問題很難錯答（不太可能說「no」）。或者有個提倡健走的產品，主張健走比慢跑更健康，它的廣告標題可以這樣問：你的醫生有推薦你跑馬拉松過嗎？這個問題很難回「yes」，也是一例。

即使是這些很難錯答的是非提問，也需要一點點**思考**的時間方能回答。這就把我們帶到了第三種情況：如果真的難以迴避是非提問（其傳達概念的力道最強），那你至少要將此提問加工，賦予它強迫受眾停下來**思考**的力量。也就是說，你的提問必須有意思，能引人入勝，在受眾的心中啟動連串的對話，讓他們無法想都不想就回答「yes」或「no」。這種提問會鑽到讀者的皮膚底下，觸動其敏感的神經，就像是《經濟學人》的這則標題：

晚餐時，你會想要坐在你旁邊嗎？

上面的提問，看似稀鬆日常，但日常生活裡不會有人問我們；其別具的深意，碰觸了讀者私人的界線，在我們心裡激起一連串的問題，叫人自我省視：我聰明嗎？我笨嗎？我有內涵嗎？我有魅力嗎？我有趣嗎？

If this is how you
如果你看到的

saw the world, wouldn't you
世界是這樣子，

see your optometrist?
你會不會去找驗光師？

你的聽力也一樣。沒有良好的聽力，生活品質就會生變。在 Oviatt，
我們有合格的聽力矯正師能為您做精確診斷，矯正聽力障礙。

Your hearing is no different. Without it, the quality of your life isn't the same. At Oviatt, our qualified audiologists
can accurately diagnose your hearing problem and treat it accordingly.

Oviatt Hearing & Balance
How well do you hear the world?

1001 James Street   315 928 0016

Oviatt 聽力暨平衡診所
這個世界，你聽見了多少？

Would you like to sit next to you at dinner?

The Economist

晚餐時，你會想要坐在你旁邊嗎？ 《經濟學人》

這個問題必須經過讀者的大腦，才能有答案。

——
客戶：《經濟學人》(*The Economist*)
廣告商：Abbott Mead Vickers BBDO，倫敦
創作者：David Abbott、Ron Brown

跟上面的提問十分相似，英國倫敦都警部（Metropolitan Police）有個招募新血的廣告，廣告上有個惡棍，正對警察的臉吐唾沫，上頭寫道：

你會連另一邊的臉也轉過來嗎？

類似的直接提問也可以運用在品牌標語上，舉例來說，英國《獨立報》(*The Independent newspaper*) 的標語就問：

《獨立報》，誠獨立。那你呢？

另外，我們也別忘了有些品牌標語，雖然不是是非提問，但一樣經過精心設計，無法以簡單的回答打發，意圖就是要引發受眾思考，將其涉入廣告的時間拉長：

‧你最想和誰一對一深談？（一對一〔One 2 One〕電信公司）
‧喝一口，會糟到哪去？（胡椒博士汽水〔Dr. Pepper〕）
‧你今天想前往何地？（微軟）

與上述的情況相反，有時答案已經很明白，廣告卻以提問的形式呈現答案，其用意即在於刺激受眾思考其中說法。這些廣告會促使消費者反思其**使用者經驗**，而不是預想；上面有些提問就是這樣。這類型的提問也被稱為修辭問句（rhetorical question），其功能是確立論點，而非尋求答案。亞特蘭大芭蕾舞團（Atlanta Ballet）就曾以修辭問句為舞劇《羅密歐與茱麗葉》打過廣告：

兩個芭蕾舞者的殉情。還有甚麼劇碼比這齣更誘人？

這句提問就是答案，表明沒有其他更引人入勝的劇碼了（同理，問句「誰管他？」，真正要表達的是「我才不管」）。

另外一個例子是聖公會（Episcopal Church）在聖誕節推出的廣告；廣告圖像呈現了兩幅肖像，一幅是聖誕老人，一幅是耶穌基督，其上的標題為：

是誰的生日啊，到底？

如同上例，這則廣告也有既定的答案：聖誕節是耶穌的生日。聖公會還有一則廣告，使用了類似手法，其上畫著一本聖經，標題則寫著：

你在等甚麼？拍成電影嗎？

英國花卉植物協會的品牌標語，是一則傳達給所有空等送花的女性的消息：

花。為什麼要等待？妳可以自己買。

這個問題也是修辭問句；它其實是在說：「不要等待。」

假設性的提問也是要讓你動腦思考，但是方向不太一樣；這類型的問題會刺激你想像，「這雖然是不太可能的事，但假如發生的話呢？」英國健康教育協會（UK Health Education Council）有則廣告描繪了因懷孕而大肚便便的男子，其廣告標題便是運用了這種異想天開的提問：

假如懷孕的是你，你會更加小心嗎？

再一次地，提問的答案應該很明顯，無非就是「yes」。

有些要受眾直接回答「yes」或「no」的提問還蘊藏了雙層意涵，也可以說，它一次問了兩個問題。舉例來說，開特力運動飲料（Gatorade）的品牌標語問的是：

Is it in you？[5]

這個標語的第一層意思是你有沒有喝過他家的運動飲料，即「你體內有開特力嗎？」第二層則是更深的探詢，「你體內有想大展運動身手的渴望嗎？」

還有一種（也可能是最後一種）是非提問能發揮效用的特殊情況，可視為上述第二種情況的延伸（受眾不可能錯答），廣告假設受眾能給出預期的答案，所以自問自答。Nike 的海報廣告就是一例（下圖）：
有聽過奈及利亞的國歌嗎？

你馬上就會聽到。

（除非受眾是奈及利亞人，不然的話，我們可以想見一般人的回答應該是，「no」，而這也是第二句話破梗時，能讓人會心的先決條件。）除了直接回答，廣告也可能將答案藏在文案裡。

所以，總結來說，能讓是非提問發揮廣告效用的特殊情況，一共有七種：

- 該提問受眾已經認真問過自己許多次
- 該提問沒有給受眾錯答的機會（預期答案如果是「no」，答成「yes」的機率微乎其微，反之亦然）
- 該提問能引導受眾**思考**，難以輕易打發
- 該提問是修辭問句，其真實的功能在於確立論點，不須讀者回答
- 該提問是假設問題，用「假如」來引誘讀者涉入廣告
- 該提問具有雙重意涵，一次問了兩個問題
- 該提問難以錯答，而且廣告緊接在第二句話，或較長的文案中提供答案

5 譯註：開特力素來擅用一語雙關的手法，將激勵運動員表現的動機與該產品連結。他們 2003 年的廣告即是讓明星運動員——道出追求成功的動機，最後在片尾配上旁白，「每位運動員都有自己的燃料」，同時顯示這則品牌標語和其商標。

兩個芭蕾舞者的殉情。
還有甚麼劇碼比這齣更誘人？

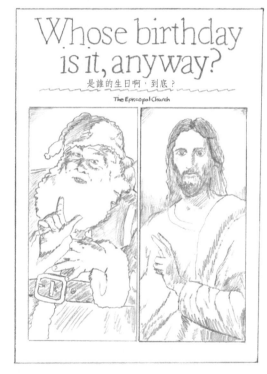

是誰的生日啊，到底？

左 這個修辭問句帶點自嘲意味，讓人莞爾；提問的答案應該是昭然若揭了。
—
客戶：亞特蘭大芭蕾舞團
廣告商：Sawyer Riley Compton，亞特蘭大
創作者：Kevin Thoem、Ari Weiss

右 比起直接說，「這天是耶穌的生日」，這個修辭問句還更有趣味。
—
客戶：聖公會信仰推廣處（Episcopal Ad Project）
廣告商：Fallon McElligott Rice
創作者：Tom McElligott、Nancy Rice

有聽過奈及利亞的國歌嗎？
你馬上就會聽到。

下 這又是善用是非提問的另一例：在你還來不及回答之前，廣告就給出答案。
—
客戶：Nike
廣告商：Simons Palmer Denton Clemmow and Johnson
創作者：Andy McKay、Tony Barry、Chris Palmer、Tim Riley

左 也許這是廣告史上名氣最為響亮的提問，但這個句型也因此屢遭剽竊，至今歪風仍未停止，讓人痛心。[6]

客戶：加州牛奶顧問委員會（California Fluid Milk Processor Advisory Board）
廣告商：Goodby Silverstein & Partners，舊金山
創作者：Sean Ehringer、Rich Silverstein、Peter di Grazia、Mike Mazza、Chuck McBride、Jeff Goodby

右 就抗拒諧音雙關語的誘惑來說，這個廣告或許是個例外。
──
客戶：蘋果（Apple）
廣告商：TBWA／Chiat／Day

有牛奶嗎？

心智牙線

6 譯註：圖中是兩個馬芬蛋糕（muffin），這種蛋糕烤得稍微過頭，吃起來口感就很乾。第一個蛋糕用糖霜寫上「有」（got），第二個則寫上「牛奶嗎？」（milk？）。

7 譯註：第一句以〔i〕為韻腳，改自莎翁名句「是存還是亡」，to be or not to be。第二句以〔h〕為聲母，改自happy birthday。

8 譯註：在這則廣告裡，mental floss 是取 mental flows 之諧音；後者是心理學所稱的神馳狀態，指的是心神全然沉浸於手邊活動，因而進入了行雲流水般的化境。

9 譯註：「H₂Eau」取 H2O 的諧音；「Heau，heau，heau」取聖誕老人笑聲「Ho，ho，ho」的諧音。

如果要以提問形式呈現標題，電視是個但問無妨的理想媒體。在電視上，廣告提問能以視覺（文字）或口說（旁白）的方式呈現，而且鋪梗的時間也較平面寬裕；如果有必要，也可以提出一個以上的問題。電視提供給廣告的鋪梗時間，能讓結局或高潮更讓人驚喜，為之積蓄更強勁的力道，使幽默的梗更幽默，嚴肅的梗更發人省思。

■ 有點子嗎？

〈有牛奶嗎？〉此一系列廣告，也能在讀者以「yes」或「no」打發廣告之前，觸發其思考，可說是是非問的好示範。這個廣告策略走的是解決問題路線，發想出簡單又高明的概念，表現於廣告標題／品牌標語：「有牛奶嗎？」這句話聽起來像是一種友善的提醒，卻也能引導受眾思考。其實大家都有經驗，冰箱裡的牛奶到底還夠不夠，有時候真的記不住，必須要想一想才能記起來。這個廣告概念還喚醒了牛奶告罄之時，那沒得喝的難受滋味，搭配嘴乾舌燥的圖像，更為本來沒那麼強烈的欲求不滿添加了戲劇張力（再次應證約翰・赫加提（John Hegarty）一針見血的廣告心要：「把簡單戲劇化」）。

講到這一系列廣告，我還有一點感觸不吐不快：由這些

廣告走紅而四處竄起的搞笑模仿，應該要停止了，不要再用「有＋（產品名字／產品訴求）＋嗎？」這個句型做標語了。姑且不論 T 恤、馬克杯、還有貼在汽車保險桿上的口號貼紙，好多廣告也一而再、再而三地東施效顰。這一切只代表一件事：有新鮮的點子嗎？

■ 雙關語 vs 雙關圖

大部分的雙關語都是有心人玩弄的文字遊戲，常常言不及義，也因此為雙關語博得輕浮之名，讓人忽略它其實也可以激盪出創意火花。從壞廣告學到的壞習慣當中，最糟糕者有二，第一是以押韻字或押聲字取代原有的字詞（像是，要尿還是不要尿，to pee or not to pee，嬉皮版的生日快樂，hippy birthday）[7]；第二是濫用諧音雙關（像是，「罩」過來，「罩」過來，上課很無聊，那來談談小確「性」吧）。正如你所見，上述例子並不難編。這些不太高明的俏皮語，用在生日卡片、娛樂報導、搞笑 T 恤、汽車貼紙和美髮沙龍裡，或許還行得通；用在廣告裡，卻是難登大雅之堂，為大多的同業所忌憚，視為下下之策（怕雙關語也可以怕出病來，心理學上稱為「雙關語恐懼症」〔paronomasiaphobia〕）。

每個人開始做廣告的時候，或多或少，都會用上雙關

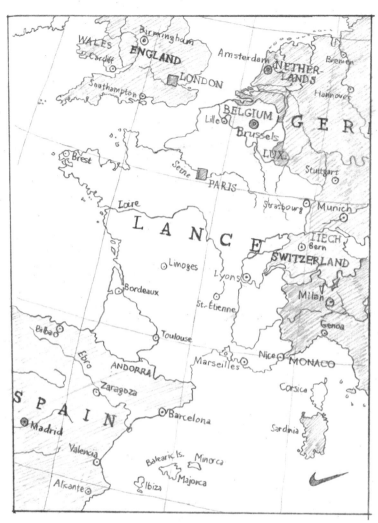

語。有的廣告使用奇珍的雙關語，甚至榮登得獎作品集；這是因為同字異義的雙關語，更為廣告界所接受（參見下一節〈詞義雙關〉）。

但是不論如何，你還是先和雙關語保持距離，以策安全，就像有人曾說過的，「雙關語像糖果，剛開始嚐總是甜蜜，到頭來卻是換得滿口蛀牙」。所以越早把雙關語驅逐出你的腦袋，對你越好（你可以從你的五歲藏書中，挖出《我的第一本笑話書》，這樣應該可以讓你對雙關語敬謝不敏）。當然，凡是都有例外；蘋果 G3 曾以「心智牙線」（Mental floss）為廣告標題，或許就是特例──它與品牌標語「不同凡想」呼應，並暗示這台電腦「乾淨」，所以跑得行雲流水[8]。沛綠雅（Perrier）是知名的氣泡礦泉水品牌，他家的「Eau」系列廣告行之超過十年，其中便是利用了此字的發音「o」，打造諧音雙關的標題（eau 在法文裡是「水」的意思）。讓人尤其印象深刻者有首發廣告裡的「H2Eau」，還有節慶時分聖誕老人亮如洪鐘的笑聲，「Heau，heau，heau」[9]。

回到我原來反對使用諧音雙關的論點，這裡有個例子可以作為最佳示範（或者我應該說是最糟）。這張是動物園（不要講是哪間）打造的海報廣告，藝術指導把它

左 這一系列的廣告，雖然也以諧音雙關為梗，但效果不錯，其中 eau 在法文中即是水的意思，讀做「o」。此系列還有一則廣告，是喜氣洋洋的聖誕老人，搭配廣告標題「Heau，heau，heau」。

客戶：沛綠雅（Perrier）
廣告商：李奧貝納（Leo Burnett）
創作者：Mike Trumble、Colin Campbell

右 在神話破滅之前，他曾是人人讚嘆的傳奇。這個廣告同時運用了雙關語和雙關圖：其「標題」是諧音雙關語，同時以圖像呈現，更是引人入勝。

客戶：Nike
廣告商：Publicis Mojo，澳洲
創作者：Tim Forte、Paul Bootlis
創意總監：Dave Spiller

做得美美的，畫面使用了狨猴的可愛照，標題是（讀者請先做好心理準備）──「狨猴會有像這樣的日子。」（Marmoset there'd be days like this）這句話的梗在於英文裡的「狨猴」（marmoset），聽起來像是「媽媽説」（momma said）。

勞工已經停擺。

上 使用詞義雙關時，雙層意涵都能扣回產品，沒有偏廢，才是最理想的狀態。

客戶：英國保守黨
廣告商：上奇（Saatchi & Saatchi），倫敦
創作者：Martyn Walsh、Andrew Rutherford

中 透過「苦」（rich，與「富有」雙關）這個字的雙層意涵將產品擬人化。

客戶：城市風光餐飲店，亞特蘭大。

下 這則標題使用了詞義雙關（「康士太保」既可指稱警察，也可指稱畫家的畫），其廣告策略走的是競爭路線（如果你也採用與產品對手競爭的策略，記得要在廣告裡寫下產品的正面訴求）。

客戶：城際高鐵
廣告商：上奇（Saatchi & Saatchi），倫敦
創作者：Alexandra Taylor、James Lowther

如果我們的咖啡再苦一點，它應該會投票給民主黨吧。

即便以時速一百英哩飛馳，你唯一會遇到的，只有康士太保。沒有道路施工，沒有交通管制，沒有測速照相。在火車上叫人留心張望的，只有窗外美麗的風景。

讓我們來看一下，媽媽說會有像這樣的日子。像怎麼樣的日子啊？這到底跟吸遊客來動物園有甚麼關係呢？這個標題不過就是個蹩腳的玩笑罷了（抱歉了，發想這則廣告的團隊）。

不知道甚麼原因，雙關用在圖像上，比較不像用在文字上那樣受到輕視；或許，那是因為前者通常都比後者更一目瞭然，更為高明，多了那麼一點趣味，而且合情合理，能讓人產生平行聯想。再者，圖像沒有文字，不會像雙關語那樣「咬文嚼字」，所以更具親和力。話雖然是這樣說，但這並不代表所有單用圖像的廣告都是傑作（參見〈避免俗套的意象〉，第 36 頁。而第 69 頁右上的 Nike「藍斯」（Lance）廣告[10]，則同時運用了雙關語和雙關圖，可說是絕妙的佳作）。

█ 詞義雙關

具有雙重含義的語句，名義上都可稱為雙關語，但是正如上一節所述，使用押韻或押聲玩文字遊戲，或以諧音字拼湊雙關語，都是少碰為妙的下下之策。相反地，你大可光明正大將詞義雙關運用於廣告標題和品牌標語，讓它發揮莫大的效用。這種雙關語使用**同一個字眼**，傳達出雙重意涵，比較不顯鑿痕，比諧音雙關高明得多。

那些將詞義雙關發揮得淋漓盡致的廣告，能將**雙重（雙層）**詞義均扣回廣告概念／產品，而沒有偏廢。就拿英國保守黨（Conservative Party，為英國工黨〔Labour Party〕之對頭）風光一時的海報廣告來說，其上的標語寫著：

勞工（Labour）已然停擺。

對一個保守黨的支持者來說，這個句子的雙重含義都真實不虛，而且正中紅心：第一層意義是現今的工黨已然停擺（其運作已然失能，他們信奉的路線也已失靈），第二層意義是失業率居高不下，勞工人力處於停擺狀態。

橫跨大西洋，來到美國，有間城市風光餐飲屋（Cityscape Deli），利用「苦」（rich，與「富有」雙關）這個字的雙重含義，將產品擬人化：

如果我們的咖啡再苦一點，它應該會投票給民主黨吧。

10 譯註：藍斯・阿姆斯壯（Lance Amstrong）一度蟬連環法自行車賽（Le Tour de France）七屆冠軍，該賽事甚至因此獲得「藍斯之旅」（Tour de Lance）的綽號。Nike 延請藍斯為廣告明星時，他所締造的神話依然在延燒；地圖中寫的 Lance，本應為法國 France，兩者尾音皆為〔ns〕，是為諧音雙關。後來，藍斯因服用禁藥查證屬實，被褫奪所有的冠軍頭銜，且終身禁賽。

英國的城際高鐵（Intercity）則是利用了「康士太保」（constable）這個字眼的雙重含義：

即便以時速一百英哩飛馳，你唯一會遇到的，只有康士太保[11]。

品牌標語也有使用詞義雙關的作品：

帶頭的車是 Toyota。

至於 Nissan，用字更是簡練：

追求卓越[12]。

要讓詞義雙關發揮作用，你**至少要讓其中一層語義**，托出產品的優勢。舉例來說，我們可以假設咖啡的「苦」是不討喜的缺點，那上述的廣告標題，「如果我們的咖啡再苦一點，它應該會投票給民主黨吧」，雖然運用了苦這個字的雙層意涵，卻沒有任何一層指出產品的優點，給消費者買咖啡的理由。如果你的廣告沒有說出產品的效益，那消費者為什麼要買呢？咖啡公司在廣告裡說政治笑話，不但顯得勉強，而且沒有為咖啡說到任何好話。如果產品跟政治有更多的關聯，類似的廣告才有用武之地。

所以雙層語意之中，至少要有一層為產品說好話，是正面的梗；另外一層則可以是負面的梗，甚至呈現一種荒謬感，只要其指涉的對象不是產品。這類型的雙關語，只有在正梗與負梗勢均力敵時，才行得通；也就是說，正反的力道必須要能夠互相制衡。下面有三個幽默的例子：

・我太太止不住地呻吟[14]（壯陽藥丸）
・我們的產品真的很會吸[15]（吸塵器）
・喝個痛快，然後一塌如泥[16]（可壓縮的瓶裝水）

有些詞義雙關蘊含的意義不只雙重，像前面提到的保守黨海報廣告，說是有三層意涵也可以（第一層意涵其實可細分為兩小層）。這種一語三關的情形也可見於品牌標語：

客戶：速纖（Slimfast）
廣告概念：讓胖子自嘲自己的體重
品牌標語：如果你不能一笑置之，速纖。
三重意涵：笑一笑，然後對這個消遣胖子的玩笑置之不理（不要被影響，不要把它當回事）；笑一笑，然

你要平等是嗎？那換你來喝。

左 這一系列伯丁罕啤酒（Boddingtons）的廣告都以品牌標語「勁道十足」作為詞義雙關的梗（勁道十足，可以指酒，也可以指廣告裡的觀點）。

客戶：伯丁罕啤酒
廣告商：Bartle Bogle Hegarty，倫敦
創作者：John Gorse、Nick Worthington

下 「如果你不能一笑置之，速纖」是一則擁有三重意涵的品牌標語：笑一笑，然後對這個消遣胖子的玩笑置之不理；笑一笑，然後對自己過重的事實置之不理；笑一笑（燃燒卡路里），將脂肪置之死地。

客戶：速纖
創作者：Pete Barry、Sally Evans

我有個千金之軀。
但麻煩的是所謂「千金」，都是一堆零散的銅板。[13]

11 譯註：「康士太保」可以指稱英國警察，同時也可以用來指稱英國風景畫家約翰．康士太保（John Constable）的畫作；用畫家的姓來指稱其作品，是英文的慣用語法。這幅廣告中的風景與康士太保的《樹林中的教堂》（Church in the Trees）相仿。

12 譯註：追求卓越，原文「Driven」，是為「Nissan is driven」的簡略寫法。其第二層意涵為駕駛 Nissan。

13 譯註：「千金之軀」（million-dollar figure）原指體態姣好迷人，但如果都是零散的銅板「loose change」，則變成對胖子體型的調侃。

左上 標題引介（可愛的）
圖像。
———
客戶：福斯汽車（Volkswagen）
廣告商：BMP DDB，倫敦
創作者：Tony Cox、Mark
Reddy

右上 幾個簡單的字搭配出
奇制勝的圖像，使這類廣告
立於不敗之地。
———
客戶：Horn & Hardart 自販
機食堂
廣告商：Carl Ally
創作者：Ed McCabe、Ron
Barrett

左下 標題引介圖像。
———
客戶：兒童保護基金會（The
Children's Defense Fund）
廣告商：Fallon McElligott
創作者：Tom McElligott、
Dean Hanson

右下 標題引介圖像，加上
發人省思的反轉。
———
客戶：英國健康教育協會
（The Health Education
Council）
廣告商：上奇（Saatchi &
Saatchi）
創作者：Fergus Fleming、
Simon Dicketts

14 譯註：呻吟（moaning）
英文裡也有抱怨的意思。

15 譯註：吸（suck）英文裡
也有很爛、很討厭的意思。

16 編註：一場如泥（collapse）
英文裡也有摺疊、壓縮的意
思。

後對自己過重的事實置之不理；笑一笑（燃燒卡
路里），將脂肪置之死地。

雙重意涵可以存於詞句，當然也可以存於圖像；
以純圖像表現雙重意涵者，視覺明喻即是，我們
在第 124 頁有進一步探討。

▌廣告副標
除了主標，你也可以另外使用一句副標（subhead），
製造不同的效果（搭不搭配圖像都可以）。這句副
標跟在主標後面，以完滿或解釋廣告概念，或添補
有用的訊息（許多文案第一句話發揮的功用也是如
此）。對於只用標題的廣告來說，增加副標所創造
出的溝通節奏和閱讀效果，與單用主標絕對不同。

備註：如果你的廣告概念需要用到副標，那就用；但如果是
你的主標需要，那通常主標都要再次鍛鑄。

標題和圖像的搭配（或文字和視覺的搭配）
當文字和視覺並行時，我們要考量兩者之間的關
係，謀求兩者的相輔相成。我在這一節會聚焦於探
討廣告標題和圖像的搭配，至於品牌標語和圖像間
的組合方式，我會在〈品牌標語〉一章詳述。

▌直接和間接圖像
當你以圖像搭配標題使用時，這幅圖像不是「直
接圖像」，就是「間接圖像」；兩者各擅勝場，
難以互相取代。

顧名思義，間接圖像與廣告標題只有間接的關聯，
通常以美術指導為表現主力，或者採用背景式圖
像，只求增添某種氛圍、感覺或印象（而非傳達廣
告概念）。渡假村廣告常用美麗的景點照，搭配引
人入勝的標題（和文案），是常見的間接圖像廣
告。如果這種廣告只使用標題，八九不離十也可以
成立，雖然視覺效果不會那麼有趣。

過去五十年來，大部分標題與圖像兼具的廣告，
走的都是直接圖像的路線，你從這本書琳瑯滿目
的範例就可以知道此言不虛。換句話說，兩者之
間存在某種**直接**關聯。廣告標題與直接圖像唇齒
相依，兩者分開就難以完整地溝通概念，所以對
廣告來說，直接圖像比間接圖像更為重要。

▌避免「標題重複圖像」（「看即說」）
這是沒有經驗的廣告學生最常犯的錯誤，他們下
的標題，有時是整句，有時則是部分重複圖像裡

的訊息。這就是我英國的廣告老師所說的，「看珍
珍跑步」（see Janet running），在美國這種技巧
則稱為「看斑斑跑步」（see Spot running）——這
是一種常見於幼兒兒童繪本的技巧，圖畫中發生甚麼
事，文字就複述甚麼事。因為大部分的消費者都已經
是成人，所以圖畫裡發生的事大可不必逐字逐句寫出
來。還有，你要記住的是，你創作的是廣告，不是平
面設計（後者的文字訊息與圖像訊息常常重疊）。所
以除非有非如此不可的理由，盡量避免「標題重複圖
像」，方為上策。這是所有的廣告工作者，都會掉入
的陷阱，尤其是當你一心一意、急切地想要傳達概念
的時候。其實，重複傳達的訊息，都是冗贅，溝通反
而會因此遲滯。你應該反其道而行，把標題當作圖像
的引介，甚或讓標題和圖像產生反差，甚至背道而
馳，才能讓兩者為彼此加分。通常，只要把標題的文
字略加修整，就可以避免標題重複圖像的窘境，舉
例來說，第 67 頁（右上）的廣告，如果標題寫成，
「是聖誕老人，還是耶穌基督的生日啊，到底？」就
會太過冗長，廣告品質立刻降等。不論何時，當整句
廣告標題只是圖像訊息的複述時，只用圖像通常也行
得通，第 124 頁的吉普汽車（Jeep）「鑰匙」廣告就
是如此，他們後來也確實只用圖像而已。

就像所有我們提過的「法則」，這次也有破例的優異
之作，像是有名的「法拉利先生也開飛雅特」（Mr.
Ferrari drives a Fiat）廣告（雖然這則廣告的標題和
圖像也可以各自獨立）。如果你拿走法拉利先生和他
的飛雅特，那就等於拿走了圖像所提供的趣味，標題
的可信度也會因此而打折扣；拿走標題的話，可能不
是所有的受眾都能認出這位名流來。

▌標題引介圖像
以標題引介圖像，以文字為視覺搭建舞台，是常見的
廣告手法。看此類廣告的時候，大概先讀標題，然後
再覽圖像，會比較順；其廣告概念和文字裡埋的梗會
在圖像裡完全揭露，兩者之間會有種欲揭而未揭的懸
念，並以此產生連結與張力。這樣的廣告圖像通常都
是「直接圖像」（與文字直接相關）；你只要把圖像
蓋起來，廣告就會瘸了一腳，甚至完全行不通。

要解說甚麼是「標題引介圖像」，最好的方式就是舉
例說明：

「如果你為一顆青春痘感到羞澀，那這怎麼辦？」

標題引介圖像所產生的廣告張力，雖然不如兩相反差
／矛盾（見下一節）那樣「衝」，但還是比兩相重複

The only squeaks and rattles you'll ever hear in a Volkswagen.

Golf VW

你在福斯汽車裡唯一會聽見的吱吱嘎嘎。

You can't eat atmosphere.

Horn & Hardart. It's not fancy. But it's good.

Horn & Hardart 自販機食堂。雖不華麗，卻是可口。

你總不能吃空氣。

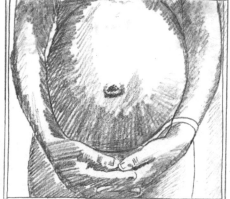

IF YOU'RE EMBARRASSED BY A PIMPLE TRY EXPLAINING THIS.

Being a teenager is tough enough. Why make things more difficult by becoming a mother too?
THE CHILDREN'S DEFENSE FUND

青春期的煩惱已經夠多了，何苦找自己麻煩，讓自己懷孕？

如果你為一顆青春痘感到羞澀，那這怎麼辦？

The first time you have sex can be a really unforgettable experience.

Health Education Council

第一次的性經驗可能讓你終身難忘。

JOHN KENNEDY'S FINGERPRINT.
約翰・甘迺迪的指紋

 John F. Kennedy Library & Museum

Ceci n'est pas une pipe.
這不是菸斗

It killed
Hitler.
它殺了希特勒。

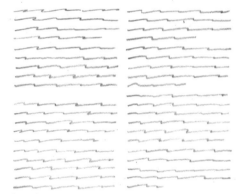

ISSUED BY THE CABINET WAR ROOMS

約翰・唐諾森・年齡二十三
John Donaldson | AGE 23

上 這則廣告將概念蘊藏於三個層次：圖像明喻、矛盾的標題與圖像、然後才是訊息本身（首次登陸月球也是約翰・甘迺迪在任的政績）。

客戶：約翰・甘迺迪總統博物館暨圖書館（John F. Kennedy Presidential Library and Museum）
廣告商：馬丁廣告公司（The Martin Agency），明尼蘇達
創作者：Joe Alexander、Cliff Sorah

左中 那句話寫的是：這不是菸斗。當然，這也不是廣告，但這幅超現實主義畫家賀內・馬格利特的手筆（約 1928–29），卻是開創了先例，示範圖文之間的反差和矛盾，是後世所沿用的經典廣告手法。如果寫成「這是菸斗」，文字就重複了視覺傳達的訊息，作品馬上變得冗贅而無趣。

左下 異極相吸：出奇／衝擊力強的圖像＋平直／有所保留的標題。[17]

客戶：伯納多兒童關懷慈善機構（Barnardo's）
廣告商：Bartle Bogle Hegarty，倫敦
創作者：Adrian Rossi、Alex Grieve

17 譯註：廣告中的嬰兒，手上拿的是注射毒品的針筒。

右下 異極相吸：平直／有所保留的圖像＋出奇／衝擊力強的標題（你會忍不住想要看看文案說了甚麼）。

客戶：帝國戰爭博物館（The Imperial War Museum），倫敦
廣告商：Harari Page，倫敦
創作者：Stuart Elkins、Graeme Cook

如何殺小寶寶。

一點也不難。你需要做的，就是走向一個小寶寶。小寶寶不會跑。

然後，當小寶寶以信賴的眼神抬頭望向你，以為你是媽媽的時候，你就用力一揮，用球棒打碎其頭蓋骨。

在加拿大，這件事每年都會發生於海豹寶寶的身上，成為一場血腥儀式，為期六個禮拜。

在日本，他們的方法稍微有些不同；先將海豚圈圍於淺水區，等到退潮，海豚擱淺，再著手上述讓人髮指的勾當。

然後還有鯨魚。你知道鯨魚所遭受的待遇。

如果你的心態夠扭曲，你大概會嘖嘖地說，反正已經死了。阻止屠殺比動動嘴巴困難，但有件事是你可以做的。

這個禮拜的《婦女節》雜誌裡，我們會登載一篇發人省思的報導，讓讀者知曉這些美麗生物的遭遇。

我們還會舉辦一場競賽遊戲，讓你和你的小朋友參加。這個遊戲很簡單，你只需用二十個字以內的短句告訴我們，如果這些海豹、海豚或鯨魚會說話，那牠們會說甚麼。

這是個有獎金的競賽，《婦女節》雜誌每收到一筆報名費，便會捐獻一角給綠色和平組織，為終結這場慘絕人寰的屠殺盡一份心力。

別錯過這個禮拜的《婦女節》，本期的封面是隻海豹寶寶的特寫，拍攝於牠臨死之前的幾秒鐘。

如何殺小寶寶。

一點也不難。你需要做的，就是走向一個小寶寶。小寶寶不會跑。

然後，當小寶寶以信賴的眼神抬頭望向你，以為你是媽媽的時候，你就用力一揮，用球棒打碎其頭蓋骨。

在加拿大，這件事每年都會發生於海豹寶寶的身上，成為一場血腥儀式，為期六個禮拜。

在日本，他們的方法稍微有些不同；先將海豚圈圍於淺水區，等到退潮，海豚擱淺，再著手上述讓人髮指的勾當。

然後還有鯨魚。你知道鯨魚所遭受的待遇。

如果你的心態夠扭曲，你大概會嘖嘖地說，反正已經死了。阻止屠殺比動動嘴巴困難，但有件事是你可以做的。

這個禮拜的《婦女節》雜誌裡，我們會登載一篇發人省思的報導，讓讀者知曉這些美麗生物的遭遇。

我們還會舉辦一場競賽遊戲，讓你和你的小朋友參加。這個遊戲很簡單，你只需用二十個字以內的短句告訴我們，如果這些海豹、海豚或鯨魚會說話，那牠們會說甚麼。

這是個有獎金的競賽，《婦女節》雜誌每收到一筆報名費，便會捐獻一角給綠色和平組織，為終結這場慘絕人寰的屠殺盡一份心力。

別錯過這個禮拜的《婦女節》，本期的封面是隻海豹寶寶的特寫，拍攝於牠臨死之前的幾秒鐘。

這則廣告也使用平直／有所保留的圖像＋出奇／衝擊力強的標題。

——

客戶：Sungravure 有限公司／《婦女節》（*Woman's Day*）
廣告商：The Campaign Palace，澳洲
創作者：Lionel Hunt、Gordon Trembath、Sally Grebe
廣告經理：Fred Brenchley

使用震撼力較強的圖像效果反而略遜一籌，因為它會把標題的吸睛力分散掉（兩相抵消），原來的廣告為讀者留下的想像空間還更多。

來得有趣、有戲，能讓人產生平行聯想。如果你還有疑問，可以把「標題引介圖像」的廣告全都改成「標題重複圖像」的，就拿 Horn & Hardart 自販機食堂[18]的廣告來說，其標題「你總不能吃空氣」真是比「你不能吃蠟燭／小毛毯／電燈泡／壁紙」好了無限多倍（第 73 頁右上圖）。

如果你發覺標題沒有重複圖像，但也沒有加分的效果，那不妨把一些元素抽掉；你的廣告很可能因此變得更簡潔、更有力和更出色。這招其實就是刪減法（見第 77 頁）。

如果你的廣告只有搭配文案，而沒有直接圖像（也就是只用文字，或搭配間接圖像），那你可以用標題來引介文案的第一句話。事實上，這就是文案技巧「隱形的線」的第一步，可見於許多類型的平面廣告（詳見〈廣告文案〉一章）。

■ 反差與矛盾

廣告標題與圖像相對照，能產生反差或矛盾感者，恰恰與「看斑斑跑步」（標題重複圖像）這類壞報告相反。這個經典手法已有數十載的歷史，它成功的要素

存於廣告標題和圖像之間那股緊張感；不論你是先看標題再看圖像，或是先看圖像再看標題，兩者之間都存在著一股吹彈可破的張力。

我們先來看一個非廣告的例子（對頁中間），超現實主義畫家賀內‧馬格利特（René Magritte）所畫的《形象的背叛》（*The Treachery of Images*，約 1928–29），大概是歷史上圖像與標題相互矛盾的首見之作。馬格利特在畫上面寫著法文，「Ceci n'est pas une pipe」，意即「這不是菸斗」，想藉此表達畫中之物只是一個物體的形象，而不是真的菸斗。把畫家的藝術主張先放一邊，這個例子的重點在於其張力會激起觀眾立即的反應（如果標題重複圖像，而變成「這是菸斗」，那張力馬上就平掉了）。

同樣的道理，如果你把（對頁最上方的）標題「約翰‧甘迺迪的指紋」，改成「尼爾‧阿姆斯壯的腳印」，那就不會有張力或矛盾了。

通常標題和圖像之間的反差或矛盾越強烈，張力就越強。當你想要將標題與圖像之間的反差、矛盾或張力往極致推的時候，你不妨把握**異極相吸**這個「通

18 譯註：Horn & Hardart 創立於 1902 年，以自動販賣機販售美國家常食物，如起司通心麵、焗烤豆子和奶油菠菜，在經濟大蕭條期間特別受到歡迎，是為美國速食餐廳之母。

Imagine having your body left to science while you're still in it.

People For The Ethical Treatment Of Animals

想像你把大體捐給醫學實驗使用，實驗卻在你還活著時強制執行。

這則廣告同時使用了衝擊力強的標題和圖像，卻沒有產生互相抵銷的效應，是一個鮮少的特例。以這則廣告來說，使用可愛討喜的猴子圖像（就像前頁的海豹寶寶那樣），反而會削弱廣告的力度。

客戶：人道對待動物協會（PETA）
廣告商：馬丁廣告公司（The Martin Agency），里奇蒙
創作者：Luke Sullivan、Wayne Gibson

★這些「規則」都有例外，特別是對「出奇／衝擊力強的標題＋出奇／衝擊力強的圖像」而言。你大概也可以想像得到，這類的廣告並不容易做（首先，一項出奇／衝擊力強的元素就已經夠了，再來就是兩項出奇／衝擊力強的元素容易形成一山不容二虎的窘境，但是最後能不能成功，還是要看廣告概念為何。有時候這樣的手法反而會成就絕佳的廣告，就像上圖所示（人道對待動物協會〔PETA〕的廣告）。如果我們把扎受苦的猴子換成可愛討喜的（就像前頁的海豹那樣），那這則廣告反而不會那樣成功。

則」。換句話說：

出奇／衝擊力強的圖像＋平直／有所保留的標題＝好廣告

平直／有所保留的圖像＋出奇／衝擊力強的標題＝好廣告

相反地：

出奇／衝擊力強的標題＋出奇／衝擊力強的圖像＝廣告可好可壞★（兩相抵消）

平直／有所保留的圖像＋平直／有所保留的標題＝壞廣告（難以磨擦出火花）舉例來說，「見識邱吉爾在戰爭中的運籌帷幄」，搭配同樣的圖像，還是能發揮效果（而且沒有重複），但這樣寫跟原來的版本「它殺了希特勒」相比，張力明顯差了一截，比較難引起人們的興趣（第 74 頁右下圖）。原版的標題是如此引人入勝，大概所有的人都會受其吸引而閱讀文案。

一則廣告所蘊藏的「階級序位」，意味著其中元素的輕重緩急，同時也是你希望讀者閱讀訊息的先後順序。有時候先看標題能產生較大的張力，有時候則是先看圖像，這要視廣告概念而定。藝術指導可以透過排版引導讀者的視覺動線，讓每項元素依其階級各歸其位（詳見下方的〈階級序位〉）。

■ 使用另類標題（與圖像）的廣告
不論是單獨使用，或搭配圖像，標題不一定都要依循散文形式，以單句呈現。所謂的標題，也可以是：

·兩句或多句話　　·一連串不成句的字彙
·將資訊整理成表格·條列式資訊，包含事實和數據
·一連串的問與答　·一連串的英文字母和數字

備註：使用另類標題必須有助於廣告概念的表現。你可以參考第 87 頁和第 89 頁的「購物單」廣告、「月曆」廣告和「字典」廣告，那裡有更進一步的解說。

（另可參見第 72 頁的〈廣告副標〉）

圖像
■ 階級序位（「最多一次多一最少」排列法）
一則平面廣告所能涵容的元素，至多為六：標題、副標、圖像、文案、品牌標語和商標。如之前談過的，少通常即是多（參見下一節〈刪減法〉）。當你掌握一則廣告所需要的元素，將之刪減到**最少**後，你接著要做的就是決定每項元素的輕重緩急（或是「階級序

位」）。你可以透過藝術指導的編排（也就是調整元素的大小和位置）來表現這個順序，進而引導讀者閱讀的動線，決定哪項訊息能最先被看見、何者次之、何者第三……直到最後一項元素。

你也可以應用「最多–次多–最少」這項簡單的工具，給最重要的元素最多的版面，次重要者次多，最不重要者最少，挑明「階級序位」（雖然這項工具將廣告元素的階層簡化為三，但是你可依實際情況分配版面給第四、第五、第六重要的元素）。

安排階級序位的主要用意在於讓所有的元素和諧運作，而不是針鋒相對，競取讀者的注意。透過藝術指導進行版面排列時，你基本上就是在引導讀者的目光，進行廣告導覽。不要忘記，廣告藝術的精髓就是有效的溝通，閱覽動線的安排自然必須好好經營。

第 78 頁，以英國健康教育協會知名的刊物廣告「No」的迷你稿作為範例，透過廣告標題「No」，展示了幾種基本的階級序位排列。在第一個版面上，你根本不知道要從何處著眼，也不知道要往何處看下去。每一個版面階級序位的排列，基本上都比前一個要好，而最後一個版面則是藝術指導福格斯‧弗蘭明（Fergus Fleming）的手筆。他廣告中的階級序位層次分明，讀者一眼就可以看出閱讀的輕重緩急（你可留意他在標題四周所留下的「空白」，讓整幅廣告的調性因此而內斂，跟上一個版本相比，少了幾分壓迫感，同時很有趣地，還有將文字轉變成圖像語言的效果）。

每則廣告版面的排列組合都是千變萬化的，而每種排列組合都體現了一種階級序位；你越是實驗廣告元素的大小、位置和負空間的使用，就越能為階級序位找出獨特的表現方式。這一點從右邊的舉例就可以清楚看出：這則廣告是 DDB 廣告公司為牙買加觀光局（Jamaican Tourist Board）打造的，DDB 也是福斯汽車的廣告公司，但兩者的廣告排版卻有天壤之別。你可以看到牙買加觀光局的商標佔了「最多」的版面，但是它擺放的方式是豎的，所以非常巧妙地將階級序位又讓渡給標題和圖像。

■ 刪減法（零脂肪廣告）
刪減法是在溝通有效的前提下，將廣告元素減至最低的手法。廣告公司不一定都能將不必要的「脂肪」排除，其難處在於客戶總有堅決的慾望，想要告訴消費者關於產品的一切；他們當然不知道，那些訊息終究會淪為冗贅與浮華，模糊溝通的焦點，且讓消費者不堪負荷。BBDO 的傅雷德‧門力（Fred Manley）曾

在 1963 年的一場簡報會議中，做了「反增法」（anti-additionism）的示範；其簡報的名稱卻取得分外諷刺，叫做「九種增益廣告效能的方式」（Nine Ways to Improve an Ad）。他舉出了許多例子（其中也有福斯汽車有名的「小處著眼」），明白地展示了在廣告裡加的東西越多，效果就越糟。時至今日，廣告商（當然還有客戶）依然可以從他闡述刪減法的簡報裡，學到寶貴的一課。

在創作平面廣告的過程裡，刪減廣告元素或許是學生會碰到最多困難的環節。很多時候，連他們自己也沒發現，有個更「纖瘦」、簡單和更好的版本，也沒擺在他們眼前，只要將一項元素挪走、或僅挪走該元素的某部分，廣告就能精進良多。所以當你看著你的廣告的時候，記得一定要問自己，「這一定要放進廣告裡嗎？沒有這個部分，廣告是否依然行得通？」

記得，廣告元素的上限是六項（標題、副標、圖像、文案、品牌標語和商標），這樣其實不算少，全部都派上用場的機會其實少之又少。你會用到的元素數目取決於創意彙報、廣告概念、產品和受眾，但一般說來，少即是多，是不會變的。這個原則對平面和電視廣告的圖像來說，特別適用。

杭特理‧雷飛有德裔、威爾斯裔、非裔、葡萄牙裔和猶太裔的血緣，但他是純牙買加人。

上 標題可以千變萬化（一張足球比賽結果的列表也算）。這則廣告列出了兵工廠足球俱樂部（Arsenal）名聞遐邇的單季無敗紀錄，搭配聰明透頂的觀察（將該俱樂部英文名字裡唯一的 L 抽走）[19]，成就了這則完美的非散文標題。

——
客戶：Nike
廣告商：Wieden & Kennedy，倫敦
創作者：Guy Moore、Tony Malcolm

19 譯註：W 為勝出之簡寫，D 為平手，L 為敗北。

下 龐然的商標在當時是（其實現在也是）很少見的，但是廣告人將它巧妙地豎放，不會太叫讀者分神，也因此還原了自然的階級序位。廣告標題：杭特理‧雷飛（Huntley Levy）有德裔、威爾斯裔、非裔、葡萄牙裔和猶太裔的血緣，但他是純牙買加人。

客戶：牙買加觀光局（Jamaican Tourist Board）
廣告商：DDB，紐約

(▲ᴿ) The Health Education Council
Helping you to better health.

No. Still the most effective form of birth control.

說 No。還是這樣避孕最有效。

No.
Still the most effective form of birth control.

(▲ᴿ) The Health Education Council

說 No。還是這樣避孕最有效。

No.
Still the most effective form of birth control.

(▲ᴿ) The Health Education Council

說 No。還是這樣避孕最有效。

No.

Still the most effective form of birth control.

(▲ᴿ) The Health Education Council

說 No。還是這樣避孕最有效。

Still the most effective form of birth control.

The Health Education Council

說 No。還是這樣避孕最有效。

「最多-次多-最少」是排列
階級序位的工具。最終版使
用了留白，比前一版用大標
題佔滿版更為有效；最終版
的標題可能較小，但它依然
是佔據版面「最多」的元
素，所以你第一眼看到的就
是它。

客戶：英國健康教育協會
（The Health Education
Council）
廣告商：上奇（Saatchi &
Saatchi），倫敦
創作者：Fergus Fleming

■ 刪減法：以〈胎痕〉來演繹

為了示範刪減法的運用之妙，我們自路克・蘇立文（Luke Sullivan）的著作《嗨，惠普，捏這個試試》（Hey Whipple, Squeeze This）取例，拿賓士（Mercedes）獲獎的平面廣告來加工。（e）是刊載於媒體的最終版，這個版本所使用的元素只有兩項，圖像和商標。我們先從（a）這個最繁複的版本看起，這裡使用的元素已達廣告上限，共有六樣（你可以看出標題、副標、文案、品牌標語很顯然是為了示範而刻意加上去的）。

刪減法的關鍵在於**鎖定廣告概念然後單獨呈現**，當你鎖定廣告概念後，你可能會發現自己不需要其他的枝枝節節；以這個案例來說，廣告的題目〈胎痕〉點出概念的精髓（用一句話來說就是：「當你把新買的賓士 SLK 停在路邊時，其他的車主會猛踩煞車仔細瞧瞧，在路面上留下許多胎痕。」）這個概念很簡單，也夠清楚，所以不需要加油添醋，而直接呈現的結果就是（e），也就是最終的廣告成品。用刪減法時，要小心別過度刪減，不然就會像（f）一樣；（e）其實呈現了兩次商標（圖中的車牌也呈現了一次），

但如果把右下角的商標拿掉，品牌建立很可能就會顯得力道不足。你也可以參考第 136 頁大衛・奧吉爾維（David Ogilvy）名聞遐邇的廣告〈電子鐘〉（Electric Clock）。

・標題：你是否想過為什麼有些地方常常出現胎痕？
・副標：全新 SLK 英鎊 20,000 元起
・圖像：停好的賓士旁邊留下一道道胎痕
・文案：（用犀利和說服力兼具的文字讓買車人知道，擁有這輛全新、耀眼的賓士 SLK 是多麼叫其他駕駛艷羨）。
・商標：賓士商標／全新 SLK
・品牌標語：造車工藝始於 1891

Ever wondered why skid marks appear in some places more than others?

—全新 SLK 英鎊 20,000 元起
The new SLK starts at £20,000.

造車工藝始於 1891
Building Cars Since 1891. The new SLK

(a) 　　　　　　　　　　　　　　　　　　你是否想過為什麼有些地方常常出現胎痕？

(b)

這個刪減法的練習，首先示範了俱備
所有廣告元素的版本，你可以從中看
到標題、副標、圖像、文案、商標和
品牌標語。（e）才是登載於媒體的
最終版，（f）只是讓你知道使用刪
減法，有時候也會過頭。

客戶：賓士汽車（Mercedes）
廣告商：李奧貝納（Leo Burnett），
倫敦
創作者：Mark Tutssel、Nick Bell

(c)

(d)

(e)

(f)

■ 刪減法：以〈無堅可摧〉來演繹

將刪減法運用在一個廣告元素上，也是可行的，其中標題和圖像是最常用到刪減法的元素。過度書寫的標題，過度複雜的圖像，都是生澀的廣告學生會犯的典型錯誤，而刪減法不但能縮短溝通時間和簡化廣告，它還能增益廣告概念的品質。我們來看看這位學生最先呈現的廣告概念，就可以明白刪減法的妙用：其創意彙報以 Kryptonite 為假想客戶，以他家的腳踏車鎖為產品，產品的主張則是「安全」。廣告的初版只用圖像，看起來就像這頁的迷你稿。

我後來要學生**鎖定廣告概念然後單獨呈現**，她聽完後說，「Kryptonite 的鎖就像實木般堅硬，斧頭一劈，鋒刃就會破碎；也像是鐵欄杆，鋸子一鋸，利齒就鈍；又像是鐵釘，槌子一敲，槌柄就斷成兩截」。但是最具有**靈光**，也就是蘊藏廣告**概念**的點到底在哪呢？她想一想總算抓到要領：「破碎的斧刃、斷裂的槌柄、鈍掉的鋸齒嗎？」完全正確。你可以看到我把這些部分都圈了起來（對頁左欄）。換句話說，你不需要那塊實木、那片欄杆和那隻鐵釘！原來的廣告圖像可以精簡到只留下損壞的工具，整個系列廣告還是可以行得通。另外，初版的廣告使用了類比手法，卻有點平行延展得太遠，不夠一針見血；將排版修改後，只呈現損壞的工具，觀者能意會到弄壞工具的就是 Kryptonite 的鎖，產品的效益就能清楚地傳達，整個系列廣告因此變得較為確實，與產品扣得更緊（對頁右欄）。最終的版本與最初的版本看起來只是小做修改，但是廣告效能卻是大大有別。

■ 剪裁和取景

有時候廣告元素的簡化是隨時間推移演變而來的；當一系列的廣告發展成另一系列，廣告元素也會演化成新的版本，有些品牌標語或是商標就是這樣逐漸簡化的（麥當勞的「我們愛看見你的微笑」後來變成「微笑」；Nike 的商標原來包含 Nike 字樣與勾勾圖樣，後來他們才把 Nike 字樣拿掉）。以上述的兩個例子來說，消費者都能自行將新版本與舊的、「較胖」的版本連結，所以溝通才能順暢無礙（參見〈品牌標語刪減法〉，第 105 頁）。

相反地，你也不要刪減過頭了，畢竟過猶不及，都不是理想的結果。如果你的廣告最終的目標是要鼓勵受虐孩童撥打求助熱線，那你當然要保留寫有電話號碼的那句文案。

■ 原初版本

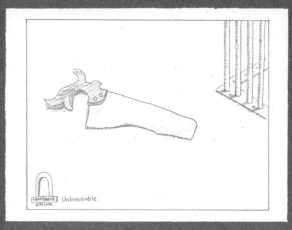

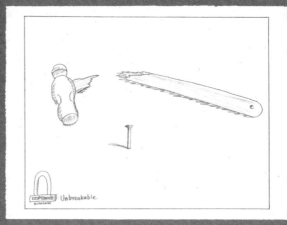

無堅可摧

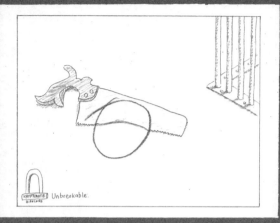

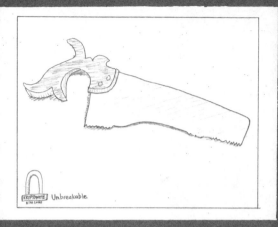

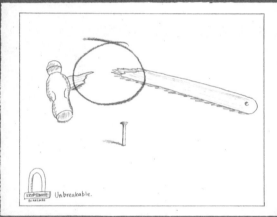

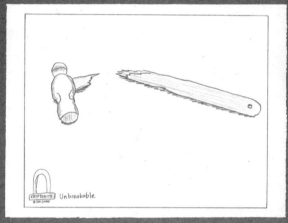

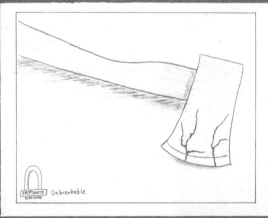

無堅可摧　　　　　　　　　　　　　**無堅可摧**

那具有靈光的部分在哪裡？這系列的廣告從初版到終版示範了刪減法，還有如何鎖定廣告概念然後單獨呈現。

學生：Brittany King

■ 剪裁和取景：以〈選我〉來演繹

這是一個剪裁和取景的手法推演。最下面的版本並不是最終刊載的廣告，中間的才是；這也說明了把畫面卡到最緊，讓單一物件佔滿版面，不一定就能做出最好的成品。

客戶：百事可樂
廣告商：BBDO，多倫多
創作者：Scott Dube、Ian MacKellar

比方說，如果你想表現青少年鼻子上長了一顆青春痘的戲劇感，你可能已經想好了標題，但是你想先決定該如何取景（擺放圖像）。你要思考是該從上面、下面或側面的角度讓青少年入鏡？把所有的可能都素描出來後，你還要決定如何裁切（留用整幅圖像或取圖像局部放大）。不要手軟，盡情地**探索各種可能**，你的工作就是要「把簡單戲劇化」：試試頭部和肩部共同入畫、臉部特寫、局部取鼻子或青春痘。你可以像攝影般不斷地伸縮鏡頭，直到圖像的剪裁和取景能與廣告標題完美搭配。因為你很清楚廣告概念蘊藏在圖像的哪一部分（青春痘），所以很容易忘記讀者不一定知道；這一點是你在玩剪裁和取景時，必須記得的。

對頁舉出了四個剪裁和取景的版本。記得，關鍵在於鎖定廣告概念然後單獨呈現：那些冰塊都想雀屏中選，投入百事可樂裡一起載浮載沉；所以剪裁和取景（至少）要能包括百事可樂、玻璃杯和一隻伸向冰塊盒的手，這就是對頁中間的版本。

....

Exercise：從報章雜誌中，選三則圖像主導的平面廣告。接著使用簡單的剪裁／取景手法改良原本的廣告。然後把最終結果手繪出來。

....

▮ 處理不同的刊幅
一般來說，廣告的刊幅越小，就越難呈現有條不紊的階級序位（這是廣告應保持簡單的另一個原因）。以刊物廣告來說，跨頁廣告給你的發揮空間自然比單頁來得寬裕（其實就是多出一倍的刊幅）。以海報廣告來說，橫幅看板顯然比六片板片的刊幅來得寬闊。在現實中，當其他條件都一樣時，廣告刊幅的「表面積」越大，媒體買家要付的錢就越多；當然，學生習作是不用考慮這點的。

▮ 運用留白也有良窳之別
留白（或負空間）的運用之妙存乎一心，其效果可好可壞：第 79 頁的廣告用負空間包圍了標題「No」，是個成功的範例；相反地，負空間運用不當，看起來便可有可無，圖像也會因此而變得鬆散。你要用頭腦來判斷哪種刊幅最適合你的廣告概念：假設你手上有個只用圖像的汽車廣告，而汽車的拍攝角度是側邊，那適合它的景框自然就是「風景型」的；如果拍攝角度是前面或後面，「肖像型」的會更適合；如果拍攝角度是從上往下，或是採用了經典的四分之三角度，

或許兩種景框都會適合。這些建議可能都是多餘的，因為一旦你加入標題，或是使用比較新穎的剪裁和取景，景框和負空間的配置可能又要重新考量。不過，在既定的空間裡擺設廣告元素，可說是藝術指導工作的骨幹，所以考慮負空間的運用配置仍是良好的著手點。另外，如果你使用的廣告圖像偏圓形（或正方形），就像一顆蘋果那樣，「風景型」和「肖像型」的景框其實都行得通。

在現實裡，你的客戶所購買的媒體規格可能不只一種，那就意味著你所創作的廣告不但要能刊載於風景型的版型，也要能刊載於肖像型的。還有，你的廣告概念也必須適用於兩種版型；如果其中一者難以相容，你可能就要再次剪裁和取景，重新調整圖像和負空間才行。

▮ 圖像裡的反轉
圖像反轉是將意象和概念翻轉出別具的新意，跟雙關圖不太一樣。有一種圖像反轉，是將既有的邏輯顛倒（參見第一章〈逆向思考：倒轉乾坤〉一節），像是汰漬（Tide）的去汙筆（下一頁上方的迷你稿）廣告，那裡面的筆雖然漏水，卻沒有留下墨水印漬，反而讓襯衫潔白如新。

這裡還有個圖像反轉的例子，我把它誕生於教室的始末都描述出來：有個學生幫漱口水創作了一系列的平面廣告，每則廣告裡，都呈現了一種會讓你的口腔產生異味的食物或飲料，其中包括一瓣蒜頭、一罐沙丁魚、一杯黑咖啡，而且所有的圖像上面還都寫了：「刮一刮，聞一聞」。我心想：「好極了，互動式廣告。」於是接著問他：「如果我刮這瓣蒜頭，會發生甚麼事？」

我有點失望，他的回答是：「你會聞到大蒜味。」

我說：「那是意料之中的氣味。沒有任何反轉。與其聞到大蒜味，如果我們用漱口水的香氣來替代呢？這樣不就說明，漱口水已完全消除口中的異味了。」

靠著一個簡單的反轉，更為出色的系列廣告於焉誕生。

▮ 三位組圖像
廣告文案有時會運用「三位組」（List of Three）這項工具溝通概念，其中一好，二壞，三半吊（the good, the bad, and the ugly），早、中、晚

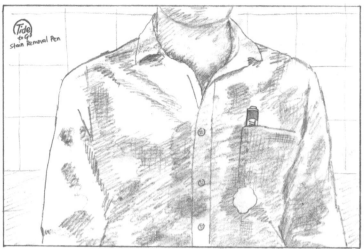

汰漬去汙筆

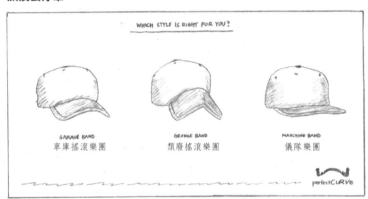

哪種風格最適合你？

上 圖像裡的反轉（此例也是運用逆向思考的成果）。

客戶：汰漬（Tide）
廣告商：上奇（Saatchi & Saatchi），紐約
創作者：Menno Kluin、Michael Schachtner、Julia Neumann

下 圖像三位組。笑話常用三位組來埋梗和破梗，可說是經典數字（二位組會使梗破太快，四位組會把劇情拉太長）。標題：車庫搖滾樂團。頹廢搖滾樂團。儀隊樂團。

客戶：完美曲線（Perfect Curve）
廣告商：Arnold Advertising，波士頓
創作者：David Lowe、Todd Riddle

（morning, noon, and night），「三個男人走進一間酒吧」（three men walk into a bar）等等[20]都是常見的體例。以三為數的組合會形成一種特有的節奏感，不會像以二為數那樣太短，也不會像以四為數那樣過長。「三位組」當然也可用在圖像上；當你的廣告概念需要先鋪梗再破梗時，你就可以用前面兩個圖像來鋪梗，最後一個破梗。「三位組」最先起源於西洋美術，你可以留心觀察那些知名的靜物畫常常以三件物品為組合——二和四都太對稱，而五又太多。完美曲線（Perfect Curve）推出的「樂團」棒球帽廣告，正是三位組圖像。

20譯註：The Good, the Bad and the Ugly，本是西部片經典《黃昏三鏢客》的英文片名，點出片中三位主角的秉性設定，其中金髮仔（Blondie）是好人，天使眼（Angel Eyes）是壞人，而圖科（Tuco）雖壞，卻有讓人同情之處；這個說法後來也變成英文架構文句的體

例，廣告也加以援引。早、中、晚也是英美廣告中可見的三位組，杜巴利美妝（Du Barry）就曾在 1964 年以此架構推銷其三色唇膏組合。「三個男人走進一間酒吧」則是英美流傳已久的笑話，兄弟國際（Brother）就曾用此典故，將其三色墨水匣設定為三個身穿青色、洋紅和黃色緊身衣的男人，在酒吧裡流連忘返。

▌二位組圖像

當然，你的概念也有可能用其他數目的圖像來呈現，會有更好的效果。二位組圖像用於「使用前／使用後」（或是「有使用／沒使用」）的對照，是再適合不過了，像第 110 頁舒適（Comfort）柔衣精的廣告就用不到三位組，第二個圖像便已披露了梗。對頁上方的廣告也是「二位組圖像」的名例，出自《滾石》雜誌（Rolling Stone）的〈認知／現實〉（Perception／Reality）系列廣告（參見〈「使用前／使用後」廣告策略〉，第 108 頁）。

▌多位組圖像

另一方面，你也可能有個概念以多圖像的方式呈現，會更吸引人，同時延遲破梗的時間，像福斯汽車 Polo 系列的〈自我保護〉（Self-Protection）廣告就是一例。又或者你可以使用許多類似的圖像來傳達概念，像第 88 頁 Levi's 501 系列的〈百洗不爛〉（Torture）和〈百磨不破〉（Backside）。

▌手繪畫稿：迷你稿、初稿和色稿

迷你稿、初稿和色稿三者的不同在第 90 和 91 頁有示範。你也可以在本書中看到三種手繪畫稿因應闡述內容而出現於不同章節。最終畫稿則是廣告成品，通常是在電腦上排版完成的（參見〈版面設計〉一章）。

要把點子具體捕抓下來，手繪還是最快的。還有，考量到你應該把大部分的時間花在概念發想上（而不是版面設計上），手繪能幫助你節省很多時間。

手繪工具

·黑色 Sharpie 簽字筆（口徑從最細到最粗都要）

·鉛筆

·橡皮擦

·Magic 彩色麥克筆（非必要）

·金屬防滑尺

·美工刀

·白紙（A4 和 A3〔420mm×297mm〕）

■ 手寫字

就像印刷字一樣，手寫字也要清晰好讀。你可以用簡易的筆劃，練習孩童般的手寫筆跡，並且拿捏怎樣把各種粗細不一的筆蕊，發揮到恰到好處；一般來說，你要寫的句子越短，用越粗的筆會越適合（打個比方，文案就不適合用最粗的筆來寫）。在你撰寫文案的最終稿之前，你也可以「勾選」各種手寫字體，看看是要用直直挺挺，還是歪歪斜斜的筆跡（兩種筆跡都散見於本書）。

在你選擇字體之前，也可以先參考第 279 頁的字體比較。

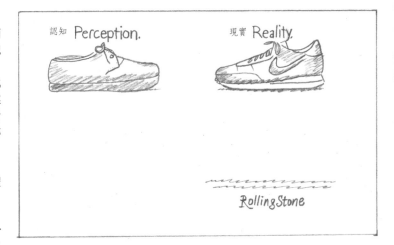

....

Exercise：以羅馬體（除了一般字母間距，縮短和延長的版本也要練習）、斜體、粗體、書寫體，摹寫全字母句「The Quick Brown Fox Jumps Over the Lazy Dog」（敏捷的棕色狐狸跳躍過懶惰狗）。大小寫都要，各五次。

....

■ 社會情境

不知道是甚麼原因，有許多剛開始做廣告的學生，會讓兩個以上的人物在平面廣告裡互動，形成我所謂的「社會情境」。這些廣告通常野心都太大，放入了太過錯綜複雜的情節，不適合用於平面廣告。事實上，這些「社會情境」都像在說故事：「這個人對那個人產生了情緒反應，是因為發生了這件事……」平面廣告只有三秒能向路過的行人傳達概念，一旦你需要解釋廣告裡發生的事，麻煩就大了。

現實中，獲獎的平面廣告很少使用人物，交織社會情境，可能原因就在此。大部分的平面廣告是不見人影的，除非廣告中人的行為一目瞭然（比如專門安排派對假期的 Club 18-30，他們海報廣告裡的渡假客擺出了各種「體位」，一看就知道是性暗示），不然很容易流於太過複雜。那到底為什麼學生要這樣做呢？我覺得可能是他們看了太多的電視廣告（許多電視廣告都有時間餘裕鋪陳「社會情境」），卻對簡單有效的平面廣告沒有足夠的涉獵；他們會想，「我就用電視上的那則廣告，來當這個平面習作的參考好了」，卻沒意識到前者有三十秒能溝通概念，後者只有三秒。

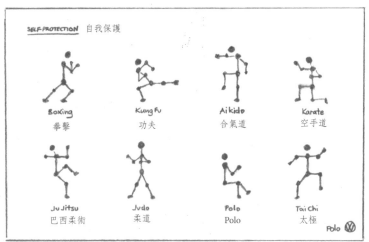

....

Exercise：幫婚友社發想平面的系列廣告。想好你的目標受眾和主張。廣告裡不要使用人物。在這個限定之下，廣告概念必須平行延伸，也必須更簡潔。

....

■ 「購物單」廣告和「月曆」廣告

幾乎每個廣告系學生，或早或晚，都會做出平面廣告中的無聊之最：這類廣告我通稱為「購物單」廣告。那裡面的「圖像」通常都是一張清單、一張表格，裡面列著數字、品項或其他類似的內容；而其中最為常見的，大概就是將兩個價位互相比較的表單，一者為客戶的產品，另一者是競爭對手的，像在嘟嚷客戶的產品有多省錢。高中時期遇到

上 〈認知／現實〉是《滾石》雜誌針對企業主所推出的經典廣告，全系列都使用二位組圖像，其知名度或許為同類型廣告之最。這則廣告要企業主在《滾石》上刊登廣告，憑的是甚麼？一如文案所言，就憑該雜誌的新興讀者（當時是 1980 年代）都是有錢的雅痞，而不是環保愛樹的嬉皮。

———
客戶：《滾石》雜誌（*Rolling Stone*）
廣告商：Fallon McElligott
創作者：Nancy Rice、Bill Miller

下 多位組圖像可以延緩破梗的時間。

———
客戶：福斯汽車（Volkswagen）
廣告商：BMP DDB，倫敦
創作者：Dave Dye、Sean Doyle

Levi's 501 系列所推出的廣告使用了多位組圖像，其中上圖畫的是洗衣機，標題則是「百洗不爛」，而下圖畫的都是椅子，標題則是「百磨不破」。

———

客戶：Levi's
廣告商：Bartle Bogle Hegarty，倫敦
創作者：John Gorse、Nick Worthington

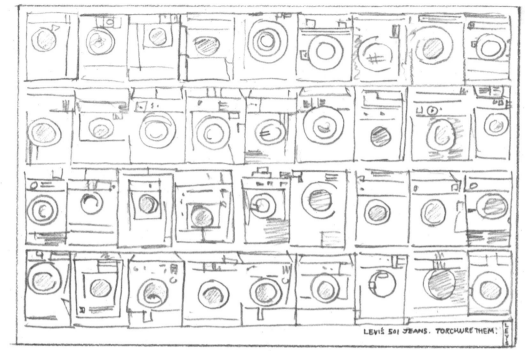

百洗不爛

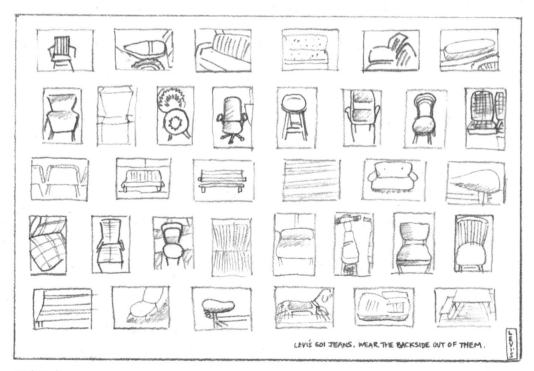

百磨不破

的微積分已經夠恐怖了，不需要讓噩夢重演。除非表單是概念的一部分，不然的話，你大可把各式圖表留給年報或其他的宣傳手冊（倫敦廣告商 Fallon McElligott 為 Timex 天美時手錶所做的系列廣告，以及 Nike 以網球名將阿格西為主角對上不同對手的廣告，都是知名的例外）。

還有一種圖像，也常見於學生作品，但也一樣無趣，那就是「日記或月曆的一頁」，其上寫著手記。上述的圖像都沒有引人入勝的視覺效果，閱讀起來也要花時間。除非文案本身能讓人震撼，或是蘊藏笑料，又或是埋有反轉力道強勁的梗，否則平實如購物單和月曆，應該盡量避免出現於平面廣告上。與其使用這類廣告，你不如再想想如何將產品主張平行延伸，賦予它動人心弦的張力，不論這個主張是「物超所值」或任何其他的效益。

英國廣告公司 DDB 很聰明地避開了手寫形式的「月曆廣告」，改用簡單的圖像來說故事，替倫敦的高級百貨公司 Harvey Nichols 做出精彩的系列廣告，還因此獲得大獎肯定（第 91 頁上圖）。

■「字典」廣告
這類的平面廣告已經淪為俗套了，因為這個「點子」**任何**產品或服務都能套用（手上有本字典，你就可以弄出廣告來）。「字典」廣告最常見的形式就是把產品名稱或效益與字彙定義並列，比如：

聰明（ㄘㄨㄥ ㄇㄧㄥˊ），形容詞：
1. 智能發達
2. 視聽靈敏
3. 一種小車，為棲居都市的人們所駕駛

或是

時髦（ㄕˊ ㄇㄠˊ），形容詞：
1. 穿著打扮走在潮流尖端
2. 時常為型男潮女所穿著
3. X 牌牛仔褲

■ 使用圖庫圖像有好有壞
網路圖庫的圖像有兩種可用來製作平面廣告，一種是照片，一種是插畫；如果要製作電視廣告或影片，網路上也有影像庫網站可以搜尋。不論你使用的圖像是單次付費，永久使用，或單次購買，單次使用，記得要慎選素材（參見〈圖庫圖像 vs DIY〉，第 284 頁）。

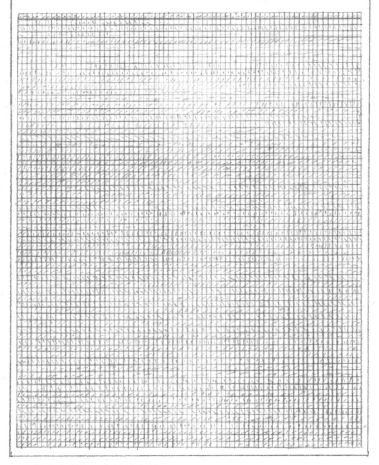

日本觀光客在紐約拍的紀念照
壓縮檔案的專家 STUFFIT DELUXE

多位組圖像的妙用：還有甚麼方法可以一口氣呈現數位相機裡的所有內容？

客戶：Stuffit Deluxe
廣告商：上奇（Saatchi & Saatchi），紐約
創作者：Menno Kluin、Icaro Doria

對頁 這個多位組圖像
雖然是月曆廣告，卻是
以一種耐人尋味的方式
呈現。同樣的月曆系列
裡，還用了貓食盆和逐頁
撕下的黃頁簿（拿來當
解手紙！）。[21]
─────
客戶：James Day 攝影
工作室、Harvey Nichols
高級百貨公司
廣告商：DDB，倫敦
創作者：Justin Tindall、
Adam Tucker

21 編註：在這則月曆形
式的廣告中，由於第一
天買了 Harvey Nichols
的高跟鞋，剩下天數只
能以烤司吐司為正餐。
同系列廣告包括第一天
買了墨鏡，剩下天數家
裡的寵物貓只能面對空
蕩蕩的貓食盆；以及第
一天買了包包，剩下天
數上廁所時都要以黃頁
簿當解手紙。

廣告設計 vs 平面設計

隨著平面設計和廣告設計兩個領域日趨融合，我想是有必要就兩者的理念和實務，來闡述其間的不同。

平面設計師最重要的任務就是將訊息組織後重新呈現，力求版面引人入勝，同時訊息也清晰易懂。為了達到這個目的，平面設計師的養成，有大部分的時間都投注於演練訊息階級序位之建立，視覺語彙之形塑，好讓主題以最有趣的方式反映，最終完成吸睛又明瞭的成品。在反覆地實驗版面元素，排列組合字型和圖像後，平面設計師會提出最終概念，作為設計定案。

廣告設計師必須考量到產品、服務或旅遊景點的「販售」，這是跟其他設計師（不論是工業設計、環境設計、室內設計、多媒體設計或平面設計）不同的地方。不論這些設計師最終設計的是產品、室內空間、網站或平面，其主要的工作是提供一能嘉惠終端用戶的方案：那張椅子坐起來舒服嗎？那方會場或室內空間動線是否通暢，是否讓人感到賓至如歸？那個網站是否生動活潑，是否容易瀏覽？這本書看起來是不是很吸睛，讓人想要翻閱？

廣告設計的目標與上述的相當不同；這一行的從業者必須要能發想出廣告策略和概念，藉此提高產品或服務的**買氣**。專業的廣告人（不論其專攻的廣告媒體為何）不會在意產品的外貌美觀與否、功能健全與否，他們的工作是要找到一種說法，能讓消費者認同、信服，進而從口袋掏出錢來（如果廣告概念的表現也能有設計的涵養，那當然是更好）。

蘋果同時使用了以上兩種設計方式，是個有趣的案例。很多人都把 iPod 的知名廣告，〈跳舞的剪影〉（Dancing Silhouettes），歸類成廣告概念的表現，但其實這一系列的廣告更接近平面設計。相反地，〈我是 Mac。而我是 PC〉（Hello, I'm a Mac. And I am a PC）電視系列廣告，就很清楚地呈現了廣告概念。話又說回來，蘋果大部分的電視廣告都以凸顯產品本身的設計為主軸，像是廣告和設計的混種，可以看出來是平面設計師主導的廣告（導論中討論過「硬式」和「軟式」推銷的不同，與此處論點多有相互參照之處）。

從左到右 迷你稿、粗色稿、細色稿、廣告成品。
─────
客戶：富豪汽車（Volvo）
廣告商：Scali、McCabe、Sloves
創作者：Steve Montgomery、Mike Feinberg
圖像：Steve Montgomery

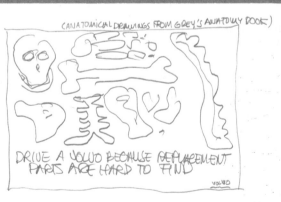
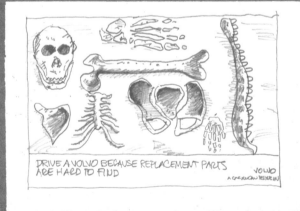

替代器官尋找不易，還是開 Volvo 好。

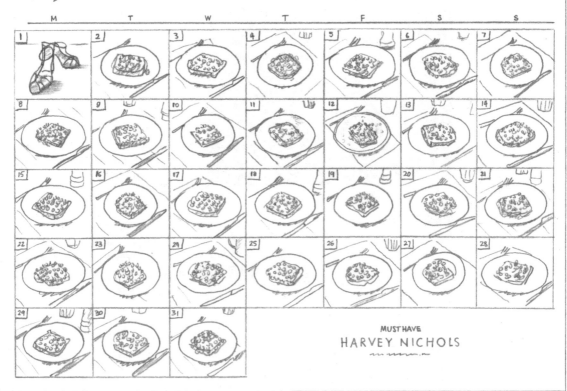

必須擁有

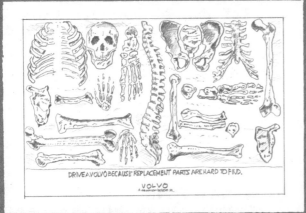

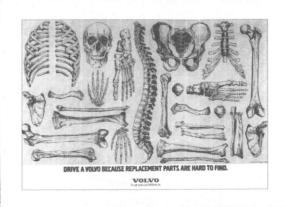

04

系列廣告
The Campaign

甚麼是系列廣告？

系列廣告是以同一個廣告概念製成的同系列廣告，也就是由一個概念發展出來的多重廣告表現（基本上，系列廣告都會做成三則以上，有些時候會做成兩則）。一般我們都會認為系列廣告比單一廣告來得不易，因為發想一、兩種表現形式其實算是容易的，但要再造佳績，衍生出第三、四種，那可不簡單。

系列廣告的概念是該系列的「中心思想」，所有的廣告表現皆是以此為主幹而展開成形，成為這個中軸的表達；除此之外，這個廣告概念通常都會凝鍊成一句品牌標語（有時候廣告的表現已經說明了中心思想，品牌標語就不會放進廣告裡；如果沒有需要，放進去

只會徒增累贅。參見〈品牌標語〉一章）。廣告策略和廣告概念必須要連貫，而系列廣告當中的每一則廣告，看起來和感覺起來更應該像是「一家人」——它們的語言和藝術指導風格都必須如出一轍。這樣廣告之間就能產生加乘效果，最後成就無懈可擊的整體感，而非各行其是，像一團散沙。除非你有特別的理由，不然不能將「只下標題、只用圖像、標題和圖像兼施」這三種表現方式，混搭成一系列的平面廣告。

話雖然這樣說，你在面對委託案時，可別抱持著「就讓這系列廣告走只下標題的路線好了」（或只用圖像，或標題和圖像兼施）這類的想法。你應該先把廣告概念發想出來，然後三種表現方式輪流嘗試，這樣何者能成就最棒的廣告（同時以質和量來考慮），應該馬上就能水落石出了。通常，越出人意表者，越是上上之選。當然，有時候你必須把系列廣告的概念應用在多種媒體上，這時候只要作為主軸的概念夠有力，各種媒體的廣告表現就能產生呼應，那麼海報廣告可以「只用圖像」，網路上的橫幅式廣告可以「只下標題」，而雜誌廣告就可以「標題和圖像兼施」（參見〈綜合廣告〉一章）。

我在第 46 頁解說策略陳述的內容時，提及每則廣告的表現方式應該呈現出同一調性；而除了表現方式，更重要的是廣告概念必須貫徹系列廣告。調性統一的系列廣告有一種說服力，能讓消費者安心，願意相信產品的保證，久久不變其衷；一旦調性失去一體感，消費者會對產品感到困惑（最好的情況），甚或感到受欺騙（最壞的情況）。要是發生這樣的憾事，投注於廣告的心血和金錢就全部付諸流水了。

關於系列廣告，還有一點需要注意——把約定俗成的三位組運用在廣告概念上不等於就是系列廣告，舉例來說，我記得有個學生做的系列廣告，第一則廣告將時間設定為早上，第二則是中午，第三則是晚上。（然後呢？如果要發想第四則，是不是又要回到早上？）這樣太過侷限了。還記得嗎？系列廣告應該具備發展成三則以上的潛能。其實，以三位組來架構廣告概念，不容易做出好廣告，因為三位組本身就是概念，若再加上廣告概念，那就相當於一個廣告放進兩個概念。

單一廣告 vs 系列廣告

在我們細說系列廣告之前，我們先來看看單一廣告：單一廣告發於單一概念，形於單一表現；因其單一表現難有匹配，故無以發展成系列廣告。

經典的單一廣告，很難再擴充成為系列廣告。

客戶：Bic
廣告商：TBWA／Hunt／Lascaris，約翰尼斯堡
創作者：Jan Jacobs、Clare McNally

舉例來說，我們可以來看看對頁的 Bic 筆廣告，這是一則經典的單一廣告；你很難再找出其他圖像，能比這個「無限」符號更適切地表現「超乎想像地持久耐用」。就算有其他的符號，放諸廣告表現的時候，可能無法像這則那樣簡潔，而且質感也會有落差；如果硬是要加上這些表現方式，整體的廣告效果反而會因此削弱。同樣地，右邊的單一廣告也很難擴充為系列廣告；其廣告概念（以電腦的「游標」為圖像明喻，象徵聖誕樹）與產品名稱，聖誕樹直銷直送（Xmas Trees Direct）完美呼應。如果要擴充成系列廣告的話，那就要再從電腦螢幕上找出與聖誕樹相似的視覺明喻；因為表現方式天下無雙，所以這個概念做成單一廣告是最自然的。第 135 頁有一則赫茲租車（Hertz）的廣告，運用了時事性概念，搭配「標題引介圖像」的手法，將簡單的訊息用最佳方式傳達。如果你硬要將它稍加變化（以延伸成系列廣告），恐怕只會產生畫蛇添足的效果。

備註：許多人都常把單一廣告表現和系列廣告混淆（「嘿，你有看到昨晚電視上的 Nike 系列廣告嗎？」其實他指的應是**一則廣告**）。系列廣告通常都是由三則以上的廣告／三種以上的表現方式組成，你不能用系列廣告來指稱單一廣告表現方式。另外，廣告表現方式和廣告版面製作是同一個英文字（execution），這點也是很多人會搞混的地方（參見〈版面設計〉一章）。

與系列廣告相比，單一廣告的概念格局較小，但其思想的深度還是可以不受限制。蘋果曾為其桌上型電腦推出一則知名的廣告，名為〈一九八四〉（1984），該則廣告以單行方式呈現，收效最是恢弘。而實際上，蘋果本來就將這則廣告定位成一次性廣告（只在 1984 年的超級盃期間播出），但這則廣告的效應卻是連綿不絕，延燒了好幾年。有些專業的廣告人說，那些出類拔萃的單一電視廣告其實是平台，能為接下來的系列廣告打好發展的地基，只是說時容易做時難（知名的廣告商 TBWA／Chiat／Day 後來也磨刀霍霍要以小說《一九八四》為出發點，打造系列廣告，後來卻是功敗垂成；由此看來，你就可以想見這項任務的難度之高）。

不論如何，大部分的廣告專業人士會告訴你，「誰都可以做出上等的單一廣告」，但要製作出走在時代尖端而且歷久彌新的系列廣告（這則系列廣告必發於堅實的廣告策略和概念），才是真正的挑戰。所以，廣告界看單一廣告和系列廣告常常大小眼，將單一廣告一律歸為「小兒科」。廣告大師艾德·麥克蓋博在這方面倒是慧眼別具，他懂得單一廣告的力量，也常告

Xmastreesdirect.co.uk

訴創意團隊：「秀一則絕讚的廣告給我看！」

不論採用單一廣告，或系列廣告，還是要把持同樣的原則：用**一句話**把廣告概念說清楚、講明白。

為什麼要做系列廣告？

你可能會問：如果系列廣告這麼難做，為什麼要大費周章？為什麼不乾脆做很多單一廣告交差呢？這其中確實有個重要的原因：有人說系列廣告有助於品牌建立，且能長效維持力道，而單一廣告需在短時間內個別出擊，容易混淆視聽，稀釋品牌的力量。

理論上（實際上也常是如此），系列廣告的概念可以

經典的單一廣告（在最後的彩色完稿上，這個箭頭還是綠色的）。

客戶：聖誕樹直銷直送（Xmas Trees Direct）
廣告商：麥肯廣告（McCann Erickson），曼徹斯特
創作者：Dave Price、Neil Lancaster

本頁 蘋果的〈一九八四〉電視廣告讓人望之興嘆：這則廣告的表現是那樣成功，你要如何為它鍛鑄續集？

客戶：蘋果（Apple）
廣告商：TBWA／Chiat／Day
創作者：Steve Hayden、Lee Clow、Brent Thomas

對頁 很聰明的廣告，運使想像平行延伸（但格局還是偏小）廣告概念，以圖像代替文字，凸顯每個玩家手上都有七個字母的遊戲規則。

客戶：美泰兒玩具製造商（Mattel），智利
廣告商：智威湯遜（JWT），智利
創作者：Matias Lecaros、Tomas Vidal、Sergio Rosati

On January 24th,
Apple Computer will introduce Macintosh.
And you'll see why 1984 won't be like "1984."

一月二十四號，蘋果將推出蘋果電腦，屆時你會明白，為什麼 1984 不會是《一九八四》。

沿用數十年而不輟，單一廣告的魅力卻很快就會消耗殆盡（當然，系列廣告也有必須汰換的時候，像是當市場發生不可控制的變遷，系列廣告的概念，乃至品牌和產品，可能都需要重新思考）。不論如何，系列廣告的一貫性可以打造、強化消費者與產品／服務之間的連結，這點倒是經得起考驗；可以説，行銷的法寶，「品牌忠誠度」（brand loyalty），就是靠這個一貫性締造的——這個法寶足以讓消費者掏更多的錢買某家的烤豆子（舉個例子），而不願買大賣場自有品牌的豆子罐頭。到頭來，廣告不就是為了衝高買氣、賺進鈔票而存在的嗎（參見〈品牌和品牌建立〉一節，第 264 頁）。

如何創作系列廣告

廣告創作最難的部分，或許就是從單一廣告跨足到系列廣告，發想出格局夠大的概念，並發展出多種表現方式。為了促成這個躍進，你必須了解兩件事：（i）概念的源頭（參見〈發想策略及概念〉一章）；（ii）品牌標語的功能（參見〈品牌標語〉一章）。在這之前，讓我們繼續來探索系列廣告這個詞，界定其中的涵義。

小型系列廣告 vs 大型系列廣告

即使系列廣告的格局比單一廣告還大，系列廣告當中還有兩種格局，可作為基礎的類別：那些發展出三種廣告表現後，就無以為繼的，是為「小型」系列廣告；那些輕而易舉就可以發展超過三種廣告表現的，是為「大型」系列廣告。技術上來說，由於這兩種類別都包含至少三種廣告表現，所以都算系列廣告。

■ 小型系列廣告：
· Mattel 拼字桌遊（Scrabble）系列廣告中的〈大象〉（Elephant）、〈吉他〉（Guitar）和〈潛水艇〉（Dove）

■ 大型系列廣告：
· 《經濟學人》
· 萬事達卡的〈萬事皆可達，唯有情無價〉
· John Smith 啤酒的〈不是開玩笑的〉（No Nonsense）
· Nike 的〈Just Do It〉
· 英國電信的〈能聊聊真好〉
· 海尼根的〈暢達其他啤酒難以暢達之處〉（Refreshes the Parts Other Beers Cannot Reach）
· 哈姆雷特（Hamlet）〈快樂是一支名為哈姆雷特的雪茄〉（Happiness is a Cigar Called Hamlet）★

大不一定等於好

有些時候，你會靈光一現想到系列廣告的概念，這個概念輕而易舉就能發展出綿延不絕的廣告表現，似乎沒有盡頭。這樣的概念一定很棒，對吧？這倒不能打包票，也有可能這個概念打從一開始就不具創造力，所以它的廣告表現高度重複而不甚有趣；這就像果醬只剩下一點點，把它抹在土司上就只有薄薄一層，無法給予味蕾豐厚滋味的饗宴。翡翠牌堅果（Emerald Nuts）曾推出一系列廣告，就是箇中的好例子：該品牌的縮寫是 ENs，其廣告設計的角色都是稱謂可縮寫成 ENs 的人，比如像「埃及導航員」（Egyptian Navigators）、「自負的諾曼人」（Egotistical Normans），同時安排他們大口咀嚼翡翠牌堅果，這樣廣告表現自然信手拈來比比皆是。你懂了嗎？雖然這些角色可以無限制更替變換，但是那個梗的魅力很快就會消磨殆盡，而且這個概念太廣泛，幾乎可以無差別地套用在任何廣告／品牌上……福斯汽車（Ford Cars 縮寫成 FCs）、Nike 球鞋（Nike Sneakers 縮寫成 NSs）、高露潔牙膏（Colgate Toothpaste 縮寫成 CTs），可說是沒完沒了。

系列廣告的「跳針」症候群

系列廣告的異質性和同質性必須達到平衡：系列廣告中每則廣告的表現方式不能大異其趣（因為前述的原因），但是也不能千篇一律；換句話說，系列廣告要能引發人們的預期，卻不能在他們的預期之中。

大概每個廣告人都曾在某時某地聽過這個評語，「這個系列廣告已經跳針三次了」，它意味著「同樣的單一廣告已換湯不換藥地賣了三次」。真正好的系列廣告應該在每次的表現中，都蘊藏著受眾意想不到的迷你概念，而且每個迷你概念都要與前面的不同，能傳達你想說的話。所以，系列廣告要求的平衡，簡而言之就是：

每則廣告的表現都應該「**同中存異**」。

每則廣告的表現應與前後則相呼應（同質性），但是不能呼應得太密（異質性）。你可以這樣想，好的系列廣告要像三兄弟或三姊妹，而不是三胞胎。這可能是廣告創作中**最難駕馭**的部分（當然，首先你要發想出格局夠大的系列廣告概念和至少三種表現方式）：跳針是廣告創作過程中難防的陷阱，因為發想系列廣告時，必須考量風格的「一貫」和廣告表現的相互「呼應」；再者，一旦掉落跳針的陷阱，換湯不換藥還可能會變成習慣，難以戒除（別慌，這個傾向是可以改的）。

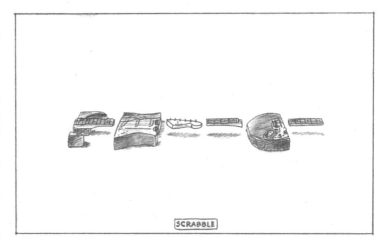

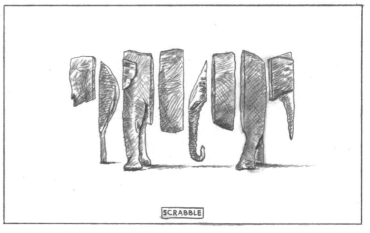

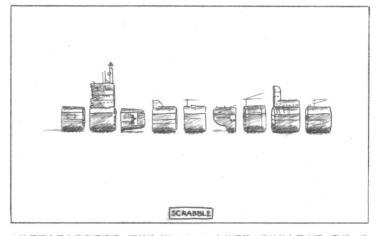

★這個概念是文案寫手提姆・瓦林納（Tim Warriner）的手筆；當時他在巴士裡，點燃一條乾燥的雪茄，外頭是英國多雨的潮濕天氣，於是福至心靈，想到了這個登載長達四十年的系列廣告概念。

源自曼徹斯特，濃郁如奶油

素食奶油¹

雪花乳霜²

上 這是我判斷顯然**沒有**跳針的系列廣告。

客戶：伯丁罕啤酒（Boddingtons）
廣告商：Bartle Bogle Hegarty，倫敦
創作者：Mike Wells、Tom Hudson

對頁 依我判斷，此系列廣告可視為**沒有**跳針。
品牌標語：沒有小朋友的假期，輕鬆自在多愜意。

客戶：自由魂旅行社（Freespirit）
廣告商：奧美（Ogilvy），倫敦
創作者：Stuart Gill、Di Lowe

因為灰色地帶的存在，有時候很難說出到底是甚麼讓系列廣告患上跳針症候群；同樣的道理，有時候也很難說出到底是甚麼讓系列廣告「同中存異」，達成同質性和異質性的完美平衡（事實上，你很可能發現一些出名的獲獎廣告也患有跳針症候群，像福斯汽車的〈被遺棄的左腳鞋〉〔Abandoned Left Shoes〕）。不論如何，有個關鍵的問題是我們可以探究的：系列廣告中每則之間的概念與表現，有**幾分相近、幾分相異**？我們可以看看第97至第98頁的例子。

· **伯丁罕啤酒（Boddingtons）**
其系列廣告顯然**沒有**跳針
· **自由魂旅行社（Freespirit Holidays）**
其系列廣告或可視為**沒有**跳針
· **福斯自排汽車**
其系列廣告或可視為跳了針★

第四種類型（同時也是最要不得）的系列廣告，則是很明顯地跳了針，你只要「見識過其中一則，就等於整個系列都見識過了」，所以我們不在此特闢篇幅示範。這些系列廣告如果登載於平面，可能只用圖像或只下標題，也可能標題和圖像兼施：拿只用圖像的廣告來打比方，這個「系列」可能呈現三個不同小朋友參與大聯盟棒球賽（就說這是大聯盟〔Big League〕泡泡糖的廣告好了），而且都在外場守備，那就是同樣的廣告跳針三次；若拿只下標題的系列廣告來比方，則可能其中的每則標題，都只稍微改了用詞用字。其實，跳針症候群的病灶大多在於作為主幹的廣告概念太單薄，無法延伸出單一廣告之外。

或許你的概念還是有潛能的。無論何時當你發覺系列廣告跳針了，不妨試試開發廣告表現的異質性，擴張其原有的設定，拿剛剛的大聯盟泡泡糖來說，你可以讓小朋友站上不同的崗位（捕手、投手，或是打擊手等），或者乾脆每則廣告搭配不同的運動（也許其中一則廣告可以讓小朋友擔任籃球教練）。這些都是我一邊寫，一邊冒出來的念頭，我要闡述的重點在於同中必須存異。

★當一個系列廣告「或可視為跳了針」時，其廣告概念的原創性可以補救這個缺陷，福斯汽車 Polo 自排系列推出的廣告〈被遺棄的左腳鞋〉就是這樣，第 98 頁呈現了該系列的兩種表現方式。在第 156 頁討論到 Coco de Mer 情趣用品店推出的兩個系列廣告，其名皆為〈高潮〉，你可以辯論說它們都屬於這個類別，而且輕而易舉地就能找到鑿鑿的論點。

下面的列表是一個大致的方向，點出系列廣告中應該相同和相異的元素：

相同	相異
策略	廣告表現概念 （廣告標題、圖像等等）
系列廣告概念	
品牌標語	
廣告主張	
廣告調性	
藝術指導	
品牌建立	

不要特別註明廣告隸屬之系列

平面系列廣告裡有許多元素能串起每則廣告的連貫性，讓人知道這些廣告是「一掛的」。這些元素包括：系列廣告概念、品牌標語、調性統一的標題／文案、藝術指導及用於品牌建立之視覺語彙。

系列廣告之為物，大部分的消費者只要見識或聽聞過其中的兩、三則，就能認出，所以你大可不必加上「X 系列廣告之 X 號」這樣的備註。這種萬用備註，全世界的系列廣告都可以添加，毫無獨特之處，只會成為累贅，亂了廣告的階級序位，看起來造作、制式又匠氣（你可以想像芝加哥的 DDB 廣告公司寫出「百威輕啤酒為您呈現〈天才真男人〉第 105 號：X 先生」³嗎？）。所以除非你有概念上的好理由，非加這樣的備註不可，不然前述的元素應該就足夠讓消費者認出廣告隸屬之系列，而無須言明。

1 譯註：這則廣告呈現的是紙板做的玻璃杯，裡面倒滿了伯丁罕啤酒。另外，素食奶油（artificial cream）又叫甜點頂料（dessert topping），是以植物油為原料，仿鮮奶油做成的，不含乳脂和酪酸，較牛奶做成的鮮奶油更為清爽。

2 譯註：雪花乳霜中文也叫「消散乳膏」（vanishing cream），是一種塗抹在皮膚上便消融無痕跡的面霜，可用來當作水粉的基底，也可當作潔膚霜或晚霜。伯丁罕啤酒後來還推出一支廣告，廣告中的女主人翁就是使用啤酒上的泡沫當做面霜，藉以養顏美容。

3 譯註：百威輕啤酒（Budweiser）的〈天才真男人〉（Real Men of Genius）虛構了不少讓人啼笑皆非的男性角色，像是超不會跳舞先生（Mr. Really really really bad dancer）、偷放屁臭死人先生（Mr. Silent killer gas passer）、噴太多古龍水先生（Mr. Way too much cologne wearer），而每則廣告後段旁白都會以百威輕啤酒向主人翁致敬。

沒有小朋友的假期，輕鬆自在多愜意

在我的判斷，這一系列的廣告可說是跳了針（這裡只舉出該系列中的兩例）；給予其廣告大獎肯定的評審，看中的顯然是那沒有絲毫匠氣的原創意念。

客戶：福斯汽車 Polo 自排系列（VW Polo Automatic）
廣告商：BMP DDB，倫敦
創作者：Richard Flintham、Andy McLeod

Polo Automatic

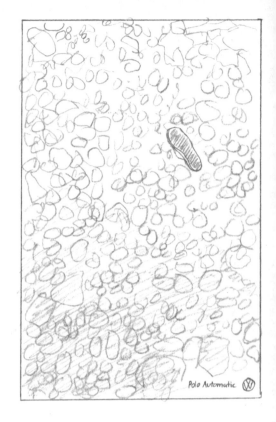

Polo Automatic

備註：這條「規則」，就跟書中的其他「不要」一樣，都是非常個人的品味。當然也有一些廣告，是打破這條「規則」，但依然行得通的例外（像廣告商 Fallon McElligott 出品的〈Nikon 攝影學院：小祕訣第 X 號〉〔The Nikon School: Tip #〕就是其中之一）。話說回來，要找到有效使用這種「編號」手法的系列廣告，其實很難（有些可以「蒐集成組」的系列廣告明信片也沒有用編號，參見〈大不一定等於好〉一節，第 95 頁）。

前導性系列廣告

傳統系列廣告極盡溝通之能事，每一則都能**即刻**傳達消費者所需知道的一切（也就是廣告概念、效益、產品介紹）。前導性系列廣告，恰恰與之相反，是賣關子的高手，其意在撩撥消費者的心弦，同時隨著每則的推出，引發越來越強的好奇心，直到最後階段「謎底揭曉」，呈現出「拼圖」的最後一塊。前導性系列廣告成功的關鍵在於拿捏揭曉謎底的時間點，你必須在消費者的興趣消退之前秀出底牌，而且這張底牌（廣告概念或廣告中的訊息）必須讓人覺得等得有價值（展現聰明才智或感動人心的力量），第 62 頁的法拉利看板廣告就是不錯的示範。

如果做得好，「先撩撥，後揭曉」的手法可以掀起一

fcuk®

Fcuk，這到底是甚麼意思？這則品牌簡寫，走在受眾視聽觀感邊緣而具有爭議性，一推出就發揮了前導性系列廣告的功能。

客戶：French Connection United Kingdom
廣告商：GGT，倫敦
創作者：Trevor Beattie、Jay Pond-Jones、Bill Bungay

波又一波的攻勢，成為新品牌、副品牌上市的跳板，老牌子也可藉此手法翻新（大賣場凱瑪〔Kmart〕用這個手法為其曼哈頓的第一間連鎖店造勢。他們在紐約全市推出了一系列匿名標語，登載於看板。這些標語都跟紐約有關連，但是都少了「K」這個字母，所以誘發了觀者的懸念。最後揭曉謎底的廣告說明了概念和產品，同時加上了凱瑪知名紅「K」商標，那裡面有一句話頗能畫龍點睛，它說：紐約就是少了它）。

就跟任何的系列廣告一樣，前導性系列廣告可以「只下標題／文案」，或是「標題和圖像兼施」，或是「只用圖像」。拿時裝品牌 French Connection United Kingdom 來說，其簡寫「fcuk」極具挑釁意味，在 1990 年代後期推出時，就成功引發了前導效應。

....

Exercise：挑個你最**喜歡**的產品或服務。幫它量身打造平面系列廣告。然後再幫你最**討厭**的產品或服務創作廣告。

....

品牌標語
The Tagline

「品牌標語」（Tagline）的別稱

· 品標（tag）
· 廣告結語（endline 或 pay-off，因為這句話都被放在廣告結尾）
· 主題標語（theme line）
· 束帶標語（strapline，是英式說法，比喻其功能如束帶，能繫住整則廣告）
· 廣告標語（slogan，也可以用來指稱廣告標題）

不用擔心這些不同的用語，它們所指的皆是同一件事。因為連貫性和簡潔度的考量，我在本書中大多使用美國最通行的兩種說法，也就是品牌標語及品標。

（然後）廣告就把自己寫出來了

在系列廣告創作的過程中，品牌標語的地位可說是舉足輕重，不但能統轄和支持系列廣告概念的發展，還能觸發不同的廣告表現。有一種說法指出，一旦你把品牌標語琢磨好，「整個系列廣告就會把自己寫出來」。所以，如果你發想廣告表現時，覺得行雲流水，你的系列廣告概念八成是強而有力的，品牌標語可能也是精準到位（發揮了界定品牌的功能），不啻為好兆頭。

這裡有個例子：

產品	促投系列廣告
概念	世界有許多問題仍待解決
調性	諷刺
品牌標語	現狀完美無瑕，無須投票

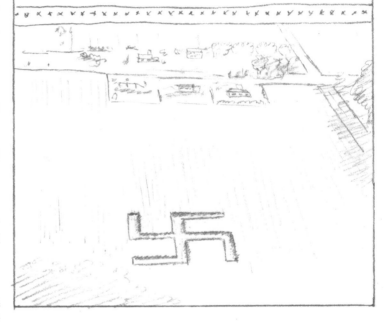

這則廣告的品牌標語（在範例中也擔當廣告標題之位）確認後，許多廣告表現就可信手拈來（這也是廣告概念足堪「大任」，可以發展出系列的證明），上面的手稿就是該系列廣告中的一例。

. . . .

Exercise：為上述的品牌標語發想廣告表現，看看你的速度有多快，是不是行雲流水。然後如法炮製，幫第 100 頁的福斯汽車 Passat 和 Stella Artois 啤酒，發想系列廣告。

. . . .

這則廣告諷刺得很妙，其概念格局之大，能將世界的諸多問題含括其中。廣告標題／品牌標語：現狀完美無瑕，無須投票。

———

客戶：Willamette Week 傳播公司
廣告商：Borders Perrin Norrander，波特蘭
創作者：Ginger Robinson、Kent Suter、Tia Doar

只要看這則品牌標語一眼，你就能認出它的格局夠大，可以撐起一系列的廣告表現。品牌標語：頂級工藝的美麗結晶，Passat，叫人忍不住力保其新。

——
客戶：福斯汽車
廣告商：BMP DDB，倫敦
創作者：Rob Jack、Ewan Paterson

The beautifully crafted new Passat. You'll want to keep it that way.

頂級工藝的美麗結晶，Passat，叫人忍不住力保其新

以此品牌標語發想，廣告表現信手拈來就有一打，這裡只舉其三。品牌標語：就算代價高昂，也甘之如飴。

客戶：Stella Artois 啤酒
廣告商：靈獅（Lowe Lintas），倫敦
創作者：Mick Mahoney、Andy Amadeo

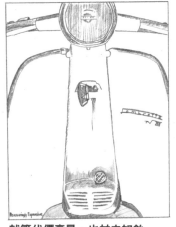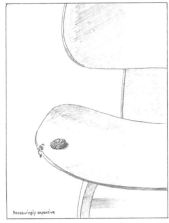

就算代價高昂，也甘之如飴

產品	福斯汽車 Passat
廣告表現	〈拖車〉
品牌標語	頂級工藝的美麗結晶，Passat，叫人忍不住力保其新

產品	Stella Artois 啤酒
廣告表現	〈蘭美達機車〉、〈椅子〉、〈吉他〉
品牌標語	就算代價高昂，也甘之如飴

隱形的等號

品牌標語通常是廣告最後傳達的項目（排在廣告標題、圖像、旁白等等內容之後），它的位置為我們提供了評估其效能的好方法：你可以想像品牌標語前面有個**隱形的等號**，看看品標是不是等於廣告概念的總呈現。這個等號能否成立，通常一目瞭然；如果答案是否定的，品牌標語看起來便像「空降」（硬塞進來的），這時候不是要改品標，就是要把整個廣告砍掉重練。

廣告人在發想品牌標語時常犯一個錯誤，他們寫出了吸睛、充滿企業氣息、聽起來很有態度的一句話，卻沒有表達系列廣告的中心思想。事實上，你大可先擬一個初版品牌標語，句子較長也沒關係，在廣告創作時使用，這樣對你助益更大（參見〈初版品牌標語 vs 終版品牌標語〉，第 102 頁）。需注意的是，應避免品牌標語的文字與廣告標題重複。

另一個要避免的，是品牌標語沒有化為廣告表現；若兩者風馬牛不相及，品牌標語再好，也沒有用。換句話說，品牌標語即便能傳達系列廣告之概念，如果沒有以廣告表現彰顯，那還是白搭（如果能滿足上述條件，那品牌標語即使獨立於廣告之外使用，也可以作為建立品牌的利器，Just do it 就是一例）。Taco Bell 墨西哥連鎖速食餐廳就擁有高明的品牌標語，他們要消費者「跳脫漢堡包思考」（think outside the bun）[1]；這句話不只是文字遊戲，它還成功賦予該品牌不同於競爭對手的定位，將其和美國兩大「漢堡包」龍頭，也就是麥當勞和漢堡王分別出來。可惜的是，這個品標並沒有發揮完全的價值；Taco Bell 實際推出的廣告沒有記憶點，通篇都是了無新意的產品照，根本沒有表現出品牌標語蘊藏的概念。

品牌標語大師戴夫・崔特（Dave Trott）認為，品牌標語的功能是「傳達獨家賣點（Unique Selling Proposition，USP）★，或是建立品牌★。如果你愛上了我的廣告，而向其他人敘述，理當提及產品名稱和廣告意涵，畢竟廣告不是為了營造美好氣氛，也不是為了呈現動人調性而存在的，就連吸引新世代使用者也不是其最終功能。一個概念經過五年依然彌新，那才配做品牌標語」。

★參見第 47 頁的「二元簡報」。

品牌標語的種類
品牌標語共有五種，這些品標之間有著細微的差異：

「概括式」品牌標語將整個系列廣告的概念「概括於一身」。廣告溝通的進程發展到最後，所有訊息濃縮成一句品牌標語，作為總結，可說是再自然不過了。

「解說式」品牌標語具有「闡明」整個系列廣告概念的功能。如果你把這類品牌標語遮起來，受眾可能就難以了解廣告概念，Stella Artois 啤酒登載於報章雜誌的系列廣告，〈瓶蓋〉（Bottle Cap），就是箇中範例，你把放在最後的品牌標語「就算代價高昂，也

甘之如飴」拿掉，整個系列廣告就沒那麼好懂（也沒那麼讓人信服）。

「主張式」品牌標語也不是放著好看的花瓶，它必須重申廣告主張，點出產品的堅固、持久、安全等諸如此類的效益。這類品牌標語不一定要侷限於使用某個形容詞，重要的是你必須搶在眾人之先，提出其他人沒提過的效益，將之「佔為己有」；當然，你也可以把獨家賣點融入其中（參見第 141 頁）。

「品牌式」或「雨傘式」的品牌標語比較客戶導向：它總結的不是系列廣告概念，而是品牌的精神，所以更近似一種企業定位的宣言，也更為嚴肅，通常見於非廣告用途。如果放諸系列廣告，則常被用來取代既有的品牌標語，或是與之並列；而不論是哪種方式，這類品標不是混淆受眾的視聽（第一種使用方法），就是遲滯訊息的溝通（第二種使用方法）。品牌標語要行得通，就必須像支「雨傘」，傘下的空間要夠大，能罩住現今和未來的品牌概念，但又不能大到把品牌訊息都稀釋了。

「隱形式」品牌標語消隱於廣告之中。它最常為單一廣告所使用，尤其是訊息簡單、清晰者，此時品標形同贅句，乾脆將它消隱。在這些情況中，只要刊載客戶的商標，就能完整地傳達概念，有效取代「概括式」或「解說式」品牌標語。「隱形式」品牌標語可能自始自終都不存在，**或者**曾經存在，但後來簡化到極致，終於化零為無。

誰先誰後？
先有雞，還是先有蛋？這則難題自古無解，廣告創作的過程也沒有標準答案。有人說，廣告概念、系列廣告、品牌標語（甚或策略）在實際發想時，大可隨機混合，或自混合中提取，只要所有的元素能互相效力，渾融一體，成就出讓人滿意的最終成果就行。另一方面，也有頂尖的廣告公司以圖像語彙行使品牌標語的功能，作為廣告創作的先導，成績照樣斐然，不見絲毫遜色。許多賢達都會在一定程度上認同這種工作方式，像戴夫・崔特就曾語帶珠璣說過，「廣告結語並非廣告最重要的部分，卻是最初的部分。」

還有一種「先後順序」介於上述兩者之間，是我老師所教：你可以先從概念開始（不論是單一廣告表現，或是系列廣告），接著擬一個「初版品牌標語」，把剛剛發想的概念表達出來（參見第 102 頁），然後以此品牌標語為主幹，繼續腦力激盪出更多廣告表現

1 譯註：這句品牌標語改自英美商業界常說的「跳脫框架思考」（think outside the box），賦予慣用句型出乎意料的扭轉。

的點子。這種方法讓「邏輯左腦」與「創意右腦」協同運作，賦予念頭紛飛的「藝術」創作過程一些結構，同時也不會太過僵固，要求你一下就提煉出「完美的」品牌標語。

雖然這樣的工作方式不見得適合每個人或案件，也不是每個成功的系列廣告都依循這樣的創作進程，但這依然是值得養成的工作習慣：這種先後順序能讓概念更集中，讓它清晰明確（如果你遲遲無法將概念化為白紙黑字，那可能是它太過複雜，所以也難以化約為品牌標語），從長程看來，更是幫你節省了大量時間和心力。另外，這種工作方式也能助你適應現實的廣告職涯，原因有二：第一，在你和客戶開會，報告廣告提案之前，你必須先想好品牌標語，許多時候你必須在非常匆促的時間裡完成這項任務。第二，優質的品牌標語能連年使用，發展出個別的系列廣告，成為客戶品牌的標誌，而之後任何新發想出的概念都必須緊附著它。以既存的品牌標語及其所屹立的時間，作為發想新概念的座標，可能是個很大的限制（但也可能激盪出很大的靈感）。話說回來，有些產品推出新的系列廣告時，忽略了原有的品牌標語（連帶也漠視了原有的廣告策略），兩者之間的違和感甚至到了格格不入的地步，使得品標一看就像是勉強置入，或是像隨意掛在廣告尾巴的吊牌，著實令人扼腕。

初版品牌標語 vs 終版品牌標語
不要擔心，你無須在一開始就寫出「完美無瑕」、能讓系列廣告成功的終版品牌標語，但還是須先下好「初版品牌標語」。初版品牌標語就像一本書、一齣戲或電影劇本的「暫定標題」，是為了工作方便而存在的；當創作者想到最終版的時候，自然可將初版取代。

工作使用的初版品牌標語，應該發揮跟終版一樣的功能，能表達出系列廣告的概念；只要概念集中而專一，句子較長也沒關係。當然，你不能拿舊有的品牌標語充數。當你想到系列廣告的點子時，不妨立刻草擬初版品牌標語，這會讓你的概念更清晰。你可以寫幾個句子，然後從中挑選；不必苛求完美（完全不須避諱落落長又無趣的句子），重點是這個句子要能引導你創作，並且觸發大量廣告表現。

終版品牌標語
終版品牌標語其實就是對初版進行「微調」或是「刪減」，但這不代表終版品標的用字必然較少；有時候初版已臻完美，抓住系列廣告概念的精髓，可說是最佳方案，要再寫出青出於藍或更精簡的版本，無異於

緣木求魚。舉例來說，萬事達卡饒富意義的品標在英文裡就有兩句話（There are some things money can't buy. For everything else, there's MasterCard.），算是很長的，但你很難把它修潤得更好、更精簡。

終版品牌標語通常以簡短、吸睛為能事，你可以看到Nike 就把「Just do it」精煉成「I can」，硬是又縮減了一個字。但是這裡的著眼點，其實也是評估所有廣告概念時的著眼點，並**不是**長短，而是品質（參見〈品牌標語刪減法〉，105 頁）。

就像廣告標題、圖像、概念一樣，品牌標語也要極力避免匠氣和俗套的陷阱，就像羅伯特‧坎伯爾（Robert Campbell）所言，「如果它們只是裝飾的糖衣，我是不會認同其價值的。它們必須蘊含著真實的意義，發揮真實的功能，為系列廣告奠定重心。」

不論你是要擬初版或終版的品牌標語，把你想到的句子都寫下來，**列成清單**（還記得第 23 頁的發想工具「十中選一」吧）。還有一個方法，有助於擬寫品標，那就是想像品標要翻譯成各種語言，如此一來，用語就必須簡單，而且需要避免雙關語和俚語，除非你有特別的理由。

下面列出了一些品牌標語的初版和終版：

品牌	初版品標	終版品標
英國電信	把話談開真健康*	能聊聊真好
健力士啤酒	淡薄如何滿足味蕾	淡味怎入喉**
丹碧絲糖果型棉條	走到哪，帶到哪	生活尺碼

★這是作者模擬的品標，單純作為示範之用。
★★學生創作的範例（飛利浦‧蓋爾蓋〔Philip Galgay〕、凱特林‧麥克古力〔Caitlin McGauley〕）。

將產品名稱和品牌標語共冶一爐
藥廠龍頭史克必成（SmithKline Beecham，現今已改名為葛蘭素史克〔GlaxoSmithKline〕）在鍛鑄品牌標語的時候，有其與眾不同的哲學。新的產品一經研發成功，他們會在發想產品名稱時，**一併**研擬品牌標語（一般會先發想品牌名稱，然後才是品牌標語和廣告概念）。

這些品標必須：

· 包含品牌名稱　　　　　· 描述產品功能
· 要短，還要吸睛

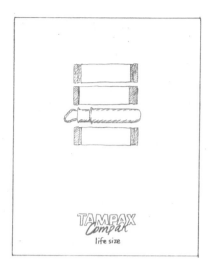

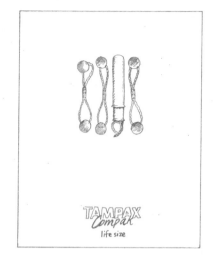

生活尺碼

自這個廣告體系蘊生的例子，這裡有兩個，其一是 Oxy 抗痘凝膠的「Oxycutem」（這個品牌標語取用「execute them」之諧音，蘊含對痘痘行刑的意味），其二是 Nytol 安眠藥的「Good Nytol」（這個品牌標語則是取用「goodnight all」的諧音，其意為「大家晚安」）。

乍看之下，史克必成打造成功品標的祕訣似乎相當嚴謹，特別是一般都是先確立品牌名稱，然後才花較長的時間來蘊生品牌標語。但若不論創作品牌標語的時間點，許多品標確實會融入品牌名稱，將兩個廣告元素共冶一爐，藉此創造「獨家」又容易記憶的廣告標語，讓產品名稱產生意義。以下是一些出名的例子，第一例最接近「史克必成式」品標：

· 澳洲人就是要喝 XXXX 的啤酒（Castlemaine XXXX 啤酒）
· 你最想和誰一對一深談？（一對一〔One 2 One〕電信公司）
· 快樂是一支名為哈姆雷特的雪茄（哈姆雷特雪茄）
· 海尼根，暢達其他啤酒難以暢達之處（海尼根啤酒）
· 這瓶百威，向你致敬（百威啤酒）
· 你今天遇見人生了嗎？（大都會人壽保險〔MetLife Insurance〕[2]）
· 絕無僅有 Wonderbra（Wonderbra 魔術胸罩）
· 未來很光明，一片橘燦燦（橘電信〔Orange telecommunications〕）
· 週日看報紙，唯讀《泰晤士報》（《星期日泰晤士報》〔The Sunday Times〕）
· 《紐時》喉舌，時勢所需（《紐約時報》〔The New York Times〕）
· 殼牌石油值得信賴（殼牌石油〔Shell Oil〕）
· Tango 的來勁一喝就知道（Tango 汽水）
· 休息一下，來包奇巧（雀巢奇巧巧克力〔KitKat〕）
· 沒有《金時》，無以評論（《金融時報》〔The Financial Times〕）
· 不論你要甚麼，都可以上 eBay（eBay 網路市集）
· 純粹的天才之作（天才之作〔Genius〕與健力士〔Guinness〕諧音）

這樣的品牌標語，要是能收在學生作品集裡，勢必為你大大加分。有個學生為英國凱旋摩托車（Triumph）的 Bonneville 750cc 系列寫了一句非常高妙的「史克必成式」品標，要把這經典的車型重新引介回市場；他將目標受眾設定為懷舊的中年人（其中也有過去常騎摩托車的騎士），意圖打動他們那顆迫切想要感受青春、再次冒險的心。這句簡單的標語就是「凱旋再臨」（Triumph Again），其聰明的地方在於雙重意涵：第一層意涵是這款經典摩托車捲土重來，第二層意涵則暗示騎這台摩托車會再次感到生氣蓬勃和勝利。

嘿，矬蛋

廣告概念大多都是展現在消費者面前的論點，陳述應該購買一個產品的理由，而品牌標語正是這個論點的濃縮精華。艾德·麥克蓋博是傳達獨家賣點的箇中能手，只要經其巧手，產品賣點看起來都像是無須爭論的事實，廣告論點聽起來更像是常識，一切是如此順理成章，彷彿品牌標語前面寫著「嘿，矬蛋」或「你

初版品標：走到哪，帶到哪。終版品標：生活尺碼。

客戶：丹碧絲糖果型棉條（Tampax Compak）
學生：Caitlin Mcgauley

2譯註：該公司英文名稱為 MetLife Insurance，其中 MetLife 即蘊含「遇見人生」之意。

「這個矬蛋」，暗示如果消費者不買這間公司的產品或服務，就真的矬大了；他因此贏得廣告界的推崇，受封為「『嘿，矬蛋』大師」。即使聽起來很嗆，他的廣告卻很成功，這樣的手法也可說是打造品牌標語和廣告標題的利器，甚至推及整則廣告也行得通；所以你也可以問問自己：如果在你寫的品牌標語旁邊放上「嘿，矬蛋」，能否成立？這其實就是問，「我提出的論點是否強而有力而難以辯駁？」

如果你還需要一些凝鍊論點的協助，你也可以把全世界最龜毛的批評者想像成你的消費者；他在酒吧裡喝得酩酊，憤世嫉俗，還以為自己是萬事通（我們都遇過這樣的人），一看就惹人嫌。如果他問說，「嘿，我為什麼要掏出鈔票買你的產品啊？」那你得想一個完美的答案來回應他，快狠準地命中紅心（他畢竟已經醉了）。我們假設他很粗魯地對你說，「你是從哪裡弄來那支老手錶的？」也許這樣實事求是的句子可以叫他閉嘴：「這是史提夫·麥昆（Steve McQueen）在《第三集中營》（The Great Escape）裡戴過的同款軍事錶。」或者這樣說更好，「這支精確絕倫的腕錶曾在二次世界大戰中幫助美軍打敗德軍。如果不是它，我們甚至不會坐在這裡說話……乾杯。」

如果你可以說服喝得酩酊、憤世嫉俗，一看就惹人嫌的傢伙，你就可以說服任何人（參見〈你的廣告概念必須無可辯論〉，第 157 頁）。

押韻和押聲的品牌標語

你可以辯論說，押韻和押聲的品牌標語更有詩意，更容易上口，同時也更吸睛；唯須注意的是，這類標語之所以能成立，全是因為其中的概念與產品習習相關，而且言之有物：

- See the USA in your Chevrolet（駕駛雪弗蘭，暢遊美利堅）（雪弗蘭汽車〔Chevrolet〕）
- Beanz meanz Heinz（亨氏，燉豆的同義詞）（亨氏燉豆〔Heinz baked beans〕）
- You can with a Nissan（有 Nissan，你就行）（Nissan 汽車）
- Takes a lickin' and keeps on tickin'（即使栽跟頭，依然不停走）（天美時手錶〔Timex〕）
- Why slow-mow when you can flymo?（可以飛刈，何須慢剃？）（飛刈除草機〔Flymo〕）
- A lot less bovver than a hover（完勝浮空機，除草更省力）（Qualcast 除草機）★
- If anyone can, Canon can（Canon，能他人所不能）（Canon 相機暨電子設備）

3 譯註：此句原文：「Are you a Cadbury's fruit and nut case ?」其中，fruit and nut case 一語雙關，原本是指人瘋狂痴傻的俚語，也指吉百利巧克力中鑲的乾果。

4 譯註：這句話改自喜劇演員艾利克西·賽爾（Alexei Sayle）所唱的《哈囉約翰！有新車嗎？》（Ullo John! Gotta New Motor?）。該歌曲大多由無厘頭的方言組成，曾在 1984 年躋身英國流行排行榜前二十名，成為洗腦神曲，其歌名近乎變成了流行語；除了東芝電器將之改成品牌標語，報章雜誌和音樂後進都曾使用此句型結構，寫就報紙標題和歌詞。

★ 這句品牌標語所言的「浮空機」（hover），就是採用浮空設計的飛刈牌除草機。

備註：別把這些押韻和押聲的範例和諧音雙關搞混了，後者我們在第 68 頁討論過。

以問句呈現品牌標語

我們在第 64 頁討論過將廣告標題化為提問，那如果用問句來呈現品牌標語呢？如前所述，所有的「法則」都是參考，就像雖然大多朗朗上口的品牌標語都不是以問句呈現，但那不代表直述句品標比問句品標更有價值；這樣的現象反而該解讀成，大部分的概念比較適合以非問句的形式呈現。

廣告金句堂（Advertising Slogan Hall of Fame）目前只收錄了八條以問句呈現的品牌標語：

- 你今天想前往何地？（微軟，1995）
- 有牛奶嗎？（加州牛奶顧問委員會，1993）
- 《獨立報》，誠獨立。那你呢？（《獨立報》，英國，1987）
- 你也是吉百利巧克力鑲乾果的痴貨嗎[3]？（吉百利糖果〔Cadbury's〕，英國，1985）
- 哈囉 Tosh，有 Toshiba 的機子嗎[4]？（東芝〔Toshiba〕，英國，1984）
- 牛肉在哪裡？（溫蒂漢堡〔Wendy's〕，1984）
- 她有染，還是沒染？（可麗柔美髮用品〔Clairol〕，1964）
- 這對雙胞胎姊妹花裡，誰用了唐妮？（唐妮家用燙髮捲〔Toni〕，1946）

把。句點。放在。品牌標語。之間。

下品牌標語的時候，使用多個句點，是前人實驗過的手法，其中不乏耳熟能詳者，如「蛙人。萬中選一。榮耀無匹」。不過我對這個手法還是有疑問，把句點放在用不到的地方，像是句子中間，甚至每個字之間，用意到底何在？我不確定這個「技法」何以改進品牌標語，特別是字彙被句點個別隔開後，根本難以產生連貫的意義（Sony 的「無。與。倫。比」，就是其中一例）。我的猜想是，如果你是率先使用這個手法的人，這個手法就變成了你的註冊商標；因為沒有其他人這樣做，所以你會顯得突出。但這不是一個值得學習的手法，除非你想讓消費者看到你的品牌標語，就聯想到你的競爭對手。IBM 曾經首開先河，在電視廣告中使用全彩的電影院銀幕長寬比（letterboxing），引。得。其。他。品。牌。跟。進。（有道理嗎？）

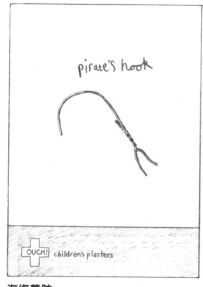

海盜義肢

天外幽浮

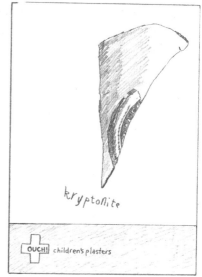

氪星石

品牌標語用「對呀……」

這類品牌標語美國特別多，最常見於電視廣告，聽起來閒話家常，像是笑鬧喜劇用來結尾的評語（笑鬧喜劇善於裝瘋賣傻，比如為了表現涼飲的冰清爽人，而把整桶冰塊倒在自己背後，即屬該派風格）。你也許沒發現，但你一定見識過許多這類品牌標語，它們通常都以「對呀」（Yeah）開頭，然後發展成「對呀，會有這種感覺」、「對呀，真的是這樣」、「對呀，真的就是那麼（這裡可以隨意放進品牌效益）好／暖／涼／簡單／堅固」。

我會說，**對呀**，這種技法就是那樣了無新意，矯揉裝酷，只會讓品牌標語看起來如此泛泛，消弭了記憶點。下面這個案例就能證明我所言不虛，你可以評斷何者聽起來較佳，是「Just do it」，還是「Yeah，just do it」？

品牌標語刪減法

就像我在〈平面廣告〉一章所闡述的，刪減法可用於整則廣告（廣泛應用），也可以施於任何特定的廣告元素（針對應用）；後者所言的特定元素也包括品牌標語，你甚至可以把品標刪到蕩然無存（參見第 101 頁），這也意味如果你不是真的需要初版或終版品牌標語，你大可捨它而不用，就像安德魯‧克拉克內爾（Andrew Cracknell）曾經說過的，「有些人沒品牌標語會覺得少穿了一件衣服，（但是強行使用）只會讓它佔用播放時間，或在廣告頁面上畫蛇添足。」

有些時候即便是家喻戶曉、行之有年的品牌標語，也逃不過刪減專家的大刀；而這些知名品牌之所以願意為品標瘦身，是因為他們相信品牌訊息和廣告概念已經在消費者心中累積了難以抹滅的份量，即便刪減品標文字，其地位也不會有絲毫減損。在這個邏輯之下，品牌標語變得比原來的品標還要簡短精幹，彷彿經歷了春季大掃除；畢竟，可以用五字道盡的事，何需費十字周章？如果能用三字、兩字，甚至一字道盡，更是何需蛇足？

原本品標	後來變成	客戶
Just do it	I can★	Nike
原釀珍品	真釀	百威啤酒
我們愛看見你的微笑	微笑	麥當勞
海尼根，暢達其他啤酒難以暢達之處	只有海尼根辦得到	海尼根

你可以從上面的例子發現，刪減法用在不含品牌名稱的品標上，比較簡單，該類品牌標語編輯的空間較大。

· ·

Exercise：上方圖例中的 Ouch！兒童 OK 繃沒有品牌標語，其廣告概念也很簡單，請你幫這個產品再創作出十種廣告表現來。

· ·

有時候，最好的品牌標語不以文字現身，就像上面這排系列廣告，概念簡單，表現也很清晰，沒有品標也能達標。

客戶：Ouch！兒童OK繃
廣告商：SHOP
創作者：Tom Ewart、Dave Sullivan

★ 這個品牌標語雖然較短，但不見得較其前身有力。後來冠軍（Champion）運動服飾對 Nike 提出侵權告訴（他們的品牌標語「你知道你可以」（You know you can）在加拿大已有註冊商標，同時也推出了自家版的「I can」系列廣告），這句標語於是匆匆下架，這對 Nike 來說或許不啻為一種祝福，他們的標語終於是回到了 Just do it。

品牌標語不一定只能放在尾巴

規則逃不了被打破的命運，然而既然能破，當然也能復立，我們舉個例子：安維斯（Avis）租車公司有個系列廣告，在當時創新潮流，所以名聲延續至今；該廣告刊載於平面媒體，異常簡潔，不但沒有顯而易見的品牌標語，甚至沒有商標（參見對頁）。該系列廣告的概念到底是甚麼？又放置在何處呢？答案在首推廣告的文案裡。該文案劈頭第一句話就是，「我們更用心」，某種程度上來說，這句話點出了廣告概念，也可充當品牌標語。隨著時間推移，安維斯的市場定位已經家喻戶曉，幾乎每位美國消費者都瞭若指掌，所以無需贅言，只要把上面那句話提出，放在商標之後，固守傳統品牌標語的位置，就夠說明一切。這個手法或該稱為「逆刪減法」。

廣告標題變成品牌標語

除了文案中的句子可以拿來做品牌標語，過去（近年是比較少看到）系列廣告也曾將廣告標題挪為品牌標語，像 Perdue 農場的「唯有硬漢能養出嫩雞」，一開始也是廣告標題，而後才隨著系列廣告的成功，晉升為品標。溫蒂漢堡的品牌標語，「牛肉在哪裡？」，一開始則是蘊藏在廣告的文字腳本裡，直到後來才受拔擢，也是一個耐人尋味的變化。

當你在寫廣告標題的時候，可能會寫出概括性較大的句子來，不適合做廣告標題，但當品牌標語倒是十分恰當；如果是這樣，你大可把它留下來當品標。我記得有個學生在做課堂練習（以廣告商 Leagas Delaney 出品的 Timberland 平面廣告為習作素材，發想可能的廣告標題，該系列廣告特別著墨於為做出堅韌的工作鞋所付出的心血），交出了這樣一句廣告標題：嚴苛的愛。以廣告標題來說，這句話的指稱有點廣泛，但是以品牌標語來說，卻是潛力無窮，足以開啟全新系列的 Timberland 廣告。

全世界最受歡迎的品牌標語？

英國航空（British Airways）的品牌標語，「全世界最受歡迎的航空公司」是一個良好的示範，可讓我們觀摩如何把簡單枯燥的事實（英國航空每天飛抵全球國際機場的班次最多，是世界之冠），轉變成一種引人入勝的說法，讓受眾聽起來感到信賴，覺得該公司很積極。

全世界最糟糕的品牌標語？

我最近聽到一則琣伯莉農場（Pepperidge Farm）餅乾的廣播廣告，廣告裡的談話內容浮泛，我始終聽不

出廣告概念，然後到了廣告結尾，品牌標語來了（那聲音顯然在裝可愛，又有些濫情）：琣伯莉農場。生活再也不平淡！

再也不甚麼？這句話不但和之前的廣告內容風馬牛不相及，它所意為何也不明確。到底這句話跟巧克力碎片餅乾有甚麼關係？也許這個品牌標語是取自前一系列的廣告，而在那個系列裡它很稱職，又或者這是一個勉強植入的「雨傘式品牌標語」，所以才會顯得格格不入（參見第 101 頁）。

品牌標語式微了嗎？

廣告圈對「文案之死」的議題一直爭論不休（對現今還有沒有人看文案一事也未有定論），而除了文案之外，另一個關注的焦點就是品牌標語了；品牌標語的衰敗同樣令人憂心，傑出、難忘、叫人朗朗上口的品牌標語正日漸稀少。品牌標語輔助系列廣告的創作甚大，又是建立品牌識別度的要角，所以我們的憂心不是沒有理由的（做廣告，到頭來，就是要建立和護持品牌）。

闡述品牌標語式微的說法有很多，其中有四項要點：

- 企業的合併和收購越來越多，結果每次易主，系列廣告都要「重新評估」。
- 企業政策越來越傾向只看帳戶裡的數字，而不了解創意能帶來的潛在收益（這對文案創作者及其專業來說，無疑是雪上加霜）。
- 越來越多的客戶要求簡報廣告概念的時候，要把廣告表現做得像是最終成品（而不是呈現「終版初稿」），相對地，琢磨概念的時間就變少了。
- 初出茅廬的創作團隊太重視在短期內贏得廣告大獎，更勝長期地促銷品牌。

就像我們之前見過的，有些以視覺主導的系列廣告相當成功，確實也不需要品牌標語，但我們要問的問題是：視覺主導這條路是否真要走絕，不留一點餘地給廣告的文字元素？我們冀望在這個市場和品牌日益全球化的時代，廣告不會全都同化成以視覺形象傳達氣氛的「情緒板」（mood board）；畢竟，那只是專案企劃用來引導焦點小組（focus group）討論的拼貼（其中沒有系列廣告概念，更別說品牌標語了）。我們也冀望歷史輪迴再次轉動，客戶和廣告商會再回過頭來，領會品牌標語的舉足輕重。

Exercise：開始觀察品牌標語，看看你看到／聽見的品牌標語屬於哪一類？它發揮作用了嗎？如果沒有，請替那則廣告重新發想幾個。如果你發現稱職的品牌標語（提示：在得獎作品集裡找），把那則品標寫下來，用它作為發想的基礎，讓那個系列廣告繼續發展，創作出新的廣告表現。如果該品牌標語是優秀的概括式或解說式品標，你應該能延伸該系列廣告的表現方式，多發想出好幾則來。

Exercise：下面列出了一些經典的品牌標語。請說出每一則品牌標語所代表的廠商。

・Just do it
・鑽石恆久遠，一顆永流傳
・我們更用心
・不同凡想
・你今天想前往何地？
・滴滴香醇，意猶未盡
・即使栽跟頭，依然不停走
・It's the real thing[5]
・暢遊美國南北東西，坐看無盡旖旎美地
・The un-cola[6]
・唯有硬漢能養出嫩雞
・我們會為你留一盞燈
・我們有些頂尖的好兒郎都是巾幗英雄
・The ultimate driving machine[7]
・包裹明日必達，絕不誤時
・用你的手指代步
・嘿，誰說喜事不會從天降
・這裡的精彩韻事絕不外流

・答案：Nike、戴比爾斯（De Beers）、安維斯、蘋果、微軟、麥斯威爾咖啡、天美時手錶、可口可樂、美鐵（Amtrak）、七喜（7-Up）、Perdue 農場、摩鐵六號（Motel 6）、美國軍隊、BMW、聯邦快遞（FedEx）、英國黃頁（Yellow Pages）、紐約樂透（NY Lotto）、拉斯維加斯

5譯註：原文有首屈一指和正品的意思。這是可口可樂為了對抗後起之秀的百事可樂，而在 70 年代推出的廣告標語，同時也呼應當時嬉皮文化追求生命真諦的蘊意。

6譯註：原文針對性濃厚，有破除消費者喝可樂成習慣的意圖。這條品標在 1967 年推出，當時七喜的市場定位原是緩解胃部不適的氣泡飲料。後來這句標語一炮而紅，幫助七喜成功打入軟性飲料市場，與可口可樂、百事可樂分庭抗體。

7譯註：直譯為「極致駕駛機械」。

Avis is only No.2 in rent a cars. So why go with us?

We try harder.
(When you're not the biggest, you have to.)
We just can't afford dirty ash-trays. Or half-empty gas tanks. Or worn wipers. Or unwashed cars. Or low tires. Or anything less than seat-adjusters that adjust. Heaters that heat. Defrost-ers that defrost.
Obviously, the thing we try hardest for is just to be nice. To start you out right with a new car, like a lively, super-torque Ford, and a pleasant smile. To know, say, where you get a good pastrami sandwich in Duluth. Why?
Because we can't afford to take you for granted.
Go with us next time.
The line at our counter is shorter.

安維斯在租車業中排行不過老二，那為什麼要跟我們租車呢？

我們更用心。
（當你不是龍頭老大的時候，你就必須如此。）
我們沒有本錢，任憑菸灰缸骯髒，或油箱半滿，或雨刷磨損，也不能讓客人開沒洗過的車，或使用胎壓不足的輪胎。我們租出去的車，功能必須健全，車椅要能調整自如，暖氣要暖，除霜設備要能除霜。
顯而易見地，我們用心要達到的，不過就是為客人著想，讓客人在出發的時候能駕馭全新的車。比如一輛靈便、扭力超強的福特，同時還能看見友善的微笑，獲得一些有用的小資訊，比如杜魯斯哪裡有美味可口的五香燻牛肉三明治。
為什麼會如此盡心？
因為我們沒有本錢，把您的光顧當作理所當然。
下一次出遊，請跟我們租車。
我們櫃台前的隊伍沒那麼長，不會讓您久候。

品牌標語「我們更用心」已經歷時多年，剛開始的時候是文案的第一句話。還有一些知名的品牌標語，一開始其實是廣告標題。

客戶：安維斯（Avis）
廣告商：DDB
創作者：Paula Green、Helmut Krone

The Tagline 107

06

發想策略及概念
Generating Strategies and Ideas

本章主旨在闡述廣告策略和概念的原型，了解這些原型也會幫助你創作系列廣告（尤其在閱讀前面兩章之後，你已了解系列廣告和品牌標語運作的梗概）。

還記得傳統的廣告創作進程嗎？系列廣告源自廣告概念，廣告概念則源自廣告策略，按先後順序寫出，便是：

廣告策略
↓
廣告概念
↓
系列廣告＋品牌標語
↓
廣告表現

我曾在〈廣告策略〉一章的起頭定義過這個詞彙，簡單扼要地說，「廣告策略」（或稱策略思路）是薈萃了廣告陳述之精華所擬定的銷售途徑，雖然具有許多元素，但通常只有一者位居主導位置，是為整個廣告創作進程的驅力（這個元素不是廣告主張，就是目標受眾，再不然就是廣告調性）。

換句話說，廣告策略是一種奠基於市場調查和對市場的洞悉而衍生出的途徑，通向獨特的產品定位或再定位，是廣告概念背後的思維（說是思維背後的思維也可以）。當你寫就廣告陳述、制定好廣告策略後，接著要創作廣告概念（不論是單一廣告或是系列廣告

的），這個廣告概念要能傳達廣告主張，而且是以統一的廣告調性傳達給對的受眾；這做起來可不像聽起來那麼簡單，特別是當你缺乏切題、連貫、清楚的廣告策略作為創作基礎的話。

每個廣告策略都應該有自己的獨到之處（可大可小），藉此和競爭對手的產品或服務區隔，隨後的廣告概念和系列廣告也應該如此。

備註：如果你對策略和概念之間的不同依然有疑問，不妨回到〈廣告策略〉一章，溫習英國花卉植物協會和 BUPA 私人醫院的廣告案例研究。你可以留意細看，有些廣告策略和廣告概念的聯繫較為緊密，有些則較鬆散。

廣告策略的類型
以下常見的**廣告策略**類型是以最廣義的角度歸納出來的（以狹義的角度而言，有些人會在廣告策略和廣告主張之間劃上等號），你可以使用這些類型來創作廣告概念；你會發現有些概念和某個策略脣齒相依，有些則否，有些概念還是合併了兩、三種廣告策略的綜合產物。不論概念和策略之間的關係為何，它溝通的主張應該一如以往，是單一的。

本章的廣告策略和概念是為激發你的靈感而列舉的，這個主題甚少有人涉足細勘。我竭盡所能整理出這兩項主題的各種類別，但這兩份列表不是標準答案，也存有變動的餘地，要知道廣告策略和概念時有重疊之勢，時有合併的可能，有時甚至難以區隔。不論如何，真正重要的是，廣告的最終成品要兼容邏輯思考和創意發想，能說服目標受眾購買產品。

▮「使用前／使用後」廣告策略
這個廣告策略經常受到廣告人青睞，其原理是「秀出**沒使用**產品和**有使用**產品的差異」，藉此讓消費者輕鬆明白產品的效益。

從這類廣告策略衍生出的**概念**和表現方式通常都把負向圖像（沒有使用產品的圖示）放在前面，後面緊接著正向圖像（有使用產品的圖示）。請不要把它和「轉負為正」型的廣告策略搞混了。這類廣告策略可以合併其他手法使用，像是視覺明喻或視覺隱喻；舒適柔衣精的系列廣告就是採此策略，同時併用視覺明喻（見第 110 頁）。

▮「使用前」廣告策略
這個策略與「使用前／使用後」是近親，但是以產品名稱、商標或品牌標語（依適用度選取放置）取代

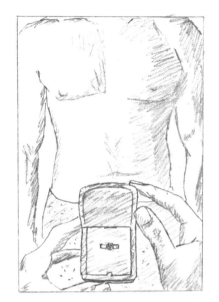

NATAN
JEWELRY
The power of carats

克拉的力量

廣告策略：使用前／使用後（沒使用產品和有使用產品的差異）。
———
客戶：Natan 珠寶（Natan Jewelry）
廣告商：上奇（F／Nazca Saatchi & Saatchi），巴西
創作者：Eduardo Lima、Luciano Lincoln、Fabio Fernandes

「使用後」的圖示，而這也意味著，即便不秀出「使用後」，消費者也能自行想像產品的使用效果。

「使用後」廣告策略

這個策略並不複雜，就是展現產品效益，讓消費者一睹「**使用產品後**的效果」。很多廣告概念都是以此策略為主軸，只是在廣告表現上有的明顯，有的隱斂（參見第 111 頁下圖）。

「為你獻策獻力」廣告策略

這類策略不是直接推銷產品，而是基於「我們能幫助你」的出發點表達產品或服務的效益。你可以用這個策略發想出許多概念來，像有個學生在發想美國梅西百貨（Macy's）年度特賣會的系列廣告時，就提供了搶排隊頭香的小祕訣，藉此廣告串起來。另外有個廣告習作，以 U-Haul 搬家小貨車租賃公司為客戶。有組學生考量到「Haul」這個字前面配上「U」，聽起來就像是「you haul」（你來拖），有些做苦工的味道；當他們後來搜尋到人力搬運公司的資訊（也就是 U-Haul 的競爭對手），而這些搬家專家既能幫消費者安全搬家、節省時間，又懂得充分利用小貨車的空間，還會護全易碎物品，連搬鋼琴都技巧十足。這讓他們想到了完美的品牌標語「We'll Help U-Haul」（我們來幫你拖），順利發展出絕佳的系列廣告。

「為你獻策獻力」廣告策略會在消費者心中創造出正面形象，你可以看到上面兩個例子都把原本不利消費的負向因素轉變成了正向訴求；排隊不會排那麼久，而自行搬家也不再那麼艱難。

「幫你長知識」廣告策略

「幫你長知識」和「為你獻策獻力」是類近的廣告策略，廠商透過此類廣告可以展現三方面的知識；其一是對自家產品的了解，其二是對產品相關題目的了解，其三則是產品市場，這裡面也包括對消費族群的了解。舉例來說，釀酒莊園就可以展現釀葡萄酒的學問，以及他們獨到的用心和技藝，或者細說葡萄酒的飲食文化。當廣告傳達知識的時候，其中也隱含「這

右 廣告策略：使用前／使用後。表現手法：視覺明喻

客戶：Lever Bros／舒適柔衣精（Comfort fabric softener）
廣告商：奧美（Ogilvy & Mather），倫敦
創作者：Nick Parton、John Bayley

下 這是使用前（沒有秀出產品）廣告策略的一例，「使用後」的部分則是產品名稱，最後才加上產品照。品牌標語：別讓你的靈魂之窗洩漏秘密。

客戶：EJ 太陽眼鏡（EJ's Sunglasses）
廣告商：Carmichael Lynch，明尼亞波利斯
創作者：James Clunie、Tom Camp

對頁上 這則廣告也只秀出使用產品前的圖示（沒有秀出使用產品後的改變）[1]。

客戶：維多麥（Weetabix）
廣告商：靈獅（Lowe Lintas），倫敦
創作者：Gavin McDonald、Ken Taylor

對頁下 這是使用後廣告策略的範例；這個策略也為大部分的廣告所用[2]。

客戶：Wonderbra
廣告商：TBWA／Hunt／Lascaris

DON'T ROUGH IT.
拒絕粗糙度日。

LIVE LIFE IN COMFORT.
盡情舒適生活。

我可沒有私藏毒品在車裡啊，波麗士大人。
特別是前座的置物箱，那裡甚麼都沒有。

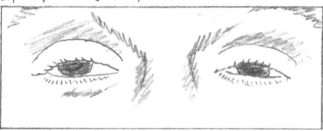

別讓你的靈魂之窗洩漏秘密。EJ 太陽眼鏡

---

1 譯註：廣告中的商標寫的是 Withoutabix，內蘊「沒吃維多麥」的意涵。圖像裡的鴿子（pigeon），在英文俚語有「傻蛋」的意思。
2 譯註：廣告中雙腳著色較深處，描繪的是曬黑的膚色

沒多麥

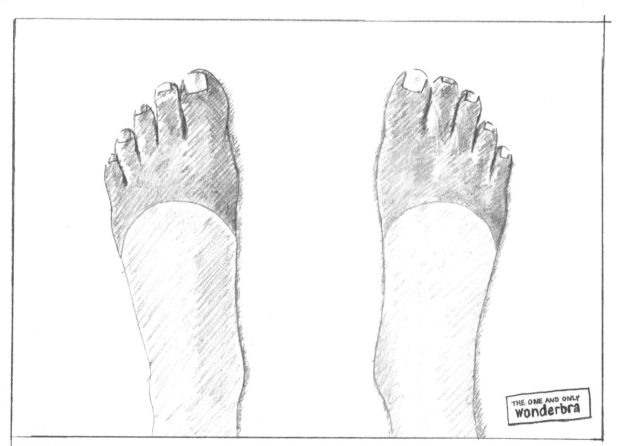

絕無僅有 Wonderbra

您的車頂得住泰山壓頂嗎？

上 這則廣告（約 1987 年推出）採用了「一示見真章」型的廣告策略，曾在電視上播出，平面媒體上則可見到替代標題「Volvo頂得住泰山壓頂」（Volves stand up to heavy traffic）。

客戶：富豪汽車（Volvo）
廣告商：Scali、McCabe、Sloves
創作者：Earl Cavanah、Larry Cadman

對頁 〈經典一字馬〉（Epic Split，約 2013 年推出）標記了經典廣告策略「一示見真章」的再興。Volvo 卡車推出的系列廣告是如此讓人印象深刻，所以這則廣告連商標都省下了。

客戶：富豪卡車（Volvo Trucks）
廣告商：Forsman & Bodenfors，哥德堡
創作者：Sophia Lindholm、Anders Eklind、Martin Ringqvist、Bjorn Engstrom

This test was set up to demonstrate the stability
and precision of Volvo Dynamic Steering

進行這個測試的目的，是為了展現 Volvo 智慧型動態轉向系統的穩定和精準。

是**優質**產品或服務」的訊息。

從「幫你長知識」廣告策略衍生而出的系列廣告概念不一定要直書產品，舉例來說，床墊公司的系列廣告不一定要圍繞著床墊的知識打轉，或者另闢蹊徑傳達與**夢**相關的知識也能奏效；透過與產品相關的主題，你依然能表現出客戶對自己的產品瞭若指掌，只要再加上一句品牌標語，「我們深知睡眠之道」，就可以畫龍點睛地托出弦外之音（這句品標是瓦特福西赫學院〔Watford West Herts College〕的學生理察・唐納文〔Richard Donovan〕和約翰・李黎〔John Leaney〕的團隊作品）。

至於有關產品市場的知識，以製造曲棍球棒的廠商為例，其系列廣告可以敘說曲棍球這項運動、曲棍球手或是球隊，這些都是市場知識。

■「感同身受」廣告策略
這類廣告策略可以展現出廠商的同理心，對目標受眾傳達了「我們了解並在乎你，同時也了解並在乎你的使用經驗」；這也代表此類廣告在提及產品之前，必先提及消費者，而不是廠商。「感同身受」廣告策略可以衍生出許多廣告概念，但要注意廣告語調必須真誠，不能讓受眾覺得你管太多，不然反而會收到反效果。如果你創作的是電視廣告，記得盡量避免陳腔濫調的標準旁白，像是「我們知道身為女人的況味，所以我們研發了⋯⋯」；其實你可以更含蓄，就像嬌生系列廣告所使用的品牌標語「懷孕生子改變了一切」，一下就表現出對受眾的理解。

■「一示見真章」廣告策略
目前我幾次使用「展現」這個字，都帶有**表現**的意味；而「一示見真章」這個廣告策略則直接聚焦於「展示」產品的效益，是一種真槍實彈的「展演」。用一種新穎且高明的方法，展示產品的效益，最是引人入勝，其溝通的力道也最直接（注意：不要把「一示見真章」型的廣告和那些俗氣的資訊式廣告〔infomercials〕搞混了，後者不是給你看一大堆產品特寫，就是把產品放上展示台，而且賣的都是說不出所以然或派不上用場的發明）。「一示見真章」型的廣告不乏知名範例，其中像美國旅行者（American Tourister）的〈黑猩猩〉（Gorilla，參見第 175 頁）、亨氏番茄醬（Heinz Ketchup）的〈一個理由〉（One Reason，參見第 155 頁），還有 Volvo 的〈泰山壓頂〉（Heavy Traffic，參見第 112 頁）；最後的這則廣告有個替代的標題（「Volvo 頂

得住泰山壓頂」），另外還有個電視廣告的版本（參見〈在電視上一示見真章〉，第 174 頁）。

■「證言背書」廣告策略
使用證言為產品背書的策略思維可以在研擬廣告策略時萌生，也可以於廣告概念發想（概念化）階段再行引介。這個廣告策略可以延請沒沒無聞的路人或家喻戶曉的人物，分享他們正面的使用者經驗，所以這是個導向消費者和產品的策略（跟直接表現產品效能的「一示見真章」型廣告不一樣）。從使用者證言所衍生出的廣告可以極為高明（如湯尼・凱（Tony Kaye）導演的〈龍捲風〉〔Twister〕，這則廣告以勇敢的暴風研究員為主角，拍攝他開著 Volvo 進入暴風圈內的工作現場★），但也有讓人覺得可笑的（大部分的女性衛生用品廣告都是如此）。若是使用名人為產品背書，該人選和產品之間的關聯要有邏輯可言，方能博得觀眾信賴；除此之外，該人選和品牌、產品效益、廣告策略和概念之間也必須要能投合，不然的話就有「揩油」的嫌疑（揩油是負面的借利〔borrowed interest〕，濫用該人物的名氣和人氣，販賣與他形象不相干的產品，參見〈借利法〉，第 131 頁）。

★這則廣告有部分兼用「一示見真章」廣告策略。

■「一脈薪傳」廣告策略
這類廣告策略也十分有效，因為每間公司的歷史和背景都不一樣，都有自己獨一無二的故事；不過即使廠商的故事獨一無二，記得還是要傳達獨家賣點。傑克丹尼爾（Jack Daniel）威士忌是善用此種廣告策略的好手，他們的廣告結合了一脈薪傳、幫你長知識、讓員工現身說法等多種路線（而且隨每則廣告表現的不同而變化）；對頁的系列廣告概念是「我們在傑克丹尼爾威士忌裡投注了許多心血，所以它芳醇依舊，好喝至今」，你可以從中窺見一脈薪傳的意味。

■「企業主／員工現身說法」廣告策略
讓企業主現身廣告，有時候能收宏效，有時卻會吃鱉：這樣做的優勢在於企業主是產品的靈魂，親自現身為產品背書，能展現負責和誠信；反過來說，這種手法的缺點則是容易流於俗套，難以展現新意。事實上，有一則廣告界流傳甚久的笑話是這樣說的：「⋯⋯除非真的別無他法，不然別把客戶的尊容放到廣告上。」話說回來，如果你有堅實、清晰的廣告策略和概念做後盾，那又另當別論了（廣告商 Scali、McCabe、Sloves 創作了一個知名範例，他們為 Perdue 農場打造了「唯有硬漢能養出嫩雞」的系

A JACK DANIEL'S RICKER KNOWS the difference between whiskeywood and firewood.

For the charcoal that mellows our Tennessee Whiskey, we'll only burn hard maple taken from high ground. Anything else is too soft and would just go to ash. (Jack Bateman here is weeding out a stack of creek maple.) A new man in our rickyard must learn many skills before we bring him on. But first is knowing what wood makes the whiskey. And what wood makes the fire you sip the whiskey by.

JACK DANIEL'S TENNESSEE WHISKEY

我們用來過濾田納西威士忌的木炭，都是經過高溫淬鍊的高地楓木，其他的木種都太軟了，只會化成灰燼（圖片裡是傑克・貝特曼推著從木堆裡揀的一車糖楓）。來到我們威士忌陳酒廠工作的新血，必須習得諸多技藝，才能正式上場，而他們首先要知道哪種木頭是用來陳酒，哪種是品嚐威士忌時燒來暖屋的。

傑克丹尼爾的倉管懂得威士忌木和薪柴的不同。

對頁上 這個廣告採用了轉負為正的廣告策略。「領養米克斯」很直白，但不是所有人都會買單；「集所有犬種精華於一身」則抬高了米克斯的身價，增加了說服力。
—
客戶：麻薩諸塞州防止虐待動物協會（Massachusetts Society for the Prevention of Cruelty to Animals），www.mspca.org
廣告商：Humphrey Browning MacDougall，波士頓
創作者：Katina Mills

隨著同類產品的差異越見細微，相互比較的廣告策略也越來越少，這則廣告其實是該系列中唯一和對手正面交鋒的[3]。話說回來，只要你能說出產品更勝一籌之處（同時創作出好廣告來），那就但說無妨。
—
客戶：特易購（Tesco）
廣告商：Lowe & Partners，倫敦
創作者：Jason Cartmell、Jason Lawes

3譯註：偉特羅斯超市（Waitrose）是英國的高級連鎖超市，而亞斯達（Asda）則是平價超市。

翠玉蘋果。
我們賣的和對手賣場有何不同？
其實所差無幾。
我們的翠玉蘋果品質就跟偉特羅斯超市一樣。
而價錢則跟亞斯達超市一樣。

列廣告，就讓該農場惹人喜愛的主人法蘭克・裴度〔Frank Perdue〕領銜主演）。如果你能找到一種創新的方式，讓企業員工躍上廣告版面，那也不失為一種有效的策略，因為企業員工會讓產品看起來更貨真價實、更有人性。

■「產品定位」廣告策略

這或許是最為廣泛運用、最基礎的廣告策略類型了，其訣竅就在於為剛剛面世或行之有年的產品找到一個不同於競爭對手的市場位置，像哈根達斯（Häagen-Dazs，這個名字經過廣告人巧手臆造，聽起來撩人感官）就把自己定位成大人味的冰淇淋，而那時其他的競爭對手大多以兒童為受眾。「產品定位」也可以稱之為「品牌定位」，那是產品意圖在目標受眾心中「佔有」的位置。這個策略是如此基本，你甚至可以說，不論是否採用其他的廣告策略，所有的好廣告都應該顧好這個基本盤。

■「產品再定位」廣告策略

如果產品有體質良好的廣告為它宣傳，卻依然入不敷出，那可能是該重新尋找市場定位的時候了；它必須轉變原本的定位，以因應市場突然的變化或長期的過渡。舉例來說，高檔旅行社可以安排時間較長的週末套裝行程，藉此回應爆肝上班族的需求（幫他們把週休時間運用到極致，同時不會延誤週間的工作）。

Granny Smiths.
What's the difference between ours and our competitors'?
Not much really.
They're the same quality as Waitrose.
And the same price as Asda.

TESCO | Every Little helps

特易購，省一元也是省

「嘿，目前還沒有人向這群受眾賣過這類產品」。定位策略要成功，必須要講究可能性、邏輯性和銷售可行度。舉例來說，雖然我們知道有些藝術家會使用棉花棒作畫，但這不代表某牌的棉花棒應該把所有的廣告經費都砸在這小眾市場上；相反地，轉向尋求提升大眾市場棉花棒使用率的方式，讓棉花棒持續發揮原來的功用，像是照護個人衛生，對棉花棒公司來說，才是上上之策。話說回來，你也可以思量將 Nike 賣給老人穿的可能性。為什麼不？銀髮族的市場越來越大，他們對新潮、鋪上氣墊、保護關節的運動鞋有興趣，是可以想見的。只不過我還是要說，你要小心，像這種大膽的產品再定位也可能傷害到品牌形象，比如 Volvo 曾經一改實用、安全的家庭轎車定位，轉走性感、奢華的路線，結果就吃了大虧。

■「同台競爭／相互比較」廣告策略

所有的廠商都會拿自己和競爭對手比較，差別只在比較幅度的大小。你在創作廣告的時候，也應當留意所有同類競爭產品的差異（不論好或壞）。

運用這類廣告策略一定會指涉到產品間的差異，而且不只是在廣告陳述中，還會形諸廣告表現，差別只在於含蓄或露骨。後者可見於同一市場內兩大龍頭品牌的角力，不乏許多廣為人知的範例，像是百事可樂和可口可樂、赫茲租車和安維斯租車、百威啤酒和米勒啤酒、聯邦快遞（FedEx）和優比速（UPS）和 DHL，都曾爭鋒相對。在這場競賽中，找到一種競爭對手不能宣稱（或是來不及宣稱）的說法，是致勝關鍵。跟英國或其他國家比起來，這類廣告策略在美國特別受到青睞；不過現在廣告中的宣稱，不論是有關產品本身還是有關競爭對手，都容易引起訴訟，進而產生了箝制效應，所以針鋒相對的廣告出現頻率已降低。蘋果曾推出一系列同台競爭型廣告，名為〈我是 Mac。而我是 PC〉，挑戰的對象不只是競品品牌，更是整個個人電腦的既有市場，大概是廣告歷史上最有勇氣和幽默感的箇中傑作了（參見 130 頁的〈產品和主張擬人化〉，以及 154 頁的〈同台競爭型廣告 vs 負面廣告〉）。

■「激將法」廣告策略

這類廣告策略向受眾提出「你到底行不行？」這個問題，藉此達到激將目的。有時候，廣告要刺激的不是**買氣**，而是購物之外的某種**行動**；這時候廣告策略就可以採用激將法，挑戰消費者，拿「產品」來考驗他。典型的激將廣告最常見於招兵買馬的宣傳（比如徵兵、徵警察或打火兄弟的廣告），但卻不須囿限於這些搏命的工作領域；你大可用此策略來激將年輕

人，讓他們加入長照行列，和看起來不太靈光，實際上卻是高手的老奶奶玩實果。1983 年，脆燕麥麩片（Shredded Wheat）曾挑戰消費者，在廣告裡說「包準你吃不了三片」，很高明地刺激了買氣，而且因為產品很健康，真的吃三片應該也沒事，所以大概也沒有碰上消費訴訟。激將法廣告策略之所以特別有效，是因為它能刺激消費者思考，讓他們和產品產生連結。

■「轉負為正」廣告策略

這個廣告策略透過高明的論點，加上一點巧思，把消費者對某個產品／品牌／市場抱持的負面觀感轉變成正面的，將其無感轉變成有感。下面列舉的系列廣告都是以此策略為跳板而大放異彩的範例：

福斯汽車出名的〈小處著眼〉（第 33 頁）就把美國消費者越大越好的觀念給顛倒過來，他們列舉了許多開小車的好理由，像是養車的花費數字較小，看到較小的停車位也可以鑽進去。

福斯汽車 Polo 系列還將小車不安全的壞名聲轉為優勢；他們展現出動物遇到危險時的自我保護行為就是將自己縮小，藉此類比人類進入「小車」也可以自我保護。一旦奠定了「小」和「安全」的連結，福斯汽車後續推出的廣告，便以品牌標語「小而堅」呼應之前的廣告概念；當然，這個主張也有 Polo 優越的安全功能來應證。

1960 年代，赫茲租車是該產業的龍頭老大，而安維斯屈居第二；後者運用極為高明的廣告策略，直接點破自己是老二，同時附上「我們更用心」的承諾，硬是將屈居第二的劣勢轉為優勢。赫茲依然是規模最大的租車界龍頭，佔有業界第一的頭銜，但是以邏輯演繹來看，安維斯的廣告溝通出讓消費者滿足的誠意（還有躍升第一的積極態度），這讓他們佔有一項非常重要的效益，那就是優越的服務（參見對頁〈「同台競爭／相互比較」廣告策略〉）。

美樂啤酒力特系列（英文原名 Miller Lite，意思是「美樂輕啤酒」，對當時男性意識強烈的受眾來說，聽起來就是不夠味，甚至還因為限糖低熱量的訴求，讓人聯想到小女生才喝的飲品）將其名稱的意涵闡釋為「不會讓你脹胃」，聰明地化解了上述的潛在劣勢，將之轉成優點，為美樂賺進更多鈔票。

義大利食品公司 Buitoni 也把一項看似負面的產品特徵轉為賣點（他們賣的義大利麵顏色比較混濁，不像競爭品牌無雜質的奶油色那般吸引人）。他們言明自己的義大利麵沒有加漂白的麵粉，但也因此更香、更美味，其品牌標語就畫龍點睛道出這點：正是因為醜（吃起來才可口）。（參見〈電視廣告〉一章）。

廣告傳奇約翰·瑋柏斯特（John Webster）替免搗即食薯泥（Smash）做了知名的系列廣告，更是將慣性的常態貶為缺點，以此抬高產品身價；他在廣告裡安排了假想的火星人，讓他們取笑人類製作馬鈴薯泥的方式（將馬鈴薯從土裡挖出來，削皮後煮熟，接著才搗成泥），把原來沒有好壞可言的料理方式貶得笨拙、落伍，像是旁門左道，接著再讓即食薯泥包出場，作為便利的解決方案。廣告尾巴更以簡潔又慧黠的品牌標語做總結，「想吃薯泥，就要免搗」（For mash, get Smash），很高明地將即食薯泥和傳統薯泥相比，同時凸顯優勢。

如果你無法決定要養牧羊犬、雪達犬或貴賓犬，不妨全包。
If you can't decide between a Shepherd, a Setter or a Poodle, get them all.

Get the best of everything. Adopt a mutt.
領養集所有犬種精華於一身的米克斯吧。

NEW!

$25

DO-IT-YOURSELF!
BRACES KIT

DIY 牙套

配戴助聽器沒有聽力矯正師協助
就像戴牙套沒有牙齒矯正師協助一樣
A hearing aid without an audiologist is like braces without an orthodontist.

Hearing aids are pieces of medical equipment, but when you go to a hearing aid dealer they are only selling you a product.

Since no two hearing losses are the same, hearing aids need to be prescribed and fitted to work properly.

At Oviatt, our priority is to diagnose and treat your specific hearing loss.

If you or a loved one is suffering from hearing loss, come see one of our professionally trained and licenced audiologists for the hearing aid that's best for you.

Like other medical treatments, hearing shouldn't be do-it-yourself.

Oviatt
Where you're a patient, not a customer.

下 這個廣告的策略隱含了「既然你不會做這件事，那為何做這件」的邏輯（這一系列的廣告還揉合了幽默感，勸阻人們不要用賣場優惠券，或隨便找間大街上的商店，就擅自購買品質低劣、未經聽力矯正師指配的助聽器）。

廣告標題：自行配戴助聽器而沒有聽力矯正師協助，就像自己戴牙套沒有牙齒矯正師協助一樣。

———
客戶：Oviatt 聽力暨平衡診所（Oviatt Hearing & Balance）
學生：Alison Venne、Erin Kritzer、Christian Jackson、Matt Silvester

這個廣告採用的策略是價位行銷。Stella Artois 啤酒將價格昂貴變成優勢，福斯汽車 Polo 系列則在「價格便宜」和「品質」之間劃上等號，讓廣告表現聚焦在引人注目的巴士廣告上（畫面其他部分皆因鏡頭失焦而模糊），搭配品牌標語「出乎意料地平價」。

客戶：福斯汽車
（Volkswagen）
廣告商：BMP DDB，倫敦
創作者：Neil Dawson、Clive Pickering

出乎意料地平價

■「邏輯服人」廣告策略
這個廣告策略的邏輯是，「既然你不會做那件事，那為何做這件？」這個策略其實可以當作現成的廣告概念，同時也有許多表現方式，比如 Oviatt 聽力暨平衡診所使用了 DIY 牙套作為廣告圖像（第 117 頁下圖），廣告標題則是寫，「自行配戴助聽器而沒有聽力矯正師協助，就像自己戴牙套沒有牙齒矯正師協助一樣。」（參見〈嘿，矬蛋〉一節，第 103 頁）

產品：Stella Artois 啤酒

行銷上要解決的問題：Stella 啤酒比多數市面上流通的拉格啤酒都貴。

獨家賣點：Stella 啤酒是如此讓人垂涎、滿意，貴一些也值得。

廣告概念／表現：用貴重的物品來開瓶，弄壞了也在所不惜。

品牌標語：就算代價高昂，也甘之如飴。

產品：福斯汽車 Polo 系列

行銷上要解決的問題：Polo 比大部分的小車都平價（設計卻依然高級），可能會造成不利銷售的負面觀感，尤其福斯汽車已建立高級品牌的形象。

獨家賣點：福斯汽車 Polo 系列是市面上最物超所值的小車。

廣告概念／表現：Polo 讓人買得輕鬆，許多人都為之驚喜。

品牌標語：出乎意料地平價。

■「價位行銷」廣告策略（高價／低價皆可）
上面列舉的兩個例子皆把本來平凡無奇的廣告主張（一者是貴得值得，一者是物超所值），變成了綻放異彩的廣告策略／獨家賣點（參見第 100 頁的〈蘭美達機車〉、〈椅子〉、〈吉他〉三則廣告）。

■「誠實以對」廣告策略
「誠實以對」或可視廣告概念的類型，甚至是貫穿廣告策略、概念、表現、調性的主幹。這裡說的「誠實」是指說出產品的真實，能向消費者自我袒露，對產品以外的事物則不予置喙。如果發揮得好，「誠實以對」可以令人耳目一新，卸下心防，給人有擔當的好感，若能揉合幽默感，則更是叫人會心──這樣一來，即使是疑心病最重的消費者，也會青睞。要將這個策略付諸實現，廠商要有勇氣，像是對頁這些自我嘲諷毫不避諱的商家，他們都在賣一種「不是滋味」的滋味；但請看仔細，他們沒有說，「我們的產品很糟，請買便是」，這些廣告都提出了一個買單的**理由**，不是正面的效益，就是折衷之道。（即使是個醜聞纏身屢見不鮮的企業，只要他們願意登出全版廣告，以「我們搞砸了」為廣告標題昭告天下，還是能贏得某種程度的尊敬）。

對頁的 TCP 抗菌液自詡「藥味濃烈，一如往昔」，背後是有邏輯支持的；我們消費者從小就被灌輸良藥苦口的觀念（而且越苦越有效），所以「藥味濃烈」也代表有效。

戈珀啤酒（Goebel Beer）的概念邏輯和產品效益都清楚寫在它的廣告標題中，「新的戈珀啤酒有許多優點，其中之一是嚐起來跟舊的一點也不像」。這句標語想要告訴消費者甚麼訊息呢？無非是新一代的戈珀啤酒滋味更佳。

TASTES AS FOUL TODAY AS IT ALWAYS HAS.

藥味濃烈，一如往昔

FOR SORE THROATS DILUTE, WINCE and GARGLE.

舒緩喉嚨痛，稀釋後使用，苦口免著驚，仰頭漱喉嚨

One of the best things about new Goebel Beer is that it doesn't taste anything like old Goebel Beer

新的戈珀啤酒有許多優點
其中之一是嚐起來跟舊的一點也不像

Alka-Seltzer On The Rocks

我可舒適發泡水加冰塊

M EN WANTED for Hazardous Journey. Small wages, bitter cold, long months of complete darkness, constant danger, safe return doubtful. Honor and recognition in case of success – Ernest Shackleton.

我們要找一同上旅途的夥伴。薪水不多，同路上嚴寒徹骨，危險不斷，甚至長達數月都置身在不見天日的黑暗中。沒人保證你回得來。不過，一朝功成，榮耀和表彰即屬於你。薛克頓爵士筆。

上 這則廣告對消費者自我袒裎，用過這家抗菌液漱口的英國人，看了它都會會心一笑；他們也知道這家抗菌液雖然難以入口，卻真的有效。

客戶：輝瑞製藥（Pfizer）
產品：TCP 抗菌液
廣告商：M&C Saatchi，倫敦
創作者：Malcolm Poynton、Paul Hodgkinson

左中 更多的自我袒裎。廠商要是不夠勇敢，不可能吐露產品的缺點，更遑論公開承認了。

客戶：佩布斯特釀酒廠（Pabst Brewing Company）
產品：戈珀啤酒
廣告商：Carl Ally
創作者：Ed McCabe

右中 這則廣告彷彿在說，「讓我們開誠布公吧，我們的產品是給宿醉者喝的。」對於不喜歡發泡水味道的人，廣告還說明了折衷方法，教你製作「嚐起來不像我可舒適發泡水」的方法，除去了消費者的顧慮。

客戶：Miles Laboratories
產品：我可舒適發泡錠
廣告商：Jack Tinker & Partners
創作者：Mary Wells、George D'Amato

下 這則廣告結合了「誠實以對」和「激將法」兩種廣告策略，是探險家自己寫於 1900 年的手筆，沒有一句廢話，成功吸引了數以千計深具意願（同時也足以堪任）的應徵者。

客戶：薛克頓爵士（Sir Ernest Shackleton）
創作者：薛克頓爵士

第六十五屆藝術總監年鑑

我可舒適發泡錠（Alka-Seltzer）的廣告則是為產品的藥味提出了折衷方案，廣告文案裡，可以看到讓我可舒適發泡水「嚐起來不像我可舒適發泡水」的使用說明。這個廣告概念能奏效還有一個理由，那就是它用了逆向思考的手法，在廣告裡埋了一個反轉的梗：廣告圖像第一眼看起來像是酒精類飲料（宿醉的原兇），仔細閱讀文案，這才發現原來正好相反（其實是解酒劑）。

第 119 頁的最後一則廣告是探險家薛克頓爵士（Sir Ernest Shackleton）寫於 1900 年的手筆，或許可說是截至當時最成功的募人宣傳；區區二十八個職位，竟吸引了五千份有效的履歷。當時這則廣告在倫敦的報紙上登載，成功結合了兩種廣告策略，即「誠實以對」和「激將法」。

上圖的範例出自一本書的封面（該書面市時，所有的廣告人都西裝筆挺），以自我嘲諷的誠實將廣告界刻劃得入木三分；自此而後，這個手法多次重現，見於各種競賽的「募集作品」廣告。還有，Dos Equis 啤酒的系列廣告，〈世界上最有趣的男人〉（*The Most Interesting Man in the World*），在施展個性獨具的「軟

式推銷」時，也誠實得讓人耳目一新；尤其當廣告主角承認「我不常喝啤酒，但是如果要喝，我偏好 Dos Equis」時，他甚至沒有說這是他**唯一**會喝的啤酒。

■「品牌行動」廣告策略
品牌行動是廠商親自執行的活動，具有展現品牌承諾或產品效益之功。雖然廣告的**字面**能向消費者傳達品牌訊息，但**行動**傳達的訊息卻更具穿透力；雖然文字和行動都能激發受眾的反應，但行動還能賦予品牌訊息可信度。

舉例來說，REI 這間美國知名的戶外用品廠商就將自己宣揚的理念付諸實踐，在黑色星期五（當天是美國購物季的開始，許多年度大促銷都在當天舉行）公休，讓他們的員工（和客戶）能在國定假日親近大自然。這一系列的廣告透過社群媒體放送，產生了漣漪效應，「＃選擇戶外」被廣泛轉貼，

這也應證了路克·蘇立文所說的，「起而行遠勝坐而言。」值得注意的是，文字鏗鏘的說明輔助了品牌行動（不論是廣告標題、品牌標語或上面看到的主題標籤都有這樣的功效），可說是常見的組合。我們在第 24 頁討論過「不要用說的，秀出來」（即以圖畫取代文字）這個重要的平面廣告創作心法；將此心法應用於品牌行銷，展現出來的便是品牌行動。

⋯⋯⋯⋯⋯⋯⋯⋯⋯⋯⋯⋯⋯⋯⋯⋯⋯⋯⋯⋯

Exercise：發想一個獨特的「品牌行動」，一個廠商真的可以採取（也應該採取）的行動。這個行動必須要表達品牌承諾或產品效益。另外，請你想個廣告結語，解釋和推銷行動背後的理念。

⋯⋯⋯⋯⋯⋯⋯⋯⋯⋯⋯⋯⋯⋯⋯⋯⋯⋯⋯⋯

廣告概念的類型
找到一種別出心裁的銷售方式需要相當的平行思考，還有大量的原創思維。當銷售策略擬定清楚時，系列廣告
★概念的發想應該就會順利許多，而你接下來的工作就是從中選出最精華者，或是說能孕育出最佳廣告者。

如果你在「概念發想」（有時候也稱為「概念化」）階段卡關，下面列出了常見的廣告概念類型，經過前人嘗試和市場考驗，或可激發你的靈感，幫助你發想出創意絕佳、無可更動的廣告概念，將之凝鍊成一句話或品牌標語，發展成前所未見的廣告表現（當然，這些都需要你的創意）。或者你會先發想出最終的系列廣告概念，而後才取一、兩個廣告概念類型，加以

蕾萃融合。不論你的靈感從何而來,也不論你的創作進程順序為何,重點是創造出出類拔萃的廣告;如果你想要,永遠可以回過頭來分析自己的創作過程。

有時候,你最初發想出來那些未經雕琢的簡單概念,也有其價值。我希望這一節能幫助你發想出那些混沌未鑿像璞玉的創意,不論那些創意是以靈光乍現的方式降臨,或是經過漫長、痛苦的孵化才誕生。

請注意,系列廣告無須拘泥於單一概念類型,有時它可以兼容並蓄兩種或兩種以上手法(像廣告商 Lowe Brindfors 幫任天堂掌上遊戲機 Game Boy 所做的廣告〈監獄〉〔Prison〕就合併了「產品是神」和「誇張法」兩種廣告概念類型)。以此類推,下列的概念類型皆可為發想系列廣告概念所用,成為其中的一部分;當然,前提是你運用的概念類型必須對廣告效果

有所建樹,而且沒有混淆溝通的訊息。反過來看,這些類型其實本身就是概括性的系列廣告概念,當然也可以直接應用於廣告之中,而無須再添其他;但如果直接應用於廣告,廣告表現就必須展現無庸置疑的原創性。因為下面列表中的廣告概念類型都是概括歸納出來的,不是甚麼標準答案,所以你也可以發揮自己的觀察力,去發掘列表之外的廣告概念。

★或者是單一廣告概念。

▊類比和視覺隱喻
類比和視覺隱喻兩者都以一事來代表另一事:前者將兩樁事物相似之處相互比較,藉此曉以事理,例如人的心臟和泵浦;而後者則是借此喻彼,用以譬喻的事物必是另有所指,不能照字面解釋,例如「我的老闆是一條蛇」、「在他生命的薄暮」等等。運用於廣告

一則簡明廣告,兩種概念類型;其一為「產品是神」,其二是「誇張」。
——
客戶:任天堂
(Nintendo)
產品:Game Boy 掌上型遊戲機。
廣告商:Lowe Brindfors,斯德哥爾摩
創作者:Johan Holmström、Richard Villard

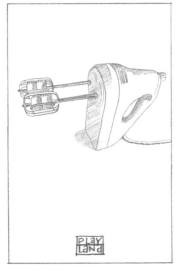
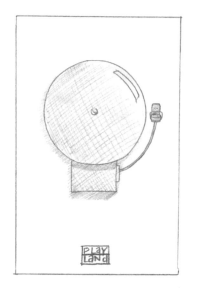

無法駕馭的力量，形同空有

如果你要開車，那就痛快地開

對頁上 使用簡單的類比，來表達乘坐主題樂園各項遊樂設施的感覺。

客戶：Playland 兒童樂園
廣告商：Rethink，溫哥華
創作者：Ian Grais、Natee Likit、Jono Holmes

對頁下 視覺隱喻：田徑巨星劉易斯象徵汽車的力量和速度。類比：穿高跟鞋跑步比之輪胎的精準和抓地力。品牌標語：無法駕馭的力量，形同空有。

客戶：倍耐力輪胎（Pirelli）
廣告商：揚雅（Young & Rubicam），倫敦
創作者：Graeme Norways、Ewan Patterson

本頁上 視覺隱喻：烏龜象徵慢吞吞。

客戶：Nike
廣告商：麥肯（McCann Erickson），智利
創意總監：Guido Puch、Rene Moraga

本頁下 視覺隱喻：「人體相機」代表充滿臨場感的直擊報導。類比：身歷其境，攝影機彷若不存。

客戶：第一新聞台（News Channel 1）
廣告商：靈智旗艦（Euro RSCG Flagship），泰國
創作者：Nucharat Nuntananonchai、Passapol Limpisirisan、Taya Sutthinun、Wiboon Leepakpreeda

圖像時，類比和視覺隱喻都以視覺元素來進行**象徵**，例如以紅色象徵憤怒，狗象徵忠心，獵豹象徵速度，大象則象徵溫和而強大（最後這個象徵曾運用在舒緩頭／胃不適的止痛藥廣告上）。另外，我們在第 35 頁也闡明過，象徵可以平行延伸，產生出乎意料的變化。

Playland 兒童樂園廣告使用簡單的類比，來表達乘坐各項遊樂設施的感覺（參見第 122 頁上方三圖），你可以看到〈彈弓〉（Catapult）、〈食物攪拌器〉（Food mixer）、〈火警鈴〉（Fire bell）上面都畫了小座椅。

倍耐力輪胎（Pirelli）推出的廣告〈卡爾·劉易斯〉（Carl Lewis）則可說是同時使用了類比和視覺隱喻（參見第 122 頁下圖）；劉易斯暗喻汽車，象徵力量和速度，在溼地穿著高跟鞋跑步，則代表對精準的控制力和抓地力的需求，類比倍耐力輪胎。你也可以看到其廣告標語以文字概括了圖像中的概念，「無法駕馭的力量，形同空有」。

▌視覺明喻

視覺明喻巧用**視覺的相似性**，以物擬物，而所擬之物，通常都跟廣告主張或產品本身相關。這個技巧常見於廣告，其中平面廣告尤甚★。視覺明喻的「相似度」常是精心剪裁或是特殊取角的結果，藉此創造出相似的型體和外貌。

使用視覺明喻的廣告通常都很簡潔，甚少使用一個以上的主視覺／物體，其成功關鍵在於單一物體要同時看起來像兩個，呈現出新穎的視覺效果，具有清楚的「雙重意涵」（它不能再**有點像**其他東西），但又不能太過雕琢（不然整幅廣告會看起來太矯揉）。反過來說，視覺明喻也必須展現深思熟慮的心裁；比方說，未經煮熟的義大利麵可以曲折成任何字母、數字和形狀，拿它來模擬廣告的產品或主張便太過浮泛，作為一種有趣的字型或許可以，當成視覺明喻就行不通。如果你拿一整把義大利麵來做視覺明喻，那就比較特別和富有挑戰性，成功的話，就可能成就一則高明、原創的廣告。

因為視覺明喻通常仰賴福至心靈的觀察，要將一則廣告表現擴展成系列廣告並不簡單；因此，使用視覺明喻的廣告通常都是單一廣告，而非系列。

★參見〈電視廣告〉一章。

上 視覺明喻：看似滑雪者骨折的腳，其實是玩遊戲所傷到的大拇指。

客戶：Sony PlayStation 電視遊樂器／高山雪地極限運動賽 III（Alpine Racer III）
廣告商：李岱艾（TBWA），巴黎
創作者：Vincent Lobelle、Jorge Carreno、Stephen Cafiero

中 視覺明喻：用撕下的活頁紙模擬樹木（紙下方為綠色）。

客戶：綠色和平（Greenpeace）
廣告商：智威湯遜（JWT），馬卡蒂市（Makati City），馬尼拉
創作者：Dave Ferrer、Joey Ong

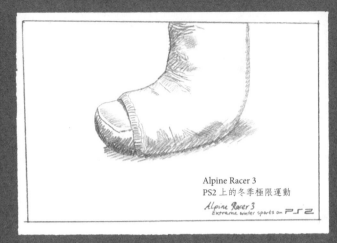

Alpine Racer 3
PS2 上的冬季極限運動

Alpine Racer 3
Extreme winter sports on PS2

回收紙張。拯救樹木

Recycle paper. Save trees GREENPEACE

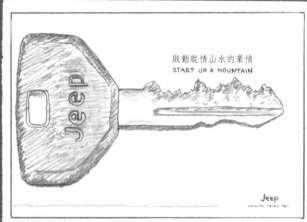

啟動縱情山水的豪情
START UP A MOUNTAIN

Jeep

下 視覺明喻：看起來像山的鑰匙。刪減主義者會覺得廣告標題可以省略（事實上，這則廣告另有一個版本，裡面真的省略了標題）。

客戶：吉普汽車（Jeep）
廣告商：Bozell Worldwide，南原市，密西根
創作者：Mike Stocker、Robin Chrumka

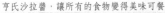
亨氏沙拉醬，讓所有的食物變得美味可餐

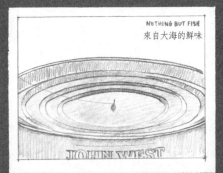

NOTHING BUT FISH
來自大海的鮮味

JOHN WEST

⁰/₀ FAT
⁰/₀ FREE

96 % 零脂肪

豬瘦肉只含 4 % 的脂肪
Lean pork is only 4% fat

VOLVO

上 視覺明喻：肚臍看起來像是網址中的點。

客戶：Vogue 雜誌
廣告商：M&C Saatchi，倫敦
創作者：Tiger Savage、Mark Goodwin

左中 視覺明喻：廚房水槽的排水孔看起來像餐盤（用攝影技術將廚餘感降到最低）。品牌標語：亨氏沙拉醬（Heinz Salad Cream），讓所有的食物變得美味可餐。

客戶：亨氏（Heinz）
廣告商：李奧貝納（Leo Burnett），倫敦

右中 視覺明喻：看起來像是泛著漣漪的魚罐頭蓋。品牌標語：來自大海的鮮味。

客戶：MW Brands 海鮮罐頭
產品：John West 魚罐頭
廣告商：李奧貝納（Leo Burnett），倫敦
創作者：Richard Conner、Julie Adams

左下 視覺明喻：看起來像數字的肋排。

客戶：英國豬肉執行委員會（British Pork Executive）
廣告商：DDB，倫敦
創作者：Mike Hannett、Dave Buchanan
攝影：Simon Page-Ritchie

右下 視覺明喻：汽車造型迴紋針。視覺隱喻：迴紋針象徵安全[4]。

客戶：富豪汽車（Volvo）
廣告商：揚雅（Young & Rubicam），東京
創作者：Minoru Kawase、Masakazu Sawa

4 譯註：迴紋針的英文是 safety pin，直譯為安全針。

上 視覺明喻：看起來像鯊魚的車。
視覺隱喻：鯊魚象徵速度和恐懼。

客戶：BMW
廣告商：SCPF，巴塞隆納

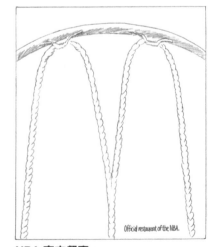

Filet-O-Fish. £1.39

Official restaurant of the NBA.

下 視覺明喻：看起來像魚的商標，
以及看起來像麥當勞拱弧的籃網。

客戶：麥當勞（McDonald's）
廣告商：李奧貝納（Leo Burnett）

麥香魚 1.39 英鎊　　　　　　NBA 官方餐廳。

Exercise：參考對頁麥當勞運用視覺明喻的兩個例子（〈魚〉〔Fish〕和〈網〉〔Net〕），然後用麥當勞知名的拱弧商標如法炮製創作十個視覺明喻；你可以往他家餐點或新菜色的方向發想，也可以朝贊助廠商廣告的方向發想，展現雙關性。

■ 闡釋法

這類型的廣告概念以闡釋法和受眾進行「視野交流」，跟視覺明喻只有些微不同；兩者一步之遙的差距在於闡釋法不講視覺上的相似度，而更需要觀者透過想像力，順著廣告的視角去了解兩件事物間的相近之處。闡釋法可以是客戶的視角，也可以是消費者的視角，或是兩者同時呈現（這種廣告所呈現出的意涵是「我們看世界的方式是一致的」）。此類廣告知名的例子有釷星汽車（Saturn）的電視廣告〈金屬殼〉（Sheet Metal），以及微軟的系列廣告〈我們看見了〉（We See）。

■ 二合一

這類型的廣告概念同時展現出產品的兩種效益／特點，藉此概括產品的所有好處，很適合用於表現雙重或多元主張（參見 146 頁的〈搞定多元主張〉、148 頁的〈搞定雙重主張〉）。

■ 廣告表現概念

廣告表現概念有兩種，第一種是系列廣告個別表現裡的子概念。這種廣告表現概念（在一個系列廣告中至少有三個）與系列廣告的母概念緊密相連。在經久不衰的系列廣告裡，你可以看見這類子概念因應不同時期的市場而不斷翻陳出新，但同時和母概念相連呼應（參見〈版面設計〉一章）。

第二種廣告表現概念見於環境廣告或一示見真章型廣告中，它們會額外使用一項廣告「表現」元素，超脫了傳統 2D 平面廣告的範疇；事實上若少了這項元素，這類廣告便無法成立。範例有第 183 頁愛牢達工業用黏著劑（Araldite）推出的海報廣告〈也可以把茶壺的把手黏回去〉（Also stick handles to teapots）、第 32 頁宜家家具的〈大吊牌〉（Big Tags）系列廣告，以及第 85 頁的〈刮一刮，聞一聞〉（Scratch n' sniff）。

■ 產品是神

這類型的廣告概念屢見推陳創新，綿延之勢看似

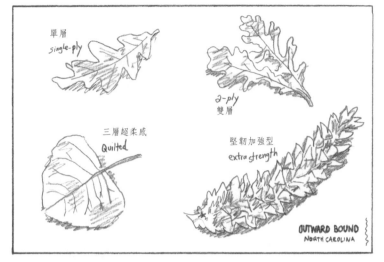

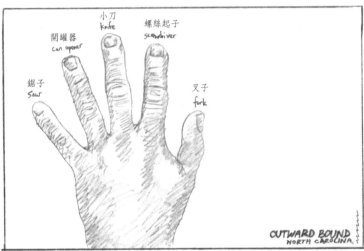

不絕，早期的範例有大衛・奧吉爾維的著名手筆〈穿著海瑟威襯衫的男人〉（The man in the Hathaway shirt），後繼則有 Castlemaine XXXX 啤酒的〈澳洲人就是要喝 XXXX 的啤酒〉（Australians wouldn't give a XXXX for anything else）、貝克啤酒（Beck's）的〈全是為了這啤酒〉（It's all about the beer）、福斯汽車 Beetle 系列的〈那裡有一輛黑／黃／藍的〉（There's a black／yellow／blue one）、Umbro 足球用品的〈只要足球〉（Only football）。

備註：「產品是神」跟「產品做主角」是兩種完全不同的概念，後者的廣告圖像以產品為主角，常用於手錶、汽車和香水等奢華精品的平面廣告，是比較保守和安全的手法。

上 闡釋法之一例。廣告標題：單層、雙層、三層超柔感、堅韌加強型。
—
客戶：外展教育中心（Outward Bound），北卡羅萊納
廣告商：Loeffler Ketchum Mountjoy（LKM），夏洛特
創作者：Doug Pederson、Curtis Smith、Mike Duckworth

下 闡釋法又一例。廣告標題：鋸子、開罐器、小刀、螺絲起子、叉子。

上 這個廣告採用二合一廣告概念，表達多元主張。

客戶：英國黃頁（Yellow Pages）
廣告商：AMV BBDO，倫敦
創作者：Graham Storey、Phil Cockrell

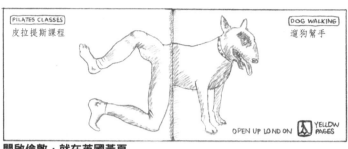

下 這個廣告採用二合一廣告概念，表達多元主張。廣告標題：打到蘇格蘭和日本的最低費率（畫稿中的人物很明顯擁有亞州人的眼睛，你可以想像他的鬍鬚和頭髮如西歐人般橘紅）。

客戶：西班牙電信（Telefonica）
廣告商：揚雅（Y&R），布宜諾斯艾利斯
創作者：Christian Giménez、Sebastián Moltedo

■ 借用潮流之力

潮流是大勢所趨，一種全民運動，一種時興的風向。洞悉潮流之所向，可以刺激出新奇有趣的系列廣告概念。舉例來說，有一學生團隊就借用了地球暖化的趨勢，發想出品牌標語「越來越熱了」，但他們不是幫綠色和平組織做廣告，他們推銷的產品是防曬乳。他們的廣告展現了地球暖化所帶來的變化，列舉戶外城市咖啡館越來越多等例子，然後順水推舟推廣在日常生活中使用防曬乳，一反以日光浴愛好者和渡假客為目標市場的慣性（參見〈真實主義：尋找真實〉一節，第 136 頁）。

■ 一往而深

這類型的廣告概念展現出對產品的著迷，有時是消費者的著迷，有時是客戶的著迷，兩者都相當常見。如果展現的是客戶的著迷，或可與「幫你長知識」、「一脈薪傳」和「企業主／員工現身說法」等廣告策略結合。另外，「一往而深」和「產品是神」也算是廣告概念的近親。

■ 誇張法

這類型的廣告概念使用誇張法，以凸顯出產品效益（參見〈誇張法〉，第 137 頁）；Castlemaine XXXX啤酒廣告就同時結合了「產品是神」和「誇張法」的廣告概念，其所傳達的產品效益為何呢？無非是這家啤酒一定好喝得不得了。

■ 主張擬人化

這類型的廣告概念透過廣告角色的行為和台詞，影射產品主張，將產品主張擬人化。這類廣告傳達的產品主張通常都相當簡單，其廣告概念表達於品牌標語，可能具有雙關意涵，或者也跟產品主張一樣簡單易懂。舉例來說，倫敦的 Bartle Bogle Hegarty 廣告公司幫伯丁罕艾爾啤酒做的系列廣告〈勁道十足〉（Strong Stuff）（參見第 71 頁），呈現出喝了他們家勁道十足的啤酒，說話也會變得「夠勁」，搭配台詞「你要平等是嗎？那換你來喝」★，廣告中的男人於是成了產品主張的代表。另外一個例子是瘋狗與英國人（Mad Dogs and Englishmen）廣告公司幫庇護所服飾（Shelter Clothing）所做的系列廣告，其廣告概念表達於品牌標語是「非常、非常、非常耐穿」[5]，反映於廣告角色則是一位惡棍穿著該品牌的衣服，絆倒了盲人，又偷孩童的三輪車。

★無巧不成書，另有一個品牌也採用類似手法，推銷「冷若冰霜」（extra cold）的啤酒。

穿著海瑟威襯衫的男人

嘿，那裡有一輛黑的

上 這個廣告採用了產品是神的手法，約 1951 年推出。
—
客戶：海瑟威襯衫（Hathaway Shirts）
廣告商：Hewitt、Ogilvy、Benson & Mather
創作者：David Ogilvy

中 足球是神。品牌標語：只要足球（一語雙關：暗示廠商只生產足球用品，也暗示那些只在乎足球的人）。

客戶：Umbro
廣告商：DMB&B，倫敦
創作者：Arthur Hurn、Nick Hastings

下 產品是神又一例，約 2001 年推出。
—
客戶：福斯汽車（Volkswagen）
廣告商：Arnold Worldwide，波士頓
創作者：Don Shelford、David Weist

5 譯註：此廣告標語原文為「Very, very, very, tough clothing」，其中 tough 一詞一語雙關，既指堅韌耐用，也可以指稱惡棍。

上 產品擬人化。

客戶：Sony
廣告商：DDB
創作者：John Caggiano、
Marvin Honig

中 〈我是 Mac。而我是
PC〉中的產品擬人化手法
極為簡單了當。

客戶：蘋果（Apple）
廣告商：TBWA／Chiat／
Day，洛杉磯
創作者：Barton Corley、
Scott Trattner、Jason
Sperling

下 Wonderbra 諧擬一則經
典的《經濟學人》廣告（參
見第 23 頁）。

客戶：Wonderbra
廣告商：DDB Worldwide，
新加坡
創作者：Khalid Osman、
Priti Kapur

恭喜，是台 Sony
重 7 磅又 11 盎司

「我從來沒讀過《經濟學人》。」
——琳達・弗斯特，執行長，芳齡 29。

■ 產品擬人化

跟主張擬人化（見上一節）有異曲同工之妙，這類型
的廣告概念將產品比擬為人或其行為，像 Sony 就將
迷你電視比擬為呱呱墜地的初生嬰兒，創作出廣告標
題「恭喜，是台 Sony，重 7 磅又 11 盎司」；依雲
（Evian）礦泉水（其實特瓶採可壓縮設計）則是以
人類行為將產品擬人化，打出了「喝個痛快，然後一
塌如泥」的廣告標語。另外，在第 84 頁的百事可樂
廣告則是將相關產品（冰塊）擬人化。

備註：「產品擬人化」並不是讓產品說話，或生出手腳，就算數。

■ 產品和主張擬人化

這當然是可行的手法，像蘋果的〈我是 Mac。而我
是 PC〉系列廣告就很高明地使用兩個廣告角色，在
比擬 Mac 和 PC 的同時，也比擬兩者各自的主張，
讓觀眾看見反差。這系列的廣告也是同台競爭型廣告
的絕佳範例。

■ 諧擬法

諧擬（spoof）亦被稱為諷擬、戲仿或惡搞，運用於
廣告主要有兩類形式。第一類透過諧擬他種廣告風格
（通常是淪為俗套者，像使用前和使用後的減重廣
告、賞味挑戰和登門挑戰[6]），或是特定的系列廣告，
將自我揶揄的幽默發揮到極致，箇中範例有英國 118
118 查號台的廣告〈諧擬「齒輪」〉（Just Works—
Cog Spoof）和〈諧擬「合唱團」〉（Honda Choir
Spoof）[7]；還有卡爾頓生啤酒（Carlton Draught）的
〈大廣告〉（Big Ad），諧擬了英國航空動用成千上
百位臨演的龐大陣容；以及 Nissan 汽車諧擬了福斯汽
車獲得獎項肯定的平面廣告〈警察〉（Cops）。

英國近年來最成功的諧擬廣告應屬伯丁罕啤酒的電
視系列廣告，該系列戲仿了許多他牌廣告，對象包
括和路雪（Wall's）甜筒冰淇淋（〈威尼斯小艇〉
〔Gondolas〕）。在美國，老牌喜劇節目《週六
夜現場》（Saturday Night Live）也連年出品了許
多諷擬電視廣告的詼諧佳作，其中短片〈擊大腸〉
（Colon Blow）嘲諷了那些相互比較型的穀片廣告，
將其惱人的重複提問「你平日吃的高纖維穀片要多少
碗才能……」變成笑點，堪稱絕妙。

第二種使用諧擬法的廣告將諧擬的對象延伸至廣告
外，可說是除了廣告，無所不戲，無所不仿，電視節
目、電影、戲劇皆成調侃對象。曾經任職倫敦奧美創
作團隊的約翰・麥克洛夫林（John McLaughlin）和

馬克‧奧賓（Mark Orbine）幫 IBM 打造了一系列新穎大膽的品牌短片（idents），這些極短片就諧擬了英國廣播公司（BBC）兒童電視台在 1970 年代所舉辦科學工作坊。諧擬作為一種廣告手法，其成立的首要條件就是目標受眾必須熟悉被模仿的客體，如此他們才會懂得笑點在哪。

Exercise：想出五種尚無人諧擬，但已淪為俗套的廣告風格。然後如法炮製，諧擬淪為棄臼的電影類型和脫口秀節目。你可以把這些風格和類型列成表格，以備日後發想系列廣告之用。

6譯註：登門挑戰是指廣告主持人帶著產品登門拜訪家庭主婦，請她們比較兩種品牌的使用效果。

7譯註：〈齒輪〉和〈合唱團〉都是本田汽車的廣告，前者以汽車配件和零件模擬骨牌效應，表現汽車運作流暢和精密，而後者則是以合唱團人聲模擬汽車行駛時的各種聲響，讓觀眾透過聲音感受駕駛本田汽車的感受。

▍借利法
借利法衍生自證言背書型的廣告策略（該策略之探討請見第 114 頁），借用某人或某物的名氣來賣產品或服務，但要能有效撐起廣告，背書的人或物和產品或服務之間必須有**切題**的關聯，不然就會淪為負面的借利，也就是「揩油」。很多使用借利法的廣告都未顧全切題性，讓人不免有揩油的聯想，不過要找到好範例也很簡單，比方麥可‧喬丹（Michael Jordan）賣籃球鞋，感覺就順理成章，但叫他賣手機就很彆扭；請他來為航空公司賣可以把腳伸長的頭等艙絕對可行，要他賣悍馬汽車（Hummer），關聯性就沒那麼大。還有，不管背書人或物和產品或服務之間的關聯有多麼細微，最終能否成立還是繫於廣告概念的品質和文字腳本的說服力。所以，我們也可以讓麥可‧喬丹為銀行背書（也許他就是用這間銀行來存他的百萬……），但相反地，即便喬丹先生是賣籃球鞋的不二人選，這也無法保證他背書的廣告就是好廣告。

使用**產品代言人**，可說是一種較為溫和的借利手法。這些人被選來為品牌發聲，反映品牌性格，電視和廣播電台上的配音員都可視為代言人。使用名人代言，或許可為產品增加光環，但是如上所述，前提必須是人選和產品之間有切題關聯（還有廣告本身要好），這樣使用名人才有意義。

上 這不是真的廣告，而是幽默崩世代（iPod generation）[8]的諧擬小品。

客戶：集思幽默雜誌（Jest Magazine）
創作者：Steven Rosenthal、Frank Vitale

下 葳瑪（Velma）[9]，使用造型膠前和使用造型膠後。這個廣告體現了正面的借利法。

客戶：多芬（Dove）
廣告商：奧美（Ogilvy & Mather），芝加哥
創作者：Gabe Usadel、Joshua Kemeny

借利法的正面例子有奧美幫多芬（Dove）造型膠做的系列廣告〈黏膩再見，動感你好〉（*Goodbye Stickiness. Hello Movement*），這個系列採取使用前對照使用後的廣告策略，每則廣告都延請一位女性卡通人物入鏡，這些「女人」都有黏膩、扁塌的頭髮，彷彿就是為這個系列廣告打造的角色！廣告標語「為你的造型解膩」，可說是畫龍點睛。

另一個高明又切題的借利法範例可見於艾利與加格諾（Ally & Gargano）廣告公司幫聯邦快遞做的經

8 譯註：iRake 除了指廣告中耙子的產品名稱，也意味「我來耙」。「iPod generation」中的 iPod 則是四字縮寫，i 指的是沒保障（insecure），P 指的是壓力大（pressured），o 指的是過勞（over-taxed），d 指的是負債累累（debt-ridden）。

9 譯註：葳瑪是卡通史酷比（Scooby-Doo）裡的要角，扮演神祕事件偵探公司（The Mystery, Inc.）裡的智囊。

No wonder our perception
of beauty is distorted

難怪我們對美的觀感會被扭曲

這個廣告採用了社會評論型的概念，
讓多芬為自然美發言。

客戶：多芬（Dove）
廣告商：奧美（Ogilvy），多倫多
創作者：Tim Piper、Mike Kirkland
創意總監：Janet Kestin、Nancy Vonk
製作人：Brenda Surminski
專案企劃總監：Aviva Groll

典廣告〈快步世界〉（*Fast Paced World*），他們延請了曾是世上最強快嘴的約翰‧莫斯塔（John Moschitta）擔綱演出。

大凡證言背書型的廣告都是一種借利法的概念（參見〈「證言背書」廣告策略〉，114 頁）。

■ 社會評論

發想廣告概念的時候，無須忌諱表達社會評論。你大可超脫產品效益的範疇，讓客戶為執法過當、性別歧視或恐同症的受害人發聲，為受到剝削的童工以及日漸減少的蜜蜂說話。有何不可呢？只要廣告的策略和概念依然與品牌宗旨**切題**相關，勇於表達社會評論亦可作為強而有力的廣告手法，其與眾不同的態度和了無「廣告匠氣」的清新反而能贏得消費者尊敬。唯須注意，以社會評論傳達品牌訊息時，不能像是正義魔人，也不能太古板，像是一個說教者，不然很有可能導致反效果。要記得，以社會評論為概念的廣告不能太以品牌為中心，也不能太過顯大自我。

■ 鳴鼓而攻

找個該受公論的題目、現象、行為、個人或團體，鳴鼓攻之，讓你自己扮演「大砲」的角色，能刺激出許多犀利的概念，可能是你想都沒想過的——只要不是為攻訐而攻訐，你大可放手展。如果你要在廣告中展現銳氣或放進負面元素，背後一定要有堅實的理由作為後盾（話說回來，如果大家都像 Kenneth Cole 或 Benetton 這兩家流行服飾一樣，以批評為能事，那消費者可能也會受不了）。有了堅實的理由後，最好能找一個前人未曾公論過的人物或議題，避免那些已經淪為俗套的眾矢之的；消費者看到你的廣告後，最好能有這樣的感觸，「也該是時候，有人站出來針對這個人物／議題說說話了」。有三個議題比較禁忌，別輕易拿來做文章（除非用自我調侃的手法處理，像是女性雜誌調侃女性同胞），這三者分別是性別、種族和性取向（異性戀不在此列，因為異性戀**本來**就攤在陽光下……）。許多學生都怕寫出批評味道濃厚的廣告，尤其不願意批評他人，但其實大可不必如此。舉例來說，青少年就不太可能對廠商提出告訴，只因該廠商的廣告（總算）道出青少年可以有多吵、多粗魯或多情緒化，畢竟這些都是青少年的真實狀態；當然，你如果這樣做，就必須要有充足的理由。有個學生要為多功能家用清潔劑做廣告，他的概念是有了這罐清潔劑，就不需要雇用清潔媽媽。好的，但如果消費者本來就沒有請清潔媽媽呢？其實這個廣告概念還可以更**推**進一步，讓消費者連雇用清潔

Nike 在廣告中提出社會評論，成為反種族歧視的代言人。

客戶：Nike
廣告商：Wieden & Kennedy，波特蘭

Hello world.

  I shot in the 70s when I was 8.

  I shot in the 60s when I was 12.

Hello world.

  I won the United States Junior Amateur when I was 15.

  I played in the Nissan Los Angeles Open when I was 16.

  I won the United States Amateur when I was 18.

Hello world.

  I played in the Masters when I was 19.

  I played in the United States Open when I was 19.

  I played in the British Open when I was 19.

Hello world.

  I am the only man to win three consecutive

  United States Amateur titles.

Hello world.

  There are still courses in the United States that I am

  not allowed to play because of the color of my skin.

Hello world.

  I've heard I'm not ready for you.

  Are you ready for me?

Just do it.

哈囉，世界。
打進 70 幾桿的時候，我 8 歲。
打進 60 幾桿的時候，我 12 歲。
哈囉，世界。
贏得美國青少年業餘錦標賽的時候，我 15 歲。
參加 Nissan 洛杉磯公開賽的時候，我 16 歲。
贏得美國業餘錦標賽的時候，我 18 歲。
哈囉，世界。
參加大師錦標賽的時候，我 19 歲。
參加美國公開賽的時候，也是 19 歲。
那年，我還參加了英國公開賽。
哈囉，世界。
我是當今世上唯一連續三年
在美國業餘錦標賽中得名的男子選手。
哈囉，世界。
現今美國還有一些高爾夫球場，因為我的膚色而禁止我涉足。
哈囉，世界。
有人說，我還沒準備好踏上你的舞台。
我倒想問，你是否準備好迎接我的時代？

這則廣告採用時事性廣告概念。廣告標題：享受耶誕佳節。把車留在家裡。
―
客戶：嘉士伯啤酒（Carlsberg）
廣告商：上奇（Saatchi & Saatchi），倫敦
創作者：David Hillyard、Ed Robinson

Have a great Christmas. Leave the car at home.

享受耶誕佳節。把車留在家裡。

媽媽的念頭都打消！告訴受眾為什麼雇用清潔媽媽是件令人膽顫心驚的事，比如清潔媽媽可能會整理你的私密物品，或跟你「借」東西等等；這種說法點破了潛在的可能，所以能讓人在會心一笑的同時思考其嚴重性。接著你還可以補充，屋主自己用多功能清潔劑會更快更有效率。如此一來，不是更能投合數以百萬計請不起清潔媽媽的消費者嗎？

▌搭上時事
時事性的廣告概念將近期的新聞事件（通常家喻戶曉）、高人氣的電視節目及電影、或是季節性的活動納為己用，以宣傳產品效益，可說略帶「機會主義」的成分。使用時事縮短了廣告壽命（其吸引力也受限於話題是否繼續延燒），最終的形式常是趕製出來的單一廣告，或系列廣告中的單一表現；這類廣告也可能是通盤廣告策略中的一部分，或是專門為品牌知名度而打造的（舉例來說，星巴克〔Starbucks〕和美國國定的馬丁路德紀念日毫無關係，但是星巴克還是砸了很多錢在廣告上慶祝這個節日）。

廣告所搭上的時事主要有三種。第一種是紀念日，像第 283 頁的福斯汽車廣告〈眼淚〉（Tear），就是在向創作歌手傑里・加西亞（Jerry Garcia）致敬；第二種是假日，像是嘉士伯啤酒（Carlsberg）就在廣告〈別開車〉（No Car）裡叮嚀外出暢飲的尋歡之士，異曲同工之妙者還有赫茲租車的廣告〈計程車〉（Taxi）；第三種時事取材自流行文化、火紅節目、及流行語，像《經濟學人》的廣告標題：「你是最強的一環。哈嘍。」

獲知事實 vs 尋見事實 vs 演繹事實
理想的狀態下，客戶或客戶管理部門會主動提供或挖掘出讓人驚異的事實，然後創意部門只需靠這項事實，就能立刻將廣告概念孕生成形，獲得信手拈來的廣告標題或圖像。舉例來說，一輛車所通過的安全測試比市面上的其他車都還多，或是某項產品連太空人出任務時都會用到，都可以拿到廣告中說嘴。另外，火柴盒玩具汽車（Matchbox）最知名的廣告就舉出了一項驚人的事實，「我們賣的汽車比福特、克萊斯勒、雪弗蘭和別克所賣出的總和更多。」而大衛・奧吉爾維在 1957 年所做的廣告〈鐘〉（Clock，見第 136 頁）也是引用勞斯萊斯（Rolls-Royce）工程師所陳述的事實（五十年後，勞斯萊斯將這個傳奇性的廣告稍加更改，推出了一個藝術指導風格更為簡潔的版本，收錄於原版廣告的旁邊）。

IF YOU PLAN TO DRINK ON NEW YEAR'S EVE, HERTZ WOULD LIKE TO RECOMMEND ANOTHER RENT-A-CAR.

如果你要在除夕喝酒，赫茲想向你推薦另外一種代步方式。

但如果沒有人報這樣的事實給你知道，或者他人提供的事實難以磨擦出創意的火花，你要如何是好呢？你當然可以自力更生尋覓新的事實（參見〈獨家賣點和大眾化產品〉，第 141 頁），**或是**你可以用「事實演繹法」（factual deduction）或「演繹推理法」（deductive logic）從**原來的**事實中歸結出更有廣告效果的事實。

舉例來說，某家廠牌的車子擁有美國市場上最長的防鏽保固（為效五年，比起對手廠牌的一年長得多），這基本上就是他們的廣告主張了；想要以別出心裁的

這則廣告採用時事性廣告概念，提供了避免在新年假期酒後駕車的良方。

客戶：赫茲租車（Hertz）
廣告商：Scali、McCabe、Sloves
創作者：Steve Montgomery、Earl Carter

"At 60 miles an hour the loudest noise in this new Rolls-Royce comes from the electric clock"

當你以每小時六十英哩的速度馳騁時，這台勞斯萊斯讓你聽見的唯一聲響是電子鐘。

At 60 mph the loudest noise comes from the electric clock.

馳騁至時速六十英哩，唯一的聲響是電子鐘。

事實勝於雄辯。大衛·奧吉爾維引用了勞斯萊斯工程師所言的事實。

客戶：勞斯萊斯（Rolls-Royce）
廣告商：奧美（Ogilvy & Mather）
創作者：David Ogilvy

〈鐘〉在廣告界地位崇高，五十年後的改版換湯不換藥地使用了原版的經典概念。

方式帶出這個主張，不妨思考有甚麼與防鏽有關的事實可以派上用場。平均降雨量是個不錯的切入點，我們可以在電視畫面中放一輛車，注入 46 公分高的水（一年平均降雨量），並逐漸升高水位至 2 公尺高（五年平均降雨量的總和），直至淹蓋整輛車。如此創作出來的廣告既簡單明瞭，又富有張力，這就是事實演繹法的妙用。

■ 真實主義：尋找真實

真實主義聚焦於**人生**的真實情態，與人息息相關。這些「人類的現實」有血有肉，與那些統計出來的數字資料（雖然寫廣告時，數字有時很好用）截然不同。

它們圍繞在我們身邊，容易遭人視而不見，其中有的詼諧，有的悲傷，有的深奧，有的淺顯，有的珍奇，有的尋常——但不論第一眼看起來多麼稀鬆平常，這些真實都叫人**難以否認**。單口喜劇演員是觀察人性的好手，其中真實是他們創作笑話的基礎原料；所以你在聽他們説笑時，很容易心有戚戚焉，真實正是他們搗中觀眾笑穴的原因。

採用真實主義具有簡單和難以辯論的優點，是常見的廣告手法，成功地炮製出不少刺激買氣的廣告。只要你在廣告策略或概念中運用真實來推銷某種產品或服務，你的論點便難以推翻。如上所述，真實的性質各有不同，當你運用真實的時候，也可以往詼諧以外的方向發揮。

■ 以下例子都是人生的真實情態：

· 人生苦短
· 兒童的資訊吸收能力比成人強
· 醫生的字跡都很潦草
· 星期一是眾所公認最長的工作天

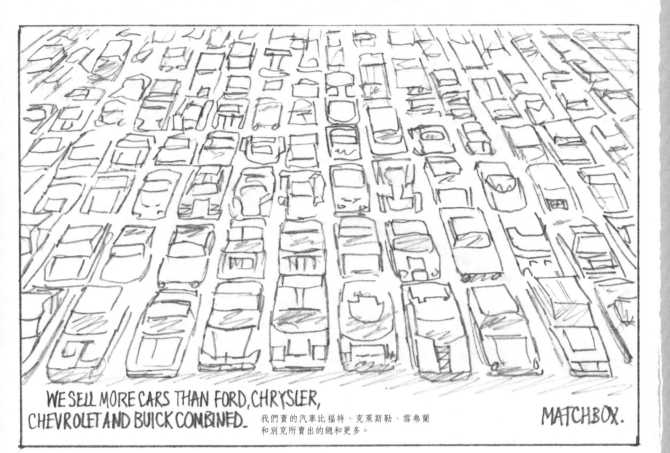

WE SELL MORE CARS THAN FORD, CHRYSLER, CHEVROLET AND BUICK COMBINED.

我們賣的汽車比福特、克萊斯勒、雪弗蘭和別克所賣出的總和更多。

MATCHBOX.

- 你不是狗奴就是貓奴
- 手頭寬裕,生活更自由
- 種瓜得瓜,種豆得豆
- 戴眼鏡看起來更知性聰明
- 你對世界微笑,世界也會對你微笑
- 過度的自信常是沒安全感的表現
- 巴士有時會幾個小時不見車影,然後一來就連三台
- 當地人做旅遊嚮導總是比外地人可靠
- 三餐之中,早餐最重要
- 太晚吃起司會作惡夢

許多廣告都是運用簡單的真實,就為國際級客戶打造出得獎作品。我舉一個學生團隊的創作為例子:他們以「現代建築的興起也意味著老社區的消失」這個事實作為出發點,發展出強調紀錄之重要的廣告策略(其實就是鼓勵人們多替身邊事物拍照留念),搭配簡單又一針見血的品牌標語「一切都會改變」,製作了柯達、Nikon 都適配的廣告;廣告表現則是拍攝演員敘說記憶裡的舊地(學校操場、迪斯可舞廳、農場

等),並以其所形容的對照現今的建築(超級市場、脫衣舞俱樂部、停車場等),形塑了溫馨的調性,十分讓人動容。另外還有個例子,也是學生的習作,他們以「女性的聽力比男性好」這個事實替英國的好男音響(Goodman's Stereos)打造系列廣告,並且創作出頗有珠璣之趣的品牌標語,「好男,是好女的傑作」,讓我記憶猶新。

誇張法

一如我在〈基本工具〉這章所提及的,做廣告常使用誇張法,但這些廣告都有**真實依據**(他們在這個基礎上使用誇張法傳達概念)。相較來說,憑空杜撰一開始就不是奠基在真實的依據上,應極力避免。稍後,我會對這點舉例解說。

以簡單的事實為主導,形塑出絕佳的廣告。
——
客戶:火柴盒玩具汽車(Matchbox)
廣告商:Levine Huntley Schmitt & Beaver
創作者:Allan Beaver、Harold Levine

■ 將真實運用於廣告的範例

真實 把話聊開有益身心健康
客戶 英國電信
策略 英國電信獨霸英國的電信市場，所以與其吸引更多客戶，不如提升原有客戶的使用率
品標 能聊聊真好

真實 很多兒童玩具都裝置了把手
客戶 澳洲羊肉暨家畜（Meat & Livestock Australia）
策略 羊排突出的骨頭可說是一種天然的「把手」，對孩童來說，是種富有樂趣的食物
品標 有把手的，小孩都愛

備註：此系列廣告同時將羊排特有的形狀變成了獨家賣點（參見〈物理特徵〉，第 142 頁）

真實 沒人喜歡看到塵垢
客戶 閃亮家用清潔劑（Flash household cleaner）
策略 大部分的人不是太懶、太忙，就是沒有閒錢，清除家中各處的污漬。他們以為唯一的辦法就是視而不見，或是把污漬掩蓋起來，或是請清潔專家來清理
品標 頑漬抹除，別藏起來

真實 耐心是美德
客戶 健力士啤酒
策略 健力士生啤酒被歸類為「慢啤」（slow pint），除了飲客喝它要慢慢喝，酒保倒它也要慢慢倒（而倒滿一杯健力士啤酒恰恰需要 119 秒這件事，可以為之背書）。
品標 好事情總是降臨在耐心等待的人身上

真實 生命中真正重要的事物是無法用金錢買到的，它們無法標價
客戶 萬事達卡
策略 點出萬事達卡甚麼時候派得上用場，甚麼時候派不上用場，藉此展現謙卑，甚至是反物質主義的姿態
品標 萬事皆可達，唯有情無價

真實 飼主和自己的愛犬常常撞臉★
客戶 Hush Puppies 休閒鞋
策略 人們養的狗、買的鞋子和衣服都是其獨特個性的反映
品標 讓你舒服做自己

★倫敦的揚雅廣告也曾在十多年後，以同樣的真實依據幫西莎狗食（Cesar dog food）打造系列廣告，先是推出了〈長耳獵〉（Spaniel）、後來又推出〈吉娃娃〉（Chihuahua）和〈英國鬥牛犬〉（Bulldog）。

Exercise：列出十個人生裡的真實情態，名言佳句和陳腔濫調都不算，然後思考如何將你寫下的真實運用於廣告策略，推銷產品或服務。

左 這個廣告運用的實情是很多兒童玩具都裝置了把手（藉此將羊排形塑成兒童喜愛的食物，説服媽媽多烹飪羊肉）。

客戶：澳洲羊肉暨家畜
（Meat & Livestock Australia）
產品：澳洲羊肉
（Australian Lamb）
廣告商：BMF
創作者：Andrew Ostrom、Andrew Petch、Warren Brown

有把手的，小孩都愛

把頑漬抹除，別藏起來。

右 這個廣告運用的實情是沒人喜歡看到塵垢。品牌標語：把頑漬抹除，別藏起來。

客戶：閃亮家用清潔劑
（Flash household cleaner）
廣告商：Grey，倫敦
創作者：Ben Stiltz、Colin Booth

她可能跟妳長得像，但她吃的食物可不能跟妳一樣。

下 這個廣告運用的實情是飼主和自己的愛犬常常撞臉（所以廣告也運用了視覺明喻）。

客戶：西莎狗食（Cesar）
廣告商：李奧貝納（Leo Burnett），里斯本
創作者：Roão Ribeiro、Leandro Alvarez

使用誇張法也可能製造出負面情境，通常誇張的情境越負面，呈現出的幽默感也就越強，觀眾對廣告裡的誇張也越見包容；畢竟，幽默是化解心防的利器。只是廣告也必須提供正面的理由，增進消費者的購買意願；這個正面訴求的力道必須與負面情境旗鼓相當，或者更勝一籌。我稍後也會針對這點舉例解說。

當你在發想系列廣告，覺得卡住的時候，不妨試試誇張手法（當然，單一廣告也可以如法炮製）。使用誇張手法塑造的廣告調性常是有趣、荒謬、超現實、充滿了奇思妙想，但有時也可能趨向嚴肅。

誇張手法是這樣使用的：

假設你正在發想登山背包的廣告，此廣告主打的訴求非常簡單，就是舒適。（背包設計支持此訴求的地方有，輕量材質、增厚背墊、人體工學設計等等。）

現在請你用下面的句子誇張化背包的效益（舒適）：

X 品牌的背包是**如此舒適**，所以……

你可以盡量造句，盡情發想，然後從眾多句子中，挑選出最有潛力成為系列廣告中心概念的幾句。為了練習，我們先以「**如此……所以……**」此類句型當作品牌標語（但是請注意，此類句型是如此好用，可以套在任何產品或服務上，還請抗拒誘惑，別真的拿它們來當作品牌標語。如果需要，你可以擷取造句中的精華，另外組成品牌標語；甚或乾脆不使用品牌標語，以廣告情境讓觀眾心領神會你要傳達的概念）。

下面提供參考的例句：

A 品牌的 X 背包是**如此舒適**，所以……

- 揹著它就是享受
- 可以揹更長久的時間
- 到哪裡都想揹
- 揹了就不想卸下來
- 揹著背包卻渾然不覺

最後的這個發想顯然深具做成系列廣告的潛能。現在使用「如此舒適，讓人揹著也渾然不覺」作為品牌標語，想想要如何具體表現這個想法，然後把你想到的情境畫下來，或是簡單列出來：

- 睡覺時也揹著
- 洗澡時也揹著

- 揹著背包在商店裡找背包（**讚！**）
- 揹著背包在行李領取區的輸送帶前等背包（**讚！**）

就如上方所示，你可以在使用誇張法造出的例句裡，挑選出最佳的點子（上面四句中的最後兩句，皆是出自英國瓦特福西赫學院的學生之手）。

備註：你可能會覺得上面的廣告表現都是憑空杜撰出來的，看上去不像是以真實的依據為出發點（誰會忘記自己揹著背包，還到店裡買找同一款的！）。但是一經推敲，你會發現這些表現背後的廣告概念其實不乏真實的依據（誰沒有東摸摸、西摸摸卻遍尋不著，最後發現眼鏡戴在頭上的經驗呢？）正因如此，這些情境即使誇張，卻依然行得通，能成就具幽默感的系列廣告。另外，一如前面所述，負面情境應該有正面的訴求來平衡；在這個例子裡，負面情境就是忘記自己揹著背包的糊塗，正面訴求就是背包絕佳的舒適度。

再舉一個運用誇張法的例子，這個系列廣告是為美白牙膏打造的（也是出自學生組成的團隊，同時未曾發表過）。他們的品牌標語是，「牙齒如此煥白，讓人止不住微笑」。以此品牌標語打造出來的系列廣告很容易變成安全牌，但這些學生將此一概念表現得出人意表，而且遊走在大眾觀感的邊緣（其中有個情境以一張通俗的照片為媒介，照片裡有個男人面有喜悅之色，他轉向站在隔壁小便斗的男人，露齒而笑地說，「我尿出來的是血」。另一個情境是一個露齒而笑的青春期少女，她的台詞是，「我完全不知道孩子的生父是誰」）。這兩個例子皆有顯而易見的負面情境，其正面訴求則是燦然潔白的美齒。

Sony PS2 的廣告概念（表現情境是睡美人沉睡甚久，身體還被層層蛛網覆蓋）是此遊戲機如此讓人沉迷，連白馬王子都忘記將睡美人吻醒。

上述四個例子裡都有人物，但運用誇張手法不一定非要有人物不可；你可以用誇張手法創造出各種點子和廣告，當然也包含沒有人物的。

⋯⋯⋯⋯⋯⋯⋯⋯⋯⋯⋯⋯⋯⋯⋯⋯⋯⋯⋯⋯⋯⋯⋯⋯⋯⋯

Exercise：將誇張法運用於強調銳利的菜刀品牌上，先以「如此銳利，所以……」造出十個品牌標語，從中選出你最喜歡的句子／點子（能刺激你發想出很多則廣告），然後擷取句子中的精華，自創品牌標語。接著用情境來表現此標語，看看是否不用品牌標語也能傳達概念。

⋯⋯⋯⋯⋯⋯⋯⋯⋯⋯⋯⋯⋯⋯⋯⋯⋯⋯⋯⋯⋯⋯⋯⋯⋯⋯

獨家賣點和大眾化產品

獨家賣點，英文簡稱為 USP，有時也叫做「產品殊異點」（product difference）。

在一些少見的情況下，有些產品與生俱來就有獨特又驚人的主張／效益（這個特性通常都是該領域之最，比如黏性最強的膠水或最持久的電池）；有這樣現成的賣點可以作為廣告的基礎，如果不用，只能說是暴殄天物。不過話說回來，也有廣告人認為這樣的效益是天降的禮物，用之發想廣告概念，十之八九都是佳作，不論誰都能上手；因此若你的學生作品集出現這類廣告，你的業主也會抱持相同看法（除非你的廣告概念真的非常原創或高明）。

所以在累積學生作品集時，你應該挑同質性較高的大眾化產品，像是洗衣粉、旅遊機票、報紙、啤酒、銀行服務等等。這些沒有顯而易見、隨手可用之獨家賣點的產品也叫做**同位**產品（parity products）。

其獨家賣點必須別具慧眼才能**找**出來。你可以參考下面的各項範疇，從中推敲產品效益（甚至是系列廣告的靈感和概念）。

▌產品／品牌名稱

有時候產品名稱是從產品效益演化而來的，有時候則正好相反。舉例來說，英國的汽車修理公司，Kwik-Fit，念起來像是「快修」（quick fit），顯然是以效率來定位自己；在沒有競爭對手宣稱同樣效益的情況下，快速很顯然是可以攻掠的方向。使用銷售主張作為產品名稱有個妙處，那就是每次唸出或看到產品名字，其效益也能同步印記在受眾的腦海中；相反地，每次你看到廣告，接收到產品主張，你對產品名稱的印象也會同步加深——這是產品名稱和主張的雙贏。所以當你在尋覓適當的產品效益時，不一定要踏破鐵鞋，不妨試試這個唾手全不費工夫的線索。市面上有成千上百的產品都以名稱直指專一主張，下面只舉幾個例子：

- 舒適旅社（Comfort Inn，舒適）
- 易捷航空（Easyjet，簡易快捷）
- 彼特的神奇艾爾啤酒（Pete's Wicked Ale，神奇）
- 新鮮直送網購蔬果（Fresh Direct，兩項效益：新鮮和直送）
- 新學院（New School，新潮、摩登、走在世界的前端）
- 柔和爵士 98.1（Smooth Jazz，柔和悅耳）

停車變簡單了。
福斯汽車 Touran 搭載停車距離控制器。
The Volkswagen Touran with Park Distance Control.
Parking made easy.

- 省荷包連鎖鞋店（Payless Shoes，平價）
- 一卡百事可樂（Pepsi One，低卡路里）
- 郁珍果咖啡（Chock Full o'Nuts，帶有濃烈的堅果味）
- 就賣花（FlowersOnly.com，專業花匠）
- 牛津簡明字典（Concise Oxford Dictionary，簡明）
- 清淨加拿大礦泉水（Clearly Canadian spring water，兩項效益：水質和原產地）
- 靠得住計程車（Reliable Taxi，可靠）
- 家樂氏綜合穀片（Kellogg's Variety，多樣性）（參見第 146 頁〈搞定多元主張〉）
- 金寶好料濃湯（Chunky Soups，內含好料）
- 灰狗巴士（Greyhound buses★，快速）
- 經濟租車（Thrifty Car Rental★，便宜）

★儘管有許多產品以效益命名，但不是所有的品牌都名副其實。舉例來說，灰狗巴士真的就是橫越美國最快的交通方式嗎？經濟租車又真的是最便宜的租車公司嗎？

精品名牌 Patrick Cox 旗下有個系列皮鞋，名為**渴慕者**（Wannabe），其系列廣告巧妙地運用了這個名字，發想為廣告概念，說動物死後都「渴慕」留皮，被製作成該系列的皮鞋（廣告表現走的是卡通風格，有鱷魚嘗試投軌，也有蛇舉槍對著自己的頭，還有牛隻從懸崖一跳而下）。關於為什麼用插畫而不是照片，我在第 283 頁有進一步討論。

這則廣告使用了誇張和類比兩種手法。廣告概念：停車是如此容易，就像方向盤安裝於後車廂一樣。

———
客戶：福斯汽車（Volkswagen）
廣告商：DDB，柏林
創作者：Gen Sadakane、Tim Stuebane、Jan Hendrik Ott

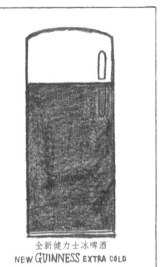

全新健力士冰啤酒
NEW GUINNESS EXTRA COLD

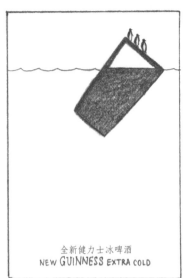

全新健力士冰啤酒
NEW GUINNESS EXTRA COLD

全新健力士冰啤酒
NEW GUINNESS EXTRA COLD

全新健力士冰啤酒
NEW GUINNESS EXTRA COLD

健力士啤酒有為數眾多
的廣告，皆以獨特物理
特徵為發想基礎，上面
的系列便是其中的佼佼
者。廣告表現概念：視
覺明喻。

——
客戶：健力士
產品：健力士冰啤酒
廣告商：Abbott Mead
Vickers BBDO，倫敦
創作者：Jeremy Carr

■ 物理特徵
物理特徵包括顏色、形狀、外貌、設計等項目。福斯
的金龜車（Beetle）就因形狀像金龜子而得名；充滿
個性的造型後來也成為廣告的靈感泉源，運用於品牌
建立，成功地刺激買氣（該車系的廣告另外還訴求了
可靠和經濟兩項效益）。

健力士啤酒經廣告人連年匠心獨運，別具的物理特徵
早已變成行銷利器，其中最引人注目者，大概就是倫
敦奧美所創作的多媒體系列廣告〈非黑即白的事物

不一定就是真理〉（Not everything in black & white
makes sense）。此後，AMV BBDO 廣告公司幫健力
士冰啤酒做平面廣告，將啤酒顏色和酒杯形狀都融入
廣告表現之中，也是一絕。

你要思考的是，產品的**外貌**是否有獨特之處可以化為
獨家賣點？或是可以作為建立品牌的利器，納入系列
廣告概念之中？（PlayStation 電視遊樂器有幾支廣
告納入手把的按鍵圖案，將「□、✕、○、△」等符
號詮釋再詮釋，以致於現在這些符號或可將商標取代
也說不定）。這個範例正好可以銜接下面的討論。

■ 商標／識別符號
要將商標或識別符號化為獨家賣點而不顯做作，其實
並不簡單，像 Absolut 伏特加廣告那樣優雅簡潔的佳
作其實少有匹敵（參見〈Absolut 的靈感之源〉，第
153 頁）。客戶的商標或識別符號很寶貴，如果你使
用它們來形塑獨家賣點卻沒成功，那就糟蹋了客戶
的資產。賓士汽車（Mercedes）的平面廣告使用了
商標，但依然顧及品牌建立，是另外一個成功的例子
（參見對頁）。

備註：別把使用商標或識別符號這項技法和調性統一混為一談
（所有的廣告佳作都具有統一的調性）。以視覺元素或文字建
立品牌識別度固然重要，但這項技法就廣告學來說，不能算是
真正的概念。

■ 包裝
葛蘭斯啤酒（Grolsch beer）使用復古瓶裝，開瓶需要
技巧，使用蠻力還打不開，這點變成廣告概念的靈感
來源，催生出〈沒有誰能和葛蘭斯較勁〉（You can't
top a Grolsch）[10]系列廣告。另外，Altoids 薄荷錠的金
屬盒包裝也曾作為廣告表現的基礎（參見對頁）。

10 譯註：葛蘭斯啤酒的這則廣告展示了各樣彎折的開瓶工具，
其品牌標語除了說明酒瓶不能硬開之外，也暗示了啤酒勁道無
與倫比。

■ 口味
單單有「口味」還不足以構成策略性的獨家賣點，你必
須把口味說出來，告訴受眾產品嚐起來是香辣、冰涼、
有嚼勁，還是能瞬間提神。以口味作為獨家賣點的廣告
當屬百事挑戰最為出名，對可口可樂的市場佔有率形成
嚴重威脅。其實可口可樂也不是沒有還手餘地，他們只
要指出「喝一口不算數」，然後請這場口味挑戰延長，
請挑戰者把整瓶喝完再下結論，危機即可迎刃而解，因
為大家都知道百事可樂較甜，初嚐時容易佔上風。糖果

類和飲料類的產品通常都會打這張口味牌,將特定的滋味形塑成獨家賣點(小鬼頭酸軟糖〔Sour Patch Kids〕以口味的變化作為訴求,加了一點幽默,打出品牌標語「先是叫你酸鼻,然後甜入你心」)。

▌歷史 / 承傳 / 口碑
常見以歷史/承傳/口碑為獨家賣點者,有旅館、葡萄酒莊園和經典款的運動鞋。

▌價位
Stella Artois 啤酒打出「就算代價高昂,也甘之如飴」的品牌標語,福斯汽車的 Polo 系列則是自詡「出乎意料地平價」(第 118 頁有詳盡解析)。

▌產品的吃法或用法
雀巢奇巧巧克力有句知名的品牌標語,要消費者「休息一下,來包奇巧」(Have a break, have a KitKat);原文暗藏著高明的雙關,因為「break」除了休息,也有撕斷(巧克力)的意思。健力士啤酒的品牌標語,「好事情總是降臨在耐心等待的人身上」,則是聚焦於倒滿一杯健力士啤酒所需的時間。另外,以喝牛奶而言,其樂趣之一,在於舔舐殘留嘴邊的牛奶「八字鬍」。

▌同台競爭
這類獨家賣點出自「同台競爭」或「相互比較」的廣告策略,我曾在第 116 頁論及(你也可以參考第 154 頁的〈同台競爭型廣告 vs 負面廣告〉)。

▌產品的製造方式
傑克丹尼爾威士忌就是走這條路線。

▌產品成分
有些產品會強調無咖啡因、鑲滿堅果、或是只有一卡路里

▌使用時機
好時之吻(Hershey's Kisses)固定會在二月十四號情人節推出應景廣告。

▌產品壽命
以 Elmlea 攪拌奶油為例,其廣告就主打「保鮮期長達八週」。

▌個性
當你要賦予品牌內涵,不論是老牌或新牌,個性是個

服務 Service

速度 Speed

上 賓士知名的商標符號被融進其他物件,以傳達服務、速度、魅力等產品效益

客戶:賓士汽車
(Mercedes)
廣告商:Lowe & Partners
創作者:Andy Hirsch、Randy Saitta、Marty Zio

這則廣告的概念是從產品獨特的包裝衍生而來的。

客戶:Altoids 薄荷錠
廣告商:李奧貝納(Leo Burnett),芝加哥
創作者:Steffan Postaer、Mark Faulkner、Noel Haan、G. Andrew Meyer

超強薄荷錠,只有金屬盒關得住。

很好的起始點。客戶/產品蘊藏著甚麼樣的個性呢?適合拿來做主打的獨家賣點嗎?你也可以幫產品形塑出與眾不同(可以是些微不同,也可以是差距甚大的不同)的個性。

▌態度
態度越殊異、越原創,作為獨家賣點的價值越大,像 Nike 的「Just Do it」就很成功。但請不要為態度而態度,你必須先確認產品是否需要態度,如果需要,

The Nauga is ugly, but his vinyl hide is beautiful.

Naugahyde
vinyl fabric

勞加生得醜，但牠的乙烯基皮革很漂亮。

它的獨家賣點，源自產品名稱和虛構的產品製造方式，以及由此孕育而生的獨特廣告角色。

客戶：勞加的革乙烯基面料（Naugahyde vinyl fabric）
廣告商：Papert Koenig Lois
創作者：George Lois、Julian Koenig

這個態度的內涵為何？是面對消費者，或是競爭對手，還是面對其他對象所展現的態度？這個態度是否具有當作獨家賣點的價值？記得你在形塑態度時，必須讓它與眾不同（可以是些微不同，也可以是差距甚大的不同）。

■ 現存廣告

以產品現存的系列廣告為基礎，或是以對手推出的系列廣告為攻擊目標，發展出獨家賣點。

■ 產品使用者

產品使用者可以是沒沒無名，也可以赫赫有名。產品使用者的現身說法，有時也稱為「證言」或「背書」。或者你也可以思考，甚麼樣的群體會使用一項產品、服務或品牌？他們有甚麼獨特之處？又或者那些不用這項產品的人，有何共通之處可以發展成獨家賣點或廣告概念？

■ 老闆／員工

這個形塑獨家賣點的手法衍生自讓企業主／員工現身說法的廣告策略，該策略我們在第 114 頁有討論過。此法要訣在於（從創意彙報或其他資料中）挖掘出有用情報，助你做成有趣、切題的廣告。你不妨問問，這家廠商的員工有沒有甚麼地方不一樣？是否具備與品牌效益相關的特殊技能？這些技能是經過訓練習得的？或是與生俱來的？你可以往尊重專業的嚴肅方向呈現這些技能，也可以安排笑點，走輕鬆有趣的路線。

■ 廣告角色

你可以從現成的商標或包裝取材，發想出獨特的廣告角色，也可以另起爐灶，獨立設定廣告角色（John Webster 是形塑廣告角色的大師，過去三十年來便以此道獨步英國廣告界）。另外，有些時候產品本身是虛構的角色，像小熊軟糖（Gummi Bears）便是一例。不論你採取哪條路徑形塑廣告角色，他們必須和產品效益有所關聯，如此才能發揮廣告角色的價值，光是這些角色很幽默而使用他們，是不夠的。

一般而言，使用廣告角色的結果都很兩極，不是大好，就是大壞；獲得獎項肯定的例子有歐仕派（Old Spice）男仕沐浴乳的〈你的男人聞起來可以跟這個男人一樣〉（*The Man Your Man Could Smell Like*）、Dos Equis 啤酒的〈世界上最有趣的男人〉，以及百威啤酒的青蛙。廣告角色是品牌建立的利器（也可視為一種記憶輔助術），所以即便是惹人討厭的角色也擄獲不少商業利益（可以算是叫座不叫好），此類例子有貝氏堡（Pillsbury）的麵團人、Geico 汽車保險的蜥蜴、美國家庭壽險（Afflack）的鴨子、玩具反斗城（Toys "R" Us）的長頸鹿和熊寶貝（Snuggle）的泰迪熊。

■ 行銷地

也許某項產品在原產地之外，還風行於其他地方；這個地方可以是市鎮，也可以是某個國家。以行銷地形塑獨家賣點，必須將行銷地和產品效益之間的關聯點出來；舉例來說，只說有台堅固耐用的越野車暢銷於俄國尚不足以形塑賣點，你還要告訴受眾，俄國的路崎嶇難行世所罕匹，方能凸顯越野車之堅。

備註：研究產品的時候可以挖掘出許多確證鑿鑿的產品資訊，這很好；但是你在創作廣告時，有時必須讓焦點離開產品，讓腦筋繞個彎，才能觸類旁通，想出獨特的廣告概念或產品主張（這節所列出的範疇都能作為觸類旁通的起點）。還有，請記得，獨家賣點必須獨特（不然就是比其他品牌搶先一步，率先宣稱某項效益），同時是個賣點；而所謂賣點，必須能提供利益給消費者，搔到消費者的癢處，藉此催動潛在買氣（舉例來說，某牌汽車有著獨特的綠色烤漆，這就不太可能滿足獨家賣點的構成要素）。

一個系列廣告的概念，可以在綜合了前述的諸多範疇後發想而來，而非僅憑單一範疇；這雖然不簡單，卻是可行的路徑。左上的人造皮革廣告可說是統合諸多範疇的完美示範，天才的創作團隊幫勞加的革（Naugahyde）乙烯基面料，找到了一種有趣的方式賣無趣的產品（增添了與真皮分庭抗禮的優勢）；他

美國廣播公司不用獨家賣點，轉而將電視的效益全都佔為己有（其他的廣告標題還有：「如果電視對你無益，那為什麼每間病房都安裝一台？」、「沒有電視，要怎麼擺沙發？」）。

───

客戶：美國廣播公司（ABC）
廣告商：TBWA／Chiat／Day，洛杉磯
創作者：Sara Riesgo、John Shirley、Raymond Hwang、Rich Siegel

Before TV, two World Wars.
After TV, zero.

電視發明以前，爆發了兩次世界大戰。
電視發明以後，零。

們發明的獨家賣點，源自產品名稱和虛構的產品製造方式（勞加的革，其皮革來自一隻名叫勞加的醜陋「生物」），以及由此孕育而生的獨特廣告角色勞加。這聽起來有點複雜，但是廣告卻不難理解（參見第 299 頁〈新鮮的廣告策略〉和第 300 頁〈學生習作〉中「那些不該碰的產品」）。

沒有獨家賣點嗎？搶先「獨霸」銷售主張即可

那如果你只有普普通通的銷售主張，一點也不特別怎麼辦？拿銀行提供的防信用卡詐騙和防身分竊盜的服務來說，花旗銀行就率先在系列廣告中標榜這項許多同業都有的服務，因為他們把廣告做得有聲有色而深植人心，以致接下來不管哪間銀行推出防身分竊盜的廣告，都會被拿來和花旗比較，有些受眾甚至會直覺認為那是花旗推出的後續廣告；這也是為什麼銷售主張常是先說先贏，先說的那方就能將之「佔為己有」。

所以不論何時，當你要幫大眾化產品做廣告時，不妨考量客戶在市場中的位置，想想有甚麼銷售主張或效益還無人「霸佔」。品牌越大，就越有吞下大主張的肚量。你如果是幫市場的領頭羊做廣告，一定要往大的地方發想。舉例來說，美國廣播公司（ABC）並未拘泥於主打獨家節目、當家明星或主持人，其知名的系列廣告展現的是前所未有的霸氣，亟欲把「電視」（也就電視的影響力、帶給人們的歡樂等好處）佔為己有，它的廣告標題寫道：「如果電視對你無益，那為什麼每間病房都安裝一台？」、「電視發明以前，爆發了兩次世界大戰。電視發明以後，零」、「沒有電視，要怎麼擺沙發？」。這樣的系列廣告顯然很冒險，因為它可能同時刺激了友台的收視率，但是你可以想像一間小規模的第四台宣稱同樣的賣點嗎？那說服力絕對不能跟美國廣播公司比。

市場領羊	「獨佔」賣點
腕錶	時間
媒妁服務	愛情
航空公司	地球
銀行	金錢
玩具公司	教育

ESPN（全稱為 Entertainment and Sports Programming Network，即娛樂與體育節目電視網）也曾運用過同樣的手法，想將**運動**佔為己有，其系列廣告提醒人們運動對日常生活的影響，每則廣告都以「沒有運動」開頭，後面則接上了「我們會失去信仰」、「那我們假日要做甚麼呢？」和「誰來幫寧錄隊（Nimrods）加油？」等句子，等同表達了收看 ESPN 的原因。同樣地，這些廣告表現得可圈可點，調性也十分鮮明，所以要宣稱同樣的效益可說是難上加難。我記得該系列有則電視廣告分外動人（其名為〈衝浪營〉〔Surf Camp〕），帶領觀眾造訪一所為自閉症孩子設的衝浪學校，片尾問道：「沒有運動，我們要如何找到自己？」

還有一個霸佔銷售主張的例子，是英國水磨石書店（Waterstone's）力爭領導地位的系列廣告，該系列直接對受眾（愛書人）說話，指出每一本書都是那麼特別，能為讀者帶來無可比擬的歡樂，無異於把書——或者可以說是把書的力量——「佔為己有」（參見第 292 頁）。

那如果你是幫小品牌做廣告呢？這些客戶不是市場的領導者，那還可以搶先霸佔甚麼大銷售主張嗎？你依然可以宣稱大主張，但除了說服力不足，你還要小心大品牌見獵心喜，把你宣稱的賣點搶過去。如上所

述，大品牌具有問鼎大主張的優勢，大品牌和大主張就是比較搭。話說回來，問鼎大主張不是沒有好處，其一是你可以藉此為小品牌的客戶形塑大品牌的形象；其二是你還是有機會完全霸佔大主張，只要你在慣常的廣告模式下懂得靈活變通。比如許多運動品牌都用知名的運動選手作為品牌大使，將這些專業運動員變成獨家賣點，那小品牌大可另闢蹊徑，以一種前所未有的方式運用運動明星。同樣的道理，你也可以取某個行之有年的廣告策略／概念，賦予它獨特、新穎的調性。這裡還有一點需要補充，那就是如果你要宣稱的主張具有某種政治或道德正確性，那麼可以放手一搏的小品牌絕對是比較適配的。舉例來說，曾有個學生團隊幫牙買加的蘭姆酒廠商做廣告，針對當時英國黑人社群所面對的種族議題發言，進而將「反歧視」佔為賣點；相較之下，如果讓大品牌的啤酒來代言這個主題，很明顯就沒有那麼適合。

面對市場競爭，你不一定要以常見的服務為佔有目標（像花旗銀行那樣），不妨發揮平行延伸的本領，思索關聯較遠的事物，像美國頗具規模的 1-800-Flowers 和英國的 Interflora 網路花店就能以色彩學為佔有目標（人們想到花卉時，也會連帶想到顏色）。不論你平行延伸得多遠，記得要在佔有目標和產品之間**拉起聯繫的線**，有一組學生幫花商發想的系列廣告就滿足了這個條件：他們將環境廣告貼在公園長椅上，上頭寫著「紅色能激發熱情和慾望。送把紅玫瑰給你愛的人吧」，可說是一手提供色彩學資訊，一手賣花給消費者（學生：愛美・薇珀〔Amy Weber〕）。

最後，有些廣告純粹以感性為訴求（跟受眾進行心靈溝通，而非頭腦），運用的是感性銷售主張（Emotional Selling Proposition，簡稱 ESP，由知名廣告公司 Bartle Bogle Hegarty 的開山元老約翰・巴托爾〔John Bartle〕命名）。此類銷售主張以引發觀眾的情感反應為能事，不強調獨佔銷售主張；雖然強調感性，ESP 也可以蘊含概念，在消費者和產品之間搭起橋樑。下面我們要談到**以廣告作為 USP** 的手法，你可以說 ESP 就是這類廣告的組成。

以廣告作為 USP 是最終的手段嗎？

如果沒有**明顯的**獨家賣點，你認真**推敲**也找不到，連可以**搶先霸佔**的一般賣點也毫無線索，那你要怎麼辦？

到了這個地步，我們可以輕描淡寫帶過（甚至是完全忽略）銷售主張，把**廣告**本身當做獨家賣點，以廣告凸顯極為大眾化的產品，加強品牌識別度，將客戶的

產品和友牌區別出來。肩負此任務的廣告必須開創前人未達的新局，展現出力壓友牌廣告的想像力、亮點和戲劇張力，讓人驚豔、驚奇；廣告表現越是出人意表，發揮的效能就越大。

你可能會對這樣的手法抱持懷疑，因為它違反了創作廣告所有的基礎原則。如果觀眾記得廣告是因為聲光**印象**，而非廣告**內容**，那就是風格溢乎主題，表現大過概念，品牌掩蓋了效益。但是有時候，你真的沒有選擇餘地，想要在同位產品的大海中脫穎而出，**以廣告作為獨家賣點**，或許就是最終手段。話說回來，廣告如果能出類拔萃，還是有可能成功，像百威輕啤酒廣播廣告〈天才真男人〉就是如此。這一系列廣告對那些「天才真男人」極盡冷嘲熱諷之能事，像是把他們放在火爐上「烘烤」，由此影射百威極其擅長「烘烤」麥子，所以釀出來的啤酒別具風味（這個概念隱含在廣告中，大部分的人都不會注意到）。這個銷售主張有沒有別家美國啤酒公司可以宣稱呢？絕對有的。所以依我來看，消費者真正記住的反而是這些廣告寫得多天才；那些讓人捧腹的絕妙笑點，搭配強而有力的品牌識別符碼（每則廣告都以「百威輕啤酒呈現」和搖滾樂手吟唱廣告名稱作為開頭），才是人們記得和愛上這品牌、購買其啤酒的原因。另外，擅用此法而獲得成功的案例還有吉百利巧克力的廣告〈黑猩猩〉（見對頁）。

搞定多元主張

有些時候，你會遇到我所説的「多元主張」。具有多元主張的產品蘊藏多種效益，能滿足男女老少，且百應不爽，其中百貨公司、郵輪之旅和宛如大雜燴的雜誌（如《Time Out》）都是箇中範例。

這類主張有那麼多好處可以提供給消費者，與廣告策略中的單一效益「守則」相左，常會讓學生困惑。當然，就創作廣告來說，多元主張對於廣告表現似乎是大利多（一個主張就是一則廣告，如此就能累積出規模龐大的系列廣告），但是你要小心，上述手法做出的廣告通常都很無趣，主要原因是廣告概念不勝敷衍，致使廣告表現高度重複，最後只能淪為阿嬤的裹腳布又臭又長。反過來說，如果以一則廣告表現所有主張，資訊量可能會讓受眾不勝負荷，不然就是太多看點反而失去焦點，讓人覺得無聊。

如果多元就是產品要溝通的最大效益，那也不是沒有方法可處理多元主張。你首先要小心思考上的陷阱，不要獨立看待每項主張，避免將它們都處理成典型的單一效益。也就是説，不要試著在廣告上溝通出產品

的每一項效益，而是要更廣義地發想出標榜「多元」的廣告概念。

首先要凸顯多元與產品的連結。舉例來說，「多元」這個字眼對《Time Out》雜誌來說代表甚麼呢？有個淺顯的詮釋是《Time Out》雜誌會「列出許多好玩的活動」，接下來你可以應用誇張法這項工具發想出廣告概念，「《Time Out》列出了**這麼多**好玩的活動，以致於……」，本頁上方的廣告就是以此邏輯發想出來的（該廣告概念為：《Time Out》列出了這麼多好玩的活動，讓避世深修的僧侶看了都忍不住流淚）。

當然，如果你能納所有主張於一則廣告表現，同時不會讓受眾不勝負荷，或是覺得無聊，那你當然無須將「多元購物清單」這樣的廣告概念摒除考量。亞馬遜購物網站（Amazon.com）1990 年代晚期推出的電視系列廣告，就為這種表現方式做了絕妙示範，那則廣告裡的男聲合唱團，每個人看起來都像一般升斗小民，毫無違和地唱出一長串可以在亞馬遜網站上買到的品項：

合唱團：Emahtskcblvdt？Emahtskcblvdt[11]？

電器、音樂、拍賣品、健康美容用品、軟體、廚房、相機、書籍、草坪和園藝、電玩、dvd、玩具。

把這些全都加起來，就是 emahtskcblvdt。

如果你說 emahtskcblvdt，你其實說了很多東西。

沒有甚麼可以比擬 emahtskcblvdt

emahtskcblvdt 只在亞馬遜。

11譯註：Emahtskcblvdt 是編造的單字，乃由商品或品別的第一個字母組成，這些項目分別為 electronics、music、auctions、health and beauty tools、software、kitchen、cameras、books、lawn and patio、video games、dvd、toys。

另一種傳達「多元」或「種類繁多」的方法是取頻譜的兩端，納相反的兩極，融成一幅圖像或一句廣告標題；這會讓你的廣告大幅簡化。舉例來說，如果有台相機或底片具有任何天候都可以拍攝的功能，你大可省下在廣告中列舉每種天候的功夫（那樣反而太過重複且複雜），只要選定兩種天候且將之融合，同時表現夏天和冬天、炎日和積雪，或是平行延伸，在羊毛呢帽的帽沿串上澳洲人夏天配戴的軟木塞帽飾——其實這正是柯達系列廣告其中一則的表現方式。能採

上 要處理多元主張，不妨先標榜其多元，並且使用誇張法（《Time Out》雜誌列出了這麼多好玩的活動，讓避世深修的僧侶看了都忍不住流淚）。
——
客戶：超時集團（Time Out）
廣告商：Gold Greenlees Trott Ltd
創作者：Steve Henry、Axel Chaldecott

下 這則廣告讓一隻黑猩猩跟著歌手菲爾・柯林斯（Phil Collins）的名曲〈山雨欲來〉（*In the Air Tonight*）擊鼓，是眾所公認以廣告作為 USP 的範例。即使時至今日，看這支廣告，還是令人感受到濃濃的巧克力味（這支廣告同時也運用了「片尾反轉」，並且達成了「單一景框」的目標，是此兩者的高妙示範。我們在〈電視廣告〉一章會討論這兩種手法）。
——
客戶：吉百利巧克力（Cadbury's）
廣告商：法隆（Fallon），倫敦
創作者：Juan Cabral

用此法的不只是廣告圖像,將其運用於廣告標題同樣可行,舉例來說,如果英國黃頁列出了各種商家,你可以選擇一個概念,然後從黃頁中取出正反兩極的機構,像以財富來說,你可以取川普大廈(Trump Towers)和遊民庇護所,而以自由來說,你可以取安排假期的旅行社和監獄;或者你也可以表現正反之外的關聯,拿健康來說,你可以取極限運動學校和醫院。你大可用上述邏輯不斷配對,直到你找到讓人眼睛為之一亮的對子。如果文字無法擦出火花,那就改玩圖像;反之亦然。Nynex 電話公司和英國黃頁的系列廣告都曾採用類似的手法(參見英國黃頁的廣告〈狗·腿〉〔Dog-leg〕,第 128 頁)。

搞定雙重主張

你現在知道廣告一個產品主張比兩個簡單得多,但有些吉光片羽的案例硬是一舉搞定雙重主張,締造了不可忽視的成功,其中美樂啤酒力特系列的廣告應該是最有名的,雖然觀眾和評論家對它的評價相當兩極。在該系列廣告中,總是有兩群各擁所好的人馬,一方說美樂力特「滋味好」,另一方讚它「不脹胃」,兩方為何者才是最優的效益爭論不休,成為其歷年廣告的基本設定。

處理雙重主張還有一個方法,那就是運用二合一這個手法(參見第 127 頁)。倫敦的法隆廣告公司(Fallon)就曾運用這個手法,將兩種相異的元素搓揉成不尋常的組合,創作出簡單又高明的品牌電視廣告(他們有則廣告表現是讓身材圓碩的男子表演讓人驚豔的地板體操,然後讓配音員道出,「大又靈巧。這可不常見」,最後在結尾秀出同樣大塊頭又靈動的 Skoda Octavia 4×4/運動休旅車。另一則 Skoda vRS 車款的廣告則是讓熨褲板〔trouser press〕追著強盜跑,藉此表達「實用**又**刺激」的雙重主張)。

就像 Skoda 的廣告一樣,你也可以將二合一用於多元主張,只要從多元主張中選取兩者,然後以同一則廣告表現串聯即可。柯達全天候底片的廣告也是採用此法(我們前面才解析過這個經典的多元主張廣告),該廣告的團隊將兩種氣候的象徵物組合在同一圖像中,結果極為俐落地表達了多元主張,成就了吸睛的廣告。

不過,除非你的廣告概念真的很原創,我不建議你在學生作品集裡面收錄雙重主張的作品,實際接案時也一樣(客戶堅持主打雙重效益,或主打雙重效益是唯一的可行策略時,則另當別論)。

得寸進尺一廣告圖像(平實 vs 平行)

創意總監和學院裡的指導老師常常會要你「得寸進尺」,這到底是甚麼意思呢?它的意思是「調整,再琢磨,精進你的廣告概念」。

換句話說,原來的廣告或系列廣告概念必定有可觀之處,但是潛能還未完全開展,其標題、圖像、和品牌標語的整體呈現上還有「進尺」的空間。當然,也有可能原來的廣告就是不夠簡潔俐落,不夠幽默風趣,也有可能是欠缺力道或引人入勝的魅力,但通常「得寸進尺」意味著的你的廣告已有 90%的火候,只需再一點微調,即可補足臨門一腳。如果在你第一次修改後,廣告好像還是若有所缺,你一定會聽到另外一句熱門的行話「再推進」。

推進任何概念(不論是廣告圖像、標題或品牌標語),通常意味著**平行延伸**的表達方式。平實的概念通常都太淺白,直接得沒甚麼趣味;而平行延伸的概念則是以不尋常的視角觀照事物,所以原創得多,能為受眾帶來驚喜,成就更為高明的廣告。對頁的廣告展現了平行思考的藝術,以另類的行動「燃料」表達福斯汽車 Lupo 系列的省油能耐。

AAA 廣告學校在招生時展示許多傑作,其中有個 Preparation H 痔瘡軟膏的廣告,秀出了得寸進尺的階段性演進。

- ·痔瘡軟膏
- ·普通的腳踏車座椅(平實而無聊)
- ·沒有腳踏車座椅(比上面好,但訊息不明確)
- ·鋸子鋸齒取代腳踏車座椅(平行延伸)

瓦特福廣告學校(WWF)的學生也曾利用商品條碼和斑馬條紋的視覺相似度,形塑宣導廣告中的視覺明喻;他們將廣告圖像推進了三次,才獲得完美的定案(該廣告的品牌標語為「動物不是商品」)。

- ·商品條碼和斑馬條紋左右並列(太冗長)
- ·長方形的商品條碼直接取代斑馬條紋(太做作)
- ·以商品條碼取代部分的斑馬條紋(平行延伸且簡潔俐落)

聯邦快遞的同台競爭型廣告:

- ·DHL 的包裝盒像是歷經滄桑,聯邦快遞的卻完好無缺(平實)

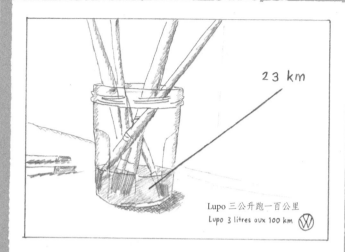

有備無痔 BE PREPARED

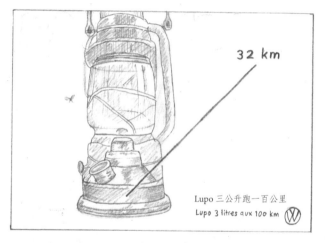

Lupo 三公升跑一百公里
Lupo 3 litres aux 100 km

23 km

32 km

左上 Preparation H 痔瘡軟膏最終的平行延伸比單純地秀出腳踏車座椅，或是某人受痔瘡所擾的臀部，更具有戲劇張力（也更出人意表）。

客戶：Preparation H 痔瘡軟膏
廣告商：達彼思（Bates），香港

左下 這幅廣告在圖像上得寸進尺，以平行延伸溝通其服務比對手品牌的更加可靠。廣告策略：同台競爭。

客戶：聯邦快遞（FedEx）
廣告商：BBDO，曼谷

右 這幅廣告在圖像上得寸進尺（平實的表現方式是直接秀出汽車，平行延伸則將汽車隱於幕後）。

客戶：福斯汽車（Volkswagen）
廣告商：DDB，巴黎
創意總監：Christian Vince

MICHAEL JORDAN 1
ISAAC NEWTON 0

(a)

走進來時是民主黨。走出去時是共和黨。

WALK IN A DEMOCRAT.
WALK OUT A REPUBLICAN.

MYSTIC LAKE CASINO

(b)

你一下就聽得出來誰看不喜歡《經濟學人》。

You can so tell the people who
like don't read The Economist.

(c)

（a）最終版的平行延伸使用比賽分數，讓廣告更顯天才。

客戶：Nike
廣告商：Simons Palmer Denton Clemmow and Johnson，倫敦
創作者：Tim Riley、Andy McKay

（b）這個廣告平行延伸了「走進來時口袋空空，走出去時口袋滿滿」，更顯機鋒。

客戶：神祕湖博弈俱樂部（Mystic Lake Casino）
廣告商：Hunt Adkins，明尼亞波利斯
創作者：Bud Atkins、Steve Mitchell

（c）廣告文案也可以得寸進尺，這則廣告標題比「沒讀《經濟學人》，開口就顯笨兮兮」好多了。

客戶：《經濟學人》（The Economist）
廣告商：Abbott Mead Vickers BBDO，倫敦
創作者：Matt Doman、Ian Heartfield

Teeth don't die
a natural death.
You kill them.

(d)

牙齒不會自然死亡。
一定是你殺了他們。

・DHL 的包裝盒靜止不動，聯邦快遞的卻已離開廣告畫面（好一些）
・DHL 的包裝盒裝在聯邦快遞的盒子裡，送達收件人的手中（平行延伸）

備註：有些時候，平行延伸也可能太過（參見第 82 至第 83 頁的 Kryptonite 腳踏鎖一例）。

得寸進尺一廣告文案（平實 vs 平行）

廣告標題需要巧思鍛鑄，不會從天上掉下來，大概是文案寫作裡最困難卻也最重要的一環。即便你用上了「十中選一」這項工具（參見第 23 頁），通常還是需要得寸進尺，再往前**推進**幾步，才能成就爐火純青的完成品。這裡提供了許多得寸進尺的例子，首例也是出自 AAA 廣告學校的招生作品，同時秀出**多階段**的演進過程：

■ Nike
・我們的籃球鞋幫喬丹跳得更高★（平實無奇，而且重複圖像訊息）
・麥可・喬丹打破萬有引力的定律（好一些）
・喬丹力敗牛頓（火候差不多了，還須加上姓氏，不然不清楚）
・麥可・喬丹 1，艾薩克・牛頓 0（平行延伸）

★AAA 廣告學校招生時（展於杜松畫室〔Juniper Drawing Room〕，約翰尼斯堡）是用「我們的籃球鞋幫他跳得更高」這句標語，下面則寫上了「重點不是你想說甚麼，表達方式才是動人的關鍵」。

最終成品的基本概念其實和先前幾個版本一樣，只是經歷了得寸進尺的淬鍊。下面的廣告標題也是如此：

■ 神祕湖博弈俱樂部（Mystic Lake Casino）
・走進來時口袋空空，走出去時口袋滿滿（平實無趣）
・走進來時是社會主義者，走出去時是資本主義者（好一些）
・走進來時是民主黨，走出去時是共和黨（平行延伸，語帶機鋒）

■ 《經濟學人》
・沒讀《經濟學人》，開口就顯笨兮兮（平實無趣）
・沒讀《經濟學人》，開口就顯笨洗洗（好一些）
・有人覺得《經濟學人》一開口，就顯笨兮兮（火候差不多了）
・你一下就聽得出來誰看不喜歡《經濟學人》（平行

延伸，語帶機鋒）

■ 佳潔士牙膏（Crest toothpaste，廣告主視覺是牙齒）
· 照顧你的牙齒（太普遍而無趣）
· 牙齒也是有生命的（好論點，但還是無聊）
· 牙齒可以跟你齊壽（發人省思）
· 牙齒不會自然死亡。一定是你殺了他們（引人入勝）

■ Stella Artois 啤酒
品牌標語：就算代價高昂，也甘之如飴
廣告標題：
· 「真倒楣，又輪我請」（太白，所以無趣）
· 「不是才輪我請過？」（差強人意，聽起來好像該
　牌啤酒會令人健忘）
· 「輪你請」（把字體放在空酒杯的圖像旁邊）（好
　一些，可是沒亮點）
· 「好極了，怎麼又輪我請」（直話反説是可以，但
　是並無機鋒可言）
· 「輪我豪請了。」他怯聲説（相當簡練，很機智地
　使用對比修辭）

■ 福斯汽車（主視覺是福斯金龜車）
· 我們幫每輛車都烤上兩層漆（平實而無趣）
· 我們幫它烤漆再烤漆（好一點，但還是很無聊）
· 我們幫車烤完漆後，還會幫漆烤漆（平行延伸，有梗）

不要只想著「把標題變成更好的標題」，或是「把圖
像變成更好的圖像」，有時候你也可以將廣告標題推
進變成圖像，或是將廣告圖像推進變成標題。我們舉
些例子：

■《Time Out》雜誌
· 廣告標題：現在你也可以盡情玩樂了（無趣）
· 廣告標題：就讓蠟燭兩頭燒（好一些）
· 廣告圖像：以蠟燭作為主視覺，兩頭都在燒（這是
　三者之中最高明的表達方式，不尋常的圖像具衝擊
　力，且比文字直接）

■ Levi's 牛仔褲
下面有兩則標題，一則是説沒有一條 Levi's 牛仔褲是
一模一樣的，另一則表達的是 Levi's 牛仔褲是你的作
品，每條都是獨一無二之作。這兩則標題除了訴諸文
字，也以圖像表達，進而獲得更好的效果。

· 廣告標題：沒有一模一樣的 Levi's 牛仔褲，每條皆
　獨一無二。

「輪我豪請了。」他怯聲説。

(e)

Stella Artois
就算代價高昂，
也甘之如飴。

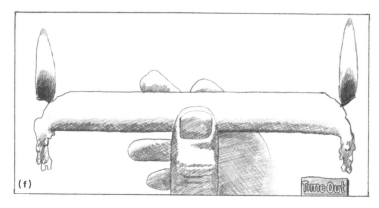

(f)

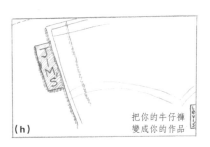

(g)

(h)

把你的牛仔褲
變成你的作品

(d) 這個事實比説「照顧你的牙齒」更引人
入勝。

客戶：佳潔士（Crest）
廣告商：Benton & Bowles，紐約
創作者：Sam Cooperstein、Ellen Massoth

(e) 廣告標題需要淬鍊，這句標題蘊含
對比修辭，因此表達更多。品牌標語：
「就算代價高昂，也甘之如飴。」

客戶：Stella Artois 啤酒
廣告商：Lowe Howard-Spink，倫敦
創作者：Chris O'Shea、Ken Hoggins

(f) 取耳熟能詳的用語，直接圖像化，
就能平行延伸出這則引人入勝的廣告。

客戶：超時集團（Time Out）
廣告商：Gold Greenlees Trott Ltd.
創作者：Steve Henry、Axel Chaldecott

(g) 不斷重複「每條皆獨一無二」，
平行延伸成指紋圖像，傳達了「獨一無
二」的訴求。

客戶：Levi's 牛仔褲
廣告商：BBH，倫敦
創作者：Graham Watson、Bruce Crouch

(h) 這則學生創作的廣告圖像蘊藏平行
延伸的趣味，比使用「我的牛仔褲，我
的作品——Jim」這個廣告標題更出色。

客戶：Levi's 牛仔褲
學生：Maura Florkowski

這樣你還會吃嗎？
Would you still eat it?

美國公共衛生部警告：孕婦食用，可能導致早產和胎兒出生體重過低。

那你為什麼還要抽菸？紐約肺臟協會
Then why do you still smoke? New York Lung Association.

平實直敘的宣導，是直接秀出香菸的包裝盒，及上面勸癮君子戒菸的告示，而平行延伸的手法，則是顯示香蕉、水、麵包，及上面貼的美國公共衛生部警告標籤。

客戶：紐約肺臟協會（New York Lung Association）
廣告商：Goldsmith Jeffrey
創作者：Tracy Wong

・廣告圖像：姆指指紋，以重複書寫的「每條皆獨一無二」構成。

你可以拿下例與上例比較：

・廣告標題：我的牛仔褲，我的作品──Jim
・廣告圖像：識別度超高的紅色標籤上寫著「Jim's」

廣告圖像不一定要以圖片呈現，就像第 25 頁的 Nikon 廣告範例（參見〈基本工具〉一章）。

這裡還有一個例子（參見第 21 頁），示範了同一概念的兩種表達方式：

・廣告標題：美國是資本主義國家（平實，達意速度慢）
・廣告標題：天©佑TM美國®（平行延伸，達意速度快）

上面提到的紅色標籤、排列成指紋的字句、以及符號，技術上來說都是文字式的概念，但是呈現方式卻非常圖像。

得寸進尺─系列廣告概念和品牌標語（平實 vs 平行）

下面有兩種勸人戒菸的方式（取自紐約肺臟協會〔New York Lung Association〕的公益廣告），一者平實，一者平行：

・**平實**：你為什麼還抽菸／這樣你還難戒菸癮嗎？（廣告圖像：香菸包裝盒，上面印著美國公共衛生部的警告）
・**平行**：這樣你還會吃嗎？（廣告圖像：香蕉、水、麵包，上面貼著美國公共衛生部的警告）那你為什麼還要抽菸？

下面再舉個例子，原創者是我教過的學生珍・史凱莉（Jen Skelley）：

・**產品**：O'Doul's 無酒精啤酒
・**廣告概念**：O'Doul's 不會讓你茫到誤把醜女認作貂蟬
・**品牌標語**：別給矇了

平實：

・**廣告標題第一句**：昨天晚上
・**廣告圖像**：海咪咪、修長腿、天使臉
・**廣告標題第二句**：今天早上
・**廣告圖像**：垮咪咪、毛毛腿、恐龍臉

這個廣告雖然行得通，但是太過平實，而沒留下任何想像空間；其實只要稍微簡化，就可以獲得更為平行的版本：

廣告標題：海（垮）咪咪
修長（毛毛）腿
天使（恐龍）臉

你在平行延伸系列廣告概念時，也可能會用到誇張法，但如前所述，只要概念奠基在真實的依據上，你大可恣意發揮，就算調性荒謬、超現實或怪誕也沒關係（下面範例的真實依據，在於法文單字的陰性陽性之分）：

平實：使用 Lynx 體香劑的男人對女性極富吸引力

平行：使用 Lynx 體香劑的男人是如此有吸引力，以致法文裡被歸為陰性的東西皆無法抗拒

這個平行延伸的版本（見本頁下兩圖），是 Lynx 男仕體香劑的系列廣告概念，極其簡單明瞭，可説是神來之筆。

Exercise：幫 O'Doul's 無酒精啤酒的系列廣告再創作出六則表現方式，但是這次以女性為目標受眾（反過來挖苦男性身材）。你可以先想個男性部位，接著用一個正面的字眼形容其迷人，最後在這個字眼中間插入括號，裡頭填上反義詞，來個扭轉。

得寸進尺一長青系列廣告

「推進系列廣告」意味著創作出新的**廣告表現**，力保其概念之常新，以增延系列廣告的效期。

備註：「推進系列廣告」跟創作全新的系列廣告概念不能混為一談，推進的過程中也不能改產品主張。

第 154 頁收錄了 Absolut 伏特加系列廣告演進的梗概，是非常值得參考的範例。第一階段的廣告表現聚焦於酒瓶的變身（有時質地改變，有時在上面加東西），藉此提供標題著力的基礎（第 154 頁第一張畫稿是該系列廣告的首發：〈絕對完美〉〔*Absolut Perfection*〕）。等到消費者已熟悉這個酒瓶，第二階段的廣告表現便打蛇隨棍上，以各種神似其瓶身**形狀**的場景為主視覺，有時搭配商標標籤（第 154 頁第二張畫稿〈絕對洛杉磯〉〔*Absolut L.A.*〕），有時則否（第 154 頁第三張畫稿〈絕對巔峰〉〔*Absolut Peak*〕）。最後第三階段的廣告表現則完全把酒瓶「藏了起來」（如〈絕對激情〉〔*Absolut Passion*〕），進一步吸引觀者涉入。

每一階段的廣告表現都登載了一定的時程，如果廣告商將三個階段的概念都在簡報中呈現，該系列廣告長效的潛能必能讓客戶印象深刻。你可以留意觀察，在這個系列廣告的諸多表現中，唯一沒有改變的就是廣告標題只用兩個英文單字。

Absolut 的靈感之源

我們討論了許多發想廣告的切入點，通常**取一**便能敷用；而 Absolut 伏特加的廣告靈感卻是取自三處，很漂亮地展現廣告主張、概念和表現三者之間細微的分際。

PRETTY
UGLY
FACE
天使恐龍臉

別給矇了。 O'Doul's
Don't be fooled. NON-ALCOHOL BEER

左 系列廣告概念也可以得寸進尺，以平行延伸的方式傳達喝酒喝到茫，醜女也會變貂蟬的概念。同系列的廣告表現還有「海（垮）咪咪」跟「修長（毛毛）腿」，搭配品牌標語：「別給矇了。」

客戶：O'Doul's 無酒精啤酒
學生：Jen Skelley

下 這則廣告以平行思考推進概念，將女人（平實表現法）代換為法文裡被歸為陰性的東西，更有力地傳達了體香劑的效益（這個產品在美國的名稱是 Axe）。

客戶：聯合利華（Unilever）
產品：Lynx 男仕體香劑
廣告商：Bartle Bogle Hegarty，倫敦
創作者：Dave Monk、Matt Waller

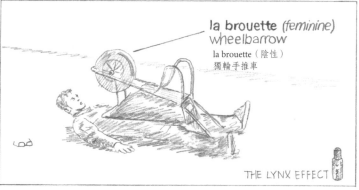

la brouette *(feminine)*
wheelbarrow
la brouette（陰性）
獨輪手推車

THE LYNX EFFECT

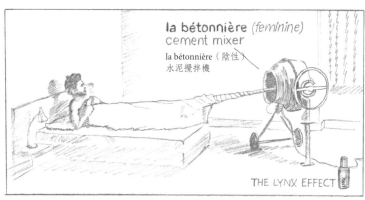

la bétonnière *(feminine)*
cement mixer
la bétonnière（陰性）
水泥攪拌機

THE LYNX EFFECT

左 這是該系列廣告的首發，此後衍生出的表現多達數千，圖像不斷變化翻新，只有標題模式始終維持一貫。早期的主視覺常以自家酒瓶／產品入鏡。

客戶：Absolut 伏特加
廣告商：TBWA／Chiat／Day
創作者：Geoff Hayes、Graham Turner、Steve Bronstein

中 系列廣告表現發展成視覺明喻：「酒瓶」搭配商標標籤。

客戶：Absolut 伏特加
廣告商：TBWA／Chiat／Day
創作者：Tom McManus、Dave Warren、Steve Bronstein

右 接著出現許多只剩「酒瓶」（而不搭配商標標籤）的廣告表現。

客戶：Absolut 伏特加
廣告商：TBWA／Chiat／Day
創作者：Steve Feldman、Harry Woods、Steve Bronstein

絕對完美

絕對洛杉磯

絕對巔峰

Absolut 這個**名稱**意味著絕對、完全、與純粹（點出了廣告主張）；這個名稱也衍生出最開始的廣告概念：以**商標**「Absolut」搭配另一字彙來下廣告標題（如「ABSOLUT PERFECTION」〔絕對完美〕），以及相應的酒瓶變身圖像；而產品的**物理特徵**，也就是酒瓶的造型啟發了接下來兩個階段的系列廣告表現。

就 Absolut 伏特加來說，其系列廣告每一階段的轉變都不至於太過戲劇化。你在推進「系列廣告」的時候，隨著不同概念的誕生，每個階段之間可能會產生相當的差異，這個時候廣告策略與調性就必須維持統一。不論系列廣告的轉變是細微或劇烈，只要以前面的成果為基礎，你還是能建立出高度統合的品牌。不過有些時候（像是產品的市場已改變），你可能會想另起爐灶，撤換某個廣告策略或概念的元素，展開全新的系列廣告；如果你的新路線比之前的更優，那當然要從善如流。

以省時／省錢作為產品效益

當你的產品效益在於訴諸比對手品牌更（ⅰ）省時或（ⅱ）省錢，請盡量避免以下兩種廣告概念：

（ⅰ）使用這項產品是如此省時，你會多出許多時間做其他事。

（ⅱ）使用這項產品是如此省錢，你會多出許多錢買其他物品。

在三十多年前，當這兩個廣告概念最先發想出來時，原創性自是不在話下（同時廣告表現也做得很精采，你可以參見對頁畫稿〈克蘭普勒家〉〔The Kremplers〕）。如今從家用清潔劑（ⅰ）到人壽保險（ⅱ），這兩個概念處處可見，應用在成千上百種產品上；即使概念直接出自產品，還是難免有浮濫之虞。

同台競爭型廣告 vs 負面廣告

同台競爭型廣告（也可以稱為相互比較型廣告）在某些國家比較常見，部分原因在於法規限制的不同（有些話能說，有些話不能說），另一部分的原因則起於文化差異。不論如何，一如 WPP 集團的傑瑞米·布爾摩（Jeremy Bullmore）所指出的，「讓消費者注意到你的對手是一場危險遊戲」，所以我在下面列出了經驗法則，供你三思而後行：

・不要為負面而負面，當你在抨擊對手時，不妨也為自家產品說些好話。這點蘋果的〈我是 Mac。而我是 PC〉就做了良好示範，該系列廣告在挖苦個人電腦的同時，也凸顯了 Mac 的諸多效益。城際高鐵廣告（第 70 頁）也很清楚地告訴受眾，搭乘高鐵優於自駕之處（在於怡人的美麗風景，同時沒有被警察開罰單的顧慮）；這些產品效益都開宗明義地寫在廣告標題裡：「即便以時速一百英哩飛馳，你唯一會遇到的，只有康士太保。」）。同樣的道理，Qualcast 除草機也打出品牌標語，「完勝浮空機，除草更省力」，說明優於浮空機種的地方（在於使用起來更輕省）。

・競爭對手可用**暗示**點出，無須指名道姓。亨氏番茄醬的〈一個理由〉（One Reason）兼用一示見真章與同台競爭型的廣告策略（對頁左上），他們虛構了「Catsup」這個名字來泛稱其他濃稠度較低的雜牌番茄醬。

（實照顯示，雜牌番茄醬在倒出來的三分三十九秒
後，就有水從中流出。）
一個亨氏番茄醬可能會稍微貴一點的理由。

克蘭普勒家

男配音：瓊斯先生和克蘭普勒先生是鄰居。

他們每人各有三千美元。

瓊斯先生買了一輛三千美元的車。

克蘭普勒先生則買了全新的冰箱、煮食爐、洗衣機、乾衣機、收音機、電視兩組⋯⋯以及全新的福斯汽車。

現在瓊斯先生又面臨了長久以來的老問題，他要如何迎頭趕上克蘭普勒家。

- 同台競爭也要展現機智，這樣更容易博取受眾信賴。第 149 頁的聯邦快遞廣告〈快遞盒〉（*Boxes*）將廣告概念平行延伸，以機智的表現方式形塑聯邦快遞比 DHL 更為可靠的**印象**，比直接呈現事實更為高明。

- 你挑選的對手最好跟你是同量級的，而且真的構成威脅；如果對手不夠分量，那就是紆尊降貴，形同矮化了品牌的高度。在百事對可口可樂叫戰時，曾推出「百事挑戰」，讓受試者選擇偏好的口味；當時的可口可樂是市場龍頭，很聰明地沒有以類似的手法回擊百事可樂。

- 當你抨擊競爭對手時，記得展現大家風範。想想那些政治廣告採用的抹黑手法，讓多少投票人嗤之以鼻。

蘋果為 G3 晶片推出了一則平面廣告，名為〈蝸牛慢走〉（*Snail*），以誇張法表現出 Pentium 晶片的慢速，藉此凸顯自家產品的優勢（參見第 156 頁）。

大學幽默
幽默可以卸除心防，進而吸引消費者，其種類之繁多，風趣、解嘲、諷刺、挖苦、諧擬、無厘頭、超現實、肢體喜劇、黑色喜劇等，可謂列之不盡。大文豪T・S・艾略特（T. S. Eliot）曾言，「幽默是表述嚴肅命題的手段」，可說是對幽默推崇有加。

正上 這則廣告對普羅大眾提問：「你要如何迎頭趕上克蘭普勒家？」是使用「看看你買我們的產品能省多少錢？」此一廣告概念的先驅（後來拷貝此概念者可謂不計其數）。

客戶：福斯汽車（Volkswagen）
廣告商：DDB。

左上 一示見真章再加上相互比較，是讓競爭對手相形見絀的有力妙法（不論競爭對手是特定品牌，或是此例中泛稱的雜牌）。

客戶：亨氏番茄醬（Heinz tomato ketchup）
廣告商：DDB，紐約
創作者：Bert Steinhauser、Fran Wexler

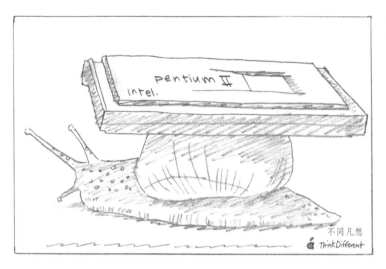

這則廣告嘲弄了對手品牌電腦晶片的速度。

客戶：蘋果（Apple）
廣告商：TBWA／Chiat／Day

但如果你要把大學幽默（也有人稱之為「廁所幽默」或「黃色笑話」）也加進上面的列表，那可要小心了。以大學幽默作為廣告的梗，可能會讓自己笑得很開心，但消費者會作何感想？如果你要形塑原創、高明的廣告策略和概念，那就必須走出自己的世界，這也是我們在〈廣告策略〉一章所提及藉由角色扮演，進入受眾內心世界的能力。如果你是個年輕的男學生（最喜歡說黃色笑話的族群），請記得世界上大部分的產品都不是以你為目標受眾。這不是說幫殯儀館做廣告，就不能幽默；事實上，還真的有廣告人這樣做（其效力如何是另一個問題）。我要說的是，除非品牌和目標受眾適合大學幽默的格調，不然理應避免粗鄙露骨的笑料，就算真要使用，也應點到為止（專門安排派對假期的 Club 18-30 以熱衷雲雨之樂的單身貴族為目標受眾，他們的廣告也只以**暗示**手法輕描性事）。

品味當然是很個人的事。英國的 Coco de Mer 女性蕾絲內衣暨情趣用品店曾推出大膽的系列廣告，近距離拍攝模特兒的高潮表情（不講究美感，但會予以觀者強烈感受），沒有留下太大的想像空間。這種前衛的作風很適合他們家的產品（同時能快速提高產品知名度），或許也很對目標受眾的胃口，擄獲了許多大獎；但是我認為這則廣告排斥的潛在顧客比吸引的還多，反效果還比較大。有趣的是，同一間廣告公司（上奇，倫敦）後來又為該品牌創作了另一系列廣告，走的卻是平行延伸的路線，以碎形（fractal）描繪高潮；以我的拙見看來，此系列的視覺效果更炫目、時尚，手法也更巧妙、有力和出人意表。這兩個系列廣告以截然不同的手法述說了同一件事，一者平實，一者平行；從兩者都獲得廣告大獎肯定這點來

看，不以為然者或有之，但喜愛擁護者更是大有人在。一如我在〈基本工具〉一章所言，廣告概念若能勾起兩極化反應，比起讓人無動於衷，要好太多。

就文化而言，每個國家所能接受的幽默類型各有差異。在廣告公司工作時，你可能鴻運當頭（用遊走大眾觀感邊緣的幽默當梗，還能創作出提高業界水平的廣告，成為得獎的常勝軍），不過也要遇到比你更大膽的客戶才有施展的舞台。當你在累積學生作品集時，必須顧慮到大部分的創意總監在見到重複、無謂的廁所幽默時，都會皺起眉頭；我知道外面有些廣告會讓你覺得這個潛規則很虛偽，但我還是必須提醒你。

有關幽默，還有一點要補充
你的幽默必須原創。大凡優秀的創意總監都會留意電視／廣播上的情境喜劇，以及老牌或新生代的高人氣單口喜劇演員；相信一般大眾也是如此。因此除非你擺明是在諧擬英國的六人喜劇組蒙提派森（Monty Python），或美國的成人動畫《南方公園》（South Park），或其他團體或作品，不然一旦你拷貝他人創意，廣告看起來只會像是拙劣的複製品。

打開天線
你必須持續觀察流行文化，對各樣動態保持敏銳；這對任何創意人來說，都是極為關鍵的基本功。捕抓現下的時代氛圍，傾聽人們傳頌的故事，留心甚麼樣的活動或用語蔚為風潮，注意人們喜歡看甚麼圖像；這些都是靈感來源，可能激發絕佳的廣告概念。你必須打開天線，才能搶先其他廣告人，利用潮流。記得別把商標貼在流行事物上就了事，你要在潮流和品牌策略及廣告概念之間搭起橋樑。如果流行的事物傻得沒道理，你可以嘲弄它；或者你可以把流行事物表現到極致，將它包裝到無以復加，達到消費者遠遠無法做到的地步（也沒有對手敢複製你的手法）。一旦廣告到達這個境界，那它就**佔有**了那項流行事物，該品牌也會因此變成流行文化的一部分（參見〈剽竊〉一節，第41頁）。

飲食廣告
當你要幫飲料和食物做廣告時，如果要秀出產品，切記不能讓人反胃；有些廣告似乎完全忘記飲料和食品本該「**秀色可餐**」（我為什麼要喝浮沫宛如刮鬍膏的啤酒？我為什麼要吃一款這麼「耐嚼」口香糖，廣告中它們像馬拉松選手一樣跑得渾身是汗，賽程中一直踩水塘？）。這些廣告概念可能蒙混得了客戶，但是怎麼愉悅消費者的味覺感官？當然，這還是要視消費者的個別情況而定。在英國偶爾會有飲食廣告

開啟手機，好事就可能發生。好吧，我們確實有立場，但也所言不虛的？行動電話是如此融入現代生活，我們早把它當成理所當然，卻也因此忽略了它帶給我們的美好，像是方便我們自由行動、隨時安排事務，還有隨心所欲在最後一分鐘改變心意。當然，它在溝通上也助我們一臂之力，讓我們更善於交流，對生性害羞的人來說也一樣；大家更常嘰嘰喳喳說個不停，也更常簡訊往來，分享笑話，還有那些狗狗的憨萌照。大家心照不宣的是，手機真的讓我們覺得比較安全，沒那麼孤獨，幫助我們和他人建立情誼，彷彿把好友都收在口袋裡。不賴吧？更多手機，意味著更多社交，更多安全感。其實，這些都是人類的基本需求。這是為什麼，整體說來，我們對未來很樂觀。

關掉手機，好事就可能發生。我們必須承認，關掉手機是個有意義的舉動。當你關掉手機時，你其實是在跟旁邊的友伴說，「你值得我全部的注意力」，或者那是向孩子表明，「你比我的公務更重要」。一個小小的動作，卻蘊含了深深的情意。同樣地，你可以打通電話致謝，但是如果你真的有心，不妨選張獨特的紙，誠懇地寫封親筆信。當然，傳幾句簡訊，說些俏皮話，是很好玩，但讓我們誠實以對吧，那些真正美好的時刻，都是見了面，才會發生的。現在，我們推出了一些小玩意，這些小玩意不會取代原本就已建立的溝通方式，只會益顯其獨特。這很發人深省。說到底，我們越能讓彼此感受到別具的情意，相處想必越見融洽──而這，絕對是件好事。

 橘電信，未來很光明
the future's bright

自詡幽默，用了不太可口的概念，但心胸開放且年紀較輕的消費者還是會買單；像 Pepperami 香腸點心的〈帶點獸性的狂野〉（*It's a bit of an animal*）和亨氏的〈亨氏沙拉醬讓所有的食物變得美味可餐〉（*Anything tastes supreme with Heinz salad cream*）都是箇中有名的系列廣告。另外，金色奇蹟洋芋片（Golden Wonder）的〈行路者〉（*Walker*）還把薯片塞在內褲裡，沖杯泡麵（Pot Noodle）的電視廣告也表現了許多幼稚行為（有則廣告讓男孩把狗吃過的麵偷偷拿給女朋友吃，另一則的男主角則是把盤子舔乾淨，就拿回碗櫥裡放）。

話說回來，創作飲食廣告，不是把惹人垂涎的產品照貼出來就了事。凝結的水珠從冰涼的啤酒罐上滑下來，或許能勾起暢飲的慾望，但不能算是廣告概念，只能說是張美輪美奐的包裝照，任何飲料都可以拍攝。〈有牛奶嗎？〉系列廣告之所以那樣成功，有部分必須歸功於它的表現不只能在觀者眼中勾起一杯鮮奶的想像，還能讓觀者在口中喚醒鮮奶的滋味，如同親嚐。

廣告概念與「空降」產品

廣告概念必須和產品相關連，否則你會做出一則讓產品名稱簡直像「空降」般突兀出現在結尾的廣告。因為你想到的廣告概念很可能適用於任何產品。

有一個簡單的方法可以辨識產品是否「空降」，那就是把產品名稱／商標用手遮住，然後以其他產品名稱／商標取代（先用不是同一市場的產品，然後再用競爭對手的），如果廣告概念依然可行，那該廣告概念顯然和產品連結得不夠密切。

你的廣告概念必須無可辯論

廣告創作源自策略與概念的發想；此兩者必須要能立基在**強而有力的論點**上，方能說服消費者購買某項產品。要將論點的力道加強到極致，你可以先想像最強烈的反方論點會是甚麼，以此為依據改善你的說法。舉例來說，還記得我在第 104 頁要你想像在酒吧裡遇上喝得酩酊的「萬事通」嗎？現在他正對你抱怨奧運將在紐約登場，他討厭運動，覺得舉辦奧運必然耗資甚鉅，地鐵必定人滿為患，而你正好負責創作奧運的**宣導**廣告。你的系列廣告概念必須精湛到一個地

這家電信公司是在自打嘴巴嗎？一則廣告的論點應該無可辯論，說服消費者購買產品；但在這個例子裡，勇敢的客戶（加上讓人耳目一新的廣告概念）也提出反面論點，提出不使用產品的時機。

客戶：橘電信（Orange）
廣告商：Mother，倫敦

步，一句話就讓這位萬事通立刻閉嘴，就此一勞永逸地終結辯論。你可以用簡單的事實作為發想的基礎，比如：

舉辦奧運將為紐約（或是其他主辦城市）帶進**一百一十億**美元的錢潮。

想想這樣夠不夠讓萬事通先生閉嘴，如果可以，那你要認真考慮以此為廣告的論點（如果不能，你要知道不足之處何在）。話說到底，如果你能叫憤世嫉俗的酒蟲閉嘴，那應該沒有誰辯得過你了。

上一頁的廣告（〈開／關〉〔On／Off〕）是為橘電信創作的，同時提出了正反兩面的論點，表達消費者使用**和**關掉手機的時機。橘電信是很有膽識的客戶，將廣告的論點呈現提升至全新水平。

廣告概念腦力激盪：心智圖的運用和後續工作
〈基本工具〉的第一節是〈你要說甚麼？〉，也就是確認廣告主張（或效益）為何，而不論你面對甚麼樣的廣告主張，心智圖都能助你面對可怕的白紙，從而發想出廣告概念。

你可以單獨使用，或和兩、三人一同使用心智圖，藉以網羅腦海中的點子，透過「分枝」連結概念，讓創意多方開展。

心智圖與其他即興發想工具的不同之處，在於它能同步手、腦、眼的運作，將思緒全盤視覺化，更方便使用者比較、對照、編輯和集中念頭，藉此暢快地發揮創造力。

心智圖可用在任何類型的廣告主張上（不論是產品特有，或是市場共通），並能助你在短時間內完成創意彙

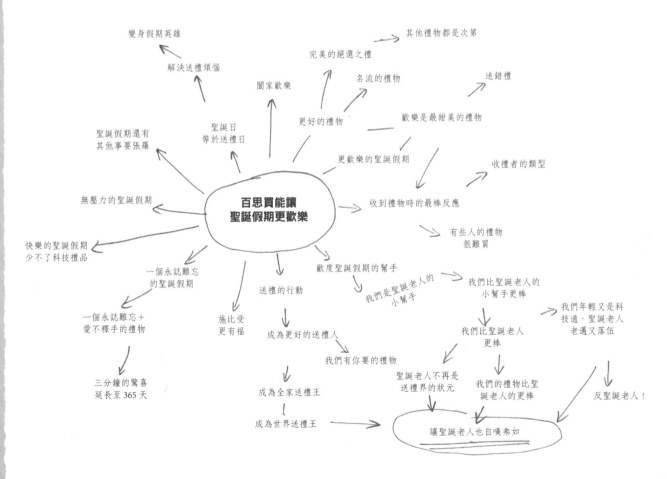

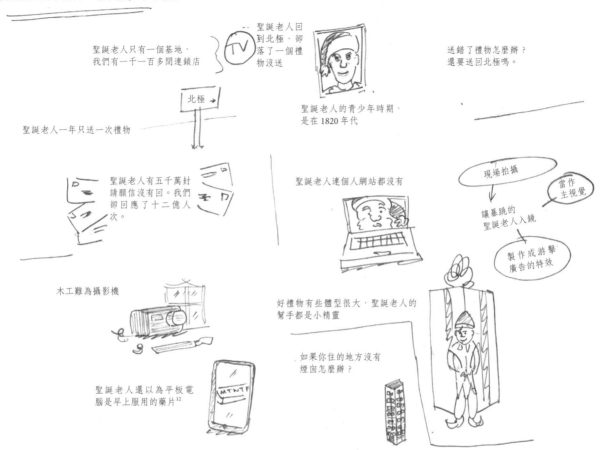

讓聖誕老人也自嘆弗如＝廣告概念／品牌標語

聖誕老人只有一個基地，
我們有一千一百多間連鎖店

聖誕老人回
到北極，卻
落了一個禮
物沒送

送錯了禮物怎麼辦？
還要送回北極嗎。

北極

聖誕老人一年只送一次禮物

聖誕老人的青少年時期，
是在 1820 年代

聖誕老人有五千萬封
請願信沒有回。我們
卻回應了十二億人
次。

聖誕老人連個人網站都沒有

現場拍攝

當作
主視覺

讓暴跳的
聖誕老人入鏡

製作成游擊
廣告的特效

木工難為攝影機

好禮物有些體型很大，聖誕老人的
幫手都是小精靈

如果你住的地方沒有
煙囪怎麼辦？

聖誕老人還以為平板電
腦是早上服用的藥片[12]

報；最棒的是它捕抓的是當下思緒的流動，你只需要寫下當下想到的解決方案，不必有「標準答案」的負擔，畢竟沒有一張心智圖會一模一樣。有些廣告商會在簡報時呈現所有的心智圖，好讓客戶看見達成最終廣告概念所耗費的腦力（即便是在那些不需要呈現最終成品的提案會議，這些心智圖依然是扎實的簡報素材）。

▌運用心智圖

第一步：參考廣告策略簡報，在白紙的中間（用一句話，或一個詞）寫下基本廣告主張（對頁的範例以美國的百思買（Best Buy）家用電器行為假想顧客）。

第二步：接著你可以透過文字任意聯想，將你的聯想寫在廣告主張的周邊。不需要絞盡腦汁，這階段只需任意識流動，想到甚麼就寫甚麼。

第三步：從初始聯想衍生出直接相關或間接相關的念頭，並且以短線連結，形成「分枝」。當一條分枝「長勢已盡」，你可以回到廣告主張，或是心智圖的其他部分發展「新枝」。

第四步：當你想不出其他相關的念頭時，看看你畫出來的心智圖，評估何者最最具潛能可以發展為簡單、原創、格局又大的系列廣告概念，然後把它們圈起來。

第五步：（上圖）把每個圈起來的點子當作系列廣告概念，開始發展廣告表現，同時寫下廣告標題、圖像、品牌標語或任何其他的相關想法（如果你輕而易舉就能發想出這些廣告元素，那這個點子或許真的可做正選）。

12譯註：英文的平板電腦（tablet），也用以指稱藥片。

07

電視廣告
TV

電視和電影可說是最為豪華的廣告媒體（這裡是跟所有廣告媒體相比，而不單指播放類媒體，該類媒體還包括廣播和互動電視），其原因牽連到曝光度（看電視的人比閱讀或聽收音機的人還多），以及這兩者製作的規模較大，除了取景可能遠赴異國，導演也可能延請大牌。

是電視，還是電影
在這一章裡面，我大多使用電視一詞，主要是因為電視比電影更為普遍（想想所有在電視上出現的頻道）；但許多時候，我其實是以電視之名兼論兩者。有時廣告大小屏幕都要登載，有時只須擇一播放；不論何種情況，你都需要考量到兩種廣告的不同。

電視廣告和電影廣告的差異
▌字幕大小
電視螢幕的平均尺寸較之電影銀幕，還是有段明顯差距，這對字幕的字體大小當然有絕對的影響。你可以思索一石二鳥的可能，將同一尺寸的字體運用於兩種屏幕之上，或是隨屏幕而變更字體大小。很多廣告人都會忽略字體大小的重要，用巨大的字體充滿電影銀幕（當字幕傳達的訊息其實應該含蓄輕描），或者更糟，將電影片頭或片尾演職員表所用的蠅頭小字搬上電視廣告，叫觀眾難以辨讀。

▌剪裁和取景
與字幕大小相比，剪裁和取景比較不是問題（能在電視廣告上成立的運鏡，通常也能在電影銀幕上成立），但有個簡單的要領還是值得留意：大量的特寫比較適合電視（放到電影銀幕上，細節就會太過放大）；相反地，大量的遠景就比較適合電影（放到電視螢幕上，細節就「失落」了）。

▌電影廣告蘊藏更大的創意空間
當廣告是在電影院內播放，而不是一般家庭裡時，播放鄰家印度餐廳的廣告可就浪費了；你大可運用電影院的地利，揮灑你的創意。舉 2003 年 BMW 的互動廣告為例，開場畫面是一條漫長、黝暗的鄉村道路不斷延伸向遠方，而影廳裡的燈光一如往常在影片開始前便已關閉；在那一片黑漆裡，銀幕裡亮著兩顆車燈，從鄉村道路的遠方駛來，離銀幕越來越近。當車子越來越靠近觀眾時，影廳裡的燈光緩緩開起，從微弱增至光耀奪目，藉此凸顯 BMW 雙氙氣頭燈的照明強度。當車燈關閉時，影廳又再次回歸黑漆（廣告商：TBWA／Hunt／Lascaris，約翰尼斯堡）。

備註：與電視令人眼花撩亂的多頻道相比，電影院的觀眾比較容易專注，不過你可別因此而低估了創作電影廣告的挑戰性，還是要以尊重的心來創作，並慮及觀眾（電影院也有分散注意力的誘因）。

文字腳本及故事腳本
呈現電視廣告概念，有三種方式，這三種方式分別是：文字腳本（只用文字敘述和形容）、故事腳本（使用文字和圖像）和動畫腳本。

電視廣告的文字腳本一般都以第三人稱撰寫，除了簡單描述廣告中的動作和對話，另外也會標記旁白和音效（我們會在下面更詳盡地探討這些名詞的意涵）。文字腳本不須花俏的遣詞用字，也無須過度形容，簡單的描述便已足夠。右邊的廣告範例是麥當勞的〈房屋仲介〉（Estate Agent），如果以故事腳本呈現的話，可以像對頁右側把「影像」畫在左邊，「聲音」記在右邊（包括旁白和最簡單的音效描述），讓文字和圖像並肩排放。

文字腳本是客觀的「故事」，能讓閱讀者**看見**腳本製作成廣告後的樣貌。文字腳本只寫廣告中的動作，而不在廣告角色的心情上著墨，同時應能直接傳達**廣告概念**，不須再另闢篇幅解釋；而這類「解釋」文字也特別不見容於焦點小組，因為在現實生活裡看電視的時候，廣告人也沒有向觀眾解釋廣告概念的餘裕。

故事腳本可分為兩種版本，兩種版本各有不同的創作者。第一種故事腳本通常都出自廣告商的創意部門（通常都是手繪稿），由一連串的「關鍵景框」（key frame）構成；這些景框（也稱為分鏡）描繪

■ 基本的文字腳本

我們以多汁的麥當勞四盎司牛肉堡作為開場。鏡頭接著切換到一間空無一人的客廳。這間客廳看起來剛油漆完畢。

旁白：這是房屋仲介要買麥當勞四盎司牛肉堡，所需花費的勞力。

有個男人把門推開，讓身後的夫妻瞥了一眼。

音效：門打開。

那個男人只說了一句話。

房屋仲介：客廳。

他話才說完，就把門關起來。

音效：門關起來。

鏡頭切換回多汁的麥當勞四盎司牛肉堡。然後打上字幕。

字幕：99 便士。

旁白：麥當勞四盎司牛肉堡。99 便士。

■ 故事腳本

VO:
This is the amount of work an Estate Agent has to do to afford the McDonald's Quarter Pounder.

旁白：
這是房屋仲介要買麥當勞四盎司牛肉堡，所需花費的勞力。

SFX:
(Door opens)

音效：
（門打開）

ESTATE AGENT: Lounge.

房屋仲介：
客廳。

SFX:
(Door shuts)

音效：
（門關起來）

SUPER: 99p.

字幕：99 便士。

VO:
The McDonald's Quarter Pounder. 99p.

旁白：麥當勞四盎司牛肉堡。99 便士。

■ 基本的文字腳本

影像	聲音
以多汁的麥當勞四盎司牛肉堡作為開場	**旁白：**這是房屋仲介要買麥當勞四盎司牛肉堡，所需花費的勞力。
切換鏡頭到一間空無一人的客廳	
有個男人把門推開，讓身後的夫妻瞥了一眼。	**音效：**門打開
	房屋仲介：客廳。
他把門再次關起來。	**音效：**門關起來
鏡頭切換回多汁的麥當勞四盎司牛肉堡。	**字幕：**99 便士。
	旁白：麥當勞四盎司牛肉堡。99 便士。

客戶：麥當勞（McDonald's）
廣告商：李奧貝納（Leo Burnett）・倫敦
創作者：Mark Tutssel、Mark Norcutt、Laurence Quinn、Nick Bell
備註：以上的文字腳本和影像暨聲音腳本，是作者以故事腳本為基礎，專為闡明書中觀點所做的揣想。

這些關鍵景框取自健力士
啤酒的廣告〈退化〉。

廣告商：Abbott Mead
Vickers BBDO，倫敦
創作者：Ian Heartfield、
Matt Doman

好事情總是降臨在耐心等待的人身上
GOOD THINGS COME TO THOSE WHO WAIT.

GUINNESS

出**廣告行進的關鍵點**，以最少的分鏡勾勒出廣告的全貌。每幅景框旁邊（通常在右邊，不然就是在下方）則寫著該分鏡內進行的對話，以及該有的旁白和音效。儘管每篇故事腳本的關鍵景框都不一樣，第一個景框常是廣角的定場鏡頭（establishing shot），賦予故事敘說的基礎，有時也兼具設定場景的功能；而最後一個關鍵景框則被稱為結尾景框（end frame），通常會秀出品牌標語和商標。

健力士啤酒推出的〈退化〉（*noitulovE*）曾獲得坎城雙年度大獎（Cannes Grand Prix）的殊榮，這則廣告的關鍵景框勾勒出橫跨百萬年的物種退化過程，讓人類變成史前的魚類在泥巴裡吞吐泡沫（參見左邊）。

本田汽車的〈齒輪〉（*Cog*）也曾獲大獎肯定，其關鍵景框描繪出以本田 Accord 系列的汽車零件精密排列成的「骨牌陣」。旁白以這句話做結：「當一切運作順暢時，不是很美妙嗎？」（參見對頁）

上面的腳本大綱是廣告商最初向客戶簡報的版本，可能以文字腳本或故事腳本的形式呈現；如果客戶心動買單，接下來廣告商就會聘請導演，跟廣告創意團隊見面針對腳本進行討論，且從關鍵景框延伸出更多的廣告片段，同時決定分鏡和拍攝角度等細節，衍生出新的版本。這個階段也是手做的過程，除了紙筆，也會使用若干的視覺素材，如圖片、影片剪輯片段、場景照和廣告演員照等。當創意團隊和客戶達成共識後，這些景框便會成為拍攝內容的準繩和指南。

動畫腳本則依關鍵景框的順序，將文字腳本變成最基本的動畫，以模擬實際的廣告，並透過 U-matic 錄放影機（或其他適配的機種）播放。動畫腳本的運鏡有時像是紀錄片，只以簡單的變焦（zooming）和橫搖（panning）拍攝靜止的景框，藉此創造出動感，然後再加上旁白、對話和基本的音效。有時候廣告商為了測試廣告效應會組織焦點小組，並時常使用動畫腳本，好幫助受測者了解廣告內容；不過，這些模擬版的廣告十分粗陋，像孩童的塗鴉，時而削弱廣告概念的傳達力，許多受測者會過度受其影響──這也是為什麼廣告界對動畫腳本的使用，至今仍有爭論。

時間長度
在美國，電視廣告通常會透過主要的電視聯播網放送，不然就是獨立或有線電視台。雖然一般都播放三十秒鐘，但電視廣告也有其他的時間長度。

音效（SFX）

除了廣告角色的說話聲和旁白，其他所有的聲音皆稱為音效，包括任何能增添笑料或戲劇效果的雜音。音效若是使用音樂，可能是播放原奏（或翻奏）的作品，也可能另外量身訂做編曲；若是不播放音樂，那就不外乎是廣告情境裡的自然聲響。舉例來說，如果氣球破掉，那腳本就要寫，「音效：氣球破掉」；如果廣告事件在公園發生，腳本可以寫，「音效：鳥鳴、孩童嬉戲等」。另外，還有種音效叫做「底串」（under and throughout），它能作為旁白和其他音效的「襯底」，「貫串」整則廣告。

聲音是電視廣告比平面廣告更佔優勢之處（另外兩大優勢是動態影像和播放時間），有些電視廣告甚至以聲音為概念基礎，比如 Skoda 汽車的 Roomster 系列就有一則名為〈吃吃笑〉（Giggle）的廣告；裡面盡是此起彼落的各式笑聲，有的是暗自輕笑，有的是遊戲般的嘻笑，有的則是歡呼般的大笑，中間還穿插著哼歌、嘆息、親吻、拍手和口哨的聲音，與製車廠裡的機械人、組裝機台和工人的動作合拍，最後透過字幕總結廣告概念──Skoda，快樂駕駛員的生產者，榮譽出品 Roomster。還有，戴森（Dyson）也曾推出一支廣告，以橡皮玩具經按壓後所發出的吱吱聲，描繪他牌吸塵器的無力。另外，Sony BRAVIA 液晶電視曾推出一支名為〈顏料〉（Paint）的電視廣告，其中有個版本沒有背景音樂，只配上了顏料爆炸、噴射、灑落在地上和牆面上的聲音。

當你挑選原奏作品做廣告配樂時，要挑選最能呼應

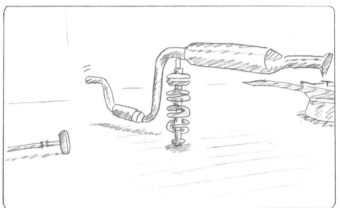

這些關鍵景框取自本田汽車的獲獎廣告〈齒輪〉，描繪的是以車身零件精密排列成的「骨牌陣」。旁白以這句話做結：「當一切運作順暢時，不是很美妙嗎？」

廣告商：Wieden & Kennedy，倫敦
創作者：Matt Gooden、Ben Walker

廣告概念、調性和品牌的段落。英國航空就曾以歌劇樂曲（里奧·德利伯〔Léo Delibes〕為歌劇《拉克美》〔Lakmé〕所譜的〈來吧，瑪莉卡〉〔Viens Mallika〕）為廣告配樂，傳達豪華舒適和高貴典雅的情調。

不同的配樂可以賦予廣告截然不同的風情（可以產生幽默、諷刺或戲劇感等等），對的配樂可以將廣告提升至另一個層次，大大有助於概念的溝通，也能在不直接言說的情況下，帶出廣告角色的心情（這點許多電影場景皆可作為佳例，其中《BJ單身日記》〔Bridget Jones' Diary〕的開場就播放了傑米·歐尼爾〔Jamie O'Neal〕的〈孤單一人〉〔All By Myself〕，讓喝醉的女主角對嘴表演）。反過來說，出色的廣告也會助長配樂的聲勢，讓老歌翻紅，新歌問鼎排行榜冠軍。

當你拿到文字腳本時，不妨先嘗試那些顯然適用的配樂，然後再試試那些扞格不入的，或許會激盪出意料之外的火花。尋找適當的配樂，有時候會踏破鐵鞋無覓處，直到廣告完成剪輯後，你才能覓得靈感（導演湯尼·凱本來打算使用古典音樂作為登祿普輪胎廣告的配樂，直到有人靈機一動使用地下絲絨樂團〔Velvet Underground〕的〈穿毛皮的維納斯〉〔Venus in Furs〕，加上一點改編，方才成就了這支名垂青史的廣告大作）。

不要因為客戶負擔得起，或是因為某首歌爆紅，就選它當配樂；即便這首歌跟品牌相配，廣告還是難脫「借利」之嫌，而且若是熱潮一夕消退，廣告也會跟著過時，可謂得不償失。只要你選擇的配樂跟廣告搭起來很自然，無須擔心激進粉絲抗議你把「他們的歌」給毀了。

當然，對剛冒出頭來的作曲人來說，電視廣告可以提供譜寫和錄製原創歌曲的良機，不失為大展身手的舞台。這些廣告配樂不一定要走幼稚媚俗的路線才能成功（想想本田汽車獲獎的廣告配樂〈齁〉〔Grrr〕）；如果歌寫得好，也能透過廣告而走紅，反過頭來助長產品的名氣。

關於音效，還有一點可以補充：聽見不尋常的音樂時，記得把它**記下來**（就跟碰到不尋常的字體、圖片一樣），說不定你從街頭藝人那邊買的風琴演奏CD，哪天就會和你發想的廣告成為絕配。

旁白

旁白（Voice Over，英文簡寫為 VO 或 V／O）是隱於幕後的配音員所說的話，可以由廣告演員來配，也可以聘請廣告演員之外的人選。廣告可以通篇都使用旁白，也可以只用旁白念誦品牌標語或產品名稱（或者你也可以只上字幕）。需要注意的是，在寫文字或故事腳本時，旁白跟廣告演員的說話必須分別標註；廣告角色可以名字（如「約翰」），或是就以「男子」指稱。如果你想標註配音員的性別，可以寫成男旁白或女旁白（如果不只一位配音員，你也可以幫他們編號，寫下男旁白〔或女旁白〕1、2、3等）。

你甚至可以簡單描述配音員聲音的類型或風格：

- **男旁白：**三十多歲、有活力、帶點南方口音
- **女旁白：**五十多歲、真誠、梅莉·史翠普（Meryl Streep）風★

★你當然也可以直接寫下「梅莉」，然後請本尊來配音（但是很多人都知道，許多名聲赫赫的演員對廣告演出是敬謝不敏，即使酬勞上看百萬）。

旁白直接表達了廣告的調性，如果需要，你也可以另行標註旁白的聲音表情（如諷刺）。請記得，雖然廣告調性不算是概念，但它必須要**反映**你的概念。

撰寫旁白一樣要避免匠氣的俗套，除非該俗套是表達廣告概念的必要手段。有的學生經年累月受廣告耳濡目染（通常都是壞廣告），在習作時都會複製一種聽似誠懇、實則陳腔的旁白；當他們在心裡盤算，「我現在要做電視廣告了，我要把這旁白弄得誠誠懇懇」，那麼成果十之八九聽起來都會言不由衷，甚至很油。旁白內容其實不妨簡單，唯須扣緊廣告概念，反映調性，並且與品牌精神相互呼應（美國大部分的汽車電視廣告聽起來和看起來都有些相似，其實我們應該拋開過往的窠臼，原創獨一無二的作品，讓旁白反映出這是為某家越野車特地打造的廣告，有其獨到概念，而不是為**所有的**越野車服務）。

字幕

字幕是疊加在螢幕上的字體／文本（字幕的英文為super，是疊加〔superimposed〕的簡寫）。字幕和旁白可以互相取代，也可以同時使用。當然，除非字幕很短，不然單看疊加在螢幕上的文本，較難吸收訊息，不若有旁白從旁輔助（耳聽比閱讀更快形成理解）；而若廣告中有人聲，電視聲音卻是關掉的，對

觀眾來說也是難以理解的（運動酒吧播放的比賽常常「靜音」，就沒人知道轉播員在說甚麼）。假設電視有開啟聲音，有人聲且有上字幕，對觀眾來說會比只有人聲或只有上字幕來得好吸收，這是很明白的道理（所以字幕越長，附加旁白的需求也就越強）。

相同的創作原則亦適用於電視廣告

在三十五歲之前，每人平均看過的電視廣告數量大約是 150,000 支（這整整要花兩個月！）。不論廣告媒體的型態為何，我們要問的問題是：「人們真正記得的廣告有幾支？」

一支**好**廣告要能簡單明瞭，而且快速又切題地傳達訊息（扣住專一主張）。我們希望人們記得的是品牌和產品，而不是廣告裡的「故事」（電視廣告的播放時間雖然比海報廣告的三秒時限來得長，但是比起劇情長片來說，還是驚鴻一瞥。）。

還記得〈基本工具〉一章的口訣「快傳它（SLIP IT）」嗎？這個口訣可以運用在所有媒體的廣告上，而不只是平面。一支**優秀**的電視廣告不但能停駐你的目光，還會讓你微笑，甚至笑出聲音來，而且引發思考；它應該滿足知會的功能，或者觸撥你的心弦，或者引導你涉入廣告情境與之互動。

就像我在本書頭幾頁所闡釋的，不論是只有三秒能傳達訊息的海報廣告，或六十秒長的電視廣告，能用**一句話**，就把廣告概念交代清楚，是最好的（參見下方的〈以「單一景框」為目標〉）。自從有廣告以來，這個標竿就一直存在，右邊的經典電視廣告也應證了這點。

以「單一景框」為目標

以「單一景框」*為目標可以說是一種刪減法。廣告時間延長至奢華的三十秒，意味廣告概念也有繁複的空間，使用分鏡、旁白等元素時，也很容易失去節制。如果能增益廣告的效果，你可以讓廣告導演擴增故事腳本中的關鍵景框（參見〈是否該讓導演自行領悟廣告概念？〉，第 176 頁）；但除此之外，「單一景框」是上上之策。我不是說每一篇文字腳本都要恪守這個法則，但這是個很有用的創作工具，能力保廣告概念的簡單；當廣告簡單到極致時，就只需要一個鏡頭（不包含結尾景框），只要你盡量將關鍵景框的數量限定為一（二和三也可以），**將廣告概念濃縮在這個分鏡裡，就好像海報廣告那樣**，即使最後成品使用更多的分鏡來鋪陳故事，溝通的力道還是會因此

廣告商：DDB
創作者：Roy Grace、Evan Stark
產品：我可舒適發泡錠（Alka-Seltzer）
廣告名稱：〈媽媽咪啊〉（*Mama Mia*）
廣告概念（以一句話總括）：有個演員幫某家辣肉丸拍攝廣告，有個鏡頭一直沒拍好，最後只好服用我可舒適發泡錠。

傑克：媽媽咪啊！這肉丸還真是特別⋯⋯
導演的聲音：卡。是香辣，傑克。
傑克：抱歉。
場記的聲音：第二十八次拍攝。
導演的聲音：東尼，要開始囉。好，開拍。
傑克：：媽媽咪啊！這肉丸還真是香辣。
導演的聲音：卡。
傑克：這次又怎麼了？
導演的聲音：口音不對。
傑克：（被辣到說不出話）嗳嗳嗳嗳嗳！
導演的聲音：卡。
傑克：天香回味，勁辣極爽，就是這一丸。
導演的聲音：卡。
場記的聲音：第五十九次拍攝。
導演的聲音：好，開拍⋯⋯傑克？
傑克：有時你會吃得太多，超過負荷，如果又是重口味的香辣，媽媽咪啊，那你還真需要我可舒適發泡錠，幫你解脹氣，舒緩胃酸過多，讓你回復好胃口。
傑克：媽媽咪啊！這肉丸還真是香辣。
音效：（廚房有東西掉落）鏘鏗！
導演的聲音：卡。好吧，我們先休息一下，吃個午餐。

創作平面廣告的工具同樣可運用於電視廣告，這則電視廣告運用的工具是視覺明喻。最後一個景框濃縮了廣告概念，後來化身成了海報廣告。
——
客戶：安海斯-布希公司（Anheuser-Busch）

而增強。有許多廣告（雖然近年少了些）都以兩種媒體（平面和電視）演繹同一個廣告概念，而且兩者所差無幾，可說是「單一廣告的收費，兩種媒體的版本」；這樣做的理由其實不難理解：當你可以用一個廣告概念貫穿各種媒體，因而增強廣告力道時，何必換個媒體，就換廣告概念呢？

對頁的廣告範例（包括我的學生珍妮‧德魯克〔Jenny Drucker〕為自傳頻道所做的〈麥可‧傑克森〉、綠色和平組織的〈沉默的動物和皮草外套〉〔Dumb Animals／Fur Coat〕，還有富豪汽車的〈超音波顯像〉〔Sonogram〕）都是採用一個鮮活的主視覺，將同一概念演繹於平面和電視媒體的例子。許多絕佳的電視廣告至平面後照樣可行，其概念必然蘊藏極其高明的簡單。創作廣告之初預設甚麼媒體並不重要，重要的是同一廣告呈現於不同媒體，要能如出一轍。

近年來，消費者的注意力越來越不濟（以所謂的「MTV 世代」為始，就開始顯露此一傾向），許多電視廣告都因分鏡簡練而被嫌「慢」，讓鏡頭快速切換者取而代之，進而掀起了業界的論戰。在淺論這個議題之前，我想先指出人類大腦的資訊吸收量是有限度的，所以快速切換鏡頭作為一種**風格**，或能流行一時，但只要**概念**依然居於首要，簡單遲早會回歸王道；所以要說這陣風潮有甚麼建樹，我想應該是令簡練的廣告益顯出色吧。還有，廣告近年的衰退也必須考量其他原因，消費者的注意力不濟或許只是其中一端（此一主題的相關討論可參見〈品牌標語式微了嗎？〉，第 106 頁）。

★故事腳本的「景框」跟影片裡的實際「景框」（幀數）是不同的概念，別搞混了。

平面行不通，拿來上電視

你現在應已了解簡練之難，簡練的平面廣告尤其難得，有時候即便是好點子，用於平面廣告仍嫌太複雜或是冗長；不要擔心，只要一點微調，拿它來做電視廣告或許剛剛好。舉例來說，我有個學生接下樂高積木的廣告案，要將之包裝成歡樂滿點玩具；廣告裡的小朋友故意在家搗亂（在家具上塗鴉、拿著剪刀追趕跑跳等），只為被關進房間，好玩那裡收藏的樂高！這個系列廣告概念很有梗，但是情節較多，用在平面廣告上行不通。後來我建議這位學生，把這個故事編成幾個小場景（vignettes），然後在結尾來個反轉，果真成就了一支簡潔有力又動人的電視廣告（參見第 172 頁的〈片尾反轉〉以及第 174 頁的〈小場景〉）。

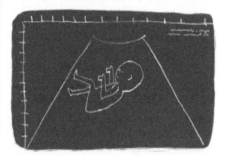

左 一個精采而簡單的概念能同時發為平面和電視廣告（看板廣告的版本見於第 35 頁）。

客戶：自傳頻道
（The Biography Channel）
學生：Jenny Drucker

右 這則廣告先在報章雜誌問世，而後又轉為電視廣告，原本的標題則改以旁白念出：你的身體裡是不是有股想買 Volvo 的悸動[1]？

客戶：富豪汽車（Volvo）
廣告商：Scali、McCabe、Sloves
創作者：Steve Montgomery、Joseph Lovering III
插畫：Steve Montgomery

[1]譯註：廣告裡的胎兒所呈現的獨特姿勢是在模擬開車。

下 血腥的時裝伸展台點出皮草背後的動保議題。這支電視廣告結尾的字幕直接取自海報版的廣告標題：「一件皮草外套背負著四十條沉默的性命。只為一人的虛榮。」

客戶：綠色和平組織
（Greenpeace）
廣告商：The Yellow Hammer Company
創作者：Jeremy Pemberton、Alan Page
廣告導演：David Bailey

麥可・傑克森
Michael Jackson

Bio graphy

「單一景框」的電視廣告範例

下面的電視廣告使用了單一分鏡；或是能輕易地轉為單一分鏡表現。

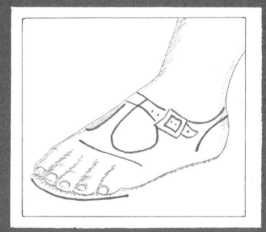

左 一艘船，迷失在茫茫大海中；原來船上有兩人，後來變一人（男旁白：我可舒適發泡錠。當你吃了不該吃的東西）。

客戶：拜耳（Bayer）／我可舒適發泡錠（Alka-Seltzer）
廣告商：Abbott Mead Vickers BBDO，倫敦
創作者：Greg Martin、Patricia Doherty

中 這支廣告的單一景框呈現出狗的視野（搭配旁白道出狗狗的內心話：以前，我很喜歡和她一起跑步，那時她速度不快，就跟她現在走路時差不多，而且跑一跑就累了，回到家後，還會在電視前睡著……現在我們一天要跑三英哩，週末則是十英哩。你也知道，狗狗就是喜歡曬曬太陽，好好睡覺……）。

客戶：Nike
廣告商：Wieden & Kennedy，波特蘭
創作者：Mark Fenske、Susan Hoffman

右上 一個老人對著一輛停在街邊的跑車喝斥：「開慢點！這是住宅區！你這痞子！」字幕則寫道：「一看就知道是快車。」

客戶：豐田汽車天空系列（Toyota Celica）
廣告商：上奇（Saatchi & Saatchi），洛杉磯
創作者：Verner Soler、Sherry Hawkins

右下 一台攝影機，一支筆，一隻孩童的腳。我還記得小時候看到這支廣告片，我整個人被迷住了（男旁白：鞋子如果在這裡收太緊，將會導致這隻小腳生雞眼及拇囊炎）。

客戶：Clark's shoes
廣告商：Collett Dickenson Pearce，倫敦
創作者：Neil Godfrey、Tony Brignull

Use condoms.
記得帶套

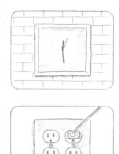

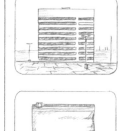

徵求駕駛
Drivers wanted.

Polo 7,990 英鎊起
Polo from only £7,990.

Surprisingly ordinary prices.
出乎意料地平價。

左 一個五歲的娃兒在公眾場合大哭大鬧，一發不可收拾，而他的爸爸莫可奈何，只是呆立在旁（字幕：記得戴套）。

客戶：Zazoo 保險套
廣告商：Duval Guillaume Antwerp，比利時
創作者：Stef Selfslaghs、Stijn Gansemans

中 平面廣告的訊息要讓人看一眼就明白，但是電視廣告也可以簡單俐落[2]。

客戶：福斯汽車（Volkswagen）
廣告商：Arnold Worldwide

2譯註：這則電視廣告名為〈方正〉（Squares），以不同的分鏡展現不同的方正之物。福斯汽車在最後一個分鏡秀出，應是取英文字 square 的諧意，指車體構造扎實、精密。

右 一個固定的鏡頭，一個打嗝的女子，一份攤開的報紙。女子忽然停止了打嗝，就在她讀到福斯汽車有多平價後（字幕：出乎意料地平價）。

客戶：福斯汽車（Volkswagen）
廣告商：BMP DDB，倫敦
創作者：Andrew Fraser

這支電視廣告示範了「給暗示，別露骨」的藝術（故事線：一位腳踏車騎士聽見一旁等紅燈的車裡，正播放著自己最喜歡的歌曲，於是他跟著汽車……一直跟到高速公路！不過我們所看到的，是腳踏車前輪漸漸爬進鏡頭。**想像**腳踏車騎士在汽車後頭瘋狂踩著踏板，比直接秀出這幅景象，更能傳達幽默感。字幕：專一的愛）。

———

客戶：英國廣播公司第一廣播台（BBC Radio One）

廣告商：法隆（Fallon），倫敦

創作者：Andy McLeod、Richard Flintham

備註：許多學生會編出冗長費解的「社會情境」作為廣告概念。這些情節用於平面廣告行不通，用於電視廣告卻好得多，很單純是因為後者容許更多鋪陳的時間。

給暗示，別露骨

我在〈基本工具〉討論過「給暗示，別露骨」這項原則，拿它用於電視廣告一樣顛撲不破。一如之前所述，不論內容是恐怖、逗趣或聳動的，在腦袋裡引發想像通常都比秀出實物實景更有力道，所以你在創作時可以問自己：「我需要秀出一切嗎？」如果有些部分藏而不露：「廣告會不會更出色？」

有個絕妙的範例是倫敦的法隆廣告公司（Fallon）幫第一廣播台（Radio One）所做的廣告，其品牌標語「專一的愛」點出了系列廣告背後的概念：當我們在廣播上聽到自己最愛的歌曲時，一定把整首歌聽完，不然難以繼續手邊的事。此系列廣告中，有則廣告安排腳踏車騎士停在等紅燈的車輛旁邊，汽車駕駛把電台上的美妙歌曲放得響亮，然後車子開走；接著切換到同一台車的側面特寫鏡頭，以時速六十英哩奔馳於高速公路，音樂持續播放，接著我們看到腳踏車的前輪漸漸爬進景框，就在車子後方。

這則廣告之所以成功，就在於它把腳踏車騎士奮力追車的細節都留給**想像**；你當然也可以拍攝腳踏車追逐汽車於高速公路上，但是這樣會因為披露太多而失去餘韻，看起來像是「班尼‧希爾」（Benny Hill）[3]的搞笑劇，卻又沒那麼好笑，壞了廣告的魅力。

基於同樣的邏輯，福斯汽車 Polo 系列所推出的廣告〈街燈柱〉（Lamp Post）也在絕妙的地方結束了鏡頭：那個當口路人正目不轉睛注視著牆上的汽車標價海報，直直地朝前頭的燈柱走去，還好張貼海報的工人早做準備，用海綿墊把燈柱團團包圍，但廣告沒讓觀眾看見路人撞進燈柱的窘樣，只是點到為止。

3譯註：班尼‧希爾是英國著名的喜劇演員，他領銜主演的喜劇節目《班尼‧希爾秀》（Benny Hill Show）風靡英國四十載，以肢體喜劇、諧擬歌舞劇和黃色雙關語著稱。

戲劇的媒體

電視是個動態的媒體，能給廣告人額外的自由，以戲劇化的方式呈現廣告概念（甚或一個事實），而平面媒體就不具這樣的優勢。舉例來說，世界女權組織（Womankind Worldwide）曾推出一支廣告，以非常寫實和具有戲劇張力的手法表現「在英國每四個女人，就有一個受到男人拳腳相向」這項事實；廣告裡的男人每經過一個女人，旁白就會計數，男人每經過第四個女人，就會動手打她。當男人到家時，我們知道下一個受害者就在屋子裡，這時候旁白補充道：「通常，這些暴力都發生在門後面。」不論你怎麼用平面媒體來呈現這個廣告概念，靜態的限制一定會讓它平掉；相反地，電視能透過連續的動作來說故事，可說是這個媒體不用可惜的強項。

另外，宜家家具的廣告〈自由〉（Freedom）也充分利用了電視的動態，廣告的場景是間辦公室，那裡面的員工都在為一個下午三點就回家的男人鼓掌叫好，男人在辦公大樓外和老婆見面相擁，似乎是要和小孩共享天倫之樂。廣告的配樂（也是電視別具的優勢）是歐文‧瑋伯（Ervin Webb）和獄友合唱的〈我就要回家了〉（I'm goin' home），賦予廣告概念更深的意涵，將之提升到另一個層次。如果轉以平面廣告表現，這樣的廣告概念容易淪為自溺的感傷，同時落入俗套。最後，廣告的景框打上字幕：如果生活沒那麼貴，那你就可以少上點班……歡迎來到工作以外的生活。最後打上品牌標語：Ikea，過好生活，顧好家庭。

暢行全世界的男人，一個真實的故事

這則廣告充分發揮了電視的戲劇之長，而且只用「單一景框」表達概念，將寫得絕妙的六分鐘獨白一氣呵成地呈現。

客戶：帝亞吉歐（Diageo）／約翰走路（Johnnie Walker）
廣告商：BBH，倫敦
創作者：Justin Moore
插畫：John Rodrigues

約翰走路廣告：〈暢行全世界的男人〉

畫面前方，有個蘇格蘭風笛手，站在黃土小路上，背後是蘇格蘭的丘陵，還有一個男人漸漸走近。

字幕：暢行全世界的男人。一個真實的故事。

男人：風笛手……別吹了！讓我來說個真實的故事吧。從前有個男孩，名字叫約翰。雖然他出身農場，但是卻氣宇非凡，那是他眼中的光芒，胸口燃燒的雄心，步伐裡的雀躍。有一天，他信步而走。

這個男人一邊行走，一邊述說約翰走路的故事。隨著故事情節的發展，路上還會出現相應的道具。

男人：到了二十一世紀初，約翰走路不只成為全球最大的威士忌品牌，更成為進步的象徵；品牌標語「不斷向前邁進」為世人所頌，從民主鬥士到國會文膽，無不爭相引用。

那個維多利亞時期出生的農場男孩，後來經營起自己的雜貨鋪。要是他看到自己一手創立的威士忌品牌不斷進展，由後世子孫發展至今日的規模，他會作何感想？他應該會很開心吧。他可能出身卑微，只是間雜貨鋪的老闆，但是他和他的子子孫孫，都懷抱著如火焰燃燒的雄心壯志，同時也有足以實現抱負的手腕和才智。

直至兩百年後的今日，約翰走路依然繼續著無疆的壯行，沒有止步的跡象。

男人繼續邁步於黃土小路上……

片尾反轉

一如前面章節所述，「反轉」可用在平面廣告的標題、圖像和文案上。「先將觀者送上預定的前方，然後再抽走他腳下的小地毯」，這種手法和電視廣告也非常適配，所以使用率相當高，可以說早已通過市場驗證。

右邊的這則廣告贏得了坎城雙年度大獎，將《獨立報》的目標市場定位成心胸開放的獨立思考者，不喜歡別人規範他們的行為和想法。廣告以一幅又一幅報導式的黑白影像，搭配旁白念誦禁止句，表達出我們在日常生活遭遇的各樣約束；其中有小朋友手握剪刀的影像，搭配旁白：「禁止手拿剪刀跑步。」也有火焰吞噬車輛的影像，搭配旁白：「禁止玩火。」

最後一個分鏡裡，有個男人攤開《獨立報》閱讀，這時旁白以反諷的語氣道出：「禁止買……禁止讀。」形成了片尾的反轉，並扣住了產品名稱。

另外，怪獸求職網（Monster.com）也推出過一支名為〈駝鹿〉（Moose）的電視廣告，片尾的反轉頗有神來一筆的力道：廣告的開場是間豪華的辦公室，辦公室的牆面都鑲上了木板，其中一面還掛著氣派非凡的駝鹿頭標本，主管則將兩隻腿高高擱在實木桌上，就坐在駝鹿頭下。隨著鏡頭移動，我們看到駝鹿頭隔了一道牆接著龐大的身軀，在一間窄小的辦公室延伸；駝鹿四腳站在一張小辦公桌上，那裡面的員工必須將手穿過駝鹿的後腿才能工作——這時旁白切入：「想找新工作嗎？我們可以幫你。」

備註：片尾「反轉」和片尾「插科」（cut back）是不一樣的；前者通常蘊藏概念的關鍵，而後者比較是額外的驚喜（通常是個一閃即過的笑點，與前面的情節相銜接），在旁白／品牌標語／商標**出現後**才登場。

⋯⋯⋯⋯⋯⋯⋯⋯⋯⋯⋯⋯⋯⋯⋯⋯⋯⋯⋯⋯⋯⋯⋯⋯⋯

Exercise：來看電視吧！連續觀察二十個廣告，數數裡面有幾支使用反轉，又有幾支使用插科，並比較兩者的優異之處。

⋯⋯⋯⋯⋯⋯⋯⋯⋯⋯⋯⋯⋯⋯⋯⋯⋯⋯⋯⋯⋯⋯⋯⋯⋯

《獨立報》廣告：〈禁制連連〉（*Litany*）

男獨白：禁止說話。禁止觸碰。禁止通行。禁止深夜獨行。禁止靠右走。禁止喝酒。禁止思考。禁止抽菸。禁止吸毒。禁止吃牛。禁止垃圾食物。禁止變胖。禁止變瘦。禁止咀嚼。禁止吐口水。禁止游泳。禁止呼吸。禁止哭泣。禁止流血。禁止殺生。禁止實驗。禁止存在。禁止一切活動。禁止油炸。禁止燒腦。禁止坐得離電視太近。禁止踐踏草皮。禁止以手肘稱桌。禁止踩踏座椅。禁止手拿剪刀跑步，禁止玩火（暫停）。禁止叛逆。禁打小孩。禁止觸碰。禁止自慰。禁止孩子氣。禁止變老。禁止平庸。禁止與眾不同。禁止裸體。禁止輟學。

禁止買……禁止讀。

FEDERAL EXPRESS
聯邦快遞

NEED A NEW JOB?

需要一份新工作嗎？

聯邦快遞廣告：〈斯普利哲〉（*Spritzer*）

音效： 走廊上傳來腳步聲。

男人： 斯普利哲，昨晚你寄去阿布奎基的包裹沒有到。斯普利哲，你麻煩大了！斯普利哲！

男旁白： 下一次，用聯邦快遞。

對頁 不准做這，不准做那；一連串的禁制，最後以反諷的旁白托出反轉：「禁止買⋯⋯禁止讀。」

客戶：獨立報
（The Independent newspaper）
廣告商：Lowe Howard-Spink，倫敦
創作者：Charles Inge

本頁左 這則廣告說了個故事：有個主管急著找思普利哲先生，因為他把包裹寄丟了，可是斯普利哲先生好像不在辦公室。後來隨著鏡頭向下挪，片尾的反轉隨之揭露：原來斯普立哲先生躲在辦公桌下。

客戶：聯邦快遞
（FedEx）
廣告商：Ally & Gargano
創作者：Patrick Kelly、Michael Tesch

本頁右 這則廣告以駝鹿標本為主視覺，凸顯兩間辦公室（及兩種工作）的差別；駝鹿龐大的身軀更是反轉之所繫，象徵找錯工作的境遇。

客戶：怪獸求職網
（Monster.com）
廣告商：BBDO，紐約
創作者：Gerard Caputo、Reuben Hower

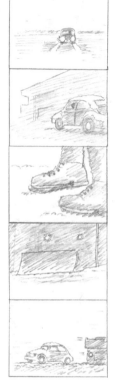

也許這是迄今最知名的一示見真章型電視廣告（「你曾想過開劃雪機的人如何開車到劃雪機的所在嗎？」）。

客戶：福斯汽車金龜系列（VW Beetle）
廣告商：DDB
創作者：Roy Grace

用聽覺形塑廣告的記憶點

在廣告中使用輔助記憶的符碼，可以加深觀眾對產品及系列廣告的印象；助記符可以訴諸視覺或聽覺，也可以同時使用兩者。有些人的嗓音叫人過耳難忘，最是適合電視和廣播；再不然，只用簡單的音效或廣告配樂，也可以達到助記的效果。雖然很多助記的音效都煩人又老套，但其中也不乏含蓄而高明者，在廣告片尾播出，高效地建立了品牌，像是 Intel® Pentium® 處理器最後畫龍點睛的配樂、雅虎招牌的引吭高呼，還有英國陸軍徵兵廣告片尾鏗鏘俐落連三響的踏步聲。

電視廣告的窠臼

電視廣告的俗套可謂滿坑滿谷，不論是概念或表現的窠臼都相當氾濫；這樣的現象，廣告商和客戶都有責任。下面列舉時興的「潮流」，請不要誤踩地雷：

· 會說話的動物
· 會說話的嬰孩
· 產品（特別是汽車）變形成手舞足蹈或奔跑的機械人
· 電影銀幕長寬比（IBM 已經率先使用，而且成功地「佔有」這個格式，你還有甚麼理由複製它？）
· 經典搖滾樂曲（汽車品牌，特別是越野車對這類歌曲還真是「情有獨鍾」）
· 其他被定型的音樂（譬如，鼓舞人心＝M 族群樂團〔M People〕、黛絲瑞〔Des'ree〕）
· 在每個鏡頭前後加上「閃光燈」效果

當然，如果你因為諧擬或戲仿，而特意使用俗套的影像，那自然又另當別論了（參見〈諧擬法〉，第 130 頁）。

在電視上一示見真章

對一示見真章型的廣告來說，電視是再理想不過的媒體，因為你可以動態展現產品。下面列舉出一些非常經典的範例：

▌福斯汽車，〈劃雪機〉（Snowplow）
男旁白：「你曾想過開劃雪機的人如何**開車到**劃雪機的所在嗎？你不用費心猜疑了。這位劃雪員靠的是福斯汽車。」

▌美國旅行者，〈黑猩猩〉（Gorilla）
男旁白：笨拙的飯店行李員、粗暴的計程車司機、粗心的大廈門房、橫衝直撞的搬運員、野蠻的行李倉管，還有其他遍布全球各地經手行李的手滑哥──我們有個行李箱不怕你。

▌本田小狼 C-100 夢幻系列（Honda C-100 Dream），〈一滴〉（Drop）
與其展示油箱加滿後，這款機車可以跑多遠（跟汽車廣告如出一轍），觀眾看到的是一滴油可以讓它跑三十秒。

▌蘋果 MacBook Air 筆記型電腦，〈信封〉（Envelope）
一個用以交流公司內部文件的信封袋被放在桌上，袋子好像裝著一疊文件。接著有隻手，把信封袋打開，拿出超薄的筆記型電腦。

▌富豪汽車，〈泰山壓頂〉（Heavy Traffic）（此廣告登於平面媒體的版本，可見第 112 頁的畫稿）
男旁白：您的車頂得住泰山壓頂嗎？

誇張法

在第 140 頁，我們已經討論過誇張法；這項手法並不是平面廣告的專利，法國有家報紙叫作《隊報》（L'Equipe），很清楚地展現了「X 品牌是如此優異，所以……」的理路：廣告裡的父親似乎永遠都在看《隊報》，以致於當他放下報紙露出臉來時，家人都以為是陌生人而拼命尖叫，直到那位父親又把臉埋在報紙後面，家人才認出他來。

小場景

英文裡，vignette 是特寫人物的小品文，也可用以指稱戲劇或電影裡的小場景。電視廣告相較於戲劇或電影，必須以小得多的篇幅說一個故事，因此在廣告中使用一個（或是一連串）小場景是非常實用而常見的手法。小場景可以涵蓋幾分鐘、幾星期、幾年，甚至是幾世紀的跨幅，大大節省了敘述的篇長。小場景用來凸顯概念也很方便，舉例來說，如果你想表現一個人的戀愛運很差，大可用一連串小場景敘述他在一場盲約裡所碰到的各種尷尬狀況，或者乾脆把時間的跨幅拉長，以一個個小場景敘述一場場糟糕的約會；這兩種方式都能清楚地溝通概念，讓觀眾對主角產生同情。不過，有一點需要注意，小場景是手法，而非概念；小場景的使用終究要為概念服務。

重複觀看

這個點聽起來很像一般常識，但其實很容易忽略，是你在創作時要捫心自問的：這支電視廣告經得起反覆觀看嗎？一下就把觀眾惹惱或太過刺激的梗，最好能

美國旅行者，20 美元起

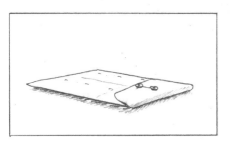 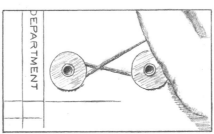

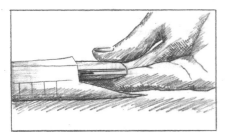 

上 對一示見真章型的廣告來說，電視是再理想不過的媒體（這則廣告以影像表現黑猩猩「玩弄」行李箱，並搭配男旁白，「笨拙的飯店行李員、粗暴的計程車司機、粗心的大廈門房、橫衝直撞的搬運員、野蠻的行李倉管，還有其他遍布全球各地經手行李的手滑哥──我們有個行李箱不怕你」）。

客戶：美國旅行者（American Tourister）
廣告商：DDB，紐約
創作者：Roy Grace、Marcia Bell Grace

下 這支電視廣告採用一示見真章的廣告策略，表現得極盡簡單又高妙（片尾還來一手反轉），讓觀眾見識筆記型電腦可以從容有餘地放進公文信封袋裡。

客戶：蘋果（Apple）
廣告商：李岱艾（TBWA）旗下的媒體藝術實驗室（Media Arts Lab），洛杉磯
創作者：Alain Briere、Demian Oliveira、Krista Wicklund

MacBook Air，全世界最輕薄的筆記型電腦

避則避（有時整個廣告概念都會令人不舒服，那就必須從長計議；有時只有部分概念有問題，可能只要變換音效或對話即可）。要知道，電視和廣播大都是在家播放，具有入侵性（我最近看了一支電視廣告，裡面的演員一個個笑得響遍行雲，而且聲音粗礪。現在一見這支廣告，我總是忙不迭地尋找靜音按鈕）。

製作電視廣告的三個階段
當文字腳本寫好，經過客戶認定後，我們就會進入製作電視廣告的三個階段：前製、製作（也就是「拍攝」）和後製。

前製會議（pre-production meetings，簡稱為 PPM）在正式開拍前舉行。第一次會議通常由導演、製片，以及廣告商的創意團隊和製管部參與對談。議程中討論的項目包括文字腳本、導演分鏡、演員、服裝、拍攝地點等細節，而幾次會談後的結論必須另行告知客戶（有時候客戶會要求再開一場前製會議，除了派出己方代表，還會要求廣告商的專案部人員／專案管理加入討論）。

製作包括了廣告片正式開拍期間的一切工作，為期可能一天，可能五天，視廣告概念和拍攝地點之多寡而定，屆時廣告演員和拍攝團隊會全體出動，是藝術總監（還有文案寫手）臨場觀摩的良機——有些廣告創意人還真的在觀摩之後，轉行做廣告導演。

後製期間，導演、剪接和廣告創意團隊會在後製工作室坐下來會談，針對拍攝成果進行討論和剪輯。

是否該讓導演自行領悟廣告概念？
我曾多次聽聞廣告創意團隊提出此問，他們其實是在想，「是不是該讓廣告導演隨自己的偏好詮釋概念？」當然，我們不能忽略，導演發揮得當，也有可能增益文字腳本；所以你大可保持開放的心胸，傾聽導演的想法。不過，你也要記住**你的工作是讓廣告傳達訊息**，確保廣告概念沒有「遺失」；畢竟要是廣告概念不彰，最終要向創意總監解釋的人是你，而不是廣告導演。

大部分的導演都是極具創造力的人，其中不乏經驗老到者，執掌過影片、音樂錄影帶和紀錄片，能為廣告帶來不一樣的風采。不過，那些一眼就能「抓住」廣告概念的導演，大部分都有廣告背景（特別是曾經擔任藝術總監者）；他們了解一支電視廣告最主要的工作就是傳達概念，而不是看起來很炫（如果廣告很好看，那當然加分）。最後，不論導演的人選是誰，他最好跟你一樣對廣告充滿熱情，而不是為了籌措自己的下個拍攝計畫，才來幹這份活。

別把戲劇張力稀釋掉了
有機會創作電視廣告，看它製作成影片，很容易讓人熱衷過頭，投注太多時間，進而導致廣告施展不開本有的魅力。即便你對廣告概念很有信心，拍攝似乎也沒有問題，但是當粗剪出爐後……你發現就是有甚麼不對；那不是導演的問題，演員和旁白也表現得很好，地點和配樂也都按照原定計畫執行，但是因為某個莫名所以的理由，最終成品就是沒有傳達出該有的力道，與你腦袋的擘畫尚差一截。有個常見的原因是，廣告在製作過程中多加了一些鏡頭，本為增添趣味，最後卻顯得冗贅、無關緊要，反而將廣告概念的鋒芒遮蔽掩蓋。請記得電視廣告並非影集，所有的鏡頭都必須忠於文字腳本中的廣告概念，為傳達其戲劇（或喜劇）張力而服務。所以你不妨問問自己：「這個鏡頭真的能為廣告加分嗎，還是叫原本的概念失色？」

確保關鍵分鏡無有遺漏
如果文字腳本在拍攝過程中有所變動（即使只是一點點），你要確認在前製會議中說好要拍的分鏡不能有所缺失，雖然這通常是廣告商製管部的責任。如果導演想要做些不同的嘗試（在時間足夠的情況下），你可以讓他們發揮；要是不合用，你可以在後製討論中提出——畢竟，沒拍出來的影片難以評斷去留！

卓越的導演和製片
簡單、高明的文字腳本不能保證絕佳的廣告表現，一支電視廣告的成功所依賴的因素還有很多，演員的陣容和表現、剪輯，乃至天氣，都會有影響；有些文字腳本設定了浩大的場面，有些採用了極為大器或刁鑽的主題，這時候就非常仰賴導演的視野及製片的手腕來讓廣告實現，而非灑大把鈔票就能保證成功。當廣告表現達到標竿，那麼導演就是無庸置疑的功臣，是他將整個廣告帶往另一個境界；其中有名者包括，可口可樂的〈我想教世界唱歌〉（*Teach the world to sing*）、蘋果的〈一九八四〉（*1984*）、英國航空的〈臉〉（*Face*）、登祿普輪胎的〈歷經測驗，以防不測〉（*Tested for the unexpected*）、健力士啤酒的〈連鎖〉（*Chain*）、〈衝浪客〉（*Surfer*）、〈退化〉（*noitulovE*）、Levi's 牛仔褲 501 系列的〈洗衣店〉（*Launderette*）、電力聯會（Electricity Association）為電熱暖器（Heat Electric）所做的

〈生物性舒適〉（*Creature comforts*）、本田汽車的〈齁〉（*Grrr*），還有英國城際高鐵的〈放輕鬆〉（*Relax*）。當然，隨著科技與技術的進步（還有觀眾對視覺效果之期望），標竿將會益加提高。

將廣告主張「往死裡賣」

與各種媒體相比，電視給廣告的舞台可說是相當豪華；除了廣告時間長（通常都是三十秒或更多）、動態影像（平面廣告靜態居多），還有聲音助威（跟廣播廣告一樣）。這一切優勢並不是用來重複廣告主張的，尤其如果傳達的手法太過生硬或瘸腳，那簡直是把產品「往死裡賣」。你知道我說的是哪種廣告，那種廣告常讓演員扮演「真人」，只拍攝他們的頭部，就像下面這則高速網路服務的廣告：

女人 #1：我活在此時此刻。
男人 #1：我活在此時此刻。
女人 #2：就在此時此刻。
男人 #2：就在此時此刻。
女人 #3：此時此刻。
男人 #3：此時此刻。
女人 #4：我活在……此時此刻。
男人 #4：我要我的網路連上此時此刻。
女人 #4：我要我的網路連上此時此刻……

好了，好了，我們懂了！像這樣的廣告看一次就會讓人心生厭煩，更別說重複觀看了。

備註：同樣的道理，過度重複產品名稱也會引發相同效果。

連環電視廣告

有時候一支電視廣告會分成上下兩部（長度不限），上部起頭（topping），下部收尾（tailing），通常兩部間隔相近，在同一個廣告時段播放。上部的作用像是前導性廣告，其中的內容狀似天外飛來一筆，片尾也沒有商標，只是強烈地暗示未完待續；故單獨觀之常令人不明所以，要等到下部播出後，才會讓人恍然大悟（備註：連環電視廣告跟「連續劇風格」的系列廣告不一樣，前者的故事線要在幾分鐘內交代完畢，後者則可連綿好幾年）。

有時候，連環電視廣告可以分為三部或更多，就跟連環平面廣告一樣。如果這種手法背後有廣告策略或廣告概念撐腰，那是最好不過的。倫敦的奧美廣告公司曾以此手法製作出一支傑出的電視廣告，可說是經典範例。那時他們的媒體採購員要幫福特汽車

Mondeo 系列買廣告時間，卻發現《今天暫時停止》（*Groundhog Day*）即將在電視上首播，於是他立刻建議將廣告分段播放，散佈於該電影的廣告時段。當時奧美的創意團隊也極為靈敏地應變，保留了原有廣告影像（故事線是衝浪之旅），只改變角色的台詞（寫得更為有趣），讓他們各自經歷了「今天暫時停止」，並且娓娓道出心裡的感想。

片尾分鏡

片尾分鏡可直接切換成空白畫面，然後在螢幕中央俐落地打上品牌標語和商標（你可選擇是否還要加旁白）。上述是最中規中矩的方式，但是片尾分鏡的變化還很多，也有可以發揮創造力的空間，像是品牌標語可以寫在或排版在文字腳本之前運用過的道具上，或是某個反映廣告概念的物體上；又或許文字腳本裡出現許多橘子，那字體就可以用橘子皮形構。如果變化片尾分鏡的效果不好，你大可不用，但多嘗試總不會錯。

在品牌標語和商標的形象和字體上，多下點藝術指導的功夫，讓兩者反映文字腳本，作為主軸概念下的迷你概念，可為電視廣告多添一抹神來之筆。萬事達卡的電視系列廣告就是使用此法的能手，該系列的每支廣告表現皆以不同的動畫（像是狗尾巴）表現商標一橘一黃的兩個圓圈（而且這些動畫皆與廣告主題相關），頗具畫龍點睛之效。還有，類似的手法也可見於導演湯尼·凱為登祿普輪胎拍攝的電視廣告〈不測〉，片尾分鏡特寫了輪胎上標記的商標和品牌標語（歷經測試，以防不測），提醒觀眾廣告為何而拍。

當我幫英國導盲犬協會設計電視系列廣告時，我原本是想以黑色背景加上白色字體做結，那也是一般慈善廣告的片尾分鏡模式；但後來有位後製設計師特別創作了一個片尾分鏡，秀出隻手「閱讀」點字，然後隨著那隻手的撫觸，點字變成一般字體，寫的正是品牌標語。這樣結尾可說是簡單、高明又切題，同時還為廣告形塑出獨一無二的視覺標籤，建立了品牌符碼，讓整個系列廣告更有記憶點（參見第 178 頁）。

幫文字腳本加上名目

當你幫電視（廣播）廣告的文字腳本加上名目時，記得不要潦草行事；即便名目不會登上廣告，其多重的重要性還是不可抹煞。

第一，名目是文字腳本的身分，有了名目後，別人就會以此指稱廣告概念（不論其名為〈齒輪〉或是

片尾景框不需拘泥於空白畫面搭配字體，這則廣告就以隻手撫觸點字，揭櫫品牌標語（故事描述的是主人反覆呼叫狗狗的名字，但是狗狗自顧自地啃著白色的盲人手杖）。

客戶：英國導盲犬協會〔The Guide Dogs for the Blind Association〕
廣告商：奧美〔Ogilvy〕，倫敦
創作者：Pete Barry、Sally Evans

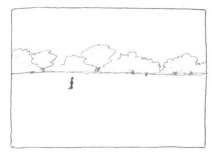

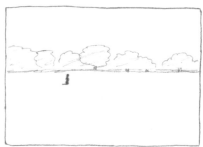

〈齣〉）。我建議名目以短為上，同時不要取可能會惹惱人的傻名字；其實，下名目不需要太費心裁，健力士啤酒的廣告〈退化〉（noitulovE），將進化的英文倒過來拼，算是一個特例。

第二，向客戶簡報時，通常都會先呈報腳本名目，而其他工作夥伴在閱讀你的文字腳本時，也會先看到腳本名目，所以你必須確定它不會「爆雷」，特別是如果片尾暗藏反轉（如果廣告概念的關鍵在於片尾景框的香蕉，那以〈香蕉〉為篇名，就是爆雷。你可以為文字腳本取「香蕉」以外的名字，什麼名字都比「香蕉」好）。第三，如果腳本名目可以反映出廣告主張的話，形同向客戶宣告廣告概念與策略同調，進而變成腳本的賣點。當然，你也可以取個對客戶有吸引力的篇名，**提高**產品的質感（幾年前，我所屬的創意團隊正在孵一個文字腳本，主角是個受困醫院病榻的男人，他單獨一人，四肢都包裹著石膏，我們看到他絕望地盯著一碗令人垂涎欲滴的草莓加鮮奶油；那個廣告概念要賣的就是某牌的鮮奶油，我當時很快地將其定名為〈床〉（Bed）。那時研究小組已經連續否決了十來個腳本，幾個星期下來，連客戶也開始著急，〈床〉變成了我們唯一的希望。就在我們即將把〈床〉送到客戶手上時，團隊裡的創意總監把篇名改成〈折磨〉（Torture），那才真是神來之筆，一下就把產品拱到救贖的地位，凸顯出鮮奶油的可口。研究小組也理解這其中的意蘊，通過了這個版本，於是文字腳本賣出，順利拍成廣告）。

電視廣告製作法規

每一本電視廣告的文字腳本都須送至政府「主管機關」，審核內容是否符合相關的地方法令和國家規範（英國的主管機關為國際商會〔The International Chamber of Commerce，簡稱 ICC〕）；有些企業甚至有自己訂製的廣告守則，決定甚麼可說可播。隨著國情、地方風俗和企業文化的不同，限制的內容也會有差異，除了罵髒話和裸體等明顯的文明禁忌，美國也規定你可以拍攝人們手持啤酒乾杯，但喝就不行；也有國家不准廣告秀出稚齡孩童吃糖果或巧克力，甚至成人在家庭情境中食用糖果的畫面也一律禁止，就怕助長了飲食失調的風氣。所以一支電視廣告能見容一國，不一定能見容他國，每個國家的法規皆有出入，對於計畫在多國播出的廣告來說，可是一大問題。等到你步入職場開始在廣告商工作，這個問題需要好好考量，因為這些法規和守則可能會變成創意的絆腳石，甚至扼殺整篇文字腳本（偏偏那些扞法的文字腳本，都是你在整個系列廣告中的最愛）。忽然之

間，寫文字腳本變成了鬥智的遊戲，你要討主管機關歡喜，還要保持廣告概念的靈動和完整。當然，你也可以先請教製管部的同仁，老馬識途的製作人理應能為你指出潛藏的「地雷」。

有時候，你也可以反過來利用這些法規和守則，將之變為優勢。在美國，你可以宣稱自己廣告的產品是「最好的」，但在英國就明令不可。嘉士伯（Carlsberg）啤酒就鑽了這條法規的漏洞，進而創造出譏誚意味十足的知名標語：「嘉士伯。世界最好的拉格啤酒大概就是它了。」（參見〈不要說「最好」〉，第 34 頁）

為了抵制越見猖狂的「過度宣稱」，或為反映當代的政治正確，電視廣告的製作法規會隨時間改變。瑪氏（Mars）巧克力棒在英國的品牌標語行之有年，「一天一條瑪氏巧克力棒，助你工作、休息、遊戲皆得意」，靈感很顯然取自古早諺語，「一天一蘋果，醫生遠離我」，最後卻因無法證明所言，終究逃不過被撤換的命運。

很多地方的廣告規範都明定，如果文字腳本裡面有人受傷（不是被紙片割到那種小傷，而是足以致命的重傷），在廣告結束之前，必須秀出受傷之人依然活著。這恐怕是全球廣告人都要面對的難題，但也不是沒有取巧的解決之道；你可以用呻吟的音效，或是近距離特寫傷者依然在動，藉以顯示出生命跡象。FOX 體育台曾推出一系列名為〈在地運動〉（Local Sports）的廣告，並未遵守上述的法規（但也沒被繩之以法）；這些廣告讓來自不同國家的人們，從事古怪而致命的各國「在地」運動：跳懸崖、擒抱快被劈倒的大樹、矇眼互相棒毆。雖然這些廣告像肢體喜劇一樣歡鬧，但主角最後都明顯不治。我後來問了該電視系列廣告的創作者之一，塔拉斯・偉恩諾（Taras Wayner），這些廣告何以順利播出？他說這些廣告只在 FOX 電視台播出，他們的電視台有自己的守則，如此便可規避其他電視法規（真是聰明）。

最佳電視廣告
在英國，Abbott Mead Vickers BBDO 廣告公司幫健力士啤酒打造的〈衝浪者〉（Surfer），曾被票選為千禧年最佳電視廣告；而《衛報》（Guardian）的〈觀點〉（Points of View）曾被選為「史上最佳廣告」。在美國，DDB 廣告公司幫福斯汽車金龜系列所打造的〈葬禮〉（Funeral）被認為是空前絕後的電視廣告。

而《創意》（Creativity）雜誌所選出的過去二十年（1985 到 2005）電視廣告之最，則歸於 TBWA／Chiat／Day 廣告公司為蘋果打造的〈致狂者〉（Crazy Ones）（這些不朽的經典廣告都有一些共通特色：優美簡練的旁白，搭配簡單的動作和適切的音樂，進而傳達出清晰無比的訊息，參見第 180 頁）。

電視廣告的未來
隨著數位錄放影機的發明，替你錄（TiVo®）這類個人錄放影機越來越發達，跳過廣告對觀眾來說，也變得越來越簡單；這對整個廣告產業和電視廣告已經造成了衝擊，影響想必會持續延燒。誠如克雷格・大衛斯（Craig Davis）所言，「廣告必須停止打斷觀眾欣賞節目，同時反求己身變得跟節目一樣引人入勝。」

挑戰的地方就在於引人入勝，而且是持續地引人入勝；像互動電視這樣的新興媒體顯然有引人入勝之處，但光這樣還不夠，我們還要問：如何吸引觀眾持續涉入廣告？

傳統主義者仍然相信舊有的電視廣告，認為只要提升電視廣告的品質和吸金效能，就能解決所有的問題，要觀眾自行來到廣告面前（有時候甚至是自行把廣告找出來看），反而是本末倒置的想法。未來主義者則認為提出上述說法的人還沒嚐夠新興媒體給的「苦頭」，而且他們不知道現今的消費者非常樂意涉入品牌的建立，成為品牌的參與者，而不只是旁觀者。

不論如何，觀看的設備或許日新月異，但只要電視節目依然存在，那就需要廣告；反過來說，廣告也需要節目（超級盃廣告時段的費用甚至連年升漲）。再觀其他媒體，電影廣告並未減少，看雜誌也沒有「替你錄」這樣方便的機轉，所以平面廣告也可以舒口氣。

世事多變，廣告也不例外，會不斷創新進化，與新興媒體重整（這點在〈環境廣告〉和〈互動廣告〉兩章會有更多討論）。到頭來，如果有個產業能適應各種變化，那絕對是廣告產業——因為適應，其實就是發揮創造力……

左 〈葬禮〉在美國，是許多人心目中永垂青史的最佳廣告。

客戶：福斯汽車
（Volkswagen）
廣告商：DDB
創作者：Roy Grace、John Noble

右 這則向狂者致敬的廣告裡，也包含約翰·藍儂；《創意》雜誌將之票選為 1985 至 2005 年間的最佳廣告。

客戶：蘋果（Apple）
廣告商：TBWA／Chiat／Day
創作者：Lee Clow、Craig Tanimoto、Ken Segall、Rob Siltanen、Jennifer Golub、Yvonne Smith、Steve Jobs
插畫：Jean Koeppel

名目：〈葬禮〉
客戶：福斯汽車
長度：60 秒

片頭是一長串開往葬禮的車。

旁白：我，麥斯威爾·斯納伯里，在身心健全的情況下，特此安排遺贈如下：

我的妻子蘿絲，花錢毫無節度，彷彿末日將臨。我留給她一百美元和一份日曆。

我的兒子羅德尼和維克多，將我給予他們的每分每角都花在香車美人之上。我留給他們成堆的角幣，一共五十美元。

我的企業合夥人朱爾，他的人生格言就是，「開錢、開錢、開錢」。我留給他的，就是沒有、沒有、沒有。

至於其他的親朋好友，同樣不懂得一美元的價值。我留給他們一美元。

然後畫面切換到車隊最後方，一個男人開著福斯金龜車，正在啜泣。

旁白：最後是我的姪子哈洛德，他常說，「省一角就是賺一角」，也常說，「哇，麥斯叔叔，福斯汽車真是值得擁有」。我把我畢生的財富一億美元，全留給他。

名目：〈致狂者〉
客戶：蘋果
長度：60 秒

片頭以慢動作展開，黑白畫面特寫一位又一位的名人，包括阿爾伯特·愛因斯坦、巴布·狄倫、馬丁·路德·金恩博士、約翰·藍儂、穆罕默德·阿里、泰德·透納、甘地、愛蜜莉亞·艾爾哈特、亞佛烈德·希區考克、吉姆·亨森、帕布羅·畢卡索等等。

男旁白：敬狂者。他們扞格不入，離經叛道，製造麻煩，是塞在方卯眼的圓榫頭。他們的視野與眾不同。

他們不喜規則，也不安於現狀。

你可以引述他們的話，不贊成他們的觀點，頌揚或是誹謗他們；但是你難以做到的，是對他們視而不見。

因為他們改變了世界。他們推動人類向前。

有些人道他們瘋狂，我們卻視其為天才；因為那些瘋狂到認為自己可以改變世界的人，真的就改變了世界。

接著鏡頭切換到一個小女孩，睜開雙眼。

字幕：不同凡想。

字幕：蘋果商標。

08

環境廣告
Ambient

環境廣告的英文是「ambient」，其義為「在緊鄰的周邊地區」。嚴格說起來，環境廣告會出現在購賣點附近。不過，隨著環境廣告的演化，其定義已不再如前述狹義；現在環境廣告出現的地點常讓人意想不到，其中又以游擊廣告機動性最高、侵略性最強又最為精密，有時未獲許可也能推出（也有人將之稱為游擊行銷，或視其為游擊行銷的一部分）。

環境和游擊廣告包羅的範圍越來越廣，現在連公關的炒作手法和現場活動都歸類成環境廣告（游擊廣告可依路數分為特效〔stunts〕、街頭宣傳〔street propaganda〕、滲透戰術〔sneaky tactics〕、定點推銷〔site-specific campaigns〕和多線攻擊〔multi-fronted attacks〕★等五大類）。

所以網路上的病毒行銷（viral marketing），時而「出人意料」，甚至還可以（透過分享和轉發）「傳染」到親朋好友、同事乃至陌生人的網路介面，自然也可以算是環境廣告。病毒行銷之所以成功，部分原因在於其出現時機接近理想的購賣點，那是「不在線上」的環境廣告難以企及的優勢。不過，病毒行銷很顯然已發展出自己的規模，所以我們在這章會聚焦於網路之外的環境廣告；而不論廣告媒體為何、表現形式為何，好概念才是廣告的靈魂所在，這點是不變的（關於數位／網路廣告，詳情請見〈互動廣告〉一章）。

由於觸及的受眾相對廣泛，而且通常能攻其不備，彷彿躲過了抗拒廣告者的「雷達」，環境廣告因而也被稱為「雷達偵測不到」的廣告；而環境和游擊廣告概念別樹一格，所以也有人以「創新行銷」

（innovative marketing）通稱兩者。另外，環境廣告媒體走的不是傳統路線，故也被稱為「另類、非常規或非傳統媒體」。

環境廣告近年成長驚人，其中有個重要的原因是廣告產業需要另闢蹊徑，將訊息傳達給堅拒廣告的「不沾鍋」受眾，而環境廣告恰恰能夠「出奇制勝」地擄掠這些受眾的注意力，所以才成為廣告界的新寵。另外，因應時代之所趨，廣告概念已變得越來越世故，而環境廣告能恰恰能反映出這樣的成熟度，所以以廣告商、客戶和廣告大獎主辦單位才會對環境廣告青睞有加，認同其效能，進而加強了這個媒體的正當性。

★此分類取自蓋文・盧卡斯（Gavin Lucas）和麥可・多力安（Michael Dorrian）合著的《游擊廣告》（Guerrilla Advertising）。

高效環境廣告概念
成功的環境廣告概念幾乎都有下列特質：

▌簡單
發想環境廣告概念，就跟其他媒體一樣，保持簡單是訣竅。

▌原創
不要在發想之先，就參考前人的成績。環境廣告跟傳統的平面、電視、廣播廣告不一樣，這個領域裡堪稱典範的鉅作尚未橫空出世（畢竟相較之下，這個媒體尚未「成熟」），還有許多創新的空間。事實上，環境廣告為廣告人提供了無可限量的良機，可以創作前所未有的廣告概念，所以除非你貼在男子廁所小便斗上的廣告真的很高明（很多人已經用過這招，而且都很笨拙），不然你大可想想嶄新的步數。

▌高經濟效益
執行環境廣告概念的花費越少，可以放置的據點就越多，觸及的受眾就越廣。

▌變通無礙
你的環境廣告概念是否易於執行？如果你的概念限定了廣告登載地點、時間，鎖定目標又是小眾市場，廣告效能當然也會受到限制。

▌不具威脅
如果你的廣告驚嚇到閱聽眾（或者只是讓人不舒服），品牌便可能因此受損（當然，如果受到驚嚇的

觀眾不是目標市場，那又另當別論了）。

實際

有些廣告概念理論上可行，但付諸於現實世界時，是否真的行得通？合不合常理？（舉例來說，把 Tums 抗胃酸鈣片的廣告放進披薩盒裡，乍聽是個有趣的點子，但披薩外送公司真的會接受這樣的提案嗎？）

切題

就跟訴諸其他媒體時一樣，環境廣告概念不能一味追求古怪或眩人耳目的噱頭，除非和概念及品牌本身相關。

互動性強

互動不是網路廣告的專利，不在網路上的環境廣告更能體現互動的真義，這點特別無法被忽視。你或許會辯論，線上的游擊廣告更長於找出目標受眾，但是現實世界裡的環境廣告有種獨一無二的魅力，能和觀眾進行認知、情感、切身的多層次互動，那是線上廣告難以比擬的。

合法

記得那句禁貼廣告的標語嗎？請勿任意張貼，以免罰鍰。

你可以盡其所能地發揮創意，挑戰世界既有的界線，但也要避免招惹官司。

如果你的廣告概念可以任意移動，時間長短也可以隨意控制，那可以避免不少麻煩（《男人幫》（FHM）的「照明看板」就是這樣的例子，他們將廣告短暫地投影到英國國會大廈上，藉此推廣「百大性感女人」〔100 Sexiest Women〕票選活動）。

備註：漂亮的宣傳單不算環境廣告，即便在街頭分發也一樣；這個宣傳手法可能簡單、切題、實際又合法，不會讓人感到威脅，執行的時間地點也變通無礙，且具有高經濟效益，但除非內容高度創新，不然只會製造街頭髒亂（許多人伸手接下傳單，後來還不是隨意丟棄）。這個事實告訴我們，環境廣告概念除了符合上述所說的特質，還必須多多考量消費者。

使用其他的媒體呈現環境廣告概念

游擊廣告為嚴肅的「產品」宣傳時，通常也語帶嚴肅；系列廣告〈真相〉（Truth）反對菸害不遺餘力，便是一例。它的廣告表現除了安排演員在街頭「演出」，呈現廣告概念，還拍攝了廣告現場的觀眾反應，紀錄整個過程；而後更在美國全國播放，引發

環境廣告的種類

非網路的環境廣告基本上可分為兩種：

1. 以新穎有趣的方式使用傳統媒體者

海報

藍哥叢林野戰牛仔褲

這是石蕊試紙，當酸雨落下時就會赫然染紅。

上 這則環境廣告以創新有趣的方式使用傳統媒體。

客戶：藍哥（Wrangler）
產品：叢林野戰牛仔褲（Camouflage Jeans）
廣告商：馬丁廣告公司（Martin Agency），夏洛特，北卡羅萊納州

下 使用石蕊試紙立即就能凸顯酸雨問題；另外，「染紅」（Red）一詞也有雙關意涵（表達了「憤怒」）。

客戶：地球之友（Friends of the Earth）
廣告商：麥肯（McCann Erickson），倫敦
創作者：Roger Akerman、John Lewis

也可以把茶壺的把手黏回去

懸念不墜

張力之上，再加張力

我們是怎麼把車拔下來的啊？

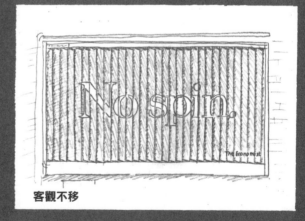

客觀不移

左 這一系列廣告帶有前導的色彩，同時打破許多規則，是愛牢達工業用黏著劑的佳作。

客戶：汽巴嘉基（Ciba Ceigy）／愛牢達（Araldite）
廣告商：FCO
創作者：Rob Kitchen、Robert Janowski、Ian Potter

右上 環境廣告使用「特殊媒體」（special build）的例子；只要有人走過燈下，燈泡就會點亮。

客戶：《經濟學人》（The Economist）
廣告商：Abbott Mead Vickers BBDO，倫敦
創作者：Paul Belford、Nigel Roberts

右下 這幅三聯式海報廣告使用了百葉窗式的看板，且藉由固定所有的葉片，表現出「客觀不移」的字樣和態度。

客戶：《經濟學人》（The Economist）
廣告商：Abbott Mead Vickers BBDO，倫敦
創作者：Tony Strong、Mike Durban

報章雜誌

如果你硬來，那就是強暴

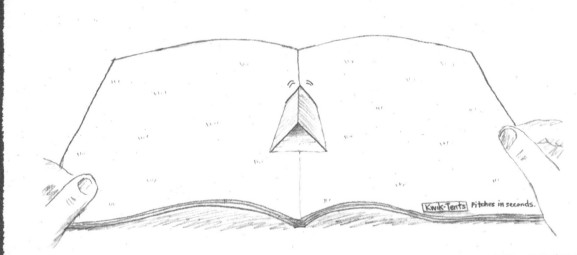

Kwik 帳篷，幾秒就搭好

上 這則廣告充分利用了跨頁（再加上膠水的幫助），強而有力地傳達概念。廣告標題：如果你硬來，那就是強暴。

———

客戶：泯除暴力救援婦女公民陣線（People Opposing Women Abuse／POWA）
廣告商：Lowe Bull Calvert Pace，南非
創作者：Xander Smith、Gareth Lessing

下 這則廣告是學生為速搭帳棚所做的廣告，採用了立體書設計。

備註：這些廣告的歸類仍沒有定論，其手法很像是我們在〈發想策略及概念〉一章裡討論過的「廣告表現概念」，但在競逐廣告大獎時，主辦單位很可能會把它們歸類在「創新戶外媒體／報章雜誌廣告」，也可能直接歸類於「海報廣告」或「報章雜誌廣告」，而非「環境廣告」。

■ 2. 自創媒體者

就跟所有高超的廣告一樣，下面範例的廣告概念也
很簡單（用一句簡單的話提出簡單的廣告主張）。

剎車落漆了嗎？

床
當你以街為家時，看世界的眼光會不一樣。
邁阿密街友救濟團。

倫敦空手道中心

櫃子
邁阿密街友救濟團。

伊維薩島自駕行

第二幕：第一場

左上 這一系列為當地修車廠所
做的廣告，很有策略地挑選登載
地點，自創嶄新的廣告媒體；其
廣告標題有：煞車落漆了嗎？胎
紋變淺了嗎？方向盤搖晃不定？

客戶：彼得強生修車廠（Peter
Johnson Station Garage）
創作者：Julie Hill、Mark
Waldron

左中 把門框和門把裝在磚牆上
（我還記得那些同事在辦公室組
裝這些道具）。

客戶：倫敦空手道中心（London
Karate Centre）
廣告商：奧美（Ogilvy），倫敦
創作者：Andrew Jolliffe、Paul
Best

左下 以積雪為看板，手寫標
語，打造了出其不意的游擊系列
廣告，宣傳前往南國島嶼度假的
自駕行程。

客戶：席克斯特租車（Sixt AG）
廣告商：Jung Von Matt／Alster
創作者：Hans Weishaupl、Peter
Kirchhoff、Alexandra Marzoll

右上 這一系列的廣告皆發人省
思，右上畫稿為其中兩則（品牌
標語：當你以街為家時，看世界
的眼光會不一樣）。

客戶：邁阿密街友救濟團（The
Miami Rescue Mission）
廣告商：Crispin Porter &
Bogusky，邁阿密
創作者：Alex Bogusky、
Markham Cronin

右下 把整齣歌劇的文字腳本都
印到劇院廁所的捲筒衛生紙上，
點出其中的廁所幽默。

客戶：《傑力·思普靈傑脫口
秀歌劇》（Jerry Springer：The
Opera）[1]。

1譯註：《傑力·思普靈傑脫口秀》每集都會邀請二至四位
現場來賓，他們立場衝突，一言不合甚至會大打出手；其主
題常涉及情色，比如男友劈腿，該節目就會請兩造／三造女
方到場。李察·湯瑪士（Richard Thomas）和史都華·李
（Stewart Lee）便是以此節目為靈感，寫就歌劇。

我爸爸是《經濟學人》的讀者，他能給我的只有這件破T恤，還有一間位在紐約的空中別墅、兩台法拉利、八十英呎長的遊艇、一架私人飛機和一座加勒比海域的渡假小島。

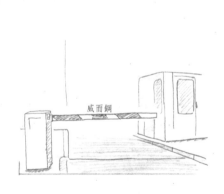

左上 使用誇張法，凸顯《經濟學人》讀者的腦力。

———
客戶：《經濟學人》（*The Economist*）
廣告商：Harrison Human Bates，南非
創作者：Pete Englebrecht、Roanna Williams
創意總監：Gerry Human

右上 這則環境廣告以人體為看板，很高明地戲仿了渡假勝地常見的紀念品。

———
客戶：《經濟學人》（*The Economist*）
廣告商：奧美（Ogilvy & Mather），新加坡
創作者：Simon Jenkins、Steve Hough、Kelly Dickenson、Naoki Ga、Richard Johnson、Craig Smith、Andy Greenaway

下 這則環境廣告將威而鋼的商標置於停車場的攔車桿上。

———
客戶：威而鋼（Viagra）
學生：Mariana Black

廣泛的漣漪效應，創造出更高的經濟效益。所以實地上，該環境廣告每支的排場都只需鋪陳一回，剩下的就交給攝影機暗中拍攝，後續再製作成紀錄片風格的廣告影片，藉此讓螢幕前面的觀眾感受臨場的氛圍。

〈真相〉不但在街頭登場，更透過傳統的電視和平面媒體展現環境廣告概念（藉此提高廣告觸及的觀眾人數和大眾對菸害的警覺）。不過，你在創作環境廣告時，有一點還是要牢記在心：環境廣告還是以**原媒體**呈現，效力最為強大；你不妨好好思量，下面何者最能刺激你思考或關注遊民問題——是看著海報裡的旁觀者目睹遊民，還是親眼見到遊民呢？

環境廣告獎
坎城的國際廣告獎（Cannes International Advertising Festival Awards）接受下面各類環境廣告角逐桂冠：

・特殊／一次性媒體
・3D
・加油機
・洗手間
・地板媒體
・驗票閘門
・雜項（例如餐巾紙、杯墊、玻璃杯、火柴盒、披薩盒、購物紙袋）

英國設計與藝術指導學會（D&AD）為環境廣告設置了獎項，分為下面三類：

・現場活動
・公關創意特效
・現實環境

備註：有些廣告獎把環境廣告放在「最佳戶外媒體廣告」的獎別下評審，或是以環境廣告為獎別，讓所有使用戶外媒體者競逐同一獎座；有些廣告獎則會將兩者分開評審。

誰先誰後一廣告概念，還是客戶？
我敢說環境廣告，或許是各種媒體中，最百無禁忌的；你已不再受限於平面廣告的二度空間，也擺脫了電視廣告的時間框架。

另外，因為你是學生，你還擁有先發想概念的自由，隨後再物色合適的客戶即可。不過，當你真正步入職場時，通常都是客戶先找上你，然後才進行廣告創作。後者不一定比較棘手，只是跟前者有所不同。

只要你留心生活周遭，你會發現四處都蘊藏著環境廣告的靈感泉源（而且有待開發）。熟悉的日常景物是很好的發想起點，你只需問自己，「這個物體可以廣告甚麼？」黃色的計程車也可以是絕佳的載體，幫牙齒美白產品打廣告（見第 188 頁）。

除了日常景物，你也可以從地方／地點這個角度切入發想：有個學生曾坐在樓梯上，結果就地取材想到了一個適合匿名戒酒會（Alcoholics Anonymous）的概念（參見第 188 頁），可助其推廣「除癮十二步」（12 Step Program）；服飾店裡，試衣間那片光可鑑人的鏡子，正好可以作為天體營的宣傳媒介（第 188 頁）；還有個學生把男廁和女廁的識別標誌放在一起，結果成就了交友網站 match.com 的廣告（第 189 頁），而且還獲得大獎的肯定。

如果你在創作廣告時，心中已有特定的客戶（即客戶先於概念），卻苦思不得靈感，不妨先確認產品主張，作為發想的起點（就像你在撰寫簡報那樣）。舉例來說，有個學生要幫紅牛（Red Bull）能量飲料做廣告（以能量為產品效益），她接著開始聯想有「能量」的地點是哪裡，結果突發奇想聯想到插座（第 189 頁）。

誠如之前所說，這些廣告概念之所以突出，正是因為符合了簡單、原創、高經濟效益、變通無礙、不具威脅、實際和切題等特質。

....

Exercise：任選五項產品，幫它們發想出環境廣告概念，且多多益善。你可以從上面提到的兩個發想點切入，但是盡量避免讓人輕易聯想到某個慈善組織，或是在廁所裡推廣保險套。

....

左上 到服飾店走走逛逛，啟發了這則廣告創作（廣告標題：你已經踏出了大半步）。

客戶：美國天體愛好者協會（American Association for Nude Recreation／AANR）
學生：Allison Baker

左下 一輛黃色的計程車加上一道白色的車門，化身牙齒美白產品的宣傳利器。

客戶：佳潔士牙齒美白貼片（Crest Whitestrips）
學生：Jason Ziehm

右 這是學生坐在校園階梯上想到的廣告點子（廣告標題為：撥個電話，跨出第一步。212-870-3400）。

客戶：匿名戒酒會（Alcoholics Anonymous）
學生：Mike Pudim

美國天體愛好者協會

佳潔士牙齒美白貼片

匿名戒酒會
撥個電話，跨出第一步

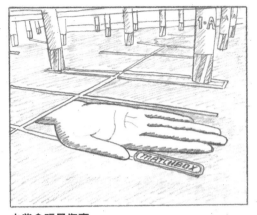

火柴盒玩具汽車

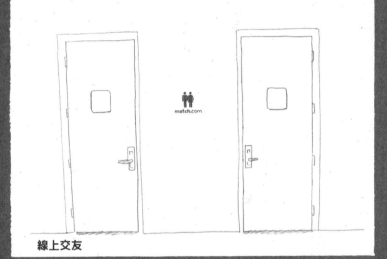

線上交友

紅牛能量飲品

上 這則廣告大玩比例遊戲，把超大型的手掌貼紙（掌心朝上）貼在玩具店的停車格上。

客戶：美泰兒玩具製造商（Mattel）
廣告商：奧美（Ogilvy & Mather），墨西哥

左下 環境廣告的點子大多來自於以不同的角度看日常事物。這則廣告把常見的男女廁所標誌放在一起，為線上交友服務宣傳。

客戶：Match.com
學生：Noah Phillips

右下 電源插座成了廣告能量飲料的絕佳地點。

客戶：紅牛（Red Bull）
學生：Lauren Tree

系列環境廣告 vs 單一環境廣告

雖然有很多環境廣告都走單行路線，但是格局更大的廣告概念也絕對可行；事實上，廣告表現如果能連續強棒出擊，其效能必定更大。

本頁三圖 倫敦的國家美術館擘畫了這場讓藝術走上街的展覽，將與原畫同樣大小的複製品掛上街牆，布置成街角難以忽略的風景，讓普羅大眾得以「淺嚐」國家美術館的永久館藏。

客戶：國家美術館（National Gallery），倫敦
廣告商：The Partners，倫敦
創作者：Jim Prior、Greg Quinton、Jim Davis
攝影師：Matt Stuart、Brad Haynes

對頁 這幅海報廣告以「種什麼因，得甚麼果」來形容你攻我打的戰爭循環，張貼於「圓柱」特別能彰顯箇中真義。

客戶：全球和平聯盟（Global Coalition for Peace）
廣告商：大螞蟻國際（Big Ant International）
創作者：Frank Anselmo、Alfred S. Park、Jeseok Yi、Francisco Hui、William Tran、Richard Wilde

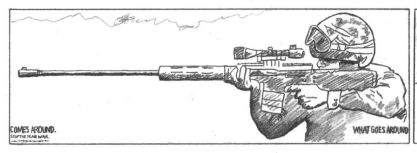

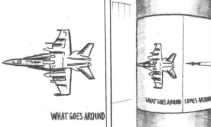

停止伊拉克戰爭 　　　　　　　　　　　　　　種什麼因｜得什麼果

09

互動廣告
Interactive

兩者之異同。

以現今的廣告來說,「數位」和「新興」已變成可以互相替代的同義詞(參見第 262 頁的〈甚麼是新興媒體〉),「互動廣告」也變成了日常語彙(參見第 194 頁的〈互動和廣告是不是兩回事?〉),而當我們論及專攻網站(和相關媒體)的行銷時,也用「網路」、「網際網路」、「線上」、「行動」(mobile)和「桌上」(desktop)來加以指稱。

備註:有些人會說「互動」和廣告是共生的,因為每則廣告(不論是登載於傳統媒體或是非傳統媒體)皆以「互動」為目標,亟欲吸引消費者涉入其中,進而有動於衷,最後促成一筆生意。不過,自從 1980 年代晚期/1990 年代早期網際網路誕生後,廣告人便以「互動」一詞專指非傳統或數位媒體。

互動 vs 數位
這章的標題取名為「互動」廣告,而非「數位」廣告,其實就說明了這兩者在語意上還是有所分別。第一,許多專業人士(包括我自己)都認為「數位」這個詞由來已久,難以發揮清楚的界定功能,誠如路克・蘇文所說的,「數位科技滲透了人們的生活……數位已經不再只是媒體管道,而更像是一種生活方式。」第二,所有的品牌都可以訴諸數位媒體,將廣告以數位的方式呈現(但閱聽眾不一定能和它進行互動);更進一步說,網路上所有的數位內容,幾乎都可以當作廣告來看(這就是為什麼本書再版時,書名不須特別加進「數位」這個字眼)。

扣回廣告概念的發想(也就是廣告的「概念化」)來說也是一樣的,其實所有的廣告概念都有潛在的數位(社媒)向度,可以發展成數位(社媒)的版本或延伸★。所以更精確地說,這個章節的焦點應該是數位廣告的互動面,探討的主題是**數位廣告和閱聽眾間互動**。

★數位廣告(或互動數位廣告)有一條非常重要的分支,那就是社群媒體廣告;這個類別的地位是如此顯要,我們會在下一章〈社媒廣告〉分別討論(參見〈分享即廣告〉,第 225 頁)。

何謂「互動」?
一般而言,「互動」(interactive)廣告泛指所有數位(digital)創作的廣告(和數位廣播或數位電視上播出的廣告是不同的概念),需要觀眾付出即刻和持續的行動,才能將訊息完整傳達。另外,「互動」一詞也可用來指稱其他使用創新媒體的廣告,如環境和游擊廣告(此兩者的詳細資訊,可見於〈環境廣告〉一章)。

這一章會以現下數位媒體的科技水平為基礎,著眼**數位**廣告概念,並且將之與非數位廣告概念相較,以顯

打擾一下也可以是互動的開始
不是每種傳統媒體都是單向的溝通,以打擾受眾的日常為能事。在人們「開啟」電子郵件、網站或是伸縮式橫幅廣告之前,也曾開啟信封或其他包裝的直郵廣告,直到現在也是如此(當然,有些時候直郵廣告不夠引人入勝,一下就被丟到垃圾桶了)。所以不論你是將訴諸受眾直接反應的廣告概念包裝在包裹裡,或以像素呈現於數位世界中,兩者的基本目標是一樣

可以和受眾「互動」的不只是數位廣告,旁邊這個廣告將裝著洗衣粉試用包的盒子裹在 T 恤裡(除了其上地址以墨水打印,郵寄的過程更將白 T 弄得髒汙不堪),廣告的名稱〈弄髒實驗〉便是由此而來。
──
客戶:聯合利華(Unilever),泰國
品牌:Breeze Excel
廣告商:Lowe,曼谷
創作者:Dominic Stallard、Clinton Manson

的：叫收件者覺得有「了解」更多的必要，且讓「開啟」成為值回票價的經驗。總地來說，最理想的狀態就是完成「雙向對話」，獲得閱聽眾的具體回應──不論那是填寫個人資料換取折價券，在網路上訂閱，索取使用樣品，或點擊「現在就買」。

我列舉了兩個打擾變對話的有趣例子，其一是對頁的 Breeze Excel 洗衣粉直郵廣告〈弄髒實驗〉（*Torture Test*），下面的則是宜家家具（IKEA）的電視廣告〈就是書〉（*BookBook*）。

開鏡由廣告主角（首席設計大師）展示宜家家具紙本型錄，將其功能與平板電腦比擬。

旁白：你知道，偶爾才會有一物問世，改變我們的生活。這個產品是如此簡單且直覺化，甚至讓人覺得似曾相識。鄭重為您介紹，2015《宜家家居產品型錄》，既非數位讀物，也非電子書──它，「就是書」。首先你會發現它不須連線，而且連電源線都用不到，電力便用之不竭，電池壽命更是永無絕期。產品介面是 19 × 20 公分，但最大可延展至 38 × 20 公分。瀏覽以觸控科技進行，能讓你感受到真實的翻動感。產品已預先下載 328 頁高解析度的內容，勢必能為您帶來居家裝潢的靈感。您只須觸摸，然後打開，便可以開始瀏覽；從右往左滑，即能往後瀏覽，從左往右滑，則是往前瀏覽。您注意到了嗎？沒錯，翻頁和畫面顯示間，完全沒時間差。無論你滑動得多快，內容皆能立即下載，頁面清晰無瑕。如果您想要快速預覽，大可握著書本，巧用你的拇指，便可見頁面在你的指尖翻飛。如果您看到想要存取的畫面，不妨使用書籤功能；這樣即使您關閉應用程式，也可以輕鬆找到標記。真是太神奇了。那如果有多個使用者呢？為此我們推薦簡易的彩色標記系統避免混淆。如果您想分享讓您感到興趣的產品，您大可直接分享。還有個獨特功能叫作密碼防護，您只需說，「不好意思，這是我的」，便能以聲音將之啟動。在宜家家具，我們認為使用提升生活品質的科技是所有人的權利，所以《宜家家居產品型錄》可免費索取。您可以在信箱下載（要用真的鑰匙打開的那個信箱）；如果那裡沒有，不妨隔日再重新整理試試；或者您也可以將自己上傳到宜家家具實體店面，到那裡拿。歡迎您來體驗「就是書」的力量。

歡迎您來體驗「就是書 ™」的力量

這則廣告對現今的電子書功能進行挖苦，凸顯同樣令人驚艷的「舊式平板」：一部產品型錄（或是「就是書 ™」）。

客戶：宜家家具（IKEA），新加坡
廣告商：BBH Asia Pacific
創作者：Germaine Chen、Angie Featherstone、Tinus Strydom、Maurice Wee

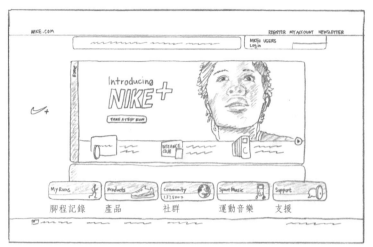

強勢登場
Nike＋
試跑體驗

www.nikeplus.com，
這個互動網頁是創意和
科技的聯姻，讓造訪者
透過多重感官，同時獲
得 Nike 和蘋果的品牌
體驗，其靈感則源自產
品的概念（在鞋裡安裝
小裝置，以追蹤跑步記
錄）。

客戶：Nike
廣告商：R／GA

互動和廣告是不是兩回事？

有些耕耘互動媒體的創作者會積極地區隔兩者，主要
為了兩個理由：他們不想跟「老派」的傳統廣告沾上
邊，而且這兩門專業各有不同的學養。

有些互動創作的概念（及最後呈現）本質上就是數位
廣告（如伸縮式橫幅廣告），另外有些互動創作雖然
在技術上偏向設計，但你也可以說它是廣告（如網
站）。而本章的焦點在於互動概念與呈現，除了研討
數位廣告，也會兼論在技術上與廣告距離較遠的互動
創作。

我們必須顧及這兩門專業（互動媒體和廣告）都在處
理同樣的基本任務，也就是幫品牌創造概念（並且以
不同的媒體呈現），最終贏得人氣；而且隨著兩者
之間的界線持續模糊，「互動廣告」這個複合詞的
接受度勢必越來越高，一如廣告界名人佩雷拉（P. J.
Pereira）所說，「線上廣告是互動媒體和廣告的交叉
點。」為了避開相關的爭議，我們可以使用「互動行
銷」（interactive marketing）這個術語來替代。

目前，這個世界的資訊有百分之七十都透過數位媒介
流通，根據《文案寫手》（The Idea Writers）一書作
者特瑞莎‧伊愛姬（Teressa Iezzi）所言，「數位不
只是另一個資訊管道，而是我們的生活方式。如果你
認為數位只是另一種廣告媒介，那可就錯失了運用其
龐大潛能的機會。」

線上廣告 vs 線上設計

我說的線上廣告，是指創作好以後再放到網路頁面上

的廣告文案和圖像，而線上設計則純粹是網路頁面的
設計（包含文字和圖示）。線上（或網路）廣告構成
了絕大部分的互動廣告。不過線上設計也不乏互動廣
告之作，兩者的專業顯然有所交疊，所以我也用「互
動」這個詞來涵蓋兩者。

互動廣告較之於傳統廣告的優勢

簡單扼要地講，互動廣告的優勢在於：

· 更為直接且引人涉入，效果也更持久（在受眾和品
牌間建立起更強的連結）
· 成本效益較高（製作和購買媒體的費用較低，尤其
網路傳播力一旦發酵，等於坐享免費廣告）
· 表現更多樣（網路本是多媒體環境，可融合影片、
動畫、攝影及圖示）
· 法律限制比廣播和平面媒體少
· 網路不打烊，只要上網就可以找到品牌網站／資訊

起於概念，終於概念

一如我們所知，傳統媒體已行之有年，而互動媒體還
是有待開發的新大陸。不論媒體新舊，也不論是現在
與未來，廣告的成功最終還是要看概念之良窳。若是
持互動媒體之盛，而不顧廣告內涵，那就落入這本書
一開始提及的陷阱——風格大於實質，或是表現重於
概念。酷炫的視覺效果或許可以吸睛一時，卻無法留
住眼球，那也是為什麼在互動媒體興起的年代，這個
問題更舉足輕重：你的廣告概念能鶴立雞群嗎？（參
見〈娛樂 vs 資訊〉，第 207 頁。）

消費者大權在握的時代

現今的消費者對自身所處的媒體環境，握有前所未見
的大權，可以決定自己要涉入何種媒體，還有何時何
地涉入。我們儼然進入一個由消費者所主控、聽其召
喚的世界；那裡社交活絡，對話頻繁，所以廠商也更
為透明。這意味著即便品牌想要逃脫消費者的掌握，
也是無能為力；群眾握有建立／促銷、抵制，乃至摧
毀品牌的力量。消費者力量崛起後，如廣告人凱文‧
羅迪（Kevin Roddy）所說，「透明的時代會督促品
牌更為誠實。」

點擊的影響

數位科技給互動媒體的兩大優勢，是傳統媒體所沒有
的：它讓消費者處理廣告資訊更快，也更輕鬆。不
出幾秒鐘的時間，消費者就可以對廣告訊息做出回
應，甚至直接下單（這是大部分廠商所追求的廣告目
標，也是在全世界風行草偃的電子商務）。要消費者

點開橫幅廣告後立刻下單，當然沒有那麼容易，這也是為什麼行銷師需要在購物週期的不同階段持續接觸消費者，或是使用線上廣告補強非線上宣傳；這些行銷策略也是關係行銷（Relationship Marketing，簡稱RM）的一部分。

當然，網路也加速了傳統廣告的推銷，你可能看到一則附有網址的廣告，然後就上網搜尋相關訊息，甚至下單完成交易。

廣播媒體（包含廣播和電視）讓世界變小，網路、網頁應用程式和其他互動媒體的形式也有異曲同工之妙；如果要幫偌大的網路空間設定一個網址，或許可以用「更小的世界」來命名（www.evensmallerworld.com）。不過，網路賦予互動廣告的優勢，不只是咫尺天涯，其獨特之處更在於能以高敏感和高精準度，鎖定目標受眾，向其傳達切身的廣告訊息。消費者很像蜂鳥，是挑剔和機警的生物，可以隨自己口味接受感興趣的，或拒絕不感興趣的（蜂鳥只會吸食甜度夠高的花蜜）。能鎖定像蜂鳥的消費者，科技當然功不可沒：靠著科技，品牌才能蒐集消費者的資料，知道他們在哪裡進行哪些活動；靠著這些資料，品牌才能洞悉消費者行為，進而發想出廣告概念；接下來，在廣告概念付諸表現的階段，還是要依賴科技的力量，找出對的受眾和廣告互動，並誘使他們和其他氣味相投的「蜂鳥」分享。

用戶化體驗
大部分互動廣告的成敗關鍵都在於用戶化體驗，也就是讓用戶覺得廣告是為他量身訂做的。你給用戶的選擇越多，廣告體驗就越個人、切身；這會讓消費者覺得主權在握，而不是被品牌牽著鼻子走（或感覺主權不被尊重）。參見〈自主式推銷〉，第 196 頁）。

創造如真似幻的「我們感」
拜互動和社媒廣告的崛起之賜，「我們」之說甚囂塵上；該說鼓勵品牌將消費者視為自己人，而不要區分你我，統一站在「我們」的角度思考。這個論點有其道理，但是個人選擇涉入品牌，**反映**的其實是他個人的品味、信念或喜惡；同樣的道理，品牌鎖定個人，反映的也是廣告策略和概念。說到底，品牌和消費者不能混為一談（除非你是個會消費自家產品的品牌主，但以傳統定義而言，還是只能歸類為品牌主）。品牌能期待的最佳情況大概是消費者宣稱，「我是紐巴倫（New Balance）的愛用者」或是「我是露得清（Neutrogena）女孩」，而不是「我是紐巴倫」或

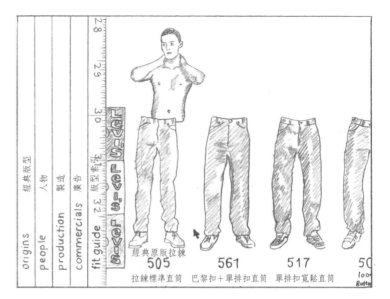

經典原版拉鍊

505
拉鍊標準直筒

561
巴黎扣＋單排扣直筒

517
單排扣寬鬆直筒

50

「我是露得清」。

拳王穆罕默德・阿里曾在哈佛的畢業典禮上致詞（參見第 20 頁），做結時道出精簡巧妙的兩個詞：「我。我們。」此語天才之處，在於他點出自己和他人之間存在著一道分際（他有自己的「品牌主張」，也就是他給自己的封號「至偉者」〔The Greatest〕），但同時也凝聚了現場的士氣，使現場聽眾和他串聯一氣；那些畢業生永遠不可能**變成**阿里，卻受到激勵去追求阿里的高度。如果阿里只說「我們」，聽起來可能會太過含糊、沒有亮點且不夠誠實，還好他打出了漂亮的兩記連環快拳。

阿里擁有毫不畏縮的自信心和專一的意念，因為他知道自己是誰，也知道自己代表的價值。另有一點很重要，亦足堪作為品牌的借鏡——不論拳擊場上或場外，他都不忘自娛娛人；所以人們喜歡體驗他的魅力，而他也樂於放電。

所以廣告及行銷品牌能達到的極致，就是創造出**如真似幻**的「我們感」，讓消費者對品牌產生熱烈的愛，而這一切都必須透過真誠的手段達成，那是所有關係成功的祕密（參見〈尋找真實〉，第 18 頁）。

這個互動網頁是早期的範例，它的出現石破天驚，示範了線上購物也可以量身訂做。

客戶：Levi's
廣告商：Antirom
創作者：Nicolas Roope、Tomas Roope、Sophie Pendrell

全新的關係

對許多廣告人來說,傳統廣告與互動行銷之別,在於消費者和媒體的關係;網際網路作為一種媒體,可以讓消費者**使用**,這跟傳統媒體大大不同。傳統廣告通常是一種侵擾,會打斷閱聽眾觀看電視節目、收聽廣播報導,或閱讀報章雜誌,訊息溝通以單向為主;相反地,互動行銷則如其名所喻,不但能引導消費者對訊息做出回應,還能讓他們的回應成為訊息和體驗的一部分——所以與其稱之為侵擾,不如說互動行銷是一種邀請,能吸引消費者進入一段雙向關係。有一句話在廣告界流傳已久,正可囊括數位互動行銷額外的價值:用說的,轉眼就忘;用秀的,印象深刻;但唯有涉入,才能讓人了解。

要讓人興起互動的**慾望**,就必須提供與使用者切身的內容,橫幅式和彈出式廣告侵擾性最高,尤須注意這一點。很多程式在一開始都可以鎖定消費者(透過諸如網際網路定位技術、大數據行銷等手法),但鎖定之後,還是必須由消費者來決定是否要在「關係」中前進。所以互動行銷必須具備吸引消費者持續投入的廣告概念,創造出不間斷的對話,那才是真正的考驗所在。一旦建立起關係,企業可以透過電子信件、即時通訊和網站促銷活動輕鬆地和消費者保持聯繫;而且因為互動行銷具有建立關係的特質,你可以說它不只是一種大眾媒體,而更類近於一種文化,由諸多的社群團體組成。

多芬的〈星髮蒼蒼或是美麗紅顏?〉(*Gray or Gorgeous*?)發表於諸多媒體,其中見於互動媒體者是整個系列的核心;這個系列廣告在多芬的網站上邀請女性詮釋美為何物,呈現出美的面面觀,進而揭穿了刻板印象的假面,蘊生出更為寬闊且叫人耳目一新的審美觀點。該互動廣告的創作者認為,在參與過這個廣告後,消費者對品牌的認同感必定增強,甚至會認為自己也有「持有」品牌的權利。

自主式推銷

隨著消費者自主意識的覺醒,越來越多人「不喜歡別人告訴他要怎麼做」;傳統的硬式推銷迫於時勢,不得不和軟式推銷聯手。到了現在,隨著互動行銷的發達,推銷手法又再次進化,或可將之稱為「自主式推銷」,主要精神為:與其告訴消費者要買甚麼,不如提供更多選擇給消費者,讓他們自己做決定。

互動行銷能讓使用者在購物的同時,邊遊戲,邊探索,邊分享;而為了在接觸消費者之初就拋出正確

的資訊「餌食」(以利逐步誘導,使其不至迷失於網路空間,進而達成下單的目標),鎖定目標受眾的演算法連年進化,變得更為精密複雜。當你造訪(收費或免費的)網站時,偶爾會遇到強迫註冊的Cookie,那是一種用來追蹤和鎖定你的機制,能蒐集你的網路足跡,並演算出哪些產品資訊最能勾起你的購物慾望。

個人化:切身 vs 私密

就像廣告人湯姆·亨普(Tom Himpe)所解釋的,「收到匿名的訊息,字裡行間透露著無禮,不太承認你是自主的個體,是很惱人的事;不過,收到不請自來的品牌訊息,字裡行間透露著對你的隱私的知悉,彷彿滲透你的個人生活,一樣很惱人。」如此說來,那些想要提供切身訊息給消費者的品牌,是如何貼近受眾,卻又讓他們保有隱私感呢?

讓消費者自行決定是否將產品或訊息個人化是達到完美平衡的祕訣:讓消費自為線上內容加入圖片、短文或是語音訊息,或是改變影片的播放順序或音樂,都算是訊息的個人化;而增加或改變核心產品的功能,或是從頭打造量身訂做的商品,則都算產品的個人化。

根據亨普所言,「個人化應該要能增益訊息的娛樂性或切身度,不然就是要補強產品或服務的好用度。」

傳統與非傳統廣告之不同

下面的列表是我的觀察,而非硬性的分野。有些傳統廣告的策略和概念帶有非傳統廣告的色彩,反之亦然。

不只是	更講究
傳遞訊息	提供內容
廣告	體驗
一個人說話	兩個人交談
要求受眾聆聽	邀請受眾說話
勾起購物慾	切合消費者需要

(參見下節)

訊息、內容、對話和功能性

透過廣告傳達訊息,並非強弩之末(誠如路克·蘇立文所說,「若是不求訊息之傳達,那就是在搞藝術

多芬綜合系列廣告的概念很適合發展成互動行銷；他們架設官方網站為美發聲 www.campaignforrealbeauty.com，讓女性表達美的面面觀。

———

客戶：多芬（Dove）
廣告商：奧美（Ogilvy），倫敦
創作者：Joerg Herzog、Dennis Lewis

了。」），只不過現在更重視內容、對話、功能性，當然還有體驗。但在這一切元素的後面，還是必須有廣告概念作骨幹。

就像上一節所闡述的，傳統與非傳統廣告之間沒有絕對的分野。訊息、內容、對話和功能性可以用不同的方式組合排列，每個元素的比例（和彼此間的關係）可以視你想要吸引的社群網路使用者類型（參見〈社群網路使用者〉，第 227 頁）、以及廣告概念和表現而定；但不論如何組合排列，最終的目標都是一致的：創造出能達成廣告目標的傑作。

品牌功能：助人為銷售之本？

品牌功能（brand utility）是產品或服務給予消費者的實惠，而不是自吹自擂的廣告所做的空口承諾。在數位行銷的領域，品牌行銷師會特別考量的問題是，「我要如何針對產品的目標群眾，提供他們在日常生活中用得到的幫助？」所以互動作品也常具備實惠便利的功能，讓消費者無法抗拒與之互動，進而和親朋好友分享，傳至全世界。

廣告界的名人佩雷拉（Pereira）是這樣建議的，「首先要想個能嘉惠消費者，同時也能讓品牌扮演要角的功能，然後再從中發掘出引介品牌登場的最佳方式。」不論這個「功能」最後是以應用程式、桌面小工具（widget）、線上服務或其他的形式呈現，最重要的還是功能的實質效益。

頂尖的品牌概念中，亦不乏以功能見長者，不但給消費者許多方便，同時也助其提高生活的品質。像飛雅特汽車（Fiat）就開發出〈環保開〉（eco:Drive）電腦應用程式，利用車內的 USB 插孔，即可蒐集行駛資料，進一步分析出更為節能的駕駛方式，報給駕駛人知曉，達到省油減碳的目的。

所以你在規畫互動行銷的時候，不妨問問自己，「這個互動作品會不會為消費者的生活帶來實惠？消費者在使用功能時，會不會樂在其中？」另外，這個功能不一定只能訴諸實際，有時候為消費者帶來娛樂，或為日常生活增添美感，也算是品牌功能。

創造不斷開展的體驗

AKQA 數位廣告公司創辦人之一阿賈茲·艾哈邁德（Ajaz Ahmed）認為，「『體驗』已成為數位行銷的關鍵字——為了能全面涉入品牌，今日的消費者期盼有健全的對話管道，能和機構輕鬆地交談，同時也擁有形塑對話環境的權力；而社群媒體恰恰創造了全新的互動可能，賦予對話前所未有的彈性，能讓消費者更深地涉入品牌。」

湯姆·亨普（Tom Himpe），著有《廣告的下一站》（*Advertising Next*），做出了這鞭辟近裡的觀察：「傳統的廣告都必須要購買版面或播放時段，線上曝光率則是品牌自己創造出來的。」對亨普來說，行銷最終的目的已超越吸引消費者的眼球和衝高知名度，變成邀請消費者與品牌互動對話，在兩者之間搭起有意義且持續的連結。不知道這是幸或不幸，我們身處在一個運轉不息的世界裡，很多消費者都對品牌抱持著晝夜無休的期待；也因此消費者和品牌之間的溝通似乎沒有終止點，總是不斷地在轉變，進而在兩者之間創造出不斷開展的互動體驗。

說到持續不斷，誰能比時間恆久；而這正是優衣褲（Uniqlo）互動行銷之作〈優衣褲鐘〉（*Uniqlock*）的部分概念，我們會在第 230 頁細說這個案例。再者，馬丁廣告公司（Martin Agency）的作品〈我們選月亮〉（*We Choose the Moon*），則讓人重溫人類歷史的里程碑，在左下方有介紹。還有，誰能想到打網址也可以變成有趣的體驗？Wieden＋Kennedy 廣告公司就思及這個可能。他們為可口可樂打造的

我們選月亮

〈ahh.com〉提供了六十一個網站（網站裡也有好玩的互動遊戲），你在網址「ahh.com」中每多打一個 h，就可以造訪另一個網站，見對頁。

美國派（USA PIE）

還記得第 21 頁以縮寫組成的助記符「快傳它」（SLIP IT）嗎？好極了。不論媒體為何，你都可以用「快傳它」來檢視廣告概念，不過數位互動作品有其差異性和特質，所以我覺得有必要再列一張專屬**互動行銷**的核對清單（附帶一提，我的記憶力遠遠不及過目不忘，所以我需要這些以縮寫組成的助記符來學習和牢記資訊）。下面六點基本上皆出自路克·蘇立文和山姆·班奈特（Sam Bennett）的真知灼見，我不過將順序重組，排列成有趣的比喻。

這張互動行銷專屬的核對清單（部分也可用於社媒廣告）還可以幫助你回答，「為什麼消費者要和這個數位作品互動？」

- 功能（**U**tility）具有便利實惠的功能，能讓生活更輕鬆
- 地位（**S**tatus）具有競爭優勢和特色，能在社群網路上獲得地位
- 管道（**A**ccess）提供獨家內容、工具或特殊權限
- 觸發（**P**rovoke）能促使閱聽眾做出回應或反應
- 撩撥（**I**nspire）能撩撥閱聽眾的心弦，使其感動
- 娛樂（**E**ntertain）有趣好玩，具有娛樂效果★

沒錯，以上就是美國派。為什麼要把他們的縮寫排列成美國派呢？那是因為如之前所言，數位互動本來就該讓使用者覺得滿足、值回票價，進而成為不斷開展的體驗，就像讓人一口接一口吃到上癮的派。

好吃的派一定有多汁綿密的內餡，互動行銷所提供的體驗最好也能跟流體內餡一樣綿密無盡；這樣才能持續吸引消費者「品嚐」，為品牌在網路世界佔有一席之地。下面的兩個畫面可以幫助你記憶這點：你可以想像胃口永不饜足的喜劇演員吉姆·加菲根（Jim Gaffigan），在將派吞下前大聲說出派的定義：「液體蛋糕！」或是創作歌手唐·麥克林（Don McLean）唱著他長達八分鐘的名曲〈美國派〉（*American Pie*），這首歌在酒吧播放時總是能抓住眾人耳朵，我甚至還親眼見過整個酒吧都被其旋律感染而上演一字不漏的大合唱。那一刻彌足珍貴，人和人之間瞬間搭起了橋梁，而且還不是在美國呢！

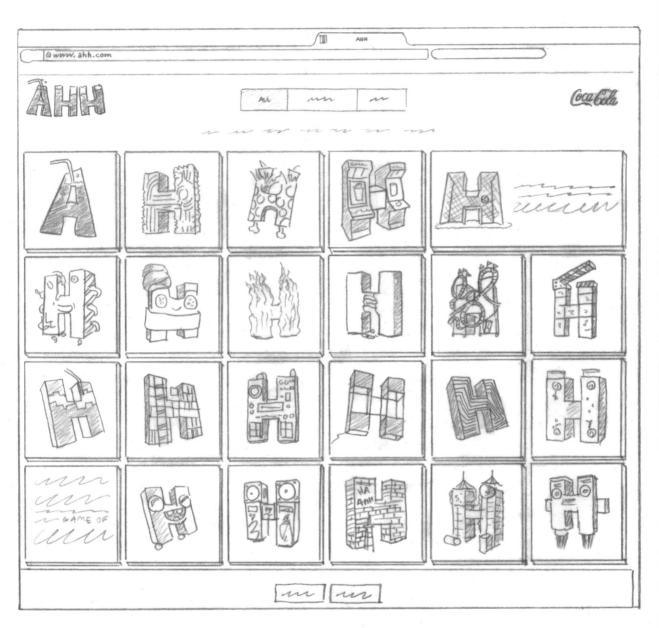

總結來說，「美國派」是互動行銷的上好原料，你在發想互動行銷概念時，不妨多多採納，能將所有原料涵蓋其中是最好的（參見〈快傳它（SLIP IT）：微笑、歡笑、知會、觸撥、涉入、思考〉，第21頁）。

★所謂的娛樂性其實就是遊戲化（也就是將遊戲設計的概念用在非遊戲的應用程式上，使其用起來更有趣、更吸引人投入。參見〈遊戲、電動遊戲和遊戲化〉，第216頁）。

摸清你的媒體，摸清你的觀眾

了解目標市場是做廣告的基本功；了解他們使用網路和數位科技的行為模式，則是做互動行銷的基本功。在決定要併用或排除哪些媒體時，倫敦格魯（Glue）數位行銷公司的靈魂人物達倫・蓋爾斯（Darren Giles）和詹姆士・雷（James Leigh）就說：「年齡是個重要因素。鎖定年輕人的話，可能就該包含行動應用程式、遊戲、病毒行銷等互動形式的使用。」

可口可樂讓歡飲體驗透過數位行銷延續；每次你在網址上多加個「h」，就有新的互動遊戲可玩。

客戶：可口可樂（Coca-Cola Co.）
廣告商：Wieden + Kennedy，波特蘭

就像力爭上游的劇作家需要多讀劇本，在廣告業裡（特別是從事互動行銷的廣告人）你必須也混入消費者的行伍。上網遊玩最新科技，還有甚麼比這更好的理由？

當病毒行銷走入現實世界
有些極具說服力的的網路系列廣告，也會走入現實扎根。舉例來說，你可以利用某個網站吸引消費者造訪戶外的互動游擊廣告據點，讓廣告體驗在現實中繼續（當然，反之亦同）；還有，如果線上社群在現實世界相聚，那就打通了線上和線下社交的區隔。

安德烈亞斯‧達爾克菲斯特（Andreas Dahlqvist）是斯德哥爾摩 DDB 廣告公司的執行創意總監，他就說，「當世界如火如荼地數位化時，添加『真實感』是必要的；這樣才能讓數位世界更具體可感。」

其實，擴增實境（Augmented Reality）亦可視為現實與數位世界交會的例子（參見第 219 頁）。

再者，你若是詢問綜合媒體廣告商，他們會告訴你，數位和傳統廣告間的界線正日漸消弭，或許再過不久，「數位」這個形容詞就要走入歷史。這讓我想起廣告界名人佩雷拉說的，「不要把數位與廣告分開來想，也不要因為新潮而跟風，然後只用數位科技來搞小噱頭，要因為有意義和有意思才投入。」

互動行銷與傳統廣告同樣面臨閱聽眾注意力越來越短的問題，再加上消費者每天要面對的資訊量過載，力求溝通迅捷、有趣又真實，已變成王道。

數位行銷的獎項獎別
金鉛筆互動獎（One Show Interactive）始於 1998 年，是率先表彰新興媒體廣告的大獎，包含以下獎別：

‧企業對消費者（單一和系列廣告）
‧企業對企業（business to business，B2B）
‧電子商務
‧公家機關／非營利性組織／教育機構
‧線上
‧行動
‧實驗性媒體（例如：裝置媒體〔installations〕）
‧其他數位互動媒體
‧綜合品牌行銷★（integrated branding campaign）
‧網站（主品牌〔企業對消費者〕／企業對企業）

★「廣告遊戲」（advergame，從系列廣告衍生出的電動遊戲）也包含在這個類別之中，其中由 Crispin Porter＋Bogusky 廣告公司為漢堡王操刀，在 Xbox 遊戲機推出的〈碰碰車〉（Big Bumpin'）、〈單車手〉（RocketBike Racer）和〈鬼祟王〉（Sneak King）就屬此類。

另一方面，為了跟上持續變化的廣告產業及日新月異的科技，英國的設計與藝術指導學會全球獎（D&AD Global Awards）也把數位獎項分為幾個類別：

‧線上廣告（橫幅式、彈出式、插入式等）
‧創新使用線上廣告
‧網站和微網站
‧行動行銷
‧病毒行銷
–病毒行銷影片／病毒行銷廣告（網路影片）
–互動類（例如：網頁遊戲）
–創新類
‧電動遊戲
–大型多人線上遊戲（massively multiplayer online games，MMOGs）
–其他線上遊戲
–手機遊戲
–家用主機遊戲
–掌機遊戲
–電腦遊戲
‧綜合數位行銷（如結合微網站、線上廣告、線上廣告遊戲和數位互動機者）
‧數位裝置媒體（digital installations）

互動行銷團隊
在互動行銷之前，傳統的廣告「創意團隊」是由文案寫手和藝術指導組成，和專案企劃、專案經理（account managers）及製管部合作。到了後互動行銷時期，文案寫手和藝術指導還要和以下同仁攜手：

‧數位策略師（digital strategist，負責銷售與管理）
‧媒體企劃（media／communications planner）
‧創意科技師（creative technologist）
‧資訊架構師（information architect，IA）
‧互動設計師（interaction designer）
‧flash 動畫設計師（flash designer）
‧動態圖像設計師（motion graphics designer）

佩雷拉說，「那些聰明絕頂的概念大多不是出自單一，而是多重的源頭，」並指出現在的互動行銷團隊所面對的新問題是，「這個概念能實際做出來嗎？」

傑夫・班傑明（Jeff Benjamin）曾為 Crispin Porter＋ Bogusky 廣告公司的創意首腦，他認為「科技師所需發揮的創意，比起作家毫無不及」。而第 207 頁例舉的〈聽話雞〉（Subservient Chicken），明顯將媒體納為概念的一部分，展現出創意在互動行銷團隊裡並不局限一方，製作和科技人才也要具備發想力。

十八般武藝

數位互動作品沒辦法靠科技獨撐大局，從互動行銷概念的發想到執行，以下人才都該斟酌網羅：

· 藝術指導
· 文案寫作
· 聲音設計
· 音樂運用
· 動畫或動態圖像
· 使用者介面設計
· 插畫
· 字體排印
· 攝影
· 平面設計
· 影片導演
· 影片攝製
· 特殊效果

互動行銷裡的文案寫手

說到文案寫手，文案達人伊愛姬（Iezzi）的看法是，「網路不只是另一個發布廣告的管道……文案寫手應該要先思考概念，然後再針對個別媒體籌謀表現方式……數位已滲透品牌的一切所做所為，文案寫手豈有不受影響的道理？」

紐約 Johannes Leonardo 創意機構的創始人之一，李奧・普雷默提葛（Leo Premutico）則是如此認為，「那些頂尖的文案，從來不缺互動性，總是引誘讀者為品牌故事畫下句點，貢獻出自己的想像力。」

時至今日，我們擁有回應消費者的機會，還能依據對話的走向調整品牌敘事。創意合作社（co:collective）的執行長提・蒙太（Ty Montague）將品牌和消費者之間的網路對話視為「活生生的劇場，你可以在其中直擊觀眾的反應。如果他們沒有反應或表現出無聊的樣子，那你必須立即回應，即興『演出』。這場對話是活的，需要說故事人和觀眾不斷策劃和涉入。」換句話說，你必須一邊吸引消費者持續和品牌敘事互動，一邊從中拼湊出新的品牌敘

事，讓這場戲劇綿延不絕地展開。

這要怎麼才能做到？班傑明相信「文案寫手在數位世界不只要寫出漂亮的文案，更要嫻熟說話的藝術，成為語言的達人」。

針對這一點，布魯克林兄弟品牌行銷公司（The Brooklyn Brothers）的創辦人之一，蓋・邦奈特（Guy Barnett）也有獨到的看法，「你的遣詞用字和句法必須更為靈巧不凡……寫手的重要性今非昔比，因為現代人的閱讀量已來到歷史高點。」就像廣告界傳奇霍華・拉克・高思奇（Howard Luck Gossage）所寫的，「沒有人會閱讀廣告。人們所閱讀的，無非都是挑起他們興趣的文字，只是有時候那正好是廣告。」當然，那也有可能是推文、塗鴉牆布告或部落格文章等社群媒體內容（參見〈綜合寫手〉，第 270 頁）。

後數位時代文案寫手的角色
· 隊友
· 內容寫手
· 對話策畫師／對話照護者
· 文案寫手
· 概念生產者
· 發明者
· 社群媒體管理
· 社群學家
· 說書人
· 科技迷
· 效益主義者[1]

1 譯註：效益主義（utilitarianism）由英國哲學家傑瑞米・邊沁（Jeremy Bentham）提出，最廣為人知的原則是追求「最大多數人的最大幸福」。

今日的文案寫手擁有空前的良機，可以將品牌敘事推向動態十足的互動新境界。

社群媒體可以進行雙向溝通，這也意味著你可以用對話取代「文案」或是話術。Farfar 數位行銷公司的創始人兼創意總監，尼克・柏格斯壯（Nicke Bergstrom）將雙向溝通之必要比之約會，「如果你一直叨絮不休，不讓另一個人說一句話，那約會一定不會很成功。」

文案大師喬爾・卡普蘭（Joel Kaplan）則建議，「環顧現實世界發生的事，觀察哪些對話正在進行，哪些潮流

正在風行，人們熱衷於哪些話題，又在何處討論它們，然後找出一種方式，讓產品或廠商在這場對話中發聲。這樣人們就會覺得你不是在廣告，而是在對話。如果他們喜歡和你對話，他們就會喜歡那個品牌。」

非線性的網路書寫

這節所說的網路書寫專指品牌網站上的文案，而非伴隨其他網路內容而出現的廣告文字。多虧網站、部落格和其他數位平台如雨後春筍般湧現，有創意的文字（和寫作者）依舊水漲船高。雖然這本書列舉的文案書寫工具（特別是〈廣告文案〉一章）許多都可以運用於數位廣告，但是消費者閱讀網路文字的方式不同於紙本，所以有些新工具也應運而生。許多文案寫手在對互動行銷不熟的情況下，為網頁所寫的文字常與平面文案如出一轍，但這樣做不一定能收良效（除非是應用於短小的數位廣告，如橫幅廣告）。其實，數位文案寫手比較像是資訊架構師，不需在字裡行間「穿針引線」（參見〈隱形的線：串起意念之流〉，第 237 頁）；這是因為消費者在尋找目標訊息的時候，不會依循一條路徑乖乖地走，沿路閱讀一段又一段的文字，即便文字的流動性極為順暢。所以網頁文案不能墨守線性的排序，不然只要頁面捲動的時間稍長，就有可能失去造訪者。所以說，任何網站文案都必須以簡明為上，才不會被閱讀者打槍；有時候你可能需要在不同的網頁重複一些資訊，但不論如何，最終目標必定是讓網站好讀、好懂、好用。

品牌的背景故事

湯姆·亨普發現，「新的品牌敘事手法正在得勢。新的媒體能讓使用者投入更多的感官，給了品牌傳達故事的大好良機，而且這些故事的複雜度和深度都是之前無法想像的。」

所謂「新的品牌敘事手法」，有一部分就是創造出「背景故事」，功能等同發展劇本時所寫的幕後文字，只不過效力對象從電影轉為品牌系列廣告。幕後文字在幕前不見其影，卻能讓人感覺其功；那是一連串的參數與座標，幫助廣告商和客戶界定品牌故事，並為閱聽眾界定出參與品牌的規則。

品牌的故事力

品牌敘事有兩種方式：

1. 把品牌故事（眾所皆知或沒沒無聞皆可）或品牌背景故事帶到幕前。
2. 從零開始創造新的品牌故事。

品牌故事最妙（也最難以預測、有機）之處就在於，它是一種**互動式的敘事，能讓體驗者置身其中**（對大部分的數位內容來說，都是如此），賦予他們權力隨意打斷故事、讓情節轉彎、做出評論、發現新的內容，或加入自己的故事。品牌故事的發展還可以跨平台同時進行，在傳統、數位、社群媒體上設置多重接觸點，形塑所謂的**跨媒體敘事**（transmedia narrative）。

當創意遇上科技

當這兩門專業相互激盪時，常常能產生奇妙的火花。李岱艾廣告公司（TBWA）的全球總裁李·克勞（Lee Clow）也說過，「科技剛開始時只是科技，等到我們藝術家接手後就不一樣了。」要製造出獨特又精彩的作品，你必須對所有事物保持好奇，要常問自己，「我的創意可以如何發揮在這項科技上？」或是從相反的方向提問，「我要如何將科技融入這個想法或概念？」你不妨把自己想成創意科技人，同時擁有藝術的感性，以及科技的知性。

創造體驗：以「糾合眾力」為法

與其完全從零開始，不如以網路上現有的素材作為發想的基礎，借力使力，或是加上一點變化，創出**新**的體驗：你可以放眼現行的數位與社群環境，選擇一個平台、產品（如應用程式、桌面小工具）、技術功能、媒體形式（如數位海報）或既存的線上內容，與之「合夥」，為你的品牌創造出**獨一無二**的概念（和使用者體驗）。「合夥」後的效果應該大於兩者的總和（也就是一加一大於二），如果你只是加上臉書的分享連結，大概不會產生加乘的效果。

這個創作過程的思路是：

當你結合（a）＿＿＿＿＿＿和（b）＿＿＿＿＿＿的時候，會獲得？

當然，答案（最終概念）也可以從結合三種甚至更多的元素獲得。舉例來說，如果你拿拱廊之火搖滾樂團（Arcade Fire）的專輯，跟剪輯的影片、Google 地圖所提供的街景、以及你的臉書帳戶結合，那會產生甚麼火花呢？答案就是〈荒野鬧區〉（*www.thewildernessdowntown*），這個網站為訪客提供創新的個人體驗，吸引訪客與之互動（參見第 204 頁）。

另外，數位互動體驗也可以結合傳統媒體（如電視、平面、廣播或戶外廣告），創造出新奇的效果。

Look, it's flight BA 272 from San Diego

看哪，從聖地牙哥來的 BA 272 正從天際飛過

BRITISH AIRWAYS
英國航空

#抬頭看
#lookup

這則高度創新的數位看板能偵測到英國航空公司的航班，並且同步播出相應的廣告訊息，可說是創意與科技結合的絕佳範例；看板中的孩童邊跑邊指著天空，傳達的則是該品牌的市場定位——「飛行的魔力」。
——
客戶：英國航空（British Airways）
廣告商：奧美互動行銷（OgilvyOne），倫敦
創作者：Emma de la Fosse、Charlie Wilson、Jon Andrews、Andy Davis

病毒行銷影片 vs 病毒行銷廣告

這兩者的差別可說是只在時間長度；不過現在，這些網路影片的片長越見游移不定，品牌行銷的內容比例也越來越有彈性（有的高，有的少），再加上各種電子設備能下載的影像檔和音檔都越來越大，兩者之間的分界可說是不復存在。任何人都可以拍製網路影片，但是身為未來的廣告人，不要只為了拍出好笑或驚人的影片而拍，問問自己：影片的概念為何？效益又是甚麼？真的會有人想分享嗎？你必須思考如何將產品或品牌的行銷，附加於你的影片中，讓你的心血更添意義，並減少可能的無謂。

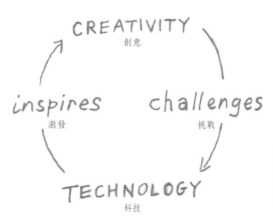

CREATIVITY
創意

inspires
激發

challenges
挑戰

TECHNOLOGY
科技

約翰‧赫加提說的話總是耐人咀嚼，具有圖示的價值，就像這句警語：「創意挑戰科技；科技激發創意。」

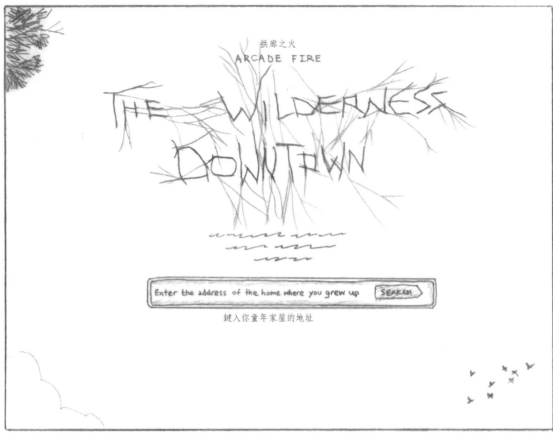

荒野鬧區

這個網站是「混搭」的結晶，能呈現多元的樣貌：
在你輸入自小生長的家屋地址後，拱廊之火的名曲
就會協同影片開始播放，一路加進 Google 地圖的
街景，創造出只屬於你的音樂錄影帶。

客戶：Google 創新實驗室（Google Creative Lab.）
品牌：Google 地圖，HTML5
廣告商：B-Reel
創作者：Chris Milk、Aaron Koblin

網站 vs 微網站

前者是品牌的主網站，後者則是單獨替一則品牌訊息、或是替一支系列廣告所架設（亦稱為迷你網站）。網站與微網站是各自分開的，不過也有微網站後來變成主網站的例子。

網站本身就可以當作廣告，電子郵件也是。你不妨花點心思，讓網站訪客願意留下電郵地址，這樣你就可以透過其訂閱鎖定他們（直到訂閱解除）。還有更高明的行銷方法，那就是在品牌網站上創造出某種機制，鼓勵消費者將電子郵件傳送給他們的朋友（參見〈個人化：切身 vs 私密〉，第 196 頁）。

不論是以文字或影像為主，許多業餘愛好者的部落格都開花結果，成為極有影響力的訊息布告欄。在此同時，其他的用戶原創內容發表平台也在此時大行其道，如此盛況讓《時代》（Time）選出「你」作為 2006 年的風雲人物，甚至還讓某些競賽新增最佳部落格的獎項。投身互動媒體的廣告商面對此情此景，最該問的就是：如何好好利用人人是主播的這個現象。

網站的類型

就**內容**來說，網站可分為資訊／教育取向、娛樂取向（像是廣告遊戲）和兩者兼顧。另外，若依**功能**分類，則可分為下面各類型：

· 品牌知名度網站（以主品牌或副品牌為主角）
· 微網站（以廣告概念為主題，具有品牌化網址〔vanity URL〕）
· 前導性網站（為前導性系列廣告而設，具有品牌化網址）
· 產品／服務網站（與產品緊密相連的網站，像 Nike＋）
· 促銷網站（特別為了促銷活動而設）
· 無名網站（品牌在不張揚的情況下所設的網站，像製藥廠就可以透過這類網站，提供某種病症的資訊，提高大眾對它的警覺性，同時介紹治療方式，而不須直接推銷他們的藥品）。

....

Exercise：挑選出五個你最喜歡的網站，然後依照上表分類（備註：有些網站可能集不同功能於一身，同時隸屬兩個或兩個以上的類別）。

....

上 BMW 的〈賞金車神〉（The Hire）可說是首部線上限定、內容主導的網路廣告影片。這一系列的短片充滿快車追逐的刺激感，為往後的網路廣告影片樹立了典範，證明無須墨守三十秒的時間限制。

客戶：BMW
廣告商：法隆全球（Fallon Worldwide），倫敦
創作者：Kevin Flatt、Joe Sweet、Chuck Carlson

右 它比瓶中信來得強。這個網站讓你在傳遞訊息給朋友時，就像在執行軍中任務，同時變得更個人化，其逼真的音效為虛擬體驗增添不少真實感，叫使用者更加感覺自己是海軍軍官。

客戶：皇家海軍（Royal Navy）
廣告商：格魯數位行銷（Glue），倫敦
創作者：James Leigh、Darren Giles

娛樂 vs 資訊

就廣義而言，互動行銷的概念共有三種：資訊取向、娛樂取向和兩者兼顧的綜合取向。很多人都認為綜合取向是其中最理想的，就像廣告若能兼顧專業和通俗性，那就能成為全面的贏家；在綜合取向這個類型中，它的娛樂部分需擁有有趣且切題的概念，同時吸引使用者涉入互動，後繼以有趣且切題的產品資訊，持續磁吸受眾的注意力，那促成下單的成功率，就會大大提高。這也意味，只提供娛樂是不夠的。就像廣告概念雖然應該力求簡單（參見第 20 頁），但不該簡單到無聊的地步，你也不應該提供無謂的娛樂，娛樂之中必須蘊含有趣的訊息、效益或其他好處。

你也可以辯論說，任何成功的互動行銷概念都會變成資訊取向；只要造成廣傳效應，曝光率動輒數十億，人人都會爭相把這項「資訊」分享出去。這種膾炙人口的互動行銷作品包含資訊取向、娛樂取向或綜合取向的各種內容，可能是廣告商的手筆，也可能是品牌自產的部落格貼文或聊天室對話。

過去的行銷人員都以娛樂取向定位互動行銷概念，專門用以吸引注意力較短的青少年；而今，年長的世代對新穎的科技越來越熟悉，想必能從資訊取向的數位溝通獲益（不論他們是為了消費購物、嗜好興趣，還是為了學術和教育研究目的），同時享受娛樂取向的遊戲。

說到娛樂取向的互動行銷作品，或許最廣為人知的就是〈聽話雞〉了（見右上圖）；這個網站由廣告公司 Crispin Porter＋Bogusky 和數位行銷公司野人集團（The Barbarian Group）聯袂打造，在第一年就達到三億九千六百萬的點擊率，並觸及到更年輕的世代。不過也有人對其廣告效力保持懷疑，甚至說肯德基這個品牌更適合這個作品（一般大眾想到漢堡王時，會聯想到非牛肉堡／雞肉堡嗎？）；也許這些非議都有道理，但是其互動行銷概念衍生自漢堡王獨有的品牌訊息「照你喜歡的方式來」（Have It Your Way），同時網頁也開門見山地呼應這個訊息：「照你喜好，聽你處置。請在這裡輸入指令。」我想這樣說是客觀公平的，過去十年間的網路應用程式，能像〈聽話雞〉這樣展現互動行銷之力，將品牌拱至如此高位者，可說是少之又少。

正當 vs 非正當

正當的線上廣告手法有：搜尋引擎（search-engine advertising）、桌面廣告（desktop advertising）、線上黃頁（online advertising directories）、廣告聯播網（advertising networks）和許可式電子郵件廣告（opt-in email advertising）。非正當的廣告手法則濫發電郵廣告（就跟濫發的直郵廣告一樣，都是垃圾郵件）。

侵擾式互動廣告

■ 橫幅式廣告

橫幅式廣告常讓消費者嗤之以鼻，卻讓廠商愛不釋手，因為可以實時測量其效能，連文案和圖像的成功率都可以分別測出。好的橫幅式廣告能締造 1% 的點擊成功率（click-through rate，也就是點擊後確實連結至網站的百分比），絕佳的橫幅式廣告則可衝到 2%，甚至更高。

以廣告概念而言，橫幅式廣告主要可分為兩種：第一種是專門吸引注意力的「揮旗手」，提供「登陸頁面」（landing site）或應用程式的快速連結；第二種則具有互動性（像是惠普〔Hewlett-Packard〕的橫幅式系列廣告〈發明〉〔Invent〕）。不論是哪種概念，保持簡單是不變的要點。橫幅式廣告就像看板，不是說長篇故事的地方；較難溝通的部分，在抓住消費者的注意力後，大可留予它處處理（或在橫幅廣告中內建更有深度的應用程式來傳達）。

以耗費的容量大小（以 Kb 為單位）及橫幅廣告像素尺寸來說，可分為標準橫幅廣告和豐富媒體橫幅廣告：前者通常都是以 Flash 製作，只佔 30 Kb 的容量大小，播放時間約 15 秒（你可以購買更大的廣告篇

照你喜好，聽你處置。請在這裡輸入指令。 SUBMIT

〈聽話雞〉的網址是 www.subservientchicken. com，你只要在框格中輸入指令，畫面上的雞就會欣然回應。這個概念簡單、有趣，直接衍生自漢堡王的品牌訊息「照你喜歡的方式來」。

客戶：漢堡王（Burger King）
廣告商：Crispin Porter＋Bogusky、野人集團數位行銷（The Barbarian Group）
創作者：Mark Taylor、Bob Cianfrone

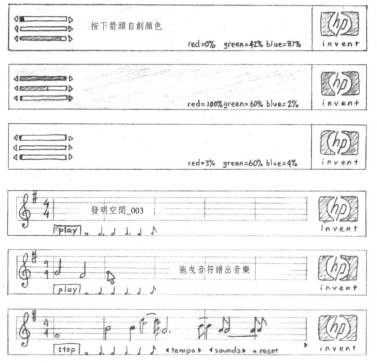

按下箭頭自創顏色

red=0% green=42% blue=87%

red=100% green=60% blue=2%

red=3% green=60% blue=4%

發明空間_003

play

拖曳音符譜出音樂

play

stop ‹tempo ‹sounds ›reset

這是互動式橫幅廣告，與簡單的「揮旗手」截然不同。

客戶：惠普（Hewlett-Packard）
廣告商：Goodby、Silverstein & Partners，舊金山
創作者：Jeff Benjamin、Rick Casteel、Will Elliot、John Matejczyk

幅，動畫橫幅廣告都可以「循環播放」）；後者通常都超過 100 Kb／30 秒，版面形狀通常為正方型，內容可以是影片或其他互動設計，前提是該內容耗費的版面與容量大小必須低於網站上限。

容量大小必須計算清楚，因為 Kb 就是計算數位廣告刊登費用的單位（就跟廣播廣告是以秒計費，而平面廣告是以尺寸與顏色計費一樣）。你可以從右邊的表格看見世界流通的橫幅廣告大小（寬 × 高）。

橫幅式廣告最初的格式是 468 × 60 像素，這個尺寸就叫「橫幅」；你別看它框框小，多少創意在其中風起雲湧，致使線上媒體以它為廣告的基礎單位。雖然「橫幅」的使用率下滑，形態卻不斷演進，一路衍生出超級置頂橫幅（supersized leaderboard，728 × 90 像素）、摩天式直幅（skyscraper）、雙接式幅條（vertical／horizontal tandem，橫幅與直幅同時刊載）等廣告格式；後者能製造出名為「路障」的效果，其橫幅和直幅的廣告概念應避免重複，不然就可惜了。還有，在和消費者互動越見頻繁的情況下，橫幅廣告很快也多了擴展和收縮的功能。以整體來說，橫幅廣告的互動性恰能彌補尺寸的侷限，效能絕不

輸小篇幅的平面廣告，但如果你想讓橫幅廣告佔據整個螢幕，有一種格式叫做「頁面接管者」（page takeovers），霸氣非常，亦可權衡使用（參見後方〈整頁覆蓋式動畫〉）。

就跟傳統廣告一樣，橫幅廣告 90% 都是平庸無趣之作，需要大量新鮮點子。另外，請記得，不是所有的產品都需要廣告，就算需要，橫幅式廣告也可能不是最適合的媒介。

▌對話式橫幅廣告
網路頁面上，有時會同時出現多條橫幅廣告（但通常是兩個），幅條之間還能彼此溝通，那就是對話式橫幅廣告（talking banners）。就創意而言，子母橫幅廣告應該各有概念，而不是單純地互相重複（英國有家肺癌防治基金會所推出的對話式橫幅廣告，就很有參考價值，第 211 頁）。

▌彈出式廣告
顧名思義，彈出式廣告，以單獨視窗的形式呈現，躍然螢幕之上，通常都可以透過系統設定阻擋。

▌整頁覆蓋式動畫
與彈出式廣告運作的模式類似，不過跳然螢幕的是全覆式圖像，而不是邊框分明的視窗，也因此能產生更出人意表、更有趣的視覺效果；其中有個例子是英國的互動行銷公司 Agency.com 為國家兒虐防治協會（National Society for the Prevention of Cruelty to Children，簡稱 NSPCC）所做的系列廣告，創作者讓天真的孩子在螢幕上走路，透過他們的身影和言語傳達出發人深省的訊息。這種廣告與「頁面接管者」的差異並不大，接連出現時也可以製造「路障」的效果；不過，整頁覆蓋式動畫的製作和刊登都相當昂貴，如概念不夠強，那就浪費了。

▌即時通訊和文字簡訊
對許多人來說，這些廣告管道和電子郵件皆屬一類。文字簡訊可透過行動電話、平板電腦或其他電子裝置實時傳送，一則限制 160 個字元[2]。

2 譯註：中文簡訊的限制為一則 70 個字元。

▌電子郵件行銷
消費者一般對廣告電郵的接受度都很低，這意味廣告電郵必須更有創意，更個人化，同時力求商業訊息的含蓄，以此增加打開郵件的吸引力。就侵擾式廣告手

法而言，雖然不乏更省力優雅者，但是廣告電郵依然方興未艾，原因不外乎簡易、便宜、可測量、有效果、又能觸及廣大受眾等優點。

以下列出創作互動式廣告電郵的三大關鍵點，其效力普遍受到業界認可：

· 頁面分界處以上的「最佳打擊點」（也就是無需捲動就能看見的區域；通常是 420 像素），這裡應該放置簡明的文案（標題和副標題）及行動呼籲（call to action，CTA）的點擊鈕或連結。
· 頁面分界處以下才放置次要訊息（如其他文案），並且重複植入行動呼籲。
· 電子郵件的標題應該在 50 個字元以下（單指英文而言）。

擁抱空間限制

就像我們在〈平面廣告〉一章討論過的，刊幅雖小，也能收宏效，切莫讓橫幅廣告的尺寸限制你的創意。

矩形和彈出式廣告

300 × 250	中幅矩形廣告
250 × 250	正方形彈出式廣告
240 × 400	直立矩形廣告
336 × 280	大幅矩形廣告
180 × 150	矩形廣告
300 × 100	3：1 矩形廣告
720 × 300	背投式廣告

橫幅及按鈕式廣告

468 × 60	標準橫幅廣告
234 × 60	半橫幅廣告
88 × 31	細橫幅廣告
120 × 90	按鈕式廣告 1 號
120 × 60	按鈕式廣告 2 號
120 × 240	直幅式廣告
125 × 125	正方形按鈕式廣告
728 × 90	超級置頂橫幅廣告

摩天式廣告

160 × 600	寬幅摩天式廣告
120 × 600	標準摩天式廣告
300 × 600	半頁式廣告

互動就是行動和回應

品牌和消費者互動時，總是要由品牌這方先採取行動，給消費者一些誘因，才能引發消費者的回應；而通常互動行銷概念之所以聰明或扣人心弦，就在於誘因設計巧妙，消費者要如何在既定條件下「接招」，成了精采的看點。在傳統媒體裡，廣告概念（不論格局大小）無處不可開展：從廣告策略到圖像、攸關產品的事實，乃至標題和品牌標語，處處都是發想的跳板。最終的廣告成果比概念從何處開展來得重要。若以數位互動作品來說，概念可以從特定的行動與回應來發想；也就是說，行動（及其隨後的回應）是概念發想的關鍵。不過，就跟之前論及傳統廣告創作時一樣，別將我的提議奉為圭臬，用它來砥礪思考，想些有趣的點子，那才是物盡其用。說到有趣的點子，彩虹糖（Skittles）就以簡單且饒富趣味的概念，拍攝出傻氣得讓人莞爾的廣告影片〈手指〉（Finger），並放在官方 YouTube 頻道上，見第 211 頁。

數位互動的方式

用滑鼠點一下，可以是出於心的感動，也可以是出於腦的思考。數位廣告概念要像 第 146 頁討論過的感性銷售主張一樣，和觀眾建立情感連結，創意人傑夫·班傑明（Jeff Benjamin）也建議過，「當我們說到互動，你會想，我要讓觀眾有所**行動**，但是其實更基礎的是讓觀眾有所**感覺**。」第 210 頁的列表舉出了典型的「互動方式」，天天皆為使用者所操作（以數位裝置分類）。

....

Exercise：從日常生活中選個物品（比如某種飲料或是織品），然後想想你可以與之互動的方式，從五種感官中尋找靈感。現在把這個過程應用到互動行銷作品上（比如網站、應用程式等），看看能不能激發出甚麼點子，用以行銷品牌。你也可以用第 210 頁的列表幫助你發想。

....

使用者進行互動的方式

滑鼠

點擊
移動游標
以游標替代物件★
點擊後按住
點擊後拖曳

★這時游標會改變型態或消失，化為替代物件／元素，繼續被滑鼠操控。

鍵盤

鍵入（在空白欄位鍵入文字或數字）
其他鍵入（如空格鍵或方向鍵）

內建式麥克風

輸入（使用者對裝置說話）
輸出（對聲音的回應）

內建式／外接攝影機

行動電話／平板

螢幕觸碰
單指（進行點擊、滑動等動作）
單指加拇指（進行縮放或旋轉）
掃描（諸如 QR code）
視訊透視（video see-through，擴增實境即屬此類技術）
傾斜
搖動

Exercise：組成團隊，挑個登載於傳統媒體的系列廣告，想想要如何將它擴充為互動行銷作品（如果還沒有人這樣做的話），將橫幅式廣告、網路影片、電動遊戲等可能都納入考量。（備註：這是個練習，並沒有一定要收錄在你的作品集裡，除非你挑選的系列廣告是你的原創作品）。

時間長短：靜態 vs 動態

隨著消費者的注意力越來越不濟，不難理解為什麼有人會說，數位廣告最終都會縮短播放時間，且歸於靜態（就跟海報廣告只有八個字三秒鐘的限制一樣）★。不過，話說回來，人們在電腦前花的時間越來越長，有些時候是在不同的網路空間閒逛，有時候卻會定點停留，連帶也增加了吸收資訊的時間。網路雖然對電視廣告造成衝擊，但人們對電視廣告總是有一定程度需求（就像電影在電視誕生後仍然存活了下來）；只是當收看節目的裝置變了，傳統電視廣告也轉變為前置影音廣告（pre-roll ad），那我們涉入廣告的方式就會跟著有所轉變（參見〈互動媒體：不斷融合，不斷變化的媒體〉，第 220 頁）。總地來說，不管是一眼瞬間的靜態廣告，或者是長時間的動態廣告，只要能容納兩者的科技沒有被淘汰，對兩者的需求就不會間斷。

★如果數位廣告 100% 是靜態的（也就是零動態），那可能無法盡展數位媒體的特性，只比傳統平面廣告多點優勢。話雖然這樣說，有些線上廣告確實是只利用偏向靜態的圖像互換格式（graphics interchange format，簡稱 gif），而成就佼佼之作。

在網路上播放電視廣告

網路廣告有時會和電視廣告「重疊」（也就是同時播放於傳統和網路媒體），雖然這樣做有時能觸及更廣大的群眾（特別是經過改編的網路版），但是單純地把電視廣告上傳到網路上，不足以構成數位廣告概念，而這是很多客戶都不明白的事。

從單向到雙向

受歡迎的電視廣告或影片只要經過分享，就會在社群上流傳，但這不代表它是互動行銷作品。歐仕牌男仕沐浴乳的系列廣告〈你的男人聞起來可以跟這個男人一樣〉獲得廣大的回響，Wieden & Kennedy 廣告公司就運用其人氣基礎，打造了互動影片，讓粉絲的創意變成廣告劇情，形塑終極的雙向交流。這樣的概念簡單，又富娛樂性，是對社群媒體的出色運用，可說是聰明地使用了科技，一如坎城的國際廣告獎評審川村真司（Masashi Kawamura）所指出的，「該公司的創意團隊了解網路媒體的文法，也因此打造出適合該平台的內容，展現高度的娛樂性。」

Exercise：各位文案寫手，請挑一則平面廣告的長體文案，將之改寫成適合登陸頁面的文字（以同一個品牌為客戶），並連標題和副標題一起改寫（改寫後的文案長度大約是三至五句話）。

Have you ever clicked your mouse right HERE? → YOU WILL

你曾用滑鼠點擊過這裡嗎？　　　　　　　你終究會點的

（a）

Axion 為您呈現橫幅演唱會

（b）

TOUCH THE RAINBOW ON YOUTUBE

在 Youtube 上觸碰彩虹

旁白： 觸碰彩虹。用你的食指。
點住螢幕上的彩虹糖。別放開。
影片馬上就會播放。你的手指也
會變得美味異常。
字幕： 品嚐彩虹。吮指回味。

（c）

今天帶來寶貝的　　　　二手菸每年奪走
美照沙龍　　　　　　　八十條嬰兒的生命。

（d）

（a）這是第一支橫幅廣告（約 1994 年），上面的訊息彷彿預言。
———
客戶：AT&T 電信公司

（b）Axion 青年銀行是德克夏集團（Dexia group）旗下的子銀行，推出二十五則橫幅廣告，讓一些名氣較小的樂團粉墨登場。你別看它們舞台小，其宣傳效力卻很大；許多人認為這種廣告形式已死，殊不知還有這樣的創新用法。
———
客戶：Axion 青年銀行
廣告商：Boondoggle，汶
創作者：Vanessa Hendrickx、Alexander Cha'ban、Peter Vijgen、Kevin Crepin

（c）這則廣告是嘲弄互動行銷作品的佳作。你只消把手指放在螢幕上，就可看到你的手指成為一系列怪誕的彩虹糖廣告影片的要角。
———
客戶：Wrigley 食品公司，加拿大
廣告商：BBDO，多倫多
創作者：Chris Joakim、Mike Donaghey、Carlos Moreno、Peter Ignazi

（d）這個對話式橫幅廣告先拋出一個「假主題」，藉此更顯二手菸所造成的傷害。
———
客戶：羅伊凱瑟抗肺癌基金會（The Roy Castle Lung Cancer Foundation）
廣告商：Clemmow Hornby Inge，倫敦
創作者：Thiago De Moraes、Ewan Paterson

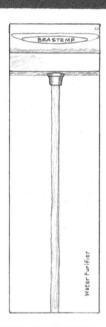

hit the gas
把油門催下去

GTI MkV burnout

■ 以游標替代物件

左上
客戶：Arno 德國不沾鍋
廣告商：巴西上奇（F／Nazca
Saatchi & Saatchi），聖保羅
創作者：Vagner Godoi、Cristiane
Gribel、William Queen

■ 點擊

右上
客戶：勿忘種族隔離平權組織
（Remembersegregation.org）
廣告商：DDB，西雅圖
創作者：Jason Stanfield、Eric
Gutierrez、John Livengood、Ray
Page、Keith Anderson

■ 移動游標

左下
客戶：Brastemp 家電
廣告商：AgênciaClick，聖保羅
創作者：Fabiano de Queiroz、
Jones Krahl, Jr.

■ 點擊後按住

右下
客戶：福斯汽車（Volkswagen）
廣告商：Crispin Porter＋Bogusky，
邁阿密
創作者：James Martis、Mike
Howard

你聲音的氣場有多強大？

請點擊這裡以啟動聲音分析。

The Economist

分析中

Timbre 音質 ⎯⎯⎯⎯⎯⎯⎯⎯⎯⎯ 100%

Tone 語氣 ⎯⎯⎯⎯⎯⎯⎯⎯⎯⎯ 100%

Articulation 發音 ⎯⎯⎯⎯⎯⎯ 68%

The Economist

圖書館員 LIBRARIAN　　　泰山 TARZAN

請大聲唸出下面這句話：

能保持靜默，是人類顯著的敗筆。

分析結果

你雖然輕聲細語，卻自有不怒自威的氣勢。你精挑細選的用字也很有力。建議你訂閱四個禮拜免費的網路版《經濟學人》，對於鞏固說話時的權威感，必定有所助益。

The Economist

■ 內建式麥克風

客戶：《經濟學人》（The Economist）
廣告商：奧美全球互動行銷（OgilvyOne Worldwide），香港
創作者：Thibault Kim、Houston Wong、Carrie Leung

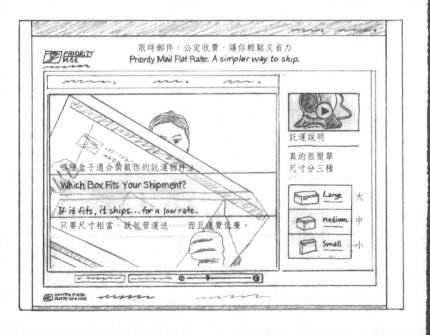

PRIORITY MAIL

限時郵件，公定收費，讓你輕鬆又省力
Priority Mail Flat Rate: A simpler way to ship.

哪種盒子適合裝載你的託運物件？
Which Box Fits Your Shipment?

If it fits, it ships...for a low rate.
只要尺寸相當，就包管運送……而且運費低廉。

託運說明

真的很簡單
尺寸分三種

Large 大
Medium 中
Small 小

UNITED STATES POSTAL SERVICE

■ 內建式／外接攝影機

用你的攝影機找出最合適的箱子尺寸，用以打包託運物件（文案：只要尺寸相當，就包管運送）

客戶：美國郵政（The United States Postal Service）
廣告商：AKQA，華盛頓特區
創作者：Holly Tegeler、Jason Fuqua、Rachel Gillett

■ 掃描（QR code）

右 myToys 玩具公司推出數位行銷作品〈樂高〉（Lego），邀請智慧型手機使用者以想像力探索樂高積木的新玩法

客戶：myToys.de 玩具公司
廣告商：Lukas Lindemann Rosinski，漢堡
創作者：Dennis Mensching、Tom Hauser、Christian Mizutani、Moritz Schmidt

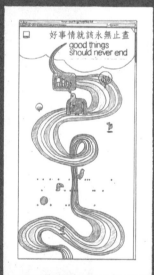

■ 點擊後拖曳（視窗捲軸／網站）

左上 這個網站設計得相當巧妙，其視窗捲軸可以不斷往下拉，將產品效益戲劇化。

客戶：橘電信（Orange）
廣告商：撲克（Poke），倫敦
創作者：Julie Barnes、Nicky Gibson、Nicolas Roope

■ 鍵入（空白欄位）

中間 客戶：遊樂場野外用品專賣店（Playground Outdoor Equipment Stores）
廣告商：Åkestam Holst，斯德哥爾摩
創作者：Andreas Ullenius、Paul Collins、Adam Reuterskiold、Ellinor Bjarnolf

■ 視訊透視（擴增實境）

右上 客戶：聯合國（United Nations）
廣告商：上奇（Saatchi & Saatchi），澳洲
創作者：Vince Lagana、Steve Jackson

JERRY HERE. I'M THE HP ENGINEER WHO DESIGNED THIS THING.
我是杰立，也是惠普的工程師。這個遊戲就是我設計的。

HEWLETT PACKARD

JERRY

YOU

大概念 vs 小概念 vs 潛力概念

以格局大小來說，概念有三種：多棲類（可以登載於任何媒體，是大格局、綜合型的廣告概念）、少棲類（只可登載於一種或是一些媒體，無法縱橫所有，是所謂小格局概念）和潛力類（起步雖然格局較小，但具有成長的潛能，或能擴展於多種媒體）。第三類有個絕佳的範例（見第 216 頁），那就是為如果保險（If Insurance）所打造的應用程式〈慢下來全球定位系統〉（*Slow Down GPS*），其概念格局之大，甚至還超過了品牌計畫；創作者的企圖是要整個汽車產業使用他們家的童聲語音導航，使其化身衛星導航的標準配備。

就傳統媒體來說，廣告界的共識是，打造大格局的廣告概念困難度較高，但其分量足，比單一廣告概念更為有效；若以互動媒體來說，撲克廣告公司（Poke）的尼可拉斯·魯普（Nicolas Roope）則認為，「有些流傳度最廣、最為強力的互動行銷作品，格局不見得大，內涵卻非常豐富，照樣可以慢慢地滲透網路。」

另一方面，許多創意總監依然選擇走「傳統」路線，認為大格局的系列廣告概念不論是單獨在網路上推出，或是發展成綜合廣告，都能帶來更多利益。

大多後數位時代的品牌人保持著概念短小精悍最好的看法，同時認為廣告表現比概念大小重要多了。那我們不妨來思辨一下：首先，廣告表現必須發於構想，所以概念和表現至少是一樣重要的；第二，小概念也可能擴展格局，進而演化出更多表現（像是 Google 將商標變成讓人上癮的經典遊戲〈小精靈〉〔*Pac-Man*〕，就是概念蛻變的例子）；第三，拜社群媒體所賜（當然也要小概念本身夠天才），小格局要變身成大格局的可能，還真是，大得很（像是烘焙師推特〔BakerTweet〕在倫敦的烘焙坊起步，但是大可輕而易舉地通行世界各地的烘焙坊）。所以我們可以這樣說，在數位行銷裡，所謂的大概念不一定等同傳統媒體中的系列廣告概念，但是都該像文案高手伊愛姬所言，「概念本該具有更迭出新的潛能，能不斷進化，與受眾互動，且靈活多變。」（參見〈何謂「綜合」？〉，第 256 頁）

把餅做大

把數位互動作品放上社群媒體後，能觸及的範圍有多廣？答案是普天之下，無所不及。社群媒體有廣及全世界的影響力，所以你所創造的互動行銷概念必須具備擴散性，最好能引動所有人的興趣。舉例來說，你要如何用一種引人入勝又有趣的方式，向流行樂之王致敬？你大可把他複雜的私人生活放一邊，邀請世界各地的麥可·傑克森迷上傳自己的月球漫步，創造簡單而高妙的網路體驗。

綜合互動行銷

數位互動的形式越來越多，將之集於一個互動行銷方案之中，也不無可能。「將眼光放遠，思考更大的互動行銷架構，已經變得越來越重要，」創意合作社的執行長提·蒙太如是說。

美國李奧貝納廣告公司的創意總監，蘇珊·可蕾朵（Susan Credle）則會問自己這些問題：「我所建構的概念會有自己的生命嗎？它會持續發展成甚麼樣子？社群媒體廣告概念可以自此衍生嗎？這個概念是否蘊涵公關的舞台？」

第 256 頁將綜合廣告概念分為四類，其中 A 類型（格局最大者）壽命最長久；像這種高度綜合的概念若能整合社群媒體，還能起「自動延壽」之效。

這是全世界第一則互動式橫幅廣告，耗費的容量大小約 12Kb，能讓你用滑鼠玩電子遊戲〈乓〉（*Pong*）。

客戶：惠普（Hewlett-Packard）
設計者：Chris Hurwitz

這個高明的「廣告」是為增進行車安全所打造的，能讓駕駛人產生立即的感受，進而造成行為上的改變──每當駕駛人行經學校或遊樂場等可能有兒童走路或嬉戲的地方時，全球定位系統（也就是衛星導航）的導航語音便會從成人轉為童聲。

客戶：如果保險
（If Insurance）
廣告商：Forsman & Bodenfors，斯德哥爾摩
創作者：Samuel Akesson、Joakim Labraaten

遊戲、電動遊戲和遊戲化

許多人氣電動遊戲是真的很好玩，不過你在發想互動行銷概念時，可別將思考局限於槍與哥布林。遊戲從來都有敏銳記憶的功效，同時還能增進手眼協調，就像廣告達人亨普所解釋的，「電動遊戲已經成熟到一個地步，超脫純娛樂的範疇，越來越多人將之視為學習機制，運用於軍事、醫學、教育和政治等領域。」般·索爾（Ben Sawyer）是〈玩遊戲，顧健康〉（Games for Health Project）此計劃案的推手，更進一步補充，「遊戲可以用以教導解決問題的技巧，增進我們對世界議題的理解，緩解社交恐懼症，甚至治療患有嚴重疾病的病患。」還有，別忘記電動遊戲所帶來的社交機會，自撥號連線問世後，電腦成像的多人角色扮演遊戲就已經存在了（我還記得這些遊戲，對它們有著等量的喜愛及困惑）。

站在創意人的立場來看，當你在發想數位互動作品（包含遊戲），總要帶著玩心、好奇和不羈──這些都是我們在本書一開頭就提過的特質。

Exercise：選個尚未提供遊戲體驗給消費者的品牌（或是市場，如果這樣比較簡單的話），然後幫品牌主發想出遊戲概念，或許你還可以製出成品（不論你只發想概念，或是連成品都製作完成，兩者皆可成為你作品集中的亮點）。

在傳統和非傳統媒體間轉換

當你接到綜合系列廣告的案子，要求你製作傳統廣告和互動行銷作品時，有個問題值得你問：「這個廣告概念從傳統媒體轉換到互動媒體，是否表現依然亮眼？」這個答案除了要看概念本身，還要視互動行銷作品的類型而定。

很自然地，如果在早期的發想階段，就專注於適合**所有**媒體的概念，這樣對於從傳統媒體轉換到互動媒體是很有幫助的，同時也會大幅減少後續問題，成就高度整合的系列廣告。然而，現在的常態比較是，原創概念完成後，再由它間互動行銷公司，或獨立運行的互動行銷部門，另行轉換並搬上網路，這時候就有可能發生下面四種情況：第一，客戶／廣告商想要原封不動地將概念搬上網路，這確實是最省力的做法，大部分的時候也行得通，但是卻辜負了新興媒體的效能；第二，概念原封不動地搬上網路，卻在轉換過程中遺失了靈魂（概念的力道為之變弱）；第三，客

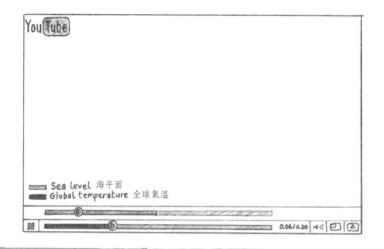

只要有確實的數據資料，綠色和平組織就會在「綠色頻道」（GreenTube，該組織的 YouTube 頻道）發布。以一系列極為簡單的影片（與一般的 YouTube 影片截然不同，因此產生絕妙的分別作用），展現出全球暖化的衝擊，如實顯現未來環境的現實。

—

客戶：綠色和平組織（Greenpeace）
廣告商：AlmapBBDO，巴西

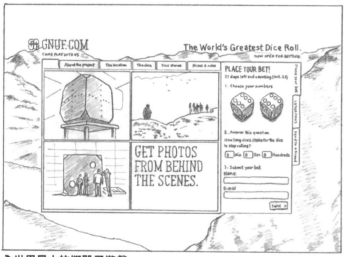

全世界最大的擲骰子遊戲

下好請離手！廣告商為了幫瑞典的賭博網站打造品牌，製造了兩顆五百公斤的鋼骰，且派直升機將骰子從山上一擲而下；離骰子實際滾動時間最近的下注者，可贏得格陵蘭假期。

—

客戶：Gnuf.com
廣告商：Acne Advertising，斯德哥爾摩
創作者：Adam Springfield、Kalle Gadd

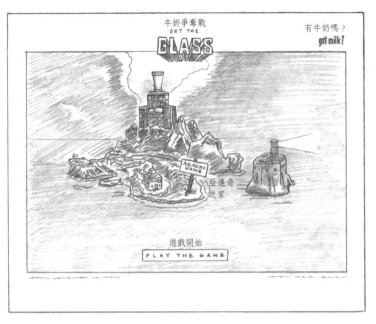

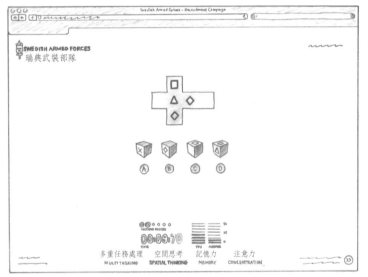

上 網路遊戲〈牛奶爭奪戰〉（*Get The Glass*，官網：Gettheglass. com）以刺激的冒險凸顯牛奶的益處，製作得相當細膩。

客戶：加州牛奶顧問委員會（California Milk advisory Board）
廣告商：Goodby、Silverstein & Partners，舊金山
創作者：Jorge Calleja、Jessica Shank、Katie McCarthy、Brian Gunderson、Paul Charney

下 這個網站以腦筋急轉彎的練習招募部隊新血，可說是有趣又切題，內容還會不定時更新，常保新鮮感。

客戶：瑞典武裝部隊（Swedish Armed Forces）
廣告商：DDB，斯德哥爾摩
製作：北國設計（North Kingdom）

戶／廣告商要求你將原來概念轉換成互動版本，問題是原來的概念潛能不足，難以敷衍於非傳統媒體；第四，最理想的結果是，原版概念因應互動媒體特性而變化，而且這變化相當有創意，與原來的概念相得益彰（甚至讓整個綜合系列廣告更為出色）。

從短期來看，大部分媒體轉換的案子，對互動行銷公司都是利多。但很多互動行銷公司都只是「潤改」，而非獨立地盡可能研發出最佳互動概念，他們也不太會去調和互動行銷作品與廣告的相容度。在他們相信互動行銷作品和廣告是兩門專業的情況下，他們認為這就是最令人滿意的結局——關鍵在於需向客戶確保他們的概念仍在「品牌航線」上，不會削弱或損傷整體的廣告策略思維。

......

Exercise：效法謝家華，他是線上成衣與鞋子商店 Zappos.com 執行長，其獨到的經營手法之一是在推特上固定發文（藉此形塑品牌「面貌」）。想像你自己是品牌主（和你的同學一起選個品牌），然後發想一連串吸引粉絲（員工和消費者）的推文。

......

Exercise：幫你最喜歡的品牌創作一個「非官方授權」的部落格，和同學一較高下（可以是一位同學或全班），看看誰在學期末可以博得最多的關注。

......

複製品的缺陷
雖然這不是線上廣告獨有的問題，但是當廣告商或客戶嘗試複製（也就是剽竊）成功的**互動**概念時，其效果往往不比量身打造的原版概念。許多客戶會覺得網路是兵家必爭之地，但成功而值得「模仿」的線上廣告相對較少，結果就是同一個概念的複製品接二連三地出現。就像本書之前所討論過的，在傳統廣告回應客戶要求的漫長歷史中，也可見到大量「翻製」的作品，而我們或可悲觀地推論，互動行銷現在也面臨同樣的窘境（參見〈進軍社媒的反思〉第 230 頁）。

著墨於圖像之外
就像創意人尼可拉斯・魯普（Nicolas Roope）所言，「在運用網路時，廣告人所犯的最大錯誤，就是單純將之視為視覺媒介。太多品牌見木不見林，將自己侷限於視覺呈現，務求盡善盡美，卻沒顧及其他要素。」他還認為即便以廣告人的素養創作數位互動作品，也應該打開心胸，向成功的互動平台取經，觀察

Google、eBay、YouTube、推特和臉書的動態，特別是要注意「那些吸引人們涉入的元素——故事、資訊、社交、關係等等」。還有，別忘記聲音也可以多多運用。

行動行銷

「有個應用程式可幫你」（There's an app for that）[3]這句話已變成時下的流行語，反映出行動媒體無孔不入的滲透力，不過如果回過頭去，要找出能反映行動行銷前身的經典範例，還真是不容易（一些廣為人知的內容提供平台倒是呈現了清楚的過渡）。有些數位互動作品，如社群媒體 Instagram，或以傾斜面板進行控制的電動遊戲，從一開始便以應用程式的型態問世，最終大概也會停留於此型態——目前看來，這也沒甚麼不可以。而品牌的挑戰之一，在於當消費者下載適用於特定作業系統的原生應用程式（native app）時，所費時間和精神越多，造成的障礙就越大（相反地，網路應用程式〔web app〕則可靠伺服器執行，所以能跨平台使用）；所以說，下載程式的回饋，勢必要大於下載所費的功夫。

3 譯註：「有個應用程式可幫你」出自蘋果手機廣告，意即生活中的大小需求，皆有應用程式可以解決，後來演變成日常對話用語，用以回答任何大小抱怨。

Exercise：選個品牌，幫它發想一個前所未有的行動行銷概念。

QR code

廣告業有時候真是自己的大敵。當西方剛剛趕上 QR code（這項技術早已充分融入日本人的日常生活）的潮流，我們的廣告業卻將之視為過時的災難，主要原因卻是這項技術並未被充分理解或妥善運用。西方廣告業使用 QR code 的方式都相對地原始、冗贅，因此難以收到良效；希望這個情況隨著相關案例研究的增加，能逐漸改善。

就創意而言，將 QR code 視為圖像設計的元素，當作廣告表現（像是將它放在廣告畫面中意想不到的位置，或是製作成相片馬賽克拼貼），已淪為窠臼；除非這樣的手法跟品牌或是概念緊密相關，否則可避則避。德國的 myToys 玩具公司有個系列廣告以彩色的樂高積木拼成 QR code，可說是此一手法的名例（參見第 214 頁）。

Exercise：挑個品牌，幫它創造一個新穎且引人入勝的 QR code 概念。

擴增實境

擴增實境科技雖有高低之別（像 Blippar 就較精密），大凡擴增實境應用程式都能將日常景物（任何平面影像）轉變成手機或平板電腦中的影片內容，提供使用者即刻觀賞。倫敦博物館就運用了擴增實境，其應用程式可以讓你在某些特定的地點，透過手機瞥見數百年前的倫敦市貌。另外，第 214 頁例舉的聯合國系列廣告〈請聽我說〉（Listen To Me），也是運用擴增實境的佼佼者，能和觀眾「對話」[4]。

4 譯註：此系列廣告登載於街頭海報和平面雜誌，需要觀者以手機拍攝廣告人物的嘴部，並以簡訊形式傳出。只要完成這個動作，發訊者就可以收到回電，聆聽廣告人物的故事。

Exercise：任選品牌，然後幫品牌主創造出擴增實境的行動行銷概念。

桌面小工具

就像網站及其他互動行銷形式，桌面小工具應要引人入勝，不至淪為桌面的擺飾。

行動呼籲

傳統媒體使用行動呼籲（Call-to-Action，CTA）已經將近一個世紀，侵擾式的廣告藉它留下和消費者互動的管道；既是如此，數位行動呼籲自然也可效法其力求簡潔的原則。有一點要注意的是，不要太過倚賴「了解更多」這類說詞。行動呼籲有許多寫法，也許你可以發想出能回應主要概念的行動呼籲？話說回來，如果廣告夠好，消費者自會產生上網了解更多的意願，即使產品是廁所清潔劑！

Exercise：即使文案是寫指令，也應該講究。到網路上瀏覽互動行銷獲獎作品年鑑，尋找行動呼籲。通常橫幅式廣告和網站一定會包含行動呼籲，你會發現絕大部分都寫著「了解更多」。現在請你重寫這些行動呼籲，好讓它們更有趣，或者也和廣告概念呼應。

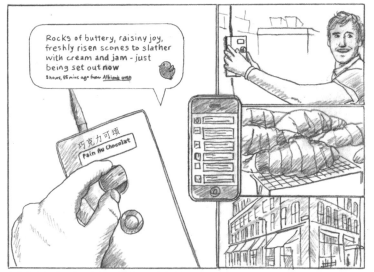

氤氲著熱氣的司康，新鮮而飽滿，綴滿葡萄乾，
融在口裡香滑濃郁，配上厚厚的奶油或果醬更是可口，現在剛剛出爐上架囉。
8 小時 55 分前，艾爾賓恩烘焙坊

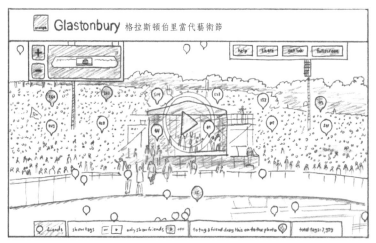

最上方 廣告商幫烘焙業者量身訂做了實
用的通訊盒，讓他們可直接連上推特，
發布新鮮烘焙出爐的訊息，可說是小巧
又切題的互動概念。

—

客戶：艾爾賓恩咖啡屋暨烘焙坊（Albion
Café Bakery），倫敦
廣告商：撲克（Poke），倫敦
創作者：Nicolas Roope、Andrew Zolty

上圖 這張群體照以超大的尺寸容納
了藝術節所有的參與者，讓每位參與
者都能在照片上標註自己，向臉書好
友宣稱「到此一遊」，可說是格局較
大，焦點卻依然清晰的概念。

客戶：橘電信（Orange）
廣告商：撲克（Poke），倫敦
創作者：Jason Fox

互動媒體：不斷融合，不斷變化的媒體

互動行銷顯然比傳統廣告來得年輕，所以依然是開發
中的領域（大部分的廣告獎都在 1990 年代末期，才
開始設立互動行銷作品的獎項，不過時至今日，幾乎
每個廣告獎都會將獲獎的互動行銷作品獨立編列成年
鑑）。

雖然科技朝多功能數位裝置的方向發展已是大勢（行
動數位裝置有智慧型手機和平板電腦，固定數位裝置
則有家庭網路娛樂系統），接收資訊的方式還是會
隨著時間而變化，所以數位廣告概念與內容也必須
與時俱進，方能增進廣告效能。簡要來說，一個數位
廣告概念可能無法一石多鳥，成功地轉換成各種互動
行銷的形式，再加上數位裝置讀取資訊的方式（如螢
幕大小、下載速度等）各異，更是增加了統合數位行
銷的難度；但隨著科技日新月異，下載速度過慢這類
問題或許終會漸漸消失。多媒體設計師凱文·旁默
（Kevin Palmer）觀察得很到位，「產品、社群媒體
網站、電視、電影、播客（podcast）之間的模糊界
線已經變得無以辨識。人們已經接受和所有的媒體互
動的日常，沒有人質疑這樣的現象。」

就跟要打造高度整合的綜合媒體廣告一樣，品牌要將
互動媒體發揮到淋漓盡致，關鍵就在理解每種互動行
銷形式的優缺，在新的互動裝置問世或舊的互動裝置
升級時也要進行了解，顧及所有的細節。

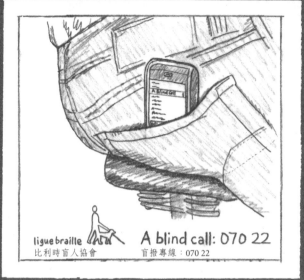

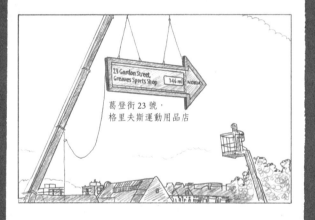

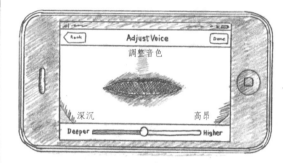

左上 手機沒有關閉，容易誤觸通話鍵；過去聯絡人名單上的第一人最容易接到這種「盲目撥號」（blind call）。這個互動概念邀請你將盲人協會的「盲撥專線」（Blind Call），放置於聯絡人名單的第一順位；這樣每回誤觸，都會產生自動捐款，將許多人會犯的無心之錯，變成慈善的義舉。而你的朋友，像 Alex 或 Abby 就不會再受打擾了。
———
客戶：比利時盲人協會（Brailleliga）
廣告商：Duval Guillaume，布魯塞爾
創作者：Katrien Bottez、Jean-Marc Wachsmann、Peter Ampe、Benoit Menetret

左下 這個互動概念形塑了「世界最大的路標」，為迷路的行動電話使用者指引方向，不但高妙，而且卡通得可愛。
———
客戶：諾基亞（Nokia）
廣告商：Farfar 數位行銷公司，斯德哥爾摩
創作者：Tomas Jonsson、Carl Fredrik Jannerfeldt、Jimmy Hay

右上 全球最迷人的旅行應用程式。只需替自己的嘴巴照張像，如此當手機輸出另一種語言時，看起來就像你在說話一樣。
———
客戶：阿聯酋航空（Emirates）
廣告商：結實悍戰鬥機器數位行銷（Lean Mean Fighting Machine），倫敦
創作者：Alex Shapowal、Alex Buchanan-Dunlop、Anna Charity

Airwalk 運動鞋與擴增實境結盟，創造出〈隱形快閃店〉（*Invisible Pop-up Stores*），在世界各現蹤。

——
客戶：Airwalk 運動用品
廣告商：紐約楊雅（Young & Rubicam）和 GoldRun 數位品牌行銷
創作者：Feliks Richter、Alexander Nowak

互動媒體的未來

互動媒體日新月異，富有實驗性，所以在這一行工作，不免遇到刺激的挑戰。這個新興媒體在過去二十年來，到底締造多少里程碑，依然是眾說紛紜的熱門議題；但有一件事可以確定，那就是它的成長方興未艾，後續必定會取代傳統媒體的核心位置（核心的廣告概念將會透過互動媒體傳播，其他的枝節則會從這裡旁出，而不是像過去那樣反向進行），現在只待時間顯明這樣的取代會擴展到何等地步。

之前線上廣告的效能及可測性受到質疑，如今已迎刃而解，這都要感謝科技追蹤、記錄和鎖定使用者的能力，能蒐集他們在不同「環境」中瀏覽的資訊。未來廣告商必會不懈地開發新的形式、方式，好和消費者更緊密地連結，並向網路上自由來去的瀏覽客遊説概念。在此同時，媒體採購員也要適應新的媒體結構，重組採購習慣。

最後，3D 互動科技的成長勢將超出現有的 3D 遊戲，以及方塊造型的網頁設計（MTV2 的網站就是該手法有名的案例，在當時可説是創舉，如今已成「經典」，見第 224 頁），並因此開啟更多吸引消費者涉入的方式；而許多設計師則會變得跟建築師一樣，跳脫傳統的二維，實驗嶄新的空間關係，創造出不同以往的體驗和環境（比如現場活動也能將線上體驗天衣無縫地編進節目流程裡）。

....

Exercise：找群朋友或同學，每個人都拍攝一支影片（任何主題都可以），上傳到 YouTube 上。

....

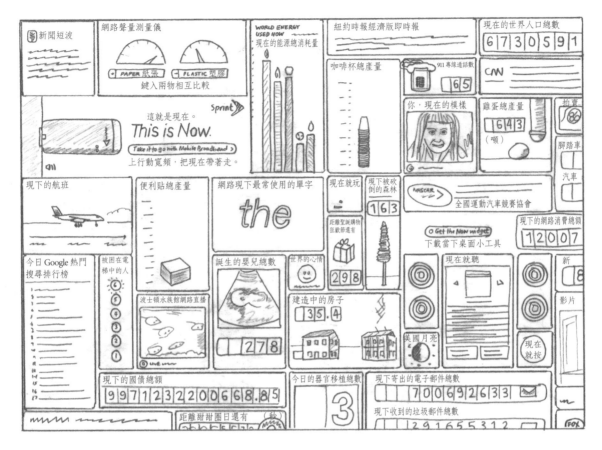

斯普林特電信公司（Sprint）推出系列廣告〈現在通信網〉（*The Now Network*），促生了全世界最精密的桌面小工具，其上有數位內容策展人彙整的及時饋送、網路直播和串流資料，提供流動不息的資訊和娛樂。

———

客戶：斯普林特電信公司（Sprint）
廣告商：Goodby、Silverstein & Partners，舊金山
創作者：Aaron Dietz、Mandy Dietz

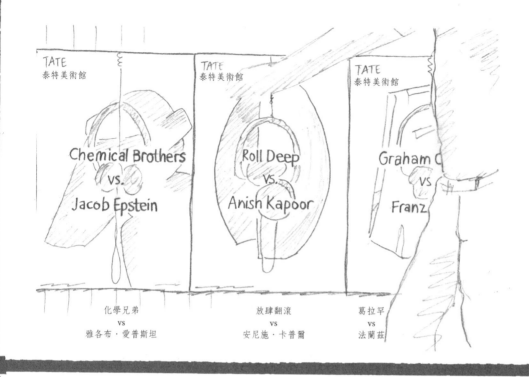

TATE
泰特美術館

TATE
泰特美術館

TATE
泰特美術館

Chemical Brothers
vs.
Jacob Epstein

Roll Deep
vs.
Anish Kapoor

Graham C
vs
Franz

化學兄弟
vs
雅各布‧愛普斯坦

放肆翻滾
vs
安尼施‧卡普爾

葛拉罕
vs
法蘭茲

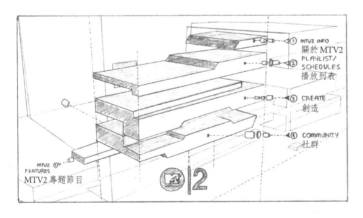

① MTV2 INFO
關於 MTV2

② PLAYLIST/
SCHEDULES
播放列表

③ CREATE
創造

④ COMMUNITY
社群

MTV2
FEATURES
MTV2 專題節目

BRAND
品牌

上 泰特美術館以青少年為目標
受眾，邀請知名的音樂人為其最
喜歡的展覽創作音樂，提供參觀
者一種嶄新的藝術體驗。
——
客戶：泰特當代美術館（Tate
Modern），倫敦
廣告商：法隆（Fallon），倫敦
創作者：Juan Cabral

左下 這個網頁首創先例，使用
3D 繪圖。
——
客戶：MTV2 音樂頻道
廣告商：Digit，英國

右下 互動行銷的未來：在虛擬
與現實交融的「環境」裡提供品
牌體驗。

10

社媒廣告
Social

社媒廣告也可視為互動廣告的子集：不論是「按讚」、貼文、釘圖、打卡、評論或推文，這些社交行為都是互動（或能引發互動）。社媒廣告固然可歸類在互動廣告之下（而且互動廣告通常也可以分享），但是為了方便討論，我們暫時先將社群網路上的互動廣告和非社群網路上的互動廣告做個區隔，前者是這章所探討的焦點，後者涵蓋的範圍更廣，是上一章〈互動廣告〉的內容（電動遊戲或能雙棲於社群和互動媒體，需視其設計而定。參見〈遊戲、電動遊戲和遊戲化〉一節，第 216 頁）。

著眼品牌，而非嬰孩

這本書一直都聚焦於品牌上，所以討論社媒廣告時，也不會失焦。我們會透過品牌的濾鏡來看社群媒體，篩除個人帳戶的貼圖貼文（像是寵物、嬰孩、自拍照等等），除非它分享（或敘說）的是品牌訊息；雖然本章案例依然廣為消費者所分享，也見於個人帳戶，但這些分享皆是以品牌為出發點。

分享即廣告

我在第 192 頁論及幾乎所有的廣告都可以數位化（反之亦然），而數位化內容也包含社群網路上的貼圖貼文，所以我會說社群網路天生帶有廣告基因。想想看，所有我們「按讚」、評論或分享的內容（不論是否以品牌為出發點），不都是在廣告**我們自己**（我們的意見、想法、品味、知識、成就和消費的戰利品）；這個觀點其實也見於第 12 頁用以宣傳廣告業的學生作品，其品牌標語為「我們都曾打過廣告」，再搭配圖像表現，別具鏗鏘的力道。

很有趣的是，你也可以把這節的標題反過來，變成〈廣告即分享〉，因為所有的廣告都可以收錄數位的或社群的行動呼籲（傳統廣告也可以），確保和閱聽眾的互動沒「死角」。

無妨分享 vs 有分享的價值

隨著社群網路功能鈕的標準化，任何品牌都可以透過分享，在社群網站擁有一定的曝光率；但有些廣告會讓消費者產生主動分享的意願，甚或認為**有分享的價值**，而不只是覺得分不分享都無妨。你在發想廣告概念以及閱讀這章列舉的案例時，不妨問問自己，「有人會有主動分享這則廣告的意願嗎？這則廣告是有高度的**分享價值**，還是分不分享都無妨？」只要在社群網路附上連結，所有的網路頁面都可以分享；你必須擬定某種廣告策略，想出某種廣告點子，以一種別出心裁的方式扣緊社群網路的分享功能，方能開創分享的價值。

付費媒體 vs 自有媒體 vs 口碑媒體

付費媒體需要你掏錢出來購買，那可能是傳統媒體（電視或廣播的廣告時段，及平面媒體的版面〔報章雜誌、看板等〕），也可能是數位媒體〔網路橫幅廣告、行動廣告、戶外數位廣告和社媒廣告等〕）。

自有媒體的定義是你可以自由使用的媒體管道，網站、部落格、電子郵件都屬此類。

口碑媒體（earned media）是當廣告發酵，社群網路使用者自動提及品牌訊息時（像是透過主題標籤），所產生的品牌曝光率；簡單地說來，即為口碑。

瘋傳效應：免費廣告

網路讓網頁連結和檔案資料的傳遞變得輕而易舉，所以大凡線上廣告都具有廣為流傳的潛能；即便廣告原本登載於傳統媒體，如電視、廣播或平面，一旦走紅，還是可能廣傳於網路，為客戶和廣告商免費宣傳。常見的行動呼籲，像是「傳給好朋友」，有時也能鼓勵消費者順手分享；若真能百傳千，千傳萬，不但會引來千萬矚目，加乘曝光率，甚至還能一舉建立商譽，培養消費者的品牌忠誠度。標準的網路廣告通常都出現於特定的網站，只能作用於網站造訪者，但是若能造成瘋傳效應，其影響力將蔓延於登載的網站之外，甚至觸及億萬人口，而紅遍全球。

社媒廣告概念

在社群網路盛行之前，現實環境也流通著相仿的社

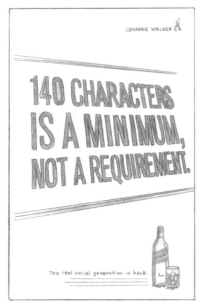

140 個字符只是最低限度。
真正的社交時代已經回歸

可以把酒言歡，何須默默「按讚」？
真正的社交時代已經回歸

記得關注眼前之人，別只顧博取關注。
真正的社交時代已經回歸

「真正的社交」時代已經回歸。著眼於約翰走路兩百多年來都是社交的催化劑，以及在這個社群網路大行其道的年代，人情越見澆薄，網路互動偽裝成真正的社交，學生與我發想出這一系列的廣告，指出社群網路的社交盲點，鼓勵人們注重現實生活中的人際互動和連結。

———
客戶：帝亞吉歐
（Diageo）／約翰走路
（Johnnie Walker）
創作者：John
Rodrigues、Pete Barry

交之道（就像我在第 11 頁所列舉的海報拙作〈狗大便〉〔Dog poop〕）；這種類型雖然較為基本，但卻更費工夫。相反地，社群媒體用來方便輕鬆，使用者眾，很容易形塑成功唾手可得的假象，矇騙品牌打造者的耳目，讓他們以為廣告概念只要足堪分享，人們就會自動轉載。殊不知，社媒廣告概念也需要心裁，是一種「經過設計的社交」。你在創作社媒廣告時，可以問問自己：

· 你的廣告概念為何？
· 廣告概念傳達的品牌訊息為何？
· 人們何以願意分享、涉入這個概念？
· 分享這個概念能帶來甚麼好處？這些好處與分享所付出的時間和心力等值嗎？還是超過所值？

尼克·摩爾（Nick Moore）認為你要提出的問題不該是「人們何以**願意**分享這個概念？」而是「為何人們**不願意**分享這個概念？」如果沒有顯而易見的人們不願意分享的理由，那這個社媒廣告概念的可行性就很高。

有人說你的廣告概念會大紅，不代表它一定會。除非你的廣告訊息引發瘋狂轉貼，膾炙人口，進而建立起網路口碑，不然，流傳度之高低，實難以**事先**鐵口直

斷。病毒傳播工廠（Viral Factory）的創始人之一，艾德·羅賓森（Ed Robinson）列出了三個問題，是增加廣告概念流傳度的關鍵：

1. 如果閱聽眾對產品沒興趣，廣告概念是否依然能引發關注？這也意謂廣告概念必須蘊含人性的真實，超越廣告商和客戶的利益。
2. 這個廣告概念是否新穎？你的點子必須要具備讓閱聽眾上鉤的釣餌，誘發其涉入和分享的慾望。
3. 如果你能為某群閱聽眾發聲，說出他們難以與外人道的心情，是否能增加流傳度？你的廣告概念要能把他們的愛與失落、希望與恐懼，傳達給他們的親朋好友。

爆紅（GoViral）數位行銷策略公司可說是「散播」的專家，他們篩選出七項決定轉傳率高低的關鍵要素：

1. 傑出且觸動人心的故事。
2. 黏著性（廣告訊息是否能讓人念念不忘）。
3. 切題性。
4. 多適性（廣告概念要能克服各種現實、技術和心理層面的阻礙）。
5. 共享性（能夠凝聚社群向心力）。

6. 與時事的相應度。

7. 具備叫閱聽眾上鉤的釣餌（抓住其注意力的一句話）。

社媒廣告策略

如果有人問，「你的社媒廣告策略為何？」最簡短的回答大概就是，「多社交」吧。好了，撇開玩笑話，下面的問題由路克・蘇立文和山姆・班奈特（Sam Bennett）提出，攸關社媒廣告策略成效：

· 為什麼訂定這樣的策略？

· 這個品牌的價值為何？

· 你希望這個策略達成甚麼目標？

· 既有的客戶群對此策略有何反應？

· 你經營社群的目的為何？客戶可以從這個社群中獲得甚麼好處？

　–累積使用者經驗？

　–提高品牌知名度？

　–測試市場水溫？

　–培蘊品牌忠誠度？

　–蒐集產品評價？

　–建立口碑？

　–增加買氣？（這是最終目標，但不適合作為初始目標）

· 我們可以為社群成員**做甚麼**？

如果你的社媒廣告策略無法回答上述所有的問題，至少也要能回應大部分，不然不足以為概念發想提供堅實的基礎。

社群	vs	群眾
有共同的意願		沒有共同的意願
尋求歸屬感		尋求利益
喜歡付出		喜歡獲得
想要發揮影響力		想要被感動
為故事所凝聚		為服務所凝聚

社群網路使用者

洞悉品牌吸引何種**社群網路使用者**，能幫助你掌握社群屬性以及互動方式，可說是擬定社媒廣告策略時，必須考量的關鍵要素。

有趣的是，目前社群網路的使用者，正好可分為六大族群。其中，位於列表之首者，人數最為可觀，連同其他五大族群，都是潛在的內容分享者。

潛水者	內容消費者，觀看和閱讀者
聊天者	喜歡對話，不甘寂寞，時常刷新動態
創作者	專門生產用戶原創內容（user-generated content，UGC）
共創者	品牌擁有者和原創內容生產者合作
評論者	專門評論內容，表態喜歡或不喜歡
蒐集者	有研究傾向，喜歡採集社群網路資料，進行歸檔

社媒廣告的三分之一律★

這個律則並非毫無轉圜的餘地，也不是所有的社媒廣告策略都可以套用，放諸於某些系列廣告和社群網路平台時，本當另行調整，但許多時候，它都是值得參考的方針：

1/3	1/3	1/3
提問	內容	銷售和對話

如果你要加入銷售的部分，不妨採用「溫和」的手法，回過頭參考第 13 頁談過的〈硬式推銷 vs 軟式推銷〉。

★這跟設計上的三分之一律沒有關係。

聊天催化劑

聊天催化劑是一句話就能引發廣大回應的說法或提問，必須避免老調重彈或無的放矢，而且除了誘人討論，它還要能反映產品和品牌的訴求，打中目標閱聽眾的心坎。我在第 198 頁討論了「美國派」（USA PIE），好的聊天催化劑便能體現其中「觸發」（provoke）的真義。

共同創作

這裡的共同創作是指原創內容生產者受到品牌邀請，運用指定的工具，為該品牌創作新的宣傳內容或系列廣告；其受邀的參與度或有深淺之別，從撰寫評論、提供個人故事，到發想系列廣告概念，乃至執筆廣告表現，都不無可能。原創內容生產者付出越多（時間和心力），所獲得的報酬或獎勵也應該越優渥。

共同創作可能有多位內容生產者參與，最終只取其中一人之作（由品牌主挑選或網路票選），當然也可能以群體的名義呈現（集所有參與者手筆之大成，或是凝聚了所有參與者的共識）。

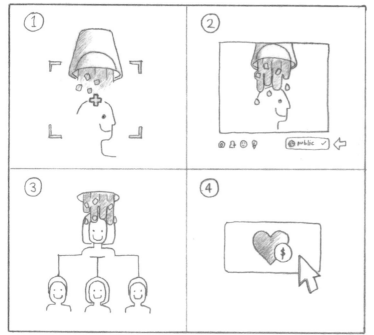

這個廣告由閱聽眾與品牌主共同創造，旨在為慈善而挑戰，簡單又有趣，在網路上一砲而紅，變成延燒全球的話題。你只需要一桶冰水，一台相機，最後再點名三個人，就算完成挑戰。

客戶：漸凍人協會（ALS Association）
ALS 冰桶挑戰創立人：Anthony and Jeanette Senerchia、Pat Quinn、Pete Frates
廣告商：波特紐維理（Porter Novelli）

共同創作的取向有兩種：

1. 由我們（品牌主）起頭，你們（消費者）結尾。
2. 由你們（消費者）起頭，我們（品牌主）結尾。

我們在第 210 頁討論過歐仕牌男仕沐浴乳的系列廣告〈你的男人聞起來可以跟這個男人一樣〉，就是由消費者起頭，品牌主結尾的範例；廣告團隊依據觀眾在社群網路上的留言，製作廣告「回應」觀眾。另一方面，你也可以看到下面的範例反其道而行：**ALS 冰桶挑戰**。

你很可能看過許多臉友往自己的頭上倒冰水，這會對被點名的接棒人造成「同儕壓力」，進而引發久久不退的社群風潮。其實社群媒體上有許多立意良善的勸募廣告，競取網友的關注；而 ALS（全名是肌萎縮性脊髓側索硬化症，也就是眾所皆知的漸凍症，其症狀雖然漸進，卻是不治）冰桶挑戰不但博取了高度關注，同時也募得大筆捐款，現已成為史上成效最大的醫療募款廣告，同時締造了臉書史上第二大的熱門話題。＃ALS 冰桶挑戰

Exercise：選擇一個品牌，為它發想共同創作的廣告概念，由品牌主「起頭」，消費者「結尾」。然後以同樣的產品做練習，發想消費者「起頭」，品牌主「結尾」的廣告概念。最後將兩者相互比較，看看何者更原創，更引人入勝。

品牌社交師
品牌社交師對品牌有極高的忠誠度，會主動在社群網路上說產品的好話。他們可能是社群中的意見領袖（由圖文部落客、影片部落客、內容生產者、品牌大使／宣揚者或開箱客組成，或者受到品牌主的雇傭，或者獨立發聲），也有可能是一般粉絲。

新型態的借利
雖然許多圖文或影片部落客都是「業餘愛好者」，但卻不乏將部落格經營得有聲有色者，使之晉升為極具影響力的訊息管道。部落客百花齊放，與其他用戶原創內容平台共織一片繁景，讓《時代》雜誌選出了「你」作為 2006 年的風雲人物，甚至還令某些競賽新增最佳部落格的獎項。投身互動媒體的廣告商面對網紅輩出的情況，最該問的就是，如何順應這樣的大趨勢，利用人人是主播這個現象，衝高買氣？

品牌主雇傭品牌社交師（他們都擁有高度的網路影響力，培植了廣大的粉絲群），可視為一種新型態的借利，雖然與我們在第 131 頁探討過的傳統借利型態不同，但是說到為自己的品牌選擇正確的「代言人」，需要注意的原則是一樣的。

以競賽為品牌打廣告

拜社群網路之賜，競賽的人氣可以迅速衝高：一旦參賽者通報給好友知道，很可能招引更多的參賽者，他們再通報給更多的好友，如此往復循環，便會形成滾雪球效應。對企業來說，獎品獎金之所資可能遠遠不及品牌變成話題所帶來的效益★；而且廣告概念越突出、原創，掀起的轟動必定越大，吸引到的群眾也會越多（參見〈社群 vs 群眾〉列表，第 227 頁）。

★ 競賽不一定要設置獎金或獎品，有時候能在社群中獲得更高的人望，也是一種報償。

帳戶名稱及主題標籤

帳戶名稱是通行於社群網路的**個人稱謂**。不論是好友或品牌的帳戶名稱，只要用小老鼠「@」標記，就能創造頁面之間的連結；臉書上甚至不用小老鼠，只要鍵入帳戶名稱，好友或其他用戶就能看到並加入對話。

主題標籤則是由 # 號，加上點出**話題**的詞彙或短語（通常是時事）組成，可將各篇獨立的貼文串連在一起，有時還能產生跨社群平台的集氣效應（需要注意的是，推特〔Twitter〕、湯博樂〔Tumblr〕和 Instagram 的主題標籤都有時效性，臉書和 Pinterest 則否）。主題標籤能讓你參與當下高度討論的「趨勢話題」，作為一種網路社交的工具，其最終目的就是盡可能地衝高流傳度（連帶衝高貼文的點擊率）。

就行銷而言，主題標籤可分為不同類別，各有使用的時機，但有時也可同時使用。首先，若以**品牌系列廣告**為主題，你可以拿品牌標語當做標籤，或另覓詞彙反映品牌標語的主旨；只要冠上 # 號，就能有效傳達出「這也是社交話題」的訊息。第二種主題標籤非關品牌，而且早已有社群網路使用者建立，但你可能會想要把它納為己用，藉此加入某個話題討論，尤其如果那話題深切關係到你的品牌。最後一種主題標籤直接使用**品牌／產品名稱**，可說是最為基礎（這類型的主題標籤也可用小老鼠加上品牌的帳戶名稱代替）。

當你同時使用不同類別的主題標籤時，其策略性的順序（從第一到最後）通常是這樣排的：

· 品牌系列廣告標籤
· 非品牌標籤
· 品牌／產品名稱標籤

使用主題標籤時，還有一點要注意：有些社群媒體的個人使用者會在行文間嵌入主題標籤，然後在文章尾巴又掛上長長一大串，**品牌系列廣告標籤**恰好要反其道而行，只用單一主題標籤（藉此盡可能地將搜尋、對話和內容的焦點全都集中於一）。

內容聚合

內容聚合指的是將相同主題的貼文貼圖「抓取」到同一網路頁面（通常是透過主題標籤）。對大部分的品牌主來說，這個頁面毫無可取之處，就跟湯博樂或推特的動態牆一樣；但是優衣褲（Uniqlo）提供的桌面小工具〈優衣褲鐘〉（*Uniqlock*）不但聚合了部落客對其當季新品的回響，同時還首開社媒廣告先河，全天候提供有趣的報時內容，創造了極高的下載率（參見第 230 頁圖說）。

編織社群網絡

所有的品牌都希望能融入社交網絡之中，不論是在網路上或是現實中；即使那意味著跨過重重的阻礙，穿越千里的距離。就網路來說，社群網站使用者會願意和品牌社交，一般有兩個主要原因：

1. 他們想和自己最愛的品牌連成同一陣線
2. 他們想要獲得免費贈品或是參加好康的活動

但除了追求人氣鼎盛，根據亨普（Himpe）所言，品牌主也可以扮演**輔助者**的角色，幫其他社群網路使用者累聚人氣；他們還可以提供激發社群互動和對話的內容和工具，化身為社群的黏著劑。這並不是件簡單的任務，尤其社群網路上的人際分界模糊不清，朋友、點頭之交、陌生人全都混在一起。

經營社群的挑戰就在於人際一旦混雜，變成糾纏不清（甚至打結）的麻花，那只會讓人望之卻步，遏抑人際的連結；相反地，如果你懂得「穿針引線」，社群網絡也可以編織得有條有理，發揮強大的功能，並且永續成長。

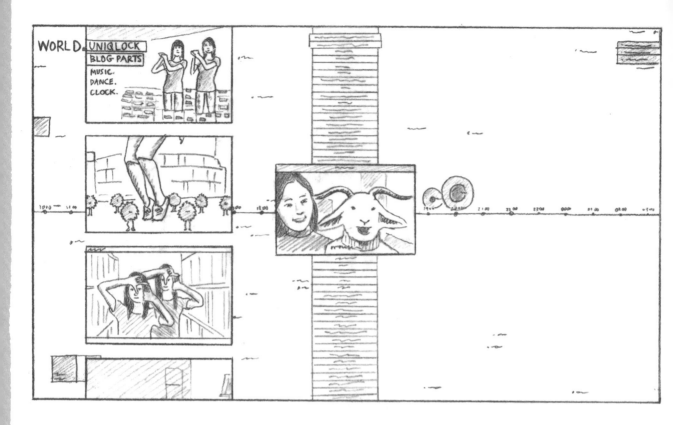

優衣褲的〈優衣褲鐘〉透過播放報時音樂、舞蹈影片和時裝展覽，每天二十四小時不間斷地為日本領導潮流的時裝打廣告。這個已註冊商標的桌面小工具在優衣褲和世界各地的部落客之間搭起橋樑，透過地圖顯示部落客的位置，同時還記錄了全球部落客的回響。

客戶：優衣褲（Uniqlo）
數位製作：Projector
廣告商：Paragraph

進軍社媒的反思

根據多媒體設計師凱文·旁默（Kevin Palmer）的觀察，品牌進軍社群網路有個常見的問題，那就是客戶太急切地想要搭上社媒的順風車，搶灘臉書、YouTube、Pinterest 等平台，卻沒有自己的風格，誠如他所說，「這些平台的美好就在於其內容的提供者很多是素人，任何大企業想要模仿這些內容，立刻就會露出馬腳，為人所不齒，最終吞下敗果。如此說來，品牌要能站上這波娛樂導向／消費者導向的新興媒體浪潮，除了發揮高度的創意，還必須以誠實為上策，萬萬不能用拙劣的模仿或偽裝魚目混珠。」

社媒廣告的親民

社媒廣告和互動廣告的當代性遠勝過傳統媒體，各大品牌搶攻這片灘頭的時候，偏向以年輕、活潑的面貌與大眾溝通，不再拘泥於傳統格式。客戶都了解社媒廣告競爭激烈，任何內容都可能迅速地被「滑過」，然後淘汰，所以不需要那樣嚴謹——做社媒廣告，放得開比收得緊更重要。

就文案來說，社群媒體的發文風格可以貼近「編輯的話」，其中的行動呼籲可以更俏皮，而且驚嘆號也不再是禁忌（但還是要量度使用），就像有人說過推文就是要「誠實不假掰，有趣且即時」。話說回來，品牌可以以輕鬆的面貌和網友社交，但是廣告概念和內容還是經過熟慮和心裁，畢竟你不是在私訊親朋好友；所以釋放真性情時，還是要經過腦袋（用本書的英文書名副標來說，就是「先思考，後貼文」），不然很可能會引發反效果。

tweets
推文

photos
照片

posts
貼文

songs
歌曲

Snaps
快照

pins
釘圖

videos
影片

這些是當今最紅的社群平台的商標，商標下方寫的則是該平台最為人所知的內容類型。

動搖成規

社群媒體不是不可褻瀆的聖壇，你不妨找機會撒撒野。Crispin Porter＋Bogusky 廣告公司幫漢堡王打造了超酷軟體「華堡犧牲品」（Whopper Sacrifice），可以搭配臉書使用，只要刪除十個「邊緣」好友，就可獲得免費華堡一個。臉書很快採取限制其功用的措施，但是這個軟體據估計已製造三千五百萬次的媒體曝光（media impression）。

話說回來，如果你就是要走不按牌理出牌的路線，那該路線就必須與品牌策略契合；新堡棕艾爾（Newcastle Brown Ale）的系列廣告〈不扯淡〉（No Bollocks），完美地結合了兩者，可說是迄今最為誠實的社媒廣告。

你說的「平台」，是甚麼意思？

平台這個字最先用於指稱電腦的硬體系統（後來也延用至軟體系統），後來個人科技和行銷漸趨融合，這個字又衍生出其他的意義。為了避免搞混，我列出三種主要的意涵，這三者有時也會重疊：

· 社群平台★（像是臉書、推特、Pinterest、Instagram、Snapchat）
· 數位裝置（像是桌上型電腦、筆記型電腦、平板電腦、智慧型手機或手錶）
· 操作系統（像是 Windows、Mac、iOS 和安卓〔Android〕）

★這類網站也可稱為社群網路（social network）或社群管道（social channel）。

社群平台、網路和管道

如何有效運用現有的各大社群平台，是現今品牌恆常面對的考驗。有些系列廣告會操作兩種平台或者更多，力求最大宣傳效果，但許多廣告概念的成敗都繫於對單一平台的專注（也許這個平台對品牌的目標受眾來說，最為親切），並將它發揮到極致。到頭來，廣告概念與社群平台其實是血肉相連，並蒂而生的。專注於單一平台印證了 AKQA 數位廣告公司執行長阿賈茲・艾哈邁德的名言，「洗鍊至終皆化簡。」

雖然有些系列廣告不只適於一個社群平台特性，但為了凸顯廣告概念可以如何善用平台，我只舉那些最有加分效果的組合。

....

Exercise：從左上的列表中，挑出三個品牌，然後到他們的臉書粉絲頁，閱讀他們的貼文。這些不同品牌的貼文有甚麼共通之處？如果有任何與眾不同之處，你能指出來嗎？

....

雖然按讚、評論、分享、觀看次數到底如何換算成銷售量依然在未定之天，但我們還是可以鎖定臉書上那些討喜的廣告概念和系列廣告，看看它們如何讓品牌人見人愛。不論是付費廣告或是品牌在自己的粉絲頁上發表的貼文，若能引發排山倒海的正面回應，即便只是增加品牌知名度，也算是不能忽視的廣告效果。而這裡例舉的兩個社媒系列廣告所達到的效果，絕對不只增加知名度而已。

多芬推出了〈改造廣告大作戰〉（*Ad Makeover*），幫助女性撤換網路上的負面廣告，以正面訊息替換那些挑撥女性身材焦慮的貶抑字眼。

客戶：聯合利華（Unilever）
廣告商：奧美（Ogilvy），倫敦
創作者：Trevallyn Hall、Laura Rogers、Stephanie Symonds、Margo Young

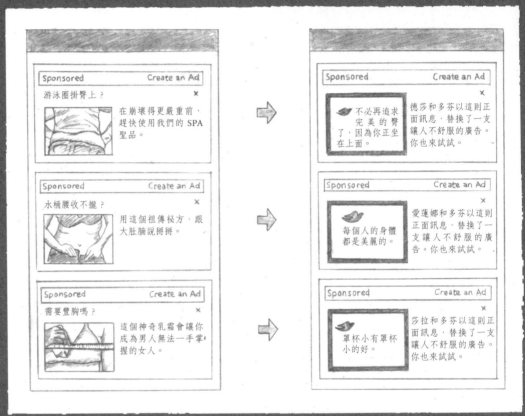

多芬

多芬的企業使命是幫助女性感覺自己的美，但研究顯示很少女性會用「美麗」、「漂亮」這類的字眼來形容自己。在網路上，數以百萬的負面廣告看準了女性對自身形象缺乏自信，屢屢以關鍵字攻擊其焦慮，強化了女性自尊之低落（這些廣告通常都顯示於臉書動態牆的右邊）。多芬想到了一個解決之道，能讓女性撤換這些讓人心情低落的廣告，為自己的自尊打一劑強心針；他們把購買版面的媒體預算交到女性受眾的手中，讓女性透過他們開發的軟體「標下」媒體版面，以鼓舞女性自尊的訊息取代那些含有貶抑字眼的廣告。多芬還製作了一支教學短片，放在他們的粉絲頁上，告訴你如何製作和分享這些正面訊息；如此一來，本來充斥著負面訊息的社群管道，就這樣搖身一變，成為正能量的來源。

7月18日 | 十六位設計師聯袂紐約時裝週
JULY 18 | 16 DESIGNERS TAKE ON NEW YORK

6月25日 | 同志大遊行
JUNE 25 | PRIDE

8月16日 | 又見尼斯湖水怪照
AUG 16 | NEW NESSIE PHOTO RELEASED

9月11日 | 默哀之日
SEPT 11 | MOMENT OF SILENCE

這些都是奧利奧餅乾的臉書貼文，將時事性的廣告概念表現得可圈可點，同時還可以發為推文或釘圖。

客戶：億滋國際（Mondelez International）＋奧利奧（OREO）
廣告商：360i 數位行銷公司，紐約；博達華商廣告股份有限公司（DraftFCB），紐約

奧利奧餅乾

奧利奧餅乾在 1912 年間世，近十年的銷售率成長了 60%，同時躋身臉書十大最受「喜歡」的品牌，排行第六，擁有四千萬的粉絲。奧利奧餅乾並非無端崛起，在諸多的成功因素中，廣告獲得大獎肯定自是功不可沒，其廣告概念以品牌精神為基礎，強調奧利奧不但可以吃，還可以拿來遊戲；正如奧利奧前任顧問霍華‧摩斯寇威茲（Howard Moskowitz）所說，「把奧利奧掰開，舔掉夾心的奶油，再拿餅乾來配茶或咖啡。奧利奧可以玩很多花樣，而這正是它魅力所在。」那些把奧利奧推上更大舞台的廣告商，紛紛拿這個概念來大做文章，發展出知名的系列廣告〈日日急轉彎〉（Daily Twists），連續一百天在臉書上發表不同的廣告表現（其廣告概念大多扣緊時事，我們在第 135 頁的〈搭上時事〉一節討論過這類點子），同時以這一百則貼文來紀念奧利奧的百歲生日，締造了四億三千三百萬次的瀏覽紀錄（參見第 234 頁同樣以奧利奧為案例的討論）。

這則廣告扣緊時事，即時在推特上發表，讓人會心一笑，獲得大獎肯定；廣告概念走的是解決問題的路線，幽默了超級盃泛光燈忽然斷電的糗事。當然，客戶立刻就同意發表推文，與廣告創意團隊站在同一陣線，也是幸運（且經過深思）的事。

客戶：億滋國際（Mondelez International）＋奧利奧（OREO）
廣告商：360i 數位行銷公司，紐約
創作者：Nick Bayne、Nick Panayotopoulos、Roberto Salas

一片漆黑還是可以短傳

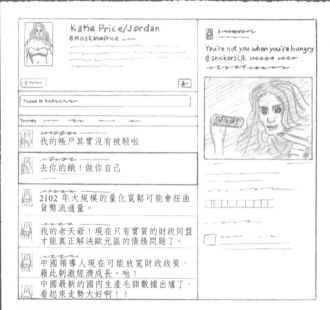

去你的餓！做你自己

士力架借用了「飢餓」名流的推特帳戶（其中也包括性感女神凱蒂·普萊絲），在社群網路上製造了極佳的反轉效果，表現了品牌標語「去你的餓！做你自己」的內蘊。

客戶：士力架巧克力（Snickers）
廣告商：Abbott Mead Vickers BBDO，倫敦
創作者：Tim Riley

▍推特

推特是社群網站中的八卦話匣子，人人都喜歡來這開講。品牌主可以把推特當成傾聽之器或研究平台，也可以用它來建立社群或開發用戶，更可以在此宣傳產品或設立服務中心。雖然推特很好用，你還是要考量廣告概念和平台的適配性，這是放諸所有社群平台皆準的道理；從中挑選最能彰顯廣告概念者，才能發揮最大廣告效益。下面例舉的兩個廣告是為在推特發表量身打造的：

士力架巧克力棒

士力架巧克力棒（Snickers）推出了系列廣告〈去你的餓！做你自己〉（You're not you when you're hungry），登載於多種媒體，其中的社媒廣告版更是甘冒不敬，「駭入」了五位名流的推特帳戶，「劫持」為己用（其中也包括英國的美豔女模凱蒂·普萊絲〔Katie Price〕），發表不尋常的推文（像凱蒂·普萊絲的帳戶就發了老成的經濟觀點）；等到這個舉動引來了探詢的人潮，在社群平台上造成騷動（連倫敦的國會大廈裡，都提及了這個系列廣告），名流本人才用士力架品牌標語推文，表示他們已透過士力架消除飢餓，做回自己。

奧利奧餅乾再次登榜

奧利奧餅乾推出了很多自然生動的時事性社媒廣告，其中最別出心裁的或許就是〈斷電〉（Blackout）了：這則推文扣住了國家美式足球超級盃在現場直播時，泛光燈忽然失靈的糗事，先以揶揄筆調寫道，「斷電了嗎？沒問題」，然後再以廣告標題呼應，「一片漆黑還是可以短傳[1]」（標題尾巴再接上奧力奧餅乾的圖像）。

1譯註：短傳（dunk）在此具有雙關含義：在美式足球中，其義為短距傳球；用於飲食，則是將餅乾或麵包短時間浸入咖啡、茶或湯品中，然後才食用。

社群網路氣象報導：〈釘圖風暴〉
來了。為了推銷新的產品線，優衣
褲攻佔了 Pinterest 的版面，破天荒
地創造了「品牌馬賽克」，可說是
廣告概念和科技的完美聯姻。

客戶：優衣褲（Uniqlo）
廣告商：初生多媒體（Firstborn
Multimedia），紐約

▌Pinterest

這個社群平台的名字點出了其類近布告欄的功能：
使用者可以透過圖釘（Pin）追蹤自己感興趣的內
容（Interest），將之儲存到自己的釘板上。雖然
Pinterest 像網路商店一樣結合了瀏覽和下單兩種功
能，但是品牌要在這裡立足並不簡單。下面這個品牌
施展巧妙的手腕，終於異軍突起：

優衣褲

優衣褲的廣告商想要向 Pinterest 廣大的使用者介紹
優衣褲這個品牌，締造深刻的印象，但只能用口碑
媒體。他們洞察到 Pinterest 的使用者喜歡滑照片，
常常上癮般滑個不停；於是開始思考如何在不改變
Pinterest 五欄版型的前提下，打破制式化的視覺體
驗，以及滑 Pinterest 的慣性動作。

最後廣告創意團隊醞釀出了系列廣告〈釘圖風暴〉
（Pinstorming），完美挾持了 Pinterest 的版面。
他們是如何完成這個精心又有趣的計畫呢？首先，
他們透過 UNIX 作業系統建立上百個帳戶，避開了
Pinterest 的社群偵測演算法；然後再派出「釘圖大
軍」同時釘圖，交織成「品牌馬賽克」。如此一來，
當使用者滑動主題釘板時，就會看見個別的粗體字照
片拼出優衣褲的商標，優衣褲的商標也會在他們的指
下螺旋轉動，還有各色的 T 恤繽紛奪目如調色盤，
叫人過目不忘。果然，〈釘圖風暴〉不負眾望，成
功地攻佔了 Pinterest 的灘頭，在五天之內就創造了
五千五百萬次的媒體曝光。

優衣褲，快乾網紋 T，給你涼爽，讓你酷

最好拍張截圖，這可能就是我
＃最後的自拍。

別讓這張照片變成我
＃最後的自拍。

別讓這張照片變成我
＃最後的自拍。

九秒內，我就會徹底消失，
但你還有機會拯救我的族類
＃最後的自拍

趕快，拍張截圖照。世界自然基金會發出了一系列的「快照」，凸顯出瀕
臨絕種動物的險惡處境。客戶：世界自然基金會（WWF），丹麥。

廣告商：葛瑞叔叔（Uncle Grey），哥本哈根；4129Grey，伊斯坦堡。

▌Snapchat

使用 Snapchat 有兩種主要方式。其一是單純上傳照
片或影片，這些內容通稱為**快照**（snaps），只能看
一次，瀏覽後便會在 1–10 秒內自動銷毀（使用者可
自行設定秒數）；你也可以在快照上疊加文字或以手
指塗鴉，快照下方也可以添加說明、地理位置名稱或
當時的溫度。另外，你還可以查看是否有人截圖分
享。其二是使用**故事**功能組合多則快照，所有的故事
都可以保存 24 小時，24 小時內不限觀看次數，過了
這個時限，內容就會自動銷毀。在這個社群平台行銷
也有其講究：品牌的快照或故事要跟你的好友一樣吸
睛，在切題度、趣味性或娛樂性上都必須突出。下面
的例子展現了上述特色：

世界自然基金會

世界自然基金會（World Wildlife Fund，簡稱
為 WWF）推出了系列廣告〈＃最後的自拍〉
（＃LastSelfie）充分利用 Snapchat「閱後即焚」的
特性，發表了一張張瀕臨絕種動物的「自拍照」；這
些「自拍照」傳至世界自然基金會個別粉絲的動態牆
後，只有九秒鐘可以觀看，點出了救助這些動物的時
間所剩無幾，逼真傳達出「這可能就是最後一眼」的
迫切感。另外，考量到 Snapchat 使用者都有截圖分
享的習慣，這些快照都附加說明鼓勵受眾透過簡訊捐
款，或是到世界自然基金會的網站認養動物，並且上
傳認養證明，形塑了極為有力而嚴肅的行動呼籲。

很自然地，〈＃最後的自拍〉立刻在網路上引發熱
議，甚至跨越了原來的 Snapchat 平台，延燒至其他
社群平台：在發表後的八小時裡，推特上產生了五千
則相關推文，散見於六百萬個帳戶的時間軸上；一個
禮拜以後，推特上產生了四萬則相關推文，觸及一億
兩千萬的推特用戶，這也代表 50% 以上的推特活躍
使用者都曾看過這個系列廣告。世界自然基金會也在
三天之內就達到了他們所設的月目標。

Exercise：選三個品牌，為他們發想適合 Snapchat
的廣告概念；想個別出心裁的方式，利用該社群平台
「閱後即焚」的特性（**快照**只有 1–10 秒可以閱讀，
或者你也可以使用**故事**功能，將觀看時限延長至 24
小時）。

11

廣告文案
Copy

羅伯・索耶（Robert Sawyer）對廣告文案的描述是，「不太是散文，也不太是詩。」我們已在〈平面廣告〉、〈品牌標語〉及〈發想策略及概念〉三章討論過標題、副標題和品牌標語（這三者通稱為短文案）。而在〈電視廣告〉、〈互動廣告〉、〈廣播廣告〉和〈綜合廣告〉四章裡，我們討論這四種媒體的廣告手法，其中也有文案書寫工具。

在這一章，我們將焦點放在**長文案**（long copy）上，長文案又稱**長體文案**（long form）、**廣告文案**（body copy）或**廣告內文**（body text），它主要的舞台是平面媒體（備註：這章所闡述的文案書寫工具有些也可以用在標題和品牌標語之上，另外不論你是寫平面文案，還是電視、廣播或網路文案，這些工具都能助你一臂之力）。

如你所知，廣告旨在溝通，而不論內容是文是圖，保持簡單正是廣告溝通的精髓；所以儘管你可能對文案書寫沒有信心，但請相信其實人人都可以寫出像樣的文案來。如果你還是有些怯步，不妨把自己想成**省字之人**，而非寫字之人；畢竟你不是在寫小說或詩（當然，擁有寫小說或詩的本領，也無傷於文案書寫），不太需要用到華麗的詞藻，專注於描述重點，一針見血，說服受眾，才是你的首要任務。

你可從下面的文案書寫工具著手，這些工具都經過市場測試，能發揮強大的溝通效力；一旦你將這些基本要訣運用於文案書寫，你的文筆必有長足的進步。背頁的範例集多種文案書寫手法於一爐，發揮了強而有力的溝通效果。我要再次強調，漂亮的文案書寫不只見於平面廣告；現今職場也要求文案寫手縱橫各種媒體，駕馭各種廣告文字（參見〈綜合寫手〉，第 270 頁）。

隱形的線：串起意念之流
書寫長體文案的首要目標是讓整篇文字渾然一體，在句子和句子、段落和段落間，穿起一條隱形的線，使其天衣無縫地接合。許多文案比重高的廣告都以此為主要和輔助技法（然後再搭配本章列舉的其他工具）。據廣告教師湯尼・庫林翰（Tony Cullingham）所言，一旦你找到貫穿全篇的主線，這個意念就應該像涓滴之流，慢慢地沿著牆壁滑下來，形成一股輕靈卻勢不可抑的文氣，通向文案最後的結論。

這道意念之流最先從廣告標題（如果有標題的話）貫穿到廣告內文的第一句話，然後再從廣告內文的第一句話連到第二句話，如此綿延不絕，直到最後一句（你也可以考慮採用一種名為「頭尾相銜」的文案結構，這種結構在行文的最後一句，會扣回意念的起點，也就是廣告標題。參見〈文案結尾的寫法〉，第 240 頁）。當你在「穿針引線」的時候，要注意語氣的自然，以避免文句相銜太過生硬。

備註：也有一種標題緊緊扣住了整篇文案，而不只是文案第一句話（你可以把這種技法稱為「標題引介全文」）★，像第 241 頁森寶利超市的廣告〈寶寶尿布〉（Nappies）的標題，就為整篇文案提供了發展的基礎。還有一些比較含蓄的手法，像第 74 頁帝國戰爭博物館的廣告〈希特勒〉（Hitler）就使用高度引人好奇的標題和圖像，吸引讀者一頭栽進文案裡。

★我們在〈平面廣告〉一章討論過「標題引介圖像」。

文案起手：一鳴驚人
文案的起手必須一鳴驚人，抓住讀者的注意力，讓他一頭栽進文案中，同時為後續的文字鋪路。所以你理當用最出人意表、有說服力或吸引力的句子打頭陣；這句話可以陳述事實或評論，甚至也可以是個問句，重點是它必須簡單（簡單不一定就意味著要短）。如果你要穿一條隱形的線，貫穿頭尾，那還要思考如何讓第一句話與廣告標題相扣，不過也有人說，如果廣告標題夠強，文案其實不需要刻意頻頻回頭呼應它。

句子的行板：長短交錯
你可以把一篇文案的節奏想成音樂的行板，連續彈奏一個簡單的短音符，聽起來很無趣；相反地，讓旋律綿延不絕的獨奏，或許可以發揮奇效，但前提是你要給這段獨奏呼吸自如的「空間」。文案裡的呼吸「空間」，可由變換韻律而生，其中最外顯的手法就是更

左 只要讀一眼，就知道這是完美的廣告。

客戶：Jaffa 葡萄柚。
廣告商：WCRS（Wight Collins Rutherford Scott），倫敦。
創作者：Andrew Rutherford、Ron Collins

右 這些經過特意剪裁、宛如閒話家常的句子，讓多行標題看起來簡短、有朝氣。

客戶：特易購（Tesco）
廣告商：Lowe，倫敦
創作者：Jason Lawes、Sam Cartmell

只要捏一捏，就知道哈密瓜是否完美熟成。
只要聞一聞，就知道西洋梨是否完美熟成。
只要剝剝皮，就知道香蕉是否完美熟成。
只要掐一掐，就知道李子是否完美熟成。
只要搖一搖，就知道蘋果是否完美熟成。

而葡萄柚，只要讀一眼，
就知道它是否完美熟成。

起司。
可能會讓你作噩夢。
就像你在其他地方購物。
很嚇人的。
所以我們這塊起司
就只賣 87 便士。

TESCO

用你的妙筆生花，將不可能化為可能（像這則廣告皆以「不可能」為開頭，雖然重複，卻還是讓人忍不住讀下去）。

客戶：愛迪達（Adidas）
廣告商：TBWA／Chiat／Day，阿姆斯特丹
創作者： Boyd Coynet、Amee Lehto、Kai Zastro、Sean Flores、Brandon Mugar

「不可能」只是一個虛張聲勢的語彙，那些胸無大志的人最喜歡把它掛在嘴邊，因為這樣就可以墨守成規地活著，而無須擁抱改變世界的力量。不可能不是事實，而是一種意見。不可能不是一種聲明，而是一種挑戰。不可能激發潛能。不可能過眼即逝。

不可能根本微不足道。

這則文案同時寫出了品牌的使命宣言、系列廣告策略和概念。

客戶：寶路（Pedigree）
廣告商：TBWA／Chiat／Day，洛杉磯
創作者：Chris Adams、Margaret Keene

我們是為了護狗而存在的。

有些人護鯨。

有些人護樹。

我們護狗。

大狗和小狗。看守家門的和逗人開心的。
純種的和混種的。

我們守護狗狗走路、奔跑、打鬧嬉戲、
挖土、搔癢、聞屁股、銜飛盤。
我們巴不得多些狗公園，家家都有狗門，
天天都是狗節。

說真的，如果要為狗狗定個國際節日，
紀念牠們為提升人類生命品質所做的貢獻，
我們絕對舉雙手贊成。

因為我們是為了護狗而存在的。

過去的六十年，我們致力讓狗狗快樂，
就像狗狗也帶給我們快樂。

狗狗最棒了。

這則廣告不需要標題，文案已經道盡廣告概念。

客戶：起瓦士威士忌（Chivas Regal）
廣告商：Abbott Mead Vickers BBDO，倫敦
創作者：David Abbott、Ron Brown

因為自我出生，我們的情誼就不曾間斷。

因為那輛紅色的Rudge腳踏車，讓我成為全街最快樂的男孩。

因為你讓我在草坪上玩板球。

因為你以前總是只在腰際圍了條茶巾，就在廚房翩翩起舞。

因為你的支票簿，總是為我而變瘦。

因為我們家裡，總是充滿了書香和歡笑。

因為你總是犧牲星期六早上，帶我去參加橄欖球隊。

因為你從未讓我背負沉重的期望，我稍有成績，就足以讓你滿心歡喜。

因為那些你伏案工作的深夜，我已臥床安然入眠。

因為你解釋傳宗接代那檔事時，從未讓我覺得羞赧。

因為我知道你的皮夾裡，收藏著一份舊剪報，那上面有我獲得獎學金的消息。

因為你總是要我把鞋跟擦得如鞋頭一樣亮。

因為你總是記得我的生日，38年來沒一次忘記。

因為我們相見時，你依舊給我溫暖的擁抱。

因為你到現在還會買花，送給媽媽。

因為你的頭髮變得太多、太早，而我知道是誰助歲月催人老。

因為你是超棒的爺爺。

因為你的歡迎，我的老婆才無間地融入了這個大家庭。

因為上次我要請你吃午餐，你說去麥當勞就好。

因為當我需要你，你總是我的後盾。

因為你給我犯錯的空間，從不曾對我說，「我早說過了」。

因為你還不服老，鐵齒只有在閱讀時需要眼鏡。

因為我誠感謝你的太多，而我謝謝說得太少。

因為今天是父親節。

因為如果你不配得到起瓦士威士忌，那還有誰配？

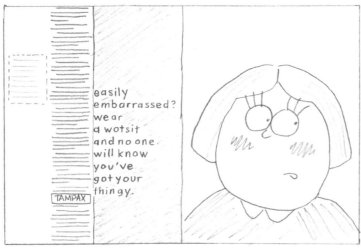

easily
embarrassed?
wear
a wotsit
and no one
will know
you've
got your
thingy.

TAMPAX

不小心臉就紅？用這個，就沒人知道妳那個來囉。

這文案之妙在於口氣既有同理心，卻又隨興像聊天，宛如作者一邊對初長成的「少婦」說話，一邊傾聽她的心聲（因此形塑了雙向而非單向溝通的印象）。

——
客戶：Tambrands
產品：丹碧絲衛生棉條（Tampax Tampon）
廣告商：Abbott Mead Vickers BBDO
創作者：Mary Wear、Damon Collins

替句子的長短。綿綿不絕的長句，或是喋喋不休的短句，都容易造成閱讀疲乏；前者需要長時間的專注力，後者讀起來像張清單，而不是散文。所以保持一個「長—短—長—短」的節奏，可說是個上上之策。

如果你喜歡運用主句蘊藏子句的長句子（也就是句中句），那我必須要奉勸你，雖然這類句型並非全然不可接受，但最好還是分成兩個簡單句，即使原句的複雜度並不高。你可以先把句子都寫來（並避免沒有意義的重複用字），然後把所有的子句獨立出來，讓句構變簡單；如果文案因此變得無聊，那可能是內容本來就缺乏亮點，這種情況補救之道無它，就在於找出新穎的說法。

段落區隔

就跟連續的長句子一樣，體積龐大的段落也容易讓讀者望之卻步，若能掌握適當的分段點將之區隔，文案馬上會變得更為可親好讀（大衛·阿伯特幫森寶利超市撰寫了篇行雲流水的文案，可讀之所以那樣高，正是因為撰寫人特意使用較短的段落）。

為了避免狄更斯式稠密厚重的段落，造就行雲流水的文氣，你可以將每個句子獨立寫出，再把各自獨立的句子連結成大大小小的段落，使其錯落有致（一個字也可以成段，這點要記得）；這個方法能幫助你組織思緒，同時加速書寫過程。另外，從美觀角度看，還須注意如果文案是由許多短段落構成，最後一行字有時會被擠到下一頁的頂頭，與原來的段落分離，看起來無依無靠。你不妨隔著一段距離觀察段落的版面配置，如此便能立刻判別視覺上的美觀和平衡。

「多段落」的要領讓文章讀起來更輕鬆，但並不是牢不可破的鐵則，還是有些優異的例外（像是第 61 頁撒馬利亞人關懷熱線的文案，以及第 242 頁銳跑運動用品〔Reebok〕的〈長標題〉〔*Long Headline*〕，兩者都使用了單一的大段落來架構文字，以呼應廣告概念，可說是正當性十足）。不過，話說回來，我的感覺是綿延不斷的段落在視覺感官上造成的第一印象常常是負面的，即使讀者擁有充裕的時間，對長篇幅的文案可能依然是興趣缺缺，所以實在沒有必要再打擊他們的讀興（參見〈文案死了嗎？〉，第 246 頁）。

巧悖語法

語法的存在是為了方便閱讀，但有時稍微悖離語法，也能達到同樣的目的，像許多文案人就非常喜歡使用「無動詞句構」。

Like this One（就像這句）。

其他的非典型語法還有「無主詞句構」，或是直接以「和」、「因為」作為句子開頭。如果對讀者的閱讀沒有幫助，那你當然不必打破原有的語法規則，但如果使用得當，巧悖語法可為文案增色，叫論點更為犀利，改變行文的節奏，可說是妙用無窮。

文案結尾的寫法

底下列出三種文案人常用來「收筆」的手法，幫文案畫下完美的句點：

· 以行動呼籲結尾（附上電話號碼、網址、電郵信箱、地址或其他行動提示）
· 結論時提出事實，讓論點完整
· 使用呼應標題的句子結尾★

以傳統廣告來說，第三個手法最普遍，表現出一篇文案是鍛思鑄慮的結晶；有時加乘廣告調性的效果，還能讓讀者會心一笑，像是讀完文案後獲得了獎賞。

★如果廣告沒有標題，不妨以文案的第一句話為呼應標的。

收集沒用到的標題

把沒派上用場、替代性的標題全都蒐集起來，或可作為文案的第一句或最後一句話，有時甚至可以插入文案的承轉之處。

連接詞／連結用語

連接詞通常用來作為文章的「過渡」裝置，在念頭之間搭起橋樑，綴衛句子和句子、段落和段落，使得文

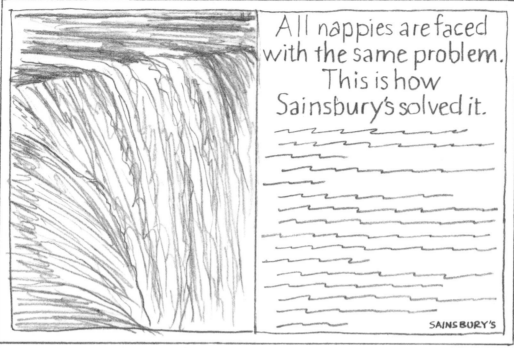

標題的第一句話引介了圖像（瀑布），第二句話則引介了文案。

———

客戶：森寶利超市（Sainsbury's）
廣告商：Abbott Mead Vickers BBDO，倫敦
創作者：David Abbott、Ron Brown

所有的尿布都面臨同樣的問題。這是森寶利的解決之道。

這篇文案行雲如水，祕訣就在多段落的結構有助閱讀。

———

客戶：森寶利超市（Sainsbury's）
廣告商：Abbott Mead Vickers BBDO，倫敦
創作者：David Abbott、Ron Brown

所有的自來水都是回收水。

有些水甚至重複回收至自來水廠高達七次。

森寶利的礦泉水，正好相反，源自於天然湧泉。

當你開瓶飲下第一口，瓶內的水才為人所初嚐。

當然自來水沒甚麼不好，但是嚐起來可能沒有那純淨、清新的口感。

森寶利出品的礦泉水來自蘇格蘭和施洛普郡，分為純水和氣泡水兩種。

我們的高地泉源位在珀斯郡，靠近布萊克福德村。

這處泉源與環繞它的奧克爾山一樣古老，是幾世紀以來的高地甘霖累集成的地下水，素以純淨的滋味聞名。

施洛普郡的泉源位在傲奇斯特雷頓，取自康德戴爾露頭。

這裡雨水自高原滲透而下，經前寒武紀的地層過濾，成就了泉水純淨的口感。

如果你從未喝過泉水，不妨先嚐嚐我們全新包裝的氣泡水。

那清爽帶勁的氣泡口感，很適合用來調飲料，直接喝更是上品。

還有，一如你對森寶利的期待，我們的礦泉水價格也讓人耳目一新。

從施洛普郡和蘇格蘭來的天然泉水，一公升只要33便士。

比遠渡重洋而來的水還便宜許多。

在森寶利超市好食物就是更划算。

森寶利新發售的鮮飲，從未有人喝過。

> This is an unusually long headline for a print ad. With good reason though. By the time you've read from the first word to the last, including all these words you're trying to hurry past right now - you are, aren't you? - anyway, as we were saying, by the time you get to the last word, you'll have an idea of just how much time Elana Meyer carved off a world record - a world record - not just 0,2 seconds or 2,2 seconds - when she competed in a half marathon in Tokyo on Sunday, running in a pair of Reeboks.

這則文案渾然一體，沒有分段，是因應廣告概念而設計的。

客戶：銳跑（Reebok）
廣告商：李奧貝納（SM Leo Burnett），南非
創作者：Mark Vader、Joost Hulbosch

這則標題對平面廣告來說是少見地長。不過不是沒有道理。當你從第一個字讀到最後一個字，包括這些你現在就想快速掠過的字句──你就是這樣想的，對吧？不論如何，接續前面所言，等到你讀到最後一個字，你就會明白長跑女將艾琳娜・梅爾縮短世界紀錄多少，是世界紀錄喔，而且還不只快 0.2 或 2.2 秒，她在星期天東京的半馬決賽裡奪得后冠，穿著 Reebok 的跑鞋。

氣通順流暢。這些連接詞或連結用語能創造出行雲流水的閱讀感（即便思想跳躍或段落的關聯性薄弱），不過還是必須斟酌的使用，因為一旦過頭反而會讓讀者厭煩。下面舉出一些常用的範例（連接詞真的很多，你也可以再找出一打來）：

- 所以
- 然而
- 因此
- 首先
- 第二
- 除此之外
- 事實上
- 還有
- 另一方面
- 但是
- 確實
- 當然
- 畢竟

標點符號（量度使用為上）

標點符號能為文案增添變化，形塑質感。除了逗點和句點，常見的標點符號還有：

- 冒號
- 分號
- 括號
- 引號
- 刪節號

別依賴加重語氣符號

如果你要畫底線，用斜體或粗體字，乃至驚嘆號、引號或破折號，最好是依循文法所需或慣例而用；不然的話，以加重語氣符號來形塑語調，大有便宜行事的嫌疑（參見〈標點符號〉，第 63 頁）。

三位組

「無三不成組」不只是廣告圖像中常見的慣例，文案中也常常使用。只用成雙的詞彙、事例或語句，常會略顯單薄，增加至四位組，又嫌太多。三位組能賦予文句**韻律**和**平衡感**，並且**完足語氣**（所以喜劇演員說酒吧笑話，都安排三個**男人**），因此也有人將之稱為「神奇三位組」（The Magic Three）。下面的三位組雖非廣告，卻都頗負盛名：

- 朋友，羅馬人，同胞們，且聽我說（出自莎士比亞的《凱薩大帝》）
- 一個為民所有，為民所享，為民所治的政府（亞伯拉罕・林肯〔Abraham Lincoln〕）
- 論將士之寡，功勳之鉅，所濟之眾，求諸戰史，得未曾有（溫斯頓・邱吉爾〔Winston Churchill〕）
- 聖父、聖子、聖靈
- 加油！加油！加油！（球場上都是喊三次）

備註：三位組在廣告圖像中也相當常見，其源流出於西洋美術，像是靜物畫就常常以三件物品為組合，二和四都太對稱，顯得不自然，而五又太多（參見〈三位組圖像〉，第 85 頁）。

對比二位組

對比二位組可用於標題、品牌標語和文案,是常見的寫作手法,莎士比亞就用它寫出名垂青史的珠璣之語,「是存還是亡」;還有一句知名度不遑多讓的名言,出自尼爾·阿姆斯壯(Neil Armstrong),「我的一小步是人類的一大步」,也是此手法的名例。廣告裡的對比二位組也比比皆是,像英國愛顧商城(Argos)的品牌標語「家喻戶曉的大牌子,沒人聽過的好價錢」,地球之友(Friends of the Earth)的「遠矚全球,在地行動」。使用對比二位組的標題通常蘊藏了「反轉」的玄機(參見〈廣告標題裡的反轉〉,第 63 頁),前半部引導讀者往某個方向思考,後半部卻完全反其道而行,常常出人意料,進而瓦解心防,正是其魅力所在。

押聲

在英文,押聲是指接連使用同一字母或聲母開頭的單字;將此手法用於文案書寫,亦可產生強而有力的記憶點(例如「sing a song of sixpence」〔唱一首六便士的歌〕,即押「s」聲)。馬丁·路德博士的演說〈我有一個夢〉(I Have a Dream)裡就有個相當有名的例子:「...will not be judged by the color of their skin, but by the content of their character」(……不再由他們的膚色來論斷,而是由他們的品格來評價),就接連押了「b」與「c」聲。這則超群的例子也由於它的對稱性而升至另一境界:兩句話之間平衡有致,幾乎連音節也是對稱的。這在閱讀上造成了額外的衝擊,也讓它更有記憶點。

另外,押聲、三位組和對比二位組也可以兼容並用,像凱薩大帝的豪語「Veni, Vedi, Vici」(我來,我見,我征服),就是押聲和三位組的結合;而拳王阿里的名言「Float like a butterfly, sting like a bee」(如蝴蝶翻飛,如蜂刺扎螫),除了運用重複的聲母,也是對比二位組。

調性

廣告調性在長體文案中最為可感(也因此格外重要),變化雖然多端,但總要和品牌/產品的獨特人格(personality)相符,這是文案調性的重要參考點。還有兩個要素必影響你對讀者說話的語氣,其一是廣告概念,其二是目標受眾;要了解你的目標受眾,則不妨從研究著手。

在你決定調性或態度之前,也可以先摸擬一個大方向,你或許會想要採用達官貴人發表演說的口吻,或是假裝你在巴士上,要跟隔壁座的乘客攀談(比爾·

博納奇曾經告訴一個年輕寫手,想像他在寫一封信,給一個只有幾面之緣的遠房叔叔,藉此讓筆調更有閒談感)。不論你最後選擇的調性為何,文案讀起來越像是對另一個人說話,越好;這種語調會讓讀者卸下心防,進入文案內容。當你確認目標受眾的典型時,你可以選擇一位符合特徵的朋友、鄰居或親戚,作為你的假想讀者;這樣你比較容易掌握受眾群使用的語言,進而化身為他們肚子裡的蛔蟲,贏得信賴。

一旦你決定最終調性和態度時,記得要貫徹始終(不然會損及品牌誠信度,讓讀者覺得困惑)。在迷你寶馬(Mini)上市之初,Crispin Porter+Bogusky 廣告商就精準地界定了調性,為接下來的系列廣告創作奠定了絕佳的基礎,使之彷彿水到渠成那般輕易(參見背頁)。記得,調性可以廣泛(比如幽默),當然也可以更為特定(幽默也有很多種),你可以視需要取決、形塑。如果你還想參考更多的詳情,請見第 50 頁的〈調性〉。

採用特定文體或主題

視廣告概念而定,或許將其延伸成為文案的文體或主題,也是不錯的運筆策略;也就是說,讓廣告概念通篇貫串。但你要小心抉擇,如果這種筆法寫來太過矯揉造作或冗長沉悶,那不如棄之不用。

當你採用特定**文體**或**主題**時,**調性**的可能性就會開啟。例如以情人節卡片的文體撰寫廣播廣告,在這樣的主題之中,就會開啟嚴肅、幽默等調性,這時你就要有所取捨,仔細衡量。

....

Exercise:在網路上找出經典的兒童故事《小紅帽》,然後任選下列一種文體重寫成約兩百字的版本:(1)女性流行雜誌(2)恐怖小說(3)充滿流行用語的饒舌歌(4)自然紀錄片的旁白。

....

化身演講稿寫手

知名作家艾爾弗列多·麥肯東尼奧(Alfredo Marcantonio)相信文案寫作跟演講稿寫作有異曲同工之妙,因為兩者「都不只是要知會訊息,或達成娛樂的效果,其最終目的是要贏得閱聽眾的贊同,使之傾向某種產品或觀點」。

「如何寫就福斯汽車的廣告」

下面的文案以本節小標作為廣告標題寫就,是啟發不少文案寫手的經典之作:

這則文案找到一種獨特的語調／態度，並且從頭貫徹到尾。迷你寶馬的廣告都有非常鮮明的調性，讓廣告寫來全不費工夫，彷彿天成。

——

客戶：迷你寶馬（Mini）
廣告商：Crispin Porter＋Bogusky、邁阿密
創作者：Ari Merkin、Steve O'Connell、Mark Taylor

讓我們迷路去。讓我們在該右轉時，反向往左。讓我們少看點汽車廣告，多看些旅遊行程。讓我們不再受限於短暫的休憩。讓我們盡情馳騁。讓我們餓的時候就吃，渴的時候就喝。讓我們打破例行公事，解放一成不變的生活。讓我們兜風去。

讓我們把地圖燒掉。

語言不須花俏，懸吊系統就是懸吊系統，而不是甚麼「軌道緩衝」。跟讀者好好說話，不須喊叫，特別是你的話有道理時。鉛筆削尖了嗎？換你上場了。

事實、數據、引言和展演

在廣告中舉出事實、數據，援用引言，或實際展演產品效益，能增強廣告論點的說服力，讓受眾更相信你的客戶，遠勝於單純地傳達意見。不論你在文案中或其他地方加以運用，這四者都能塑造出客觀感，像是跟受眾說，「我們不是老王賣瓜，你也可以聽聽第三方說法或親眼證實。」事實、數據、引言和實際展演也會傳達出一種「我還需要講更多嗎」的語氣，在許多知名的系列廣告中發揮良好的功效，舉例來說，查爾斯·上奇（Charles Saatchi）的海報〈蒼蠅〉（fly）都以事實寫就，完全不需以意見影響受眾，也省下了遊說的力氣。如果你打算使用連串的事實，記得參用本章的工具，如此才不會把文案寫得像張**事實清單**。

不寫，借用也行

就像廣播廣告的文字腳本（參見第 247 頁），有時候借用他人的文字作為文案，會比自行生產文字的效果還好。有位文案寫手幫國際特赦組織（Amnesty International）寫了一則刊物廣告，獲得大獎的肯定，其中字字血淚，全出自受到嚴刑逼供的囚犯之口；還有，像是上面提到的〈蒼蠅〉（見對頁），也從政府發行的食品衛生宣導小冊取材，幾乎沒甚麼更動。這個訣竅其實可以運用於多種媒體，電視、廣播和線上廣告的文字都可以此法取巧。

陳腔濫調

陳腔濫調也叫作套語，指的是那些經過長期反覆使用而毫無新意可言的平庸語言；就跟那些濫用諧音或押韻押聲的雙關語一樣，即使經過顛覆或巧妙改造，依然很難脫離彆腳笑話的範疇。也因此，大多寫手都對套語都保持戒之慎之的態度，下面便是少碰為妙的範例[1]：

· 忌妒到眼綠（Green with envy）
· 處變不驚，泰然自若（Cool as a cucumber）
· 憶難忘之夜（A night to remember）
· 闔家娛樂（Family entertainment）
· 開車去兜風（Go for a spin）
· 全國上下這一刻都吹起了變革之風（Up and down the country at this moment in time the winds of

change are blowing）

使用套語，有時也有正當的理由，像是時機對了（該套語和你的廣告概念契合無間），或是你故意用套語當反諷，又或者廣告角色在對話中使用套語，發出一語中的的評論。另外，陳腔濫調有時也可用以增添詩意，形塑角色，或是增加文章的親和力，特別是在討論大眾生疏的命題時，又或者這個套語已不復為用，所以你舊調重彈，反而會產生新鮮感。

除此之外，還有一些**迷你套語**，因為十分好用，為行文所倚賴，而變得過度使用；不過，跟上述長套語不同的是，只要量度使用，這些小兵就能立大功，增添閱讀的舒適度。下面列出一些迷你套語的例子：

- 我正要（On my way to）
- 其實（As a matter of fact）
- 極其零星（Very occasional）
- 看我的（Here goes）

有些圖像也是陳腔濫調，詳情可參考第 36 頁的〈避免俗套的意象〉。

1譯註：這些套語有些是約定俗成的慣用語，如忌妒到眼綠（西方人的虹膜顏色較淺，會隨情緒的起伏而變色，極端忌妒時，確實有可能變綠），及處變不驚（此句直翻是冷若黃瓜，可能因為黃瓜在西方的菜餚中常用來做冷盤，進而和冷靜產生了連結）。另外有一些是流行文化中常見的用語，如「憶難忘之夜」，就曾為流行樂歌手辛蒂·露波（Cyndi Lauper）的主打單曲和同名專輯，還有華爾特·羅德（Walter Lord）記錄鐵達尼號沉淪的書也是以此片語命名；而「變革之風」則曾出現在巴布·狄倫（Bob Dylan）的名曲〈讓你感到我的愛〉（Make You Feel My Love）之中，也為前英國首相莫里斯·哈羅德·麥米倫（Maurice Harold Macmillan）用於演講。

雙關語
在數之不盡的雙關語中，能迅速傳達訊息，發揮高效溝通作用者，不過九牛一毛，這點跟陳腔濫調是一樣的。以雙關語作為報紙標題還比較可行，放在廣告標題或文案裡則較難修成正果。有關雙關語的使用，詳盡的探討請見第 68 頁。

繁麗的用詞
一般來說，文案的遣詞用字宜樸素、簡單、口語化，同時應避免冷僻字。繁麗的用詞、冷僻字，只有在字詞的涵義須要錙銖必較時，才好納入文案；不過話說回來，如果讀者不識你所使用的字詞，那在字義或詞義上錙銖必較又有甚麼意義？

繁麗的用詞會損害文句的簡單明瞭，舉例來說，「極

Coverfood. Cover eating and drinking utensils. Cover dustbins.
The Health Education Council.

其零星的迷你俗套」改成「極少的迷你俗套」，聽起來就順得多。所以每當你想到繁麗詞藻，不妨停筆十五到三十秒，想個較為簡潔的替代方案。

平淡無趣的字詞
使用活潑有趣的字詞也是在有限的篇幅中傳達更多訊息的妙法，這不是說「走過」或「分開」這類詞彙就一定很無聊，但是其含義確實比較廣泛，沒有把**如何**走過或分開的細節說出來。我們以上述詞彙為例：

- **走過** 滑步、踴躍、蹣跚、踉蹌……
- **分開** 劈開、切割、咬斷、鋸開……

你或許已注意到，這些動詞在腦海裡喚起意象的速度，比形容詞還要快。

動詞名詞化
使用太多動名詞（"-ing" words），會使文句聽起來更複雜，但卻不一定必要。試比較下面兩個例句：

不寫，借用也行。這些事實傳達出明確的訊息，不需要額外的說服，也不需要廣告用意見影響觀者。

客戶：英國健康教育協會（UK Health Education Council）
廣告商：Cramer Saatchi，倫敦
創作者：Charles Saatchi、Michael Coughlan、John Hegarty

當一隻蒼蠅跑到你的食物上時，牠會這樣做。

蒼蠅沒辦法吃固體食物，所以為了軟化佳餚，牠會在上面嘔吐。

然後反覆踩踏嘔吐出的汁液，直到食物糜化成液態，過程中還攪進好些細菌。

等到牠腳下的流質好入口時，牠就會大快朵頤，順便撒下一些排泄物。

待牠飽餐一頓飛走後，就輪到你享用了。

- This is part of the thinking behind avoiding gerunds, and it's surprising how using them can make writing unexciting.（這一節的思辨論及避用名詞化的動詞，示範了動名詞的使用會大幅減損文句的流動，真是讓人開眼。）
- This is why you should avoid gerunds. They gum up your sentences.（這就是為什麼你理當避免動名詞；動名詞會讓文氣窒礙難行。）

銷售賣點 vs 銷售話術

你也可以把這節的標題改成白描素寫 vs 招搖誇耀。就文案來說，銷售賣點和話術的區別可從形容詞的使用和多寡看出端倪，舉例來說，「松樹的氣味」是白描素寫，「美妙似天堂的松樹氣味」則是空洞的誇耀。有時候，這兩者的分際非常細微，因為大多文案之所以存在，無非是為了有效地宣揚產品。你是文案的作者，形容詞的去留最終當然由你來決定；不過你大可先把「棒極了」和「好好吃」一類的用詞剔除，然後對照前後兩個版本，最後再決定是不是要把字放回去。有條守則是絕對成立的，那就是誠實的人性勝過虛嬌的偽品，這是永立不敗之地的道理。

文案死了嗎？

這個爭論三不五時冒出頭來，我們現在就來好好探究一下，文案死了嗎？路克‧蘇立文的基本立場是沒有人在讀文案了，但是他也指出，「長體文案具有很大的附加價值，能讓消費者覺得廠商有很多話要說，即使沒人會逐字讀完。」闞‧穆爾（Ken Muir）也抱持相似的觀點，「有文案在那裡，消費者想讀的時候就可以讀，不過最要緊的重點，還是在頭尾兩句。」

來自倫敦 Mother 廣告公司的狄倫‧威廉斯（Dylan Williams）則辯論說，「現在電子郵件和簡訊當道，人們又開始敬重文字的表達力，並以遊戲的態度創出新的字詞；對語言的熱情和動能，正如火如荼地復甦。」確實，隨著國際網路（包括網站、電子郵件、部落格、社群網路等）的興盛，書面文字的使用率可說是水漲船高，人們對文字的興趣也是如此。

文案的興衰全繫於廣告必須與眾不同這個事實上，所以可能會不斷「輪迴」：當圖像主導的溝通來到飽和點，人們自然會厭離短小精悍的圖像語言，這時顯而易見的廣告策略就是反其道而行，將迅速傳達訊息的圖像換成溝通時間較長的文字，直到循環之輪再次倒轉。

總結

■ 研究（Research）
研究的目的在於挖掘出購買產品的理由，包括理性的與感性的（挖掘事實仰賴理性，你可以蒐集該產品之前的廣告、工廠參訪手記、年度報告、宣傳小冊、相關的報導和獨立測試結果；找出感性的理由，則需要你一邊消化資料，一邊推測目標受眾的面貌和價值觀，還有他們對產品／製造商／銷售通路的感受，並且洞悉這三者對受眾生活的影響）。

■ 組織（Organize）
細審你研究時挖掘出的發現，保留那些值得寫進文案裡的素材，或者加以重寫，並將所有素材以邏輯順序排列妥當。

■ 形塑（Shape）
在結構上下功夫（雕琢開頭、內文、結尾），然後以整體觀之，視其「全貌」和論點的流動感。

■ 編修（Edit）
刪減文案初版，保留三分之二。

■ 重寫（Rewrite）
你不妨試試只憑記憶，把整篇文案重寫一次。這個方法或許可以幫助你寫出更為自然的篇章。寫完後，記得和前一版比較。

■ 再編修（Edit）
如果可以再刪，那就直刪無妨。

■ 最終微調（Finesse）
斟酌細節，挑出那些可以使用押聲、對比二位組或三位組的文句，檢查錯別字、文法、標點符號和有沒有孤懸的字行。

■ 唸誦（Speak）
讓其他人當聽眾，把整篇文案唸出來。如果有甚麼地方聽起來很怪或是不通順，你馬上就會察覺。改用最適切的口吻或腔調。

要把這些步驟都記起來，可以取每個步驟的第一個英文字母，濃縮為 ROSE REFS（玫瑰裁判），作為助記符號（如果對你有幫助的話，你也可以想像一群和藹的老婆婆在花卉比賽中評判各種玫瑰。她們就是玫瑰裁判。你可以一而在，再而三地回到這些步驟，不斷地重複檢查，直到你對成果滿意為止）。

....

Exercise：用詩句的編排方式寫文案，一個念頭一行話，每行話之間都空一行。這樣的手法能讓文句更自由、一目瞭然，且方便組織。當你覺得思緒的流動很順了，內容也沒有問題時，再把文句組成段落。

....

12

廣播廣告
Radio

廣播電台可分為全國聯播和地方性的（美國大部分的廣播電台現在都可以透過網路收聽）。儘管長年來廣播廣告已累積了龐大的數量，其品質卻不盡理想，這在全球都一樣。廣告人對廣播廣告的榮譽感似乎就是沒有那麼強，付出的用心也較少，傳統的廣告商甚至都把廣播廣告案交給較沒有經驗的團隊，認為它們「缺乏挑戰性」，直至今日情況也未見改善，令人驚訝（拿廣播廣告的書籍、課程和獎項，與平面設計、電視或電影劇本三者的比較，立刻可見前者之不受重視）。

要做出成品簡單，做得好卻難
撰寫廣播廣告腳本的實情是，要寫出能應付創意彙報的文字並不難（橫豎都至少有三十秒能鋪陳廣告概念），這樣的低門檻會製造出一種讓人鬆懈的假象，渾然不覺精采的創作絕非睡手可得，必須顧慮到聲音不似圖像那樣經得起重複播放，而你也無法仰賴圖像；況且廣播廣告的傑作少之又少，讓人無從效法。不過，就跟所有的媒介一樣，一旦你了解以聲音創作的可能性，通往絕佳廣告概念的大門就會開啟。

旁白
在廣播廣告裡，將旁白（VO，男旁白為 MVO，女旁白為 FVO）形容為**播告員**（Announcer）或**敘述者**（Narrator）或許會更為傳神（前者如「百威輕啤酒為您呈現，天才真男人」，後者則如「這是……的故事」）。

聲音和音效
廣播廣告的文字腳本沒有場景描述，其他則與電視廣告的腳本幾近無異（很顯然，廣播廣告也用不到故事

腳本）；另外，廣播沒有螢幕可以呈現視覺效果，少了一項元素可供差遣運用，也意味著所有的廣告劇情都必須以**聲音**（包括人聲、音樂和音效）傳遞。

與無聲的媒體（報章雜誌和海報）相較，聲音是廣播廣告最大且唯一的優勢，所以人聲、音樂和音效勢必為它所倚重。不過很多廣告人都忘記要給文字腳本呼吸的空間，傾向用聲音塞滿廣告，寫出的對話或旁白常常絮絮不休，好似要填補失去視覺元素的空缺（有些時候更糟，是為了掩蓋沒有**廣告概念**的貧乏）。

你可以透過聲音傳達出不同的情愫，外放、委婉、曲折、隱晦、滑稽、顫慄、或感人；想想那些觸動你的聲音或老歌，當老歌的旋律響起，是不是一下就能把我們傳輸到某個年代，甚至是特定的時空。況且，現在的製音技術那麼厲害，所有的聲音都可以錄製、重現或仿造，可用於廣告創作的素材，可說是取之不盡。另外，你還可以用音樂輔助聽眾記憶產品或廣告內容（有些以旁白唱誦品牌標語，有些則是在片尾播放廣告配樂），這樣還能同時發揮品牌建立之功（參見〈用聽覺形塑廣告的記憶點〉，第 174 頁）。

備註：廣播廣告還有一點跟電視廣告不太一樣，個別音效需要久一點的時間，至少是 3.5 秒，才能「發揮效果」；而跟電視一樣的是，你可以將「底串」（under and throughout）放置於背景，並視有無其他音效或旁白而調整其音量之大小，這是用聲音編輯器即可輕鬆完成的工作。

最個人的媒體
廣播是媒體，更是朋友；雖然廣播訊息的傳達本該如兩人之間的對話（客戶和消費者），廣播廣告卻別具一種親密感。首先，這是因為大部分的聽眾在收聽廣播時，都處於走不開的狀態，他們有的在開車，有的在做家事，有的在享受日光浴，有的在泡澡；電視觀眾或是報章讀者就不受這樣的限制，相對更為「自由」。

另外，研究也顯示出廣播聽眾通常都是獨自一個人，這讓溝通相形私密、不受拘束，就像對著聽眾的耳朵竊竊私語一樣。在這樣的情況下，簡單的廣告概念絕對會比自吹自擂來得有效，而短句意味著更多的換氣點，能給廣告角色更大的發揮空間，表現出抑揚頓挫的語氣，成就更好的廣告。

相同的創作原則亦適用於廣播廣告
創作廣播廣告，跟創作平面和電視廣告異曲同工，運用了許多共通的原則。你要先寫就廣告策略陳述，並確認你的文字腳本傳達了專一主張，將之凸顯。就像廣告教

師湯尼・庫林翰闡述的，如果你要告訴受眾美耐板流理台百分之百抗刮，為什麼不「叫踢踏舞者穿堅硬的舞鞋在上面跳舞，用清脆的踢踏聲證明你的說法」？

當然，「一示見真章」只是諸多廣告手法中的一種，你可以回顧〈發想策略及概念〉一章，尋覓其他靈感。不論你採用哪種手法，最後的試金石一定是：你的廣告能否讓聽眾停下來？讓他們思考、微笑，或咯咯笑出聲來？引誘他們更深的聆聽，告以新知，或撩撥其心弦？

最後，就跟所有的廣告寫作一樣，文句段落的連結必須天衣無縫，讀或聽起來才會一氣呵成，絕不能零零落落，各成獨立的山頭。

快速建立場景
除非你有理由讓聽眾猜測廣告進行的**地點**，不然的話場景是越快建立越好（這樣能幫助聽眾直接進入廣告情境，進而了解廣告）；不要讓聽眾滿腦疑惑，一直想，等等，我在哪裡？現在發生甚麼事？如果可以，旁白或對話的**第一句話**就要建立場景，與音效相互搭配，那是最理想的。

道地的對話
寫對話要像**對話**，現實生活中人們怎麼說，你就怎麼寫；那是一種比較隨意，但不至於隨便的語言，時而簡略，不求詳盡，用一字便能取代十字。不過，即便簡單，保持清晰直接，讓人一目瞭然，依然是重要原則，畢竟廣告廣告在三十秒內就要結束，一句話也只有短短幾秒的時間可說，而且聽眾沒有辦法像閱讀文案一樣，回頭咀嚼每個字，或是像平面廣告有圖像輔助溝通，所以廣播廣告必須字字簡潔有力，句句一針見血。

廣告教師湯尼・庫林翰還點出一個要點，「從接受國民教育開始，我們寫的文字都以閱讀為導向，而非唸出來給人聽。也因此，能寫出道地對話的寫手，可說是少之又少。我們無法精準地聽出日常對話的特徵，寫出來的旁白自然缺乏生活的況味，聽眾一聽就知道是聲優在唸廣告腳本。」

日常對話很難避開套語，因為人們習慣使用套語說話，不過，有些慣性用語還是能避則避的好（像倫敦方言常說「Alwight guv」或是紐約方言裡的「Fuggedaboutit」[1]）。

在現實裡，對話的雙方也不會直稱對方的名字（除非你的廣告概念要諧擬肥皂劇，不然記得避免這樣寫）；把名字完全省略掉，對話反而會比較自然。

最後要注意的是，對兒童說話的時候，不要使用大人味的字眼或情愫，除非廣告概念需要這樣的橋段。

1 譯註：「Alwight guv」即為「Alright sir」，意思是「好樣的，老闆」；「Fuggedaboutit」即為「Forget about it」，意思是「算了吧」。

天馬行空，無拘無束
馬丁尼（Martini）早期的廣告配樂有一句歌詞唱道，「任何時間，任何地點，任何地方」（Anytime, anyplace, anywhere），用在廣播廣告上也非常合適，因為廣播廣告的場景可以設置於任何時空，而且**不用花什麼錢**。你可以天馬行空回到過去，前進未來，或「實況轉播」；也可以無拘無束走到天涯海角，甚至是宇宙的任何一個角落，就算憑空杜撰一個想像的地點也絕無不可。也就是說，你的廣告場景可以設定在非洲的泥屋裡，也可以在格陵蘭的冰川上——廣播廣告的界限是由你的想像力界定的。

任意化身，千變萬化
廣播廣告可以創造的角色可謂數之不盡：作古之人、現世之人、富豪、乞丐、名流、無名小卒、真有其人、純屬虛構、人類或其他生物，皆可任你發揮。你也可以寫一人獨白，兩角對話，或安排上達數千人的卡司。廣播廣告和電視廣告的製作不一樣，不需要搭建布景、雇用臨演和延請明星，所以成本也低得多。

你可以仔細觀察我例舉的第一則廣告腳本，它從開頭暗示著說話者是誰、身在何處，將身分和場景的建構全都寓於獨白之中。

內心劇場
平面和電視廣告中運用了「給暗示，別露骨」的原則，示範了想像力的強大。廣播廣告無法提供肉眼可見的圖像，很多訊息必須透過暗示來溝通，也因此比其他任何媒體更能刺激想像（對廣告創作者和聽眾都一樣），進一步創造出所謂的「內心劇場」（theater of the mind）或是「內心圖像」（pictures in the mind）。而人的心靈，無遠弗屆，只要循循善誘，想像力便能顯像。

有些廣告就是運用了只能聽不能看這個限制，像是行之有年的系列廣告〈我賭他有喝卡爾蘭黑標淡啤酒〉（I bet he drinks Carling Black Label）就有個空中的版本

1. 客戶／品牌：英國愛護動物協會（RSPCA）
廣告名稱：〈打針〉（*Injection*）
時間：60 秒

男旁白：我有些不太好。至少我是這樣想。雖然好像沒有哪裡不對勁，但我還是認為自己有病。因為我在這裡。這裡是你覺得不舒服時，來的地方。我一定很糟，不然為什麼他們要幫我打針。我朋友把我帶來這裡，表現出他的關心。一開始我不認為他是好人，但是來這裡的一路上，他都很溫柔（語氣停頓）。很溫柔（語氣變慢）。我現在疲倦了。好疲倦。在這張放置我的桌上……桌上（語氣變更慢）。倦了……好點了……打針……好倦。

女旁白：每年聖誕節，英國愛護動物協會都要救助為數上千的棄養動物。如果你也關心牠們，那就不要再送寵物。

廣告商：Abbott Mead Vickers BBDO，倫敦。
創作者：Peter Souter、Paul Brazier

2. 客戶／品牌：哈姆雷特雪茄（Hamlet）
廣告名稱：〈治療〉（*Therapy*）
時間：30 秒

音效：窸窣的交談聲。
女旁白：歡迎大家。我們有位新成員。你願意站起來介紹自己嗎？
男旁白：我的名字是彼得。我是酗酒者。
女旁白：彼得……
男旁白：是。
女旁白：這是瑜珈課。不是戒酒團體。
（一片安靜）
音效：火柴點燃聲。
音效：哈姆雷特雪茄的廣告主題曲。
男旁白：快樂是一支名為哈姆雷特的雪茄。淡雪茄。

廣告商：CDP，倫敦。
創作者：Tad Safran、Tim Brookes、Phil Forster

3. 客戶／品牌：柯達彩色負片金色系列
（Kodacolour Gold）
廣告名稱：〈顏色〉（*Colours*）
時間：60 秒

男旁白：為了向你證明柯達彩色負片金色系列的顯色是多麼清晰艷麗，我要指揮一小段演奏。

想像一下，你能聽見顏色（語氣停頓）。現在，請你專注、留神。

好，這是藍色的樂音。

（較長的停頓）

我不是說要專注嗎。

音效：豎琴彈奏一段旋律。
男旁白：謝謝你。接下來是綠色的樂音。
音效：風琴彈奏一段旋律。
男旁白：現在讓我們聽聽黃色。
音效：長笛演奏同一段旋律。
男旁白：最後是……
音效：洪亮的小號響起，打斷旁白。
男旁白：啊，要請你等一下喔，年輕人。紅色……
音效：小號演奏了一段旋律。
男旁白：好的，現在我要向你展現，以柯達彩色負片金色系列拍攝的夕陽西沉大峽谷。
音效：所有的樂器合奏出影集《牧野風雲》（*Bonanza*）的主題曲。
男旁白：現在我要向你展現同樣的夕陽景致，不過是用一般負片拍攝的。
音效：玩具卡祖笛和鈸演奏同樣的《牧野風雲》主題曲。
男旁白：好吧，我想那也有一種不經修飾的粗獷美……
男旁白：柯達彩色負片金色系列，讓你喀嚓一聲，就譜出色彩絢爛的交響樂。

廣告商：揚雅（Y+R），倫敦。
創作者：Paul Burke、Dave Bell

將場景設定在警察局裡：廣告一開始有位警察要求男子將口袋裡的東西都掏出來放在桌上，起初男子掏出鑰匙、硬幣等典型小物，但接下來的二十秒，他掏出來的東西越來越大、越來越荒謬，最後甚至掏出裝置在遊輪上的龐然霧角，轟轟鳴響。在短暫的停頓之後，那個警察又說，「好了，現在該另一只口袋了。」這一幕或許離奇，放在電視廣告裡還會顯得矯造，但是在廣播廣告中，正好可以挑動聽者的想像力。

誘導聽眾涉入廣告

不論你使用甚麼媒體創作廣告，都要盡量誘導消費者涉入廣告：如果你創作了平面廣告，那就吸引消費者靠近點看；如果是電視廣告，那就力求觀眾目不轉睛；至於廣播廣告，當然要能吸引聽眾傾聽，並有意願涉入其中。

像我例舉的第四篇廣告腳本出於綜合系列廣告，除了廣播，也登上電視，就讓聽眾涉入廣告於無形。

矯造的情境／對話

你可能聽過這些廣告情境或對話，不下上百次了：兩個人談論產品，用一種鉅細靡遺而不甚自然的方式；或猜謎節目上，所有的問題都跟產品有關，等於變相地把產品特色列出來，跟「購物清單式」的廣告一樣無聊；還有一種廣告不斷重複產品的名字和購物熱線，不但聽起來彆扭，而且還對聽眾造成疲勞轟炸。這些聽起來都像是糟糕的資訊式廣告。

不要讓其他的廣播節目和廣告滲透進你的創作（除非你要諧擬其類型，而且你的諧擬是破天荒的頭一遭）。對於平面廣告來說，不尋常的圖像能讓廣告鶴立雞群；這對廣播廣告也是同樣的，你不妨多想想有甚麼稀奇的聲音或對話可以納入廣告。

神奇三位組

神奇三位組是喜劇的標準結構，從古早的笑話〈三個男人走進酒吧〉（Three men walk into a bar）開始沿用至今。很多時候，二個太少，四個嫌多，三個剛剛好。而且，三位組可輪番上陣，打頭陣者負責博得第一波微笑，繼者博得第二波，最後由壓軸者破梗，再贏個滿堂彩，這招就叫好酒沉甕底，精彩的底牌要留到最後。

情境喜劇

情境喜劇運用於廣播廣告已行之有年，是經過反覆考驗的手法，將廣告角色放置於新奇、異乎尋常、怪誕且充滿張力的情境中（然後看這些角色如何反應，與

彼此互動），除了能激發出沛然的喜劇潛能，還能創造出原創素材，避開竊用他人笑話的誘惑，或是拷貝其他廣播節目風格。

創造廣告角色時，不妨賦予他鮮活有趣的性格；好的廣告角色，就跟明確的廣告調性一樣，個性都非常鮮明。如果有幫助的話，你大可以認識或見過的人作為粗胚，然後再慢慢琢磨角色的樣貌。另外，使用誇張法來形塑角色無可厚非（參見下方的〈誇張法〉），但是除非廣告概念需要，否則別把人物形塑得像是報紙上的諷刺漫畫，那樣太過火了（典型的諷刺漫畫常將人物的外觀特徵和性格誇張得不成比例）。

你可以參考百威輕啤酒的知名系列廣告〈天才真男人〉，那裡面的角色沒有使用誇張法形塑，卻都非常原創，足以讓人信服，覺得真有其人。

總結來說，不論你在構想甚麼角色，記得賦予他們鮮活的面貌，然後把他們放置在眼睛未曾看見，耳朵未曾聽過的情境裡，切忌抄襲眾所皆知的喜劇風格或人物（參見〈天才真廣告〉，第 254 頁）。

情境戲劇

很多廣播節目和廣告確實都很有娛樂性，但這並不代表你一定要走喜劇路線，戲劇也可奏效。單單這章就列舉了很多「嚴肅」但效能頗高的廣告，其中有些也把廣告角色放在特殊的情境裡，跟情境喜劇有異曲同工之妙。

誇張法

誇張法用於廣播廣告可說是如魚得水，因為廣播廣告以暗示見長，聽眾受其引導而發揮想像力時，會將懷疑暫時擱置，你不需大費周章說服聽眾。

還記得我們在〈發想策略及概念〉一章說過，「誇張法」需以真實為依據，而非憑空杜撰。第 140 頁的的誇張句法也可以用來發想廣播廣告概念：「這產品是如此（**填入效益**），所以⋯⋯」

這裡有個例子：這片披薩是如此巨大，（所以）非要一張很大、很大的餐桌才放得下（參考我例舉的第五則廣告腳本，把他大聲唸出來，這樣的喜劇效果最好）。

多聽廣播

你不妨多聽廣播劇、遠距實況報導和體育賽事的現場評述，這對創作廣播廣告必有幫助。體育評述員的工作就是把比賽播報得歷歷在目，他們做的描述越

4. 客戶／品牌：英國陸軍（COI Army）
廣告名稱：〈坦克〉（*Tank*）
時間：60 秒

男旁白：豎起你的耳朵。接下來的震撼教育，會讓你曉得運用米蘭反甲飛彈的要訣。
男旁白：這是英國坦克的聲響。
音效：（一閃而過）英國坦克聲。
男旁白：這是敵軍坦克的聲響。
音效：（一閃而過）敵軍坦克聲。
男旁白：聽清楚了嗎？英國坦克。
音效：（一閃而過）英國坦克聲。
男旁白：敵軍坦克。
音效：（一閃而過）敵軍坦克聲。
男旁白：敵軍坦克。
音效：（一閃而過）敵軍坦克聲。
男旁白：英國坦克。
音效：（一閃而過）英國坦克聲。
男旁白：現在，像是夜晚降臨。
音效：森林和夜晚生物的聲響。
男旁白：你在戰爭中裝備了米蘭反甲飛彈。一輛坦克穿過群樹，向你開來。
音效：坦克悶悶作響。
男旁白：敵人或朋友？你判斷是哪一個？
男旁白：一。二。三。四。五。在軍隊裡，你往往只有短短幾秒可以判斷。那就是為什麼士兵在學習操作如米蘭反甲飛彈這類的裝備前，必先學習運用像自身聽力這樣配備。如果你的年齡在十六到二十六歲之間，而你也想要學習這樣的技能，撥打 0345 300 111，或是到你所在地的陸軍職涯辦公室或就業中心詢問。

陸軍士兵。高人一等。

廣告商：上奇（Saatchi & Saatchi），倫敦。
創作者：Jason Fretwell、Nik Studzinski

5. 客戶／品牌：小凱薩披薩（Little Caesar's）
廣告名稱：〈家庭晚餐〉（*Family Dinner*）
時間：60 秒

爸爸：（吮喝）你今天過得怎樣啊，提米？
兒子：（遠距離回喝）你說甚麼？
爸爸：（吮喝）我說你今天過得怎樣？
兒子：（遠距離回喝）喔……很好啊。
播告員：小凱薩新推出的長型披薩只有一個短處。
爸爸：（吮喝）這披薩超讚的對吧，兒子？
兒子：（遠距離回喝）真的。嘿，老爸。
爸爸：（吮喝）做啥？
兒子：（遠距離回喝）坐你旁邊的是不是媽媽？
媽媽：（跟爸爸說）你兒子眼睛真尖。
爸爸：（吮喝）對，就是你媽。
兒子：（遠距離）幫我跟她說哈囉，好嗎？
爸爸：（對媽媽說）提米跟你說哈囉。
媽媽：（對爸爸說）你叫他幫我傳一片有義式臘腸的披薩來。
爸爸：（吮喝）嘿，兒子啊。
兒子：（遠距離回喝）誰啊？
爸爸：（吮喝）我是你爸啦。
兒子：（遠距離回喝）喔，老爸啊。
爸爸：（吮喝）嘿，兒子，聽好，傳一片有義式臘腸的披薩來。
兒子：（遠距離回喝）沒問題。
音效：披薩被拋過半空，最後落在桌上。
爸爸：你看看，那孩子的臂力真強。
媽媽：（對爸爸說）我真是以他為傲。（吮喝）丟得好啊，兒子。
播告員：小凱薩新推出長形披薩。足足三英呎長的披薩，加送義式麵包，只要十塊九分九。外帶或外送皆可。
音效：（廣告配樂）披薩！披薩！

廣告商：Cliff Freeman & Partners，紐約。
創作者：Wayne Best、Ian Reichenthal

多，聽眾就越覺得親臨現場；有些評述員深諳此道，將選手動作、天氣、現場氛圍，乃至球棒敲擊球的聲音（唯一能確實收進轉播的音效，只有群眾的喧嘩聲），形容得鉅細靡遺。另外，太多廣播廣告都以體育評述員為廣告角色，使之成為一大窠臼，這點倒是要多注意。

廣播廣告長度

廣播廣告以三十或六十秒的長度最為典型（雖然二十、四十、五十、七十、八十和九十秒的廣告也不是沒有）。在三十秒的時限內溝通廣播廣告概念，其實並不容易（所以三十秒的廣告已越來越少），將時限延長到六十秒以上，廣告的張力可能就會開始疲乏，特別是經過重複聆聽之後。你可以說三十秒的廣播廣告最為有效，因為你不需要持續抓住聽眾（越見不濟）的注意力。

三十秒的時限也意味著沒有揮霍的空間，廣告必須一開始就引人入勝，而姑且不論廣告長度為何，廣告人通常都傾向寫得過多，旁白和對話都顯得累贅。下面的字數指南，可以幫你拿捏腳本長度：

廣告長度（以秒計算）	字數[2]（最多）
30	80–100
60	160–180
90	240–280

別忘記，上述的字數還包括產品名稱和聯絡資訊（客戶地址、網址或是電話號碼）。

當你在寫廣告腳本時，不妨以低字數為目標；如果錄音時，腳本太短而秒數過剩，你永遠可以請聲優唸慢點，或是延長音效撥放時間，這些都比刪減腳本來得容易。

2譯註：這裡的字數皆指英文字數，中文字數必須另計。

實地估量腳本長度

若要估量腳本長度，你大可以**平常的速度**，直接唸誦出聲（在心裡默讀通常都會比較快），並且預留音效所需的時間。如果超出時限，你就刪減字數。廣告人很少這樣做，所以很多廣播廣告的角色和旁白都落得口齒不清的下場，因為他們必須在過短的時間內擠進所有的資訊。

---

6. 客戶／品牌：帝國戰爭博物館（Imperial War Museum）

廣告名稱：〈家書〉（Letter）

時間：90 秒

二等兵：獻給全天下最棒的母親……親愛的媽媽，我希望你不曾收到這封信，因為這封信證實了你之前收到的訃聞。明天我們就要出征，我很可能會失去性命，但是如果這會讓世界變得更好一點，那貢獻出自己的性命，我也無怨無尤。不要會錯意了，媽媽，我不是那種揮舞國旗的愛國分子，我的世界以你和爸爸為中心，你們才是我奮戰的原因，如果能保衛你們的安全，我的死就值得了。我不要花和眼淚，也不需墓誌銘，只要你們以我為榮，我就能安息。沒有比這更好的死法了。我愛你媽媽，你是全世界最棒的媽媽。

再見，你的兒子。

男旁白：這封信是由一位年輕的二等兵所寫，在他戰死沙場的前一個晚上。在帝國戰爭博物館裡，我們不榮耀戰爭，我們讓你感受戰爭。

我們每天都從早上十點開放到傍晚六點。最近的地鐵站是蘭貝斯北站。

帝國戰爭博物館：你家族史的一部分。

廣告商：奧美（Ogilvy＋Mather），倫敦。
創作者：Alun Howell、Ian Sizer

不寫，借用也行

有時候借用他人的文字作為廣播廣告的腳本（只要與你的廣告概念切合），會比自行生產文字的效果還好。英國有則知名的廣播廣告，名為〈緊急呼救〉（Emergency Call），就納入一百五十秒令人坐立難安的對話，那是紅十字會醫療志工在電話裡引導一位無助的媽媽拯救她瀕死的嬰孩。像這樣的對話，絕對沒有「腳本」能出其右。

我列舉的第六個和第七個案例，也運用了這個策略，兩者都是強而有力的示範。

7. 客戶／品牌：居禮夫人癌症護理中心
（Marie Curie Cancer Care）
廣告名稱：〈天使〉（Angel）★
時間：60 秒

男旁白：曾有個男人在沙灘上遇到了自己的守護天使，他們一起漫步時，男人發現了兩對腳印。

「這是誰的腳印？」男人問。

「這是你的腳印，」天使回答，「這是你生命的道路。」

「那另外一對腳印屬於誰呢？」

「那些是我的，」天使回答，「我始終伴你左右。」

當他們繼續往前走的時候，天使指出其中一對腳印跛了。

「看啊，」他說，「那時候你的太太發病。我依然伴你左右。」

「可那裡又怎麼說？」男人指著沙灘上只有一對腳印的地方。

「那是你太太病逝的時候。」

「那時候你在哪裡？」男人憤怒地質問，「我最需要你的時候，你在哪裡？」

「那時候，」天使回答，「我揹著你走。」

女旁白：居禮夫人癌症護理中心有數千位護士，可為癌症病人提供免費到府照護以及二十四小時協助。

居禮夫人癌症護理中心是政府立案的慈善機構。請您慷慨解囊，撥打捐助熱線 0800 661199。

★這則廣告改編自一位匿名作者所寫的故事，其名為《沙中腳印》（Footprints in the Sand）。

廣告商：Impact FCA！
創作者：Shaun McIlrath、Ian Harding

8. 客戶／品牌：《萬世魔星》（Life of Brian）
廣告名稱：〈克里斯太太〉（Mrs. Cleese）
時間：30 秒

克里斯太太：我？……對這說話？……
音效：麥克風的雜音。
克里斯太太：哈囉，我的名字是妙麗兒・克里斯，我住的老人之家位在濱海韋斯頓，服務很周到。

我兒子演出了蒙提・派森的新電影《萬世魔星》。

我希望你能到電影院賞光，因為我兒子說他在這部電影上投資不少，如果這部電影不賣座，他就沒辦法繼續讓我在這間老人之家待著。

所以請你現在就去看《萬世魔星》，因為我已經一百零二歲了，一把老骨頭禁不起離開這裡。

（笑聲）

男旁白：如果你願意幫助克里斯太太，請到電影院觀賞《萬世魔星》。

（克里斯太太開朗地笑）

廣告商：朗斯戴爾廣告（Lonsdale Advertising）。
創作者：John Cleese、Terry Gilliam、Michael Palin

別忘記你還可以借用音樂和其他聲響，我舉兩則輕快簡單的廣播廣告為例，兩者都納名曲為己用（然後只在最後加上品牌標語）：其一為亨氏的〈亨氏沙拉醬讓所有的食物變得美味可餐〉（採用 UB40 合唱團的〈廚房灰鼠〉〔Rat in the Kitchen〕，以其中的一句歌詞點出廣告概念，「我要搞定那隻老鼠，那就是我要做的[3]」），其二為福斯汽車 Polo 系列的〈出乎意料地平價〉（採用影集《驚奇故事集》〔Tales of the Unexpected〕的主題曲）。

3譯註：此句原文為，「I'm gonna fix that rat，that's what I'm gonna do」，其中「fix」一語雙關，也有烹煮的意思。

不要跟風

不論你運用的廣告媒體為何，不要盲目跟風，創作廣播廣告時也該如此。

英國的六人喜劇團蒙提‧派森曾推出電影《萬世魔星》（Life of Brian），其廣播廣告就拒絕墨守成規。其實，約翰‧克里斯（John Cleese）、泰瑞‧吉蘭（Terry Gilliam）、麥可‧裴林（Michael Palin）大可播放電影中的爆笑片段，或是讓看過試映的影評對聽眾大讚電影好看（兩者都了無新意），但是他們另闢蹊徑，製作出讓人耳目一新的作品，並賦予其平行延伸的意趣（參見第八則廣告腳本）。

插科

電視廣告有時會在片尾運用「插科」（cut-back）這個技法，廣播廣告也可以（在旁白結束後）如法炮製，不過亦需斟酌慎用，以符合實際需要。

行動呼籲

視廣告策略、概念、客戶和產品而定，有時廣告會置入行動呼籲，放在廣告最尾端；這句話有時會附上電話號碼，有時會附上網址，讓閱聽眾知道透過甚麼管道，方可捐款或是獲取更多資料。行動呼籲的效能在不同的媒體會有不同的發揮：網路的橫幅廣告和平面廣告（特別是刊物廣告）上的資訊最為可靠持久（閱聽眾不須強記，也不須急拿紙筆紀錄），電視廣告則能同時在視覺和聽覺上呈現行動呼籲，至於廣播廣告，就只能依賴口説／聽覺了。你可以在廣告中反覆穿插電話號碼，也可以使用「洗腦」旋律，配上行動呼籲，或者安排較多的廣告時段反覆播放，藉此減低聽眾記憶重要訊息的負擔。

不能用產品照

廣播廣告不能用產品照，這時候產品名稱就很重要，必須讓聽眾產生印象（但不能喋喋不休將它重複十幾次）。

過度曝光的聲音

廣播廣告的成敗倚靠旁白甚多，可以説旁白的地位比在電視廣告更為重要。你在選擇聲優的時候，要找可以反映廣告概念和品牌的聲音，想想哪種聲音最適合你創作的廣告（將其特質寫在廣告腳本中），並列舉出具有那些聲音特質的名人或演員；如果你的預算容許，不妨就請他們來擔綱聲優，這會讓你的廣告更有感覺、更賣座（沾了名流的光）。廣播廣告的借利比電視廣告更婉轉，因為廣播上只聞其聲，不見其人。不過，爆紅的名人也有可能瞬間過氣，連帶拖累廣告；另外，過度曝光的聲音可能對廣告的突出無所助益，也值得注意。其實，除了耳熟能詳的演員，市面上不乏優秀的聲優，你不妨選個讓人難忘的聲音（成為聽覺助記符的一部分），這會幫助你的系列廣告樹立鮮明的旗幟，鶴立雞群。

順帶一提，有個**評估**廣播廣告腳本的好方式，那就是問你自己，「如果讓我最喜歡的明星來唸誦這齣腳本，我會不會覺得讓人見笑？」如果你會覺得拿不出手，那你可能要再加把勁，寫出更好的腳本。

天才真廣告

百威輕啤酒的系列廣告〈天才真男人〉（原名為〈美國真漢子〉〔Real American Heroes〕，在 911 恐怖攻擊事件後改為現名）擁有格局甚鉅的廣告概念，像座永不枯竭的靈思之泉，總能蘊生出妙筆生花、製作精細的廣告表現，也因此躋身廣告史上獲獎最多的廣播廣告。在廣播上有許多精采的單一廣告，但是系列廣告就相當珍稀——特別是像〈天才真男人〉維持了一貫的高水平。另外，這個系列廣告在廣播上發揮的效力，遠比在電視上來得高，這點也很有趣，證明了人的想像或許能以實際的影像代替，但是實際的影像永遠也無法超越想像的魅力。一些評論家說美國人不懂諷刺，這個系列廣告回應了他們（第九個和第十個廣告腳本範例是我個人的最愛）。

廣播廣告的未來

廣播廣告的未來，跟傳統電視廣告一樣，近年來也成為熱門的討論議題，其中零廣告的衛星廣播對全國性聯播網和在地電台的影響是熱議的焦點。很多人都預測前者將完全取代後者，認為聽眾付費聽廣播的時代即將來臨。不過，2005 年的坎城國際廣告獎設置了廣播廣告的獎項，對該媒體的復興仍然抱持信心——現在只有時間能見證，這是否只是天真的樂觀了。

9. 客戶／品牌：百威輕啤酒（Bud Light）
廣告名稱：〈噴太多古龍水先生〉（*Mr. Way Too Much Cologne Wearer*）
時間：60 秒

音效：1980 年代的強力民謠（當作底串）。
播告員：百威輕啤酒為您呈現……天才真男人。
歌手：天才真男人……
播告員：今天，我們要向您致敬，噴太多古龍水先生。
歌手：噴太多古龍水先生……
播告員：你的古龍水就像放送頭，總在你還在四條街外時，就宣告你的來到。
歌手：他走過來了！
播告員：這裡潑一點，那裡灑一些——到處都濺著古龍水花。除非每吋男子氣概都覆上一層古龍水，不然你怎肯罷手。
歌手：到處都濺著古龍水花！
播告員：睡過頭，沒時間沖澡嗎？不用擔心，你有四加侖的古龍水，還有一個萬無一失的計畫。
歌手：灑在身上！
播告員：開瓶冰涼的百威輕啤酒吧，噴太多古龍水先生……
音效：清脆的開瓶聲。
播告員：因為我們聞到贏家的味道。
歌手：噴太多古龍水先生。
播告員：百威輕啤酒。聖路易，安海斯-布希，密蘇里。

廣告商：DDB，芝加哥。
創作者：John Immesoete

10. 客戶／品牌：百威輕啤酒（Bud Light）
廣告名稱：〈流鼻血座位區門票持有人先生〉（*Mr. Nosebleed Section Ticket Holder Guy*）[4]
時間：60 秒

音效：1980 年代的強力民謠（當作底串）。
播告員：百威輕啤酒為您呈現……天才真男人。
歌手：天才真男人……
播告員：今天，我們要向您致敬，流鼻血座位區門票持有人先生。
歌手：流鼻血座位區門票持有人先生……
播告員：恭喜您，透過兩位雪巴族人和一隻山羊的嚮導，你總算找到你的座位。
歌手：伸手就碰到天際！
播告員：門票……有。紀念品……有。氧氣罩……也有。
歌手：開始暈眩！
播告員：從你的座位上眺望，可以看見你家……還有加拿大……甚至日本！
歌手：Oseokanowa[5]！
播告員：你唯一看不到的？就是這場比賽。
音效：噢，不！
播告員：開瓶冰涼的百威輕啤酒吧，便宜座位區的龍頭老大……
音效：清脆的開瓶聲。
播告員：因為您，坐在世界的頂點……高度無人能及。
歌手：流鼻血座位區門票持有人先生。
播告員：百威輕啤酒。聖路易，安海斯-布希，密蘇里。

廣告商：DDB，芝加哥。
創作者：John Baker、Rob Calabro

4譯註：流鼻血座位區（nosebleed section）指的是體育館或球場中最高的觀眾席位，離比賽最遠。人在海拔極高的地方，容易流鼻血，是為該區名稱的由來。
5譯註：廣告杜撰的日本地名。

13

綜合廣告
Integrated

何謂「綜合」?

當一個概念因應不同媒體而轉換成不同版本,以不同的形態與受眾溝通,那就可以稱之為「綜合」(這對廣告和設計來說,都是一樣);這樣的廣告概念可以橫跨多種媒體,其表現並不侷限於單一的創意領域。

所以說,綜合廣告概念的格局必然大器。

「綜合」(Integrated)是現行最常用來稱呼這類概念的詞彙,各大廣告獎尤其喜愛使用,另外還有些同義詞,我列於下方:

・多媒體(Multimedia/Multiple media)★
・多平台(Multi-platform)
・複合媒體(Mixed media)
・跨媒體(Transmedia)
・360° 品牌化+(360° branding+)
・全線(Through the line)
・跨管道(Cross channel 或 Cross media)

★「多媒體」這個詞有時會讓人搞混,因為有些設計公司會用它來指稱結合文字、圖像、聲音和影像的互動和數位媒體。

(+此稱謂改自奧美廣告特有的品牌化手法,「360° 品牌管理」。)

如今,從全球行銷公司到獨立接案的創意人,幾乎所有的業者都希望被視為綜合廣告的行家,但是他們提供的綜合品牌化服務到底內容為何?有沒有差異?其實,現在「綜合」一詞的定義依然相當寬廣,仍然有未定論的模糊地帶(也因此連帶影響了上述兩個問題

的答案)。話說回來,「綜合」雖然是個新詞,卻早已是行之有年的做法,尤其在廣告界,向客戶展示如何將廣告概念轉換成各種媒體形式,一直都是成功贏得案子的要領。不過,從「綜合」一詞誕生以來,**可以運用的媒體已明顯增多**:過去仍以「全線」來指稱「綜合」時,媒體只限於平面、電視、廣播、直效行銷等溝通管道(有時會再加上公關),如今則多了環境/游擊、病毒行銷(蜂鳴行銷〔buzz marketing〕也屬此類)、數位/互動(網站、線上廣告、網路影片、手機應用程式、數位看板、電子遊戲皆屬此類)、社群等溝通管道。

這些新興媒體大行其道,造成越來越多的廣告商和設計公司將自己的業務定位成「整套服務」;然而,如上所言,每家業者對何謂「整套」(還有「綜合」)卻各有各的說法。下面列出四種綜合廣告的整合度(從高到低),從最難完成的(A)到最容易的(D):

A. 為單一客戶/專案構思大格局的廣告概念,發想多重廣告表現,轉換於多種媒體(沒有重複)。
B. 為單一客戶/專案構思大格局的廣告概念,發想多重廣告表現,轉換於多種媒體(有些重複)。
C. 為單一客戶/專案構思大格局的廣告概念,發想多重廣告表現,轉換於多種媒體(完全重複)。
D. 為許多客戶/專案構思小格局的廣告概念,每個概念都轉換於一到兩種媒體。當業者把這些專案都集合起來,收錄進自己的履歷時,就宣稱自己的業務屬於多媒體。

很明顯的,A、B、C 之間最大的差別就在於廣告表現的重複程度(舉例來說,平面廣告的標題變成電視或廣播廣告的旁白,或是挪至橫幅式廣告,這些都可視為重複使用)。雖然 C 這種整合方式曾經締造不錯的成效(先做出刊物廣告,然後等比例放大……這樣就成為海報廣告!把它塞進信封……這樣就成為直郵行銷!將它拍成影片……又變成了電視廣告!賦予它動態……還可做成互動行銷),長於推敲行銷關竅的廣告業,已經開始質疑這種「依樣畫葫蘆」式廣告手法的可靠性。

不過,若是撇開廣告大獎的評審標準不談,同一個廣告表現重複於不同的媒體,應該不至於成為缺陷:第一,如果一個廣告表現能輕而易舉地跨媒體複製,那八成也要概念夠簡練,才能做到;第二,與其讓溝通枝蔓雜亂,或許簡單的重複,才是更有效和聰明的做

慓悍虎媽
我們一起出去，就要一起回家。

更勝一籌男
任何你會做的事，他都做得
比你好。

英國腔調男
用一口字正腔圓的英國腔，
搶走你女友的芳心。

灌籃高手
籃球場上和場外，他都是得
分領先的玩家。

這系列的綜合廣告名為〈追妹程
咬金〉（*The Gamekillers*），剛
推出時以長達一個小時的電視節
目，搭配其他多種媒體宣傳，細
數那些會阻擋你在愛情追趕跑跳
碰裡得分的程咬金，教導男生如
何克服這些人為困難，贏得女孩
的芳心。品牌標語：用 Axe 爽身
噴霧保持酷勁。

客戶：Axe 體香用品
廣告商：Bartle Bogle Hegarty，
紐約
創作者：Jon Randazzo、Amir
Farhang、William Gelner、Matt
Ian、Kash Sree

法，能讓品牌訊息深入人心。一言以蔽之，東西沒有壞，幹嘛修理它？

從以上的論點來看，設計公司也好，廣告公司也罷，只要宣稱自己能提供「綜合」服務，應該就要能端出**從 A 到 D 四種整合度**的菜色，讓客戶依預算和需求選擇。

知名廣告商 TBWA／Chiat／Day 曾經透露，寶路的綜合系列廣告〈汪皇為大〉（*Dogs rule*）是「從幫寶路尋找內部的愛狗人開始的，接著還打造方便帶狗狗來上班的辦公室，並編撰了新的企業法典，《狗經》（*Dogma*），又在員工的名片上印上他們的愛犬，甚至為這些狗狗量身訂做專屬的健康計畫，最後才將廣告登載於十二個國家，橫跨五大洲……我們製作了環境廣告，贊助流浪狗的認養，在行人道上畫上宣傳，將品牌訊息放到線上，印在上架的產品上，當然，我們也沒放過電視這個溝通管道。」（參見對頁）

創意總監威廉‧爵那（William Gerner）是這樣闡釋綜合系列廣告〈追妹程咬金〉（*Gamekillers*）的，「在求偶的追逐裡，有些麻煩製造者專門和少年人作對，彷彿他們一生的唯一要務就是讓你失去酷勁，然後橫刀奪愛。這些人就叫作追妹程咬金。我們創造了一打以上這類四疊守備員的角色，又教導少年人擊敗他們的祕訣，並藉機釋出品牌訊息：用 Axe 爽身噴霧保持酷勁。這些內容在 MTV 頻道上以專題節目的形式播放了一個小時，同時也在其他媒體登載，成就了高度整合的宣傳。」

〈2006 青年投票〉（*Youth Vote 2006*）向政治冷感的青年人傳達投票的力量，以及擁有自己的看法和「選邊」的重要，引起自發的政治辯論，讓人重新評估自己的政治信念，最終締造了更高的青年投票率，也是相當成功的綜合系列廣告（參見第 261 頁）。

威爾斯觀光局（Wales Tourist Board）把廣告概念濃縮於品牌標語，藉此告訴都會區的英國人，威爾斯不過「兩個小時車程，卻能隔塵囂於光年外」。該系列廣告首先推出六十秒的電視廣告，同時將平面廣告登載於戶外廣告看板、地下鐵車廂內廣告、月台區廣告看板上，第二波宣傳則擴及報章雜誌、直郵和游擊行銷（以航髒的貨車和馬路工人的夾克作為文宣載體，參見第 260 頁）。

綜合廣告概念與媒體

有些廣告大獎喜歡將「綜合廣告」和「綜合設計」分成兩個類別，但隨著廣告和設計兩門專業越見融合，還有「它類」媒體持續冒出頭來，用以區隔兩者的座標消失無蹤，已是指日可待；而這也意味高度綜合的廣告概念，必然是「真正的大概念」。

嚴格說來，綜合廣告概念至少要能轉換於三種媒體，而不是像前述的 D，只轉換於一、兩種。**高度整合**的綜合廣告還能將多門專業和科技融於一爐，而其中最純粹者，是從產品概念開始發想的（包括產品的名稱、設計、定位和銷售等細節），有些人稱之為「平地起」（from the ground up）。如果要以多重的溝通管道宣傳品牌，「平地起」可說是最理想的方式；如果品牌不能從這個起點出發，高度整合勢必更加困難。

凱文‧旁默（Kevin Palmer）服務於倫敦的想像力廣告公司（Imagination），提出了另一種說法，「我覺得好的創意跨媒體照樣能存活。我們就跟其他許多藝術家一樣，是說故事的人。如果故事好，那它沒有理由被媒體和平台限制，就像許多好書紛紛改編成傑出的電影、電動遊戲，甚至是商品。只要核心概念、核心故事夠強，好的互動行銷概念（舉例來說），應用於原媒體之外，應該不成問題。」

一份周詳的多媒體清單至少應該包括下列各種媒體（最先列出的是廣告業、然後是設計業，最後才是「其他」專業所用的媒體）：

- 平面（單指廣告）
  – 刊物（報章雜誌──從全彩到黑白，跨頁到信用卡大小的廣告篇幅皆有）
  – 海報（看板型、交通型、特殊型等等）
- 電視
  – 大型電視聯播網
  – 獨立電視台
  – 有線電視台
- 電影
- 互動電視
- 廣播
  – 全國聯播
  – 地方電台
- 環境／游擊
  – 特殊／一次性媒體
  – 3D

這個綜合系列廣告的表現
包括產品再設計和企業手
冊，另外還可見於刊物、
戶外、線上、環境和電視
等多種媒體。

客戶：寶路（Pedigree）
廣告商：TBWA／Chiat／
Day，洛杉磯
創作者：Chris Adams、
Margaret Keene

狗經

Dogs rule.
汪皇為大

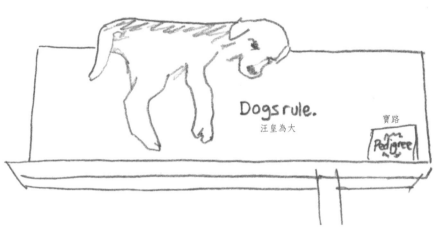

Dogs rule.
汪皇為大

寶路

Pedigree
寶路

Pedigree
寶路

對寶路來說，狗狗永遠至上。跟狗狗有關
的一切，構成我們的生活。我們眷戀那熱
情搖擺，迎接我們回家的尾巴，也透過在
世界各地設計的產品傳達對狗狗的讚嘆，
可說一切所為，都是出於對狗狗的愛。

汪皇為大。

Dogs rule.
汪皇為大

Pedigree
寶路

乾淨的空氣，就在兩個小時的車程外。
兩個小時車程，就能隔塵囂於光年外

平和與靜謐，就在兩個小時的車程外。

解脫身心重負，就在兩個小時的車程外。

平和與靜謐，就在兩個小時的車程外。

這個早上　他們還在嘔氣。

這個綜合系列廣告透過多種溝
通管道和表現方式，凸顯出對
許多英國人來說，威爾斯不過
就在兩個小時的車程外（廣告
標題：平和與靜謐／解脫身心
重負／乾淨的空氣／清新的好
空氣，就在兩個小時的車程
外。品牌標語：兩個小時車
程，就能隔塵囂於光年外）。
——
客戶：威爾斯觀光局（Wales
Tourist Board）
廣告商：FCA！
創作者：Justin Tindall、Adam
Tucker

兩個小時前　她還在公文堆裡埋頭苦幹。

美國將重啟徵兵制

賦稅現在增加了 20%

美國將廢除徵兵制

賦稅現在減少了 20%

青年投票
選邊站定

在紐約，墮胎是非法。　　現在起，全市禁止吸菸。　　明令禁止同性婚姻。

公車票價要收 $ 3.50
選邊站定

公車票價只收 $ 0.50
選邊站定

在紐約，墮胎已合法。　　現在起，全市開放吸菸。　　明令容許同性婚姻。

這個綜合系列廣告列出「相對的立場」，鼓勵政治冷感的年輕人對影響日常生活的議題，抱持自己的看法，並如品牌標語所言，「選邊站定」。

客戶：2006 青年投票（Youth Vote 2006）
學生：Nicholas Panas、Chris Jackson、Anna Bratslavskaya、John Meglino

- 加油機
- 洗手間
- 地板媒體
- 驗票閘門
- 雜項（例如餐巾紙、杯墊、玻璃杯、火柴盒、披薩盒、購物紙袋）
- 直效環境廣告（參見下方的直效媒體）
- 現場活動
- 公關創意特效
· 直效媒體
- 直效郵件
- 直效電視和電影
- 直效 CD 和 DVD
- 直效行動電話
- 直效環境
· 綜合直接反應廣告
· 企業暨品牌識別
· 產品設計
- 家用／工業用產品
- 健康暨休閒產品
- 其他
· 產品包裝
· 平面設計
- 宣傳單和目錄
- 年度報告
- CD 和 DVD 封套
- 海報
- 書冊設計（從封面到全書）
- 問候卡、邀請卡和印章
· 數位暨互動媒體
- 主品牌網站
- 企業對企業網站（B2B）
- 微網站（迷你網站）
- 實驗和裝置媒體
- 線上、家用主機和掌機遊戲
· 環境設計與建築
- 零售暨服務
- 休閒和觀光
- 工業、交通和工作場所
- 公共環境和社區
- 展覽、博物館和裝置藝術
· 購買點／銷售點（POP／POS）
· 線上／病毒行銷廣告／高傳度媒體（口碑）
- 網路影片／病毒行銷影片（原創和改編）
- 網路影片／病毒行銷廣告（原創和改編）
- 橫幅式廣告

- 插入式廣告
· 公關（參見上列的環境／游擊）
· 蜂鳴行銷
· 草根行銷
· 創意部落格
· 簡訊／行動
· 置入行銷
- 電視節目
- 音樂錄影帶
- 電影
· 贊助
- 活動
- 展覽
- 場地
· 其他雜類
- 啤酒杯墊
- 咖啡杯套
- 加油機
- 等等

（一如你所見，廣告媒體只是綜合媒體的一隅）

甚麼是新興媒體？

「新興媒體」一詞原來是用來指稱互動行銷和其他網路相關媒體，那時候這些媒體確實很新；但現在網路已老，或可將之定義為新的傳統。這也代表，現在所說的新興媒體，指的是尚且無法清楚界定的媒體；這些宣傳媒介打破了傳統疆界，而難以歸類，像福斯汽車為 Polo Twist 所雕的「冰車」就是箇中範例。這輛冰車鑿着巨大的冰塊，完全仿造實物的大小與細節，完成後便放置在倫敦街頭，以宣傳該車款冷氣之強效。你可以說它是環境媒體或另類媒體，也可以說它是公關特效或雕刻，怎麼界定它，其實並不要緊，重要的是它的原創無庸置疑——不但概念和媒體都讓人耳目一新，**更帶給品牌鮮活的生命力**，而這就是廣告最重要的使命。

某種程度來說，上述的「廣告」正好是綜合廣告的反例：因為創作綜合廣告時，有時會先界定媒體，然後才依據媒體特性形塑概念（當然有時候也會反向操作）；但上例的媒體前所未見（所以才能如此新穎），可說是與概念還有表現一體成形，成就了典型的「一次性」廣告。廣告業總是急於找出「明日之星」，因而刻意誇大創新媒體的分量，甚至因此惡名上身；但如果某個「點子」真的爆紅，其影響力自然不可同日而語，甚至會開創一個獨立的媒體類別，不

永遠愛你。
你的妹妹，黛安娜
10/05 3:30 PM

love you forever!
your sister, Diana
10/05 3:50 PM

我們心緊緊相繫
WE ARE UNITED

平和

Peace!

I miss you daddy
xoxo
Patrick

爸，我好想你
XOXO
派翠克

甚麼是「新興媒體」？
前所未見，就是新興媒
體（就像五角大廈新
天紀念館的這座紀念
碑）。

客戶：美國五角大廈（The
United States Pentagon）
廣告商：ATM 設計暨建
築事務所
設計師：Jean Koeppel、
Tom Kowalski
插畫：Jean Koeppel

再只是零星的特例（回到上例來說，原創作者沒有要吹捧「冰」的意思，而「冰」也不太可能變成「明日之星」媒體）。總地來說，隨時間的推移，新舊媒體混和雜交，嶄新的媒體會持續誕生，原有的廣告手法也會因此而翻新。

五角大廈新天紀念館（New Day Memorial）是為華盛頓特區的 911 罹難者所設，其天才之處，正在於它與傳統紀念館相左的設計：與其使用萬年不變的石頭，創作者以玻璃為材質，豎立了一百八十三座**互動式**的巨型紀念碑，以紀念一百八十三位罹難者。這些玻璃的表面會自動產生一層白霧，讓參訪者寫下致敬的話語，和紀念碑「融為一體」；到了晚上霧面自動消失，讓療癒過程重啟，如此紀念館便能天天更新，天天獨一無二（這個案例也可以呼應我們在〈導論〉裡舉例討論過的觀點：有時候廣告不一定是「廣告」）。

（另外，有關整合數位媒體的諸多形式，請參見〈綜合互動行銷〉，第 215 頁。）

品牌和品牌建立

一如〈發想策略及概念〉一章所說的，創意人時常要幫正剛問世的，或奄奄一息的品牌尋找定位；但在尋找定位之前，我們要先了解該品牌的內涵，甚至還要追根究柢地去問，「甚麼是**品牌**？」就策略而言，品牌是個普遍使用的詞彙，告訴消費者產品是哪一家的，等同產品身分；這個身分的功能遠遠大過理性的產品識別（順帶一提，現在能發揮這等功能的產品身分已不復多見），也大過廣告或推銷產品的手法。

我在下面進一步列出三個說得比較清楚的定義：

「品牌不只是印在包裝盒上的名稱，也不是包裝盒內裝的東西，而是市場對於一間公司的情愫、想法、觀感、歷史、可能性和八卦的總和」。
—路克·蘇立文，《嗨，惠普，捏這個試試》（Hey Whipple, Squeeze This）

「品牌是消費者對某個產品、服務或公司的直觀感受」
—馬蒂·紐梅爾（Marty Neumeier），《品牌的斷層》（The Brand Gap）

「有的品牌具體可感，有的偏向抽象；有的行銷全球，有的在地流通；有的價位高，有的價位低，可謂變化多端。而大多的時候，品牌的力量不單單來自它的實質，更來自它所象徵」。
—沃利·奧林斯（Wally Olins），《論品牌》（On Brand）

我開戶的第一間銀行是歐美銀行（European American Bank，簡稱 EAB），服務也還算滿意，但是當服務人員告訴我歐美銀行已被花旗銀行併購時，我竟暗自竊喜。即使我從來沒走進過任何一間花旗銀行，也沒看過他們的信用卡，或跟任何人談論過他們，但是我很直覺地認為花旗銀行就是比較酷，比較現代，並且更有聲望和效率；而這就是成功的品牌，所具有的力量。

品牌是一間公司所能擁有的最高資產，也是產品的靈魂、本質和人格；客戶託付給行銷人、廣告人和設計人的，就是這難以名狀之物。消費者和每個品牌之間都存在著獨特的關係，反映著消費者對該品牌的信賴；信賴度夠高就能創造品牌忠誠度，這樣的忠誠度可能一輩子不斷，甚至流傳好幾個世代。這份聯繫也反映在沃利·奧林斯的珠璣之語裡：

「品牌的力量源自於其表現和象徵的奇妙組合，而當品牌把這個組合弄對時，就會創造出我們——這群覺得品牌增益了我們自我觀感的買家。」

強而有力的品牌能讓獲利增加，有時是幾百塊和幾千塊之別，有時是幾百萬和幾億之別。舉例來說，如果你有本事讓消費者因為品牌，寧願多掏幾毛錢出來，購買你家的焗豆罐頭，而不買超商的自有品牌，這些零錢終究會聚沙成塔。

品牌化是界定、建構和執行品牌的過程，成功的關鍵在於讓廣告、設計和行銷的所有元素，都能體現品牌特質，表現出同樣的樣貌、感覺、調性和人格，達成高度的**一致性**。這件任務聽來簡單，但除了跨專業的整合外，還要面對與日俱增的媒體；你能整合越多媒體，品牌體驗就會越豐富，而這正是挑戰所在。如果不能達到一致性，而淪為「大雜燴」，品牌的力量會大大減弱，消費者也會感到困惑。

以視覺元素形塑品牌是品牌建立的一環，可以透過字型、顏色、色調、演員、導演風格或其他的助記符碼達成（助記符碼也可以訴諸聽覺，如廣告配樂或旁白配音）。不過，在創意團隊決定要用哪些視覺助記符碼之前，客戶和其行銷部門，乃至廣告商的策略部門，應該以產品本身作基礎，早早著手品牌建立；之後再來統合視覺元素，呈現於產品設計、包裝和廣告。

「品牌第一」

尼克·修爾（Nick Shore）在他精闢的文章裡先是問道，「你是否將品牌置於第一？」然後開始闡述明確的品牌是成敗的關鍵，「如果你有系統地解散可口可樂這間公司，只留給他們品牌之名，資方只要五年，就能將可口可樂重建回來；相反地，若是你拿掉品牌之名，整個企業則會在五年內分崩離析……對品牌第一的企業來說，品牌就是這麼重要，不但提供行銷和傳達訊息的架構，更為整個組織灌注感人的力量……在品牌第一的公司裡，所有的一切都是從這個感人的本質衍生而出，以此為藍圖構築，依此為核心運行。維珍（Virgin）將之稱為維珍精神，迪士尼將之稱為魔法，尼可兒童頻道（Nickelodeon）則將之稱為童力。」他還指出，如果你要二十五位員工各用五個詞，形容公司品牌，而**加總**出來的形容詞超過十種，那就代表該品牌的情感核心尚未奠定。

品牌研究

你越深入研究一個品牌，還有該品牌對消費者的意義

（藉由與其他品牌和可能的競爭對手比較和釐清），你就越能把它定義清楚。右邊的練習所列出的提問，都可以作為研究的起始點；答案不論正向或負向，須以誠實為要。把所有的答案加總起來，對定出品牌權益（brand equity，也可以稱為品牌價值）會有相當的幫助；接下來為品牌做廣告（以及行銷和設計）時，這些價值都需要反映在內容中。事實上，你可以發想出精妙絕倫的點子，但如果不適合品牌，那也是白搭，只會造成時間金錢的浪費。

備註：品牌研究應該也涵蓋「產品研究」，後者的研究焦點是實際的產品細節，包括產品的使用方式，及任何既有及潛在的產品效益。這些產品效益可以收錄於策略陳述，然後再由創意人精煉濃縮，化成一句專一主張，也就是品牌的「核心價值」。

如何整合格局大的廣告概念

理論上來說，格局大的廣告概念（從格局大的廣告策略發想而來），要進行跨媒體整合，應該不難，但實際上，卻沒那麼簡單：小廠商可能缺乏管道，沒法找到有實力整合所有媒體的廣告商，當然也可能缺乏預算；大廠商的組織裡常常缺乏足夠的跨部門溝通，難以幫助廣告商創造出跨媒體的一致性。

不過，有個大廠牌締造了成功，而光芒難掩——這個廠牌就是蘋果。就算不論廠商大小，蘋果綜合廣告的整合度之高，難有品牌能出其右。這樣的成功，有部分要歸功於蘋果自行規劃設計的能力；他們從產品設計到商店設計，從經銷到廣告，幾乎都一手包辦。如此一來，蘋果當然能「控球自如」，締造至關緊要的一致性。再者，蘋果在進行跨媒體整合的一開始，就擘畫了清晰的策略和使命，底定了「蘋果讓電腦變簡單」的基調。而且，蘋果的品牌人格還超越了塑膠、玻璃和線路這些硬體的總和，讓人看到蘋果就會想到一個「不同凡想」的巨人，勇於打破成規以創新（同時也樂於支持其他「不同凡想」之人）。最後，蘋果為自己設定高標，製造出酷又好用、品質又高的產品，能為廣告背書；所以當蘋果首次推出個人電腦，其廣告告訴消費者 1984 不會像《一九八四》[1]時，才能進一步博得品牌忠誠度。

還有一個品牌也做到了跨媒體的高度整合，那就是迷你寶馬：Crispin Porter＋Bogusky 廣告公司精心地將其系列廣告〈讓我們兜風去〉（Let's Motor），轉換成各種版本，登載於各樣可以想見的媒體上（其中甚至還有個迷你廣告〔這裡沒有刻意語帶雙關〕貼在天窗開關旁邊，寫道：「問問自己，是不是真的有必要

Exercise：從同一個市場中，挑選出兩個互為競爭對手的知名品牌。回答下面的問題，分析何者的產品／服務具備鮮明的品牌身分。

・當你想到該品牌和其產品／服務時，第一個浮現的念頭是甚麼？
・你還想到甚麼意象？（做答要誠實，同時發揮你的想像力。）
・你覺得該品牌的產品／服務是否具備強烈的品牌形象？如果有，品牌的形象為何？是正向的，還是負向的？
・當你提及該品牌時，你和其他人會有甚麼感覺／情愫／記憶？在實際使用該品牌的產品／服務時，又有甚麼感覺／情愫／記憶？
・探索該品牌的過去，將其產品／服務的歷史列成綱領，把所有有意思的事實或觀察都羅列進來。
・該品牌的產品／服務在哪裡販售？
・把該產品／服務的競爭者盡量列出來。
・這些競爭者的品牌和你選的有何不同？
・你覺得該產品／服務的供應者如何看待自己的品牌？在你看來，他們的競爭者是否也這樣看待他們？
・你覺得該產品／服務是否能為品牌形象做出更多貢獻？還是重新思考兩者關聯的時候到了？
・你覺得該品牌的核心價值（承諾／效益）是甚麼？
・該品牌現有的廣告是否能精準地反映出其核心價值？如果不行，是哪裡出錯？他們過去是否犯過相同的錯誤。
・該品牌現行的廣告展現出甚麼樣的調性？你覺得合適嗎？
・該廣告瞄準的目標市場／目標群眾／目標閱聽眾是誰？

Exercise：在五百字以內，形容你最喜愛的品牌，同時詳細解釋你為甚麼喜歡它。

關閉車頂？做人可要誠實。」）。它的調性和視覺元素高度統一，除了發揮形塑品牌之功，更讓廣告寫來全不費工夫，不論見於何種媒體，都彷彿天成（參見第 268 頁）。

迷你寶馬的其他系列廣告表現本書也有收錄，像是第 46 頁的〈勾選方塊／其他〉（Checkboxes／Other），第 244 頁的〈讓我們把地圖燒掉〉（Let's burn the maps）。

不論你整合的媒體是何種類型，數目有多少，最重要的元素永遠都是，**概念**。概念的格局越大，應用於各種媒體的可能性就越大，而且在你做簡報的時候，等於向有遠見的客戶傳達「我們這間廣告公司有能力助長你的品牌」。

1 譯註：《一九八四》是英國作家喬治・歐威爾（George Orwell）所創作的反烏托邦小說，描述老大哥政府對人民進行思想監控的極權世界。蘋果用此典故，隱射當時的產業龍頭想要壟斷個人電腦市場，同時也將蘋果形塑成破除市場困境的英雄。

品牌 vs 副品牌
品牌是主產品或服務的名字，而品牌旗下還可以分出許多較小的副品牌，舉例來說，蘋果就是主品牌，旗下則有 iPod、iTunes、PowerBook 等副品牌。如之前所述，主品牌要成功，副品牌就必須與之呼應，如同主幹長出來的枝枒，成為主品牌的表達，與之和諧一致（而非相左衝突）。

躋身「酷」品牌
蘋果和迷你寶馬可以說是酷品牌的典範，但是甚麼是「酷」？這是個不好定義的字眼，也是很多品牌追求的質地，尤其在日漸崛起的青年市場，競逐明日之星大位的「酷」產品，可說是不勝枚舉。就廣告創作來說，宣稱產品很酷，是你能做的最糟的一件事，就像路克・蘇立文所言，「酷勁必須**由內自發**。Nike 就從來沒有說過，『瞧，我們多酷』，但他們就是酷。」酷品牌始於產品，亦終於產品；如果產品酷，廣告就不須出太多力氣（酷的特色之一，就是輕鬆自若），品牌也才能由內而外散發酷勁。

把目標市場限縮於「青少年」，會製造出更多的挑戰。這個族群的分子因為身體正經歷著變化，從以前到現在，都以情緒不穩和頑固而聞名——你如果不贊成，不妨問問青少年的父母。他們不只討厭別人告訴他們怎麼做，也討厭別人告訴他們要買甚麼（比起一般的成年人，是有過之而無不及）。回到酷品牌上，就跟叛逆性十足的青少年一樣，酷品牌不甩他人的想法（至少給人的印象是這樣），這兩者加起來，簡直讓人望而生畏。

英文以「teenager」來指稱青少年，也不過五十多年的時間，當初這個詞彙所反映的青少年面貌，或許已和現今的青少年相左，畢竟每一代的青少年都有其特色。另外，我們也在〈廣告策略〉一章說過，十三歲的青少年和十八歲的青少年是不同的生物。總總原因，都讓青少年市場變得越來越難界定，傳統的廣告手法也不一定能奏效；舉例來說，過去的廣告在瞄準青少年，還有更年輕的小朋友時（這些小朋友現在已變成部分的 Y 世代），都會以說服父母為概念主軸，但現在這招越來越不吃香，因為現在大部分的孩子都有零用錢可花，連許多青春期前的小朋友都有足夠經濟能力，自行做出購物的決定，而這種情況自然會挑戰傳統廣告的適用性。現在的廣告業還在搜尋新的非廣告手法，力圖吸引青少年和其他族群的目光。

所以你才能看到像 Sony 這樣的大企業，擲下幾百萬的鈔票研究 Y 世代，也就是誕生於 1979 年到 1995 年間的新新人類（這個世代的人口直逼五千七百萬大關，是美國最大的消費族群）。

行銷是甚麼？
行銷是一個巨大的商業命題，部分是科學，部分是藝術，讓許多人用其一生修習相關的商業學程，追求行銷博士學位。

簡單來說，「行銷」是將產品或服務置於市場的過程，有人也會用「行銷組合」（marketing mix）的四大組成，俗稱 4P，來敘述這個過程：

- **產品（Product）**：包裝、品牌建構、商標、保固（warranties）、保證（guarantees）、產品壽命週期，及新產品開發。
- **價位（Price）**：能夠獲利，還要合理
- **通路（Place）**：購買產品的管道
- **促銷（Promotion）**：人員銷售（personal selling）、廣告，及銷售促進（sales promotion）

如你所見，行銷的過程大於銷售和廣告的總和，涵蓋範圍起始於產品／服務的本身，擴及如何把產品／服務賣到消費者手中。

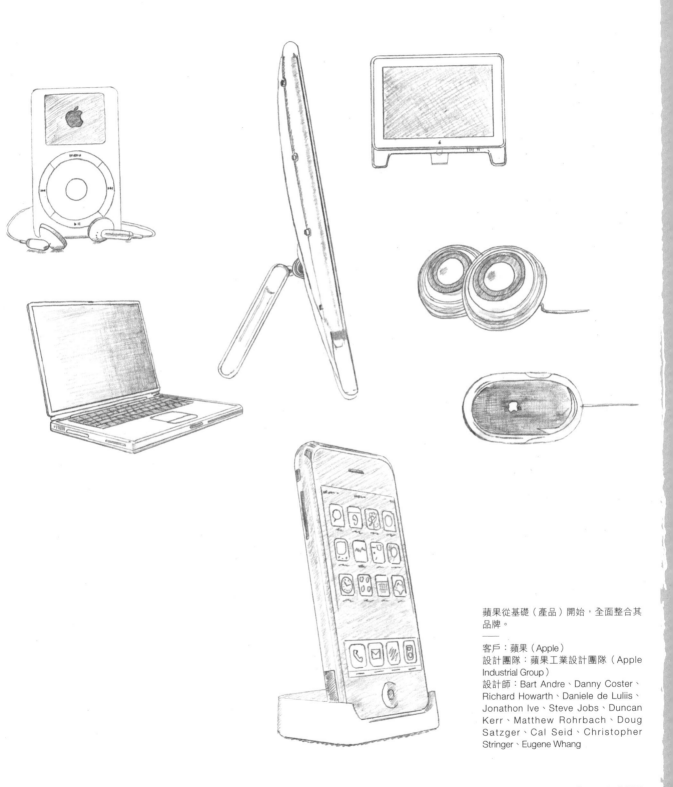

蘋果從基礎（產品）開始，全面整合其品牌。

客戶：蘋果（Apple）
設計團隊：蘋果工業設計團隊（Apple Industrial Group）
設計師：Bart Andre、Danny Coster、Richard Howarth、Daniele de Luliis、Jonathon Ive、Steve Jobs、Duncan Kerr、Matthew Rohrbach、Doug Satzger、Cal Seid、Christopher Stringer、Eugene Whang

讓我們收起中指。
讓我們停按喇叭。
讓我們主動牽起電瓶跨接線。
讓我們幫陌生人付個通行費。
讓我們體貼腳踏車騎士。
還有拜託,讓我們記得關掉閃光信號燈。
讓我們兜風去。

讓其他的車,都顯得有點太大。

報紙

迷你寶馬也是從產品開始整合,然
後擴及溝通管道的品牌。

——
客戶:迷你寶馬(Mini)
廣告商:Crispin Porter+Bogusky
創作者:(最上方)Ari Merkin、
Steve O'Connell、Mark Taylor;
(上方)Ari Merkin、Mark Taylor

開特力（Gatorade）的〈再決雌雄〉（Replay）將品牌與運動賽事巧妙整合：該場賽事是兩所高中打平手之後的加賽，與原來的比賽相隔十五年之久，可說是充滿故事性又激勵人心，在拍成紀錄片後吸引全美緊盯著電腦或電視看，而且還廣受媒體報導。

客戶：開特力運動飲料（Gatorade）
廣告商：TBWA／Chiat／Day，洛杉磯
創作者：Brent Anderson、Steve Howard

如果現在有個產品需要提升銷售量，行銷方案可以是「買一送一」的促銷優惠，也可以附送彩色糖果，吸引消費者把「特殊」顏色蒐集到手，諸如此類，不一而足；重要的是，不論代理商提供的是「整套服務」、只有行銷、或行銷和廣告兼具，一切都要從策略和概念開始。

成功的品牌 vs 不成功的品牌

把行銷、策略和打造品牌的技巧放在一邊，還有一項要素關乎品牌成功與否——那就是我們。《論品牌》是論述品牌和打造品牌的頂尖之作，作者沃利‧奧林斯在其中說道：

「我們喜歡品牌，如果我們不喜歡，一開始就不會買。是我們這些消費者決定哪個品牌會成功，哪個會失敗。有些品牌締造成功，是因為這些品牌讓消費者愛不釋手；人們喜歡買有 Nike 商標的棒球帽，那可不是出於強迫。有些品牌出師不利，不過是因為不受消費者青睞。」

他接下來還繼續闡述：

「……品牌不是真的操之於行銷人員之手，儘管他們有天價的預算、縝密的研究計畫、琳瑯滿目的打造品牌手法、鋪天蓋地的廣告，搭配種種造勢活動……品牌終究是操之在我們——這群消費者——的手中。」

綜合寫手

互動行銷寫手在日新月異的數位媒體中不斷進化（我們在〈互動廣告〉這一章有充分討論這部分），連帶地對現今的多媒體寫手也產生了影響。

總地說來，文案寫手現在的創意棲息地非常寬廣，可以包辦建構企業的大概念，也可以在網路的世界大顯身手。一如文案寫手特瑞莎‧伊愛姬所解釋的，「稱職的文案寫手無不絞盡腦汁創作更好的廣告，但是現在這些『廣告』有千百種樣貌，可以是電影、電視節目、手機 app、部落格、購物經驗、產品、歌曲、遊戲、經銷概念、推特發文、或是說服人們掏錢買自來水的計畫方案。」

廣告人李奧‧普雷默提葛（Leo Premutico）認為，「（寫手）必須要靈活，能照不同媒體形式創作，同時反應要快，創作出讓人們深感興趣的文字。」另外，Crispin Porter＋Bogusky 廣告公司的首席創意長，羅布‧雷利（Rob Reilly），則進一步說，「我們不再是廣告代理商。我們所投身的是發明業。文案寫手都是發明家。」

針對這席話，伊愛姬延伸出一個有趣的想法，「那些頂尖的公司都心知肚明，其作品的價值不能只靠單一媒體發揚光大。他們的功能更在於建立品牌，而且一直以來，都是如此。事實上，有很多人會覺得現今模範的廣告業者從包裝設計到銷售點的安排都要打點，可說是回到那個業務範圍無所不包的時期，那時電視還沒成為襲捲世界的力量，為廣告業者製造出足夠的利潤，容許他們將業務分為『線上』（above the line）和『線下』（below the line），然後各自為政。」

專才 vs 全通

今天的創意人被形容成「T 型人」，除了必須在專門領域學有所精（以直的那一劃為象徵），還要同時具備與其他領域專才合作的能力（以橫的那一劃為象徵）；這也就是說，深度與廣度必須兼備。話雖如此，請注意寫 T 的時候，直的比橫的那一劃來得長，這意味著深度還是必須**大於**廣度；很多人把 T 型人誤認為「萬事通」，以為深度和廣度應該相當，只是橫豎等長的結果，反而形成了小個頭的「＋」。為什麼全通之才反而會造成問題？因為樣樣都會，代表無所精通，而且太多全通之才一起工作反而會對團隊合作造成負面的影響，傷害小一點是造成作品品質下降，傷害大一點則是分工失敗，沒有人能為專項工作負責，最後導致互相指責，甚至是砲火相向。

所以很多人把「T 型人」的 T，想成「服務業」（tertiary）的 T：服務為創意工作的表層，表層之下蘊藏著輔助知識（能助你與相關領域的人才合作），而在核心的位置則是你的主要技能（專精領域）。

沒有隔閡

團隊合作的最佳狀態是各領域人才都貢獻出自己的創造力，同時讓創造力在團隊之間流動無礙，進而促成無間的合作，而這需要團隊成員彼此不斷交流靠近，方能竟功。諷刺的是，人們時常忘記，以傳播溝通為志業，必須先從企業內部的溝通無礙開始，方能成功。

綜合生態系統圖

綜合生態系統圖（ecosystem）詳載了啟動綜合系列廣告的所有機關，雖然只有一個頁面，卻是鳥瞰的巨觀圖，包含各類標題、廣告表現的迷你稿和各大社

交媒體的商幟，諸多環節間還以單向或雙向的箭頭連結。這樣的一張圖還可幫助創意團隊（以及客戶）掌握接觸點（touchpoints）、使用流程（user-flows）以及與消費者互動的機制（consumer interactions）²，甚至能讓這些動態設計的漏洞及冗贅無所遁形（尤其在進入建構階段時）。等到實際開始執行時，綜合生態系統圖也有助於形塑符合廣告策略的訊息、行動呼籲和其他重要細節。要拼湊出一張完整的綜合生態系統圖，常常需要廣告商內部通力合作——策略（品牌與社群）、創意、客戶管理、媒體、使用者體驗等部門都要貢獻己力。

照生態系統的定義，綜合生態系統圖必須要整全，涵蓋啟動綜合系列廣告的所有層面；所以不用特別強調數位，畢竟不是圖上的所有內容皆為數位，而且我們已進入數位化的年代，一切皆可數位化。另外，雖不是所有系列廣告概念都要盡可能地涵蓋既有的接觸點，但是就創意而言，你不須限制自己；這時候你可以放眼行銷，而非廣告。

2譯註：「接觸點」指的是消費者與品牌面對面的介面，像電子郵件、品牌網站、橫幅式廣告都算；「使用流程」則是指完成一項任務（比如線上購物）所需的步驟，常常涉及不同的網頁；「與消費者互動的機制」是直接對話的管道，比如線上客服和利用社群網站私訊往來。

Exercise：從本書相對應的章節中，選擇一則經典的平面或電視系列廣告，溫習其廣告概念，然後用新興媒體（社群和數位工具），發展出新的廣告表現。你可以造訪 Google 做的網站「經典重造」（projectrebrief.com），看看過去家喻戶曉的廣告是如何被賦予新的生命，躍上網路螢幕。

Exercise：發想獨特的品牌「故事」，創作不是廣告的廣告（你可以從 HBO 的〈偷窺者〉〔Voyeur〕、BMW 的〈賞金車神〉和開特力的〈再決雌雄〉，汲取靈感）。

Exercise：選擇一個當前的電視或播客節目（喜劇、劇情、實境、紀錄、談話、新聞、輕娛樂等類型都可以），然後為其創造出引人入勝的綜合系列廣告，藉此增加節目知名度。

Exercise：學學 Crispin Porter＋Bogusky 廣告公司的測試方法，也就是寫一篇公關新聞稿，假裝你的綜合系列廣告甫問世，而你要向全世界介紹它。你的概念是否夠精彩？夾帶的跨媒體之力夠不夠浩大？主流媒體會不會想報導它？你可以使用更為吸睛的「編輯風格」來編排標題文字，但如果這樣還是沒有吸引力，那執行之後，可能也不太有希望引起迴響。

道路已經敞開，讓你說出心中的話。

這個綜合互動行銷的妙作〈粉筆留言機〉
（Chalkbot）★，前所未見地以機器人作為媒介，
在環法自行車賽的賽道上以鮮黃的粉筆寫下希望
和鼓勵之語，為癌症患者打氣；那些留言來自簡
訊、推特、網路橫幅廣告及抗癌網站「穿配黃色」
（WearYellow.com），全由該機器人直接接收。而
除了互動媒體外，該系列還橫跨電視、平面和屋外
廣告（OOH）。

客戶：Nike & Livestrong 抗癌基金會
廣告商：Wieden & Kennedy，波特蘭
聯名創作者：Adam Heathcott、James
Moslander、Shannon McGlothlin、Marco Kaye、
Tyler Whisnand、Danielle Flagg、Mark Fitzloff、
Susan Hoffman、Marcelino J. Alvarez、Jeremy
Lind、Sarah Starr、Peter Lindman、Rehanah
Spence、Rob Mumford

★「Chalkbot」衍生自「Chatbot」（意即交談機
器人），後者的電腦程式可模擬人類的對話。另
外，用粉筆在自行車賽道上寫字，則是環法賽由來
已久的傳統，只是過去都由觀賽者留下，為他們最
喜歡的自行車騎士加油。

IT'S ABOUT
USING THE ROAD
AS A CANVAS.
—NIKE CHALKBOT TEAM

就把道路，當作畫布。

Nike〈粉筆留言機〉團隊

這則綜合系列廣告研擬
了精準的策略，最先以
廣播的形式起手，而後
才發展出這首洗腦神
曲，用饒富趣味的方式
言說忌諱，可謂天才至
極，所以造成傳唱，形
成文化現象。

客戶：墨爾本城市鐵路
（Metro Trains）
廣告商：麥肯
（McCann），墨爾本
創作者：John Mescall、
Pat Baron
插畫暨動畫：Julian Frost

墨爾本城市鐵路：〈傻瓜傻死法〉

音效：吉他彈奏歡樂的音樂，作為開場

歌手：在頭髮上放把火
　　　拿棍子戳灰熊
　　　吃早就過期的藥丸
　　　用私處當餌釣食人魚

合唱：傻瓜傻死法
　　　百百種的傻死法
　　　傻瓜傻死法
　　　百百種的傻死法

歌手：用叉子挖烤土司片
　　　自己修理電器電路
　　　沒人教就跑去開飛機
　　　超過兩個禮拜沒冷藏的派照樣吃

（合唱）

歌手：請變態殺人魔回家坐
　　　刮花毒蟲的新轎車
　　　在外太空脫掉頭罩
　　　把乾衣機當作藏身所

（合唱）

歌手：養隻響尾蛇當萌寵
　　　上網把兩顆腰子都賣了
　　　吞掉整條超級瞬間膠
　　　「按一下這個紅色按鈕會怎樣
　　　呢？」

（合唱）

歌手：在打獵季扮得像麋鹿
　　　沒事惹毛一窩黃蜂
　　　杵在月台的邊邊
　　　繞過柵欄穿越平交道
　　　跳下月台闖鐵軌
　　　好些歌詞雖沒押韻，卻是唱出了

合唱：傻瓜透頂的死法
　　　傻瓜透頂的死法
　　　傻瓜透頂的死法
　　　百百種的傻瓜
　　　百百種的傻死法

女旁白：鐵軌如虎口，注意安全。
墨爾本城市鐵路關心您。

14

版面設計
Execution

版面設計（execution）透過「編排廣告版面」，將「廣告概念付諸『執行』（execution）」（所以有人說「執行很糟糕」時，意即視覺效果不彰）。前面談到的廣告表現，雖然英文也是 execution，但它的意涵是「從系列廣告概念中，衍生而出的單則廣告」，為概念執行後的結果。

廣告版面在編排的過程中會經歷許多階段，從迷你稿開始，修成初繪稿，再到細繪稿，然後再精修成電腦色稿（computer comp），最後才拍板成為定稿（定稿必須包含剪裁標記〔crop marks〕）。廣告的手繪稿畫在薄棉紙／描圖紙上，所以有時候也稱為「薄棉稿」（tissues），而廣告公司也將首輪的概念研議稱為「薄棉會」（tissue session）（備註：在斟酌這本書的訴求後，我使用的圖例大多是手繪的**細繪稿**，而這樣做有三個原因：第一，除非你已經知悉廣告概念，不然很難看懂畫得潦草的迷你稿和初繪稿；第二，細繪稿已經融合了許多藝術總監對版面編排的考量，對學生來說，是很好的觀摩；第三，電腦色稿和定稿太接近）。

當平面或系列廣告的概念元素已臻完備（也就是廣告標題、品牌標語、基本版面、文案、商標都已經定案），接下來就換美編和版面設計登場，在數位工具的協助下，做出美輪美奐的定稿。這是廣告面世前經歷的最終琢磨，務求視覺效果滿分呈現。**手工藝**是這個階段的關鍵字；數位排版、字體排印、攝影和插畫等技藝，都是這個階段的重頭戲。優秀的藝術指導能以爐火純青的技藝，為廣告博得優秀的第一印象，同時能讓廣告起品牌化之功（電視廣告同樣可以透過導演風格、剪接、演員、旁白、場景和音樂達到品牌化的目的，其製作請參考〈電視廣告〉一章）。

創意產業（廣告、設計和電影等等）的製作技術不斷提升，**作品精細度**更是與日俱進。這樣的趨勢造就了一個不斷攀升的產業螺旋：只要科技進步，製作技術隨之進步，消費者的胃口就會被養大，進而產生更多的期待，然後再回頭刺激科技成長，如此循環不息。

市面上已經有許多書籍，針對廣告視覺部分的製作進行闡述，內容涵蓋平面、電視和互動等媒體，另外也有應用軟體和其他工具的使用手冊（請參考本章結尾處的列表）。

但是就跟學習所有的技藝一樣，在奔跑之前，總是要把走路學好。本章作為入門的引導，主要聚焦於執行平面廣告概念的基礎工具，其中有些也能運用在電視的故事腳本，還有其他的媒體中。

一人廣告商
近年來，學生為了在知名廣告公司爭取到工作，無不在自己的作品集下猛藥，力求其中的平面和電視**廣告概念**達到獲獎作品的高度，但是作品的呈現大多僅止於**初稿**。到了現在，科技日新月異，電腦和應用軟體普及，價格也趨於親民，導致新鮮人進入職場的門檻再次提高，一開始就要將這些可能獲獎的概念付諸執行，製作成彷彿出自廣告商之手的完成品，而平面概念尤其如此（學生作品集裡的電視概念大多還是以比較粗糙的故事腳本呈現，並未真正地付諸拍攝）。這也就是說，為了成為職場新鮮人，這些學生的作品必須與真正的付梓之作無異！尤其在美國這樣率先將個人電腦科技引進辦公室的國家，這樣的要求已是司空見慣。另外，現在冒出許多「複合型」的小公司，兼營廣告和平面設計的業務，提供全線服務，讓業界的競爭越趨激烈，所以就業市場才會希望新鮮人同時是「全能電腦通加概念發想鬼才」，一上場就能衝鋒陷陣。

基於不同的考量，其他國家的廣告業者並沒有即刻跟進，拉高進入職場的門檻（雖然風氣已在轉變，但以英國來說，學生讓傳統廣告公司看的平面和電視廣告作品集，還是以手繪稿居多）。另外，在現實中，不論處於哪個國家，每間廣告公司都有自己的文化；有些大型的公司還是選擇採用傳統的分工合作，有些則依賴內部培訓，讓職場新鮮人從藝術指導助理開始做起，接著才晉升初級藝術指導。

回到製作作品集這件事上，**美國**的學生（在其教授的指導下）必須獨力完成所有的作品，彷彿是現代的文藝復興人，也可以說是「一人廣告商」。以前概念發想是創意人的核心能力，**現在除了概念發想，還要能將概念付諸執行**。這也意味著，如果你是廣告系的學生，又嚮往成為藝術指導，你必須嫻熟創意部門的所有手工技藝，不但會當藝術指導，還要有平面設計、字體排印、攝影、插畫和編寫故事腳本的本領。

下面列出的祕訣，能幫助你完成這項看似不可能的任務：

· 把做廣告會用到的軟體全都摸透透（Photoshop、InDesign、Illustrator、After Effects、Premier、Keynote 和 HTML 都是必學的工具，能讓你如虎添翼。參見〈該用哪個軟體？〉，第 288 頁）。
· 學習攝影，買台數位相機（照片有四百萬像素，即可製作 17 × 11 英吋／A3 的平面廣告）。
· 學習字體排印，並蒐集各種字體，將那些設計精美、廣受歡迎的字體放進版面中實驗（參見〈字體和排印網站〉，第 280 頁）。
· 培養長袖善舞的本領，像是借道具和場地，用求的也要去爭取（你可以跟對方說是為學生習作求借，並非專業使用，這樣通常對方都會比較通融）。
· 善用免版稅的圖庫（gettyimages.com 是現今最大的圖庫網站，第 284 頁還有更詳盡的圖庫網站列表）。
· 蒐集有趣的視覺材料（參見後面的〈視覺剪貼簿〉）。
· 借助同學的長才（請攝影系的同學掌鏡，美術系的來畫插畫，上相的同學當模特兒，以此等方式為自己的廣告添色，這樣參與者也能累積**自己的**作品）。

使出渾身解數

你要使出渾身解數讓作品看起來專業滿點。我有個學生在創作紙屑不落地的宣導廣告時，想用野生動物誤吞保麗龍咖啡杯而亡（這在美國是常見的問題）的寫實照片，震撼觀者的觀感。他先是找到一張動物倒地而亡的照片，接著用 Photoshop 修圖耗了好幾個小時，但就是沒辦法把咖啡杯塞在口裡的細節修得自然。那他如何是好呢？他在鄉村開車繞了好幾回，最後在路邊發現一隻斷氣的浣熊，於是順手把杯子塞進地嘴裡，拍到踏破鐵鞋無覓處的照片！或許有點噁心，但是他確實拍到了可以收錄在學生作品集裡的好照片（〈學生作品集〉一章會進一步解說累積作品和尋找工作的要訣）。

視覺剪貼簿

許多優秀的藝術指導都是視覺圖像的蒐集狂，手邊都有一本像是剪貼簿的資料夾。那裡面放滿了各式各樣吸引他們目光的視覺素材，有相片、油畫和繪圖，也有電影、動畫和電視節目的剪輯，還有他人創作的廣告、平面設計、明信片、藝術字體和剪報，風格則包羅古典、復古、通俗、當代和未來。基本上，只要你認為將來能派上用場，不論是借用一點元素，或是汲取它的整體風格，不妨就收進你的剪貼簿裡。另外，你也可以開始建立你自己的圖書館，橫跨藝術、攝影、設計、字體、圖片集等範疇，把充滿視覺圖像的好書都蒐集進來。

建立自己的圖庫，在版面設計的階段，會很好用，可以幫藝術指導化解「空白畫布」的窘境，並在你不知該如何組織視覺元素時，刺激新想法，磨擦出靈感的火花。當這些視覺素材用在簡報會議中，以圖卡的方式呈現，或鬆散地貼在大張海報紙上（而非緊湊地拼貼成廣告完成品的模樣），勾勒出廣告的輪廓和感覺，讓客戶參考，那就叫作情緒版（mood board）（參見〈蒐集〉，第 289 頁）。

不要露出使用電腦的鑿痕

我說這句話有兩個意思：第一，除非你就是要把廣告做成超現實風格的「平面藝術」，不然別露出使用電腦的斑斑鑿痕，彷彿你把 Photoshop 中的所有工具都用遍了（如果你不確定我說的超現實「平面藝術」是甚麼，找本舊的圖片集來翻翻，八、九成能在「概念」的類別下見識到）。第二，不要讓字體、圖像和商標像素化或點陣圖化，還有潤飾版面時，也要小心別破壞了清晰度。

做點算數，避免像素化

解析度（DPI／PPI，每英吋的點陣數／像素數）會因螢幕顯像的長寬或印刷輸出的尺寸而變化，如果設定得不夠高，就會產生「塊狀」，使得圖像品質變低，是為像素化。就電腦螢幕來說，72 dpi 就夠清晰了，而以印刷來說，圖像至少要存成 300 dpi 才夠（有些輸出則需要更高的解析度）。

在原圖與定稿的尺寸**相同**，解析度維持不變時（電腦螢幕有 72 dpi，而印刷則有 300 dpi），成像品質就不會受影響。

當定稿的尺寸比原圖來得**小**，解析度和成像品質都會提高。

但是當你的印刷尺寸**大於**原圖時，解析度和成像品質就會降低。舉例來說，如果印刷尺寸大於原圖一倍（也就是將印刷比例設定成 200%，長寬都延伸一倍），顯像面積就會變成原圖的**四倍**，在像素數不變情況下，解析度自然也會減少四倍。

以上述的倍率換算，72 dpi 的螢幕圖像，放大後，就會降至 18 dpi，300 dpi 的印刷圖像，放大後，則會降至 75 dpi。

要避免解析度下降，關鍵就在於定稿尺寸比原圖要大的時候，預先算好降低的解析度，並將落差**補足**。對頁的表格列出一些例子（也可以參見〈常見的檔案格式〉，第 288 頁）。

商標

商標有時候也被視為商品的「身分證」。當廣告排版至定稿，商標的呈現一定不能有差池。商標尺寸不大，照理來說解析度應該很好掌握，但學生的作品集裡，還是常常可見印刷品質低落者；這部分原因在於，企業網站上的商標解析度不高，以 72 dpi 的 TIFF 圖檔為多。你可以用繪圖軟體 Illustrator 自行製作商標，也可以到品牌世界這個網站（brandsoftheworld.com）尋找高解析度的知名商標，此類網站大多提供功能強大的 EPS 檔（參見〈常見的檔案格式〉，第 288 頁）。不過，最好的解決之道，還是將原版商標掃描，並將解析度設定成 300 dpi；你可以向廠商或直營店函索免費的產品文宣，或直接購買產品，取得書面商標。

商標的基本類型有三種：**字母型**、**文字型**和**圖案型**；

有的表達的是實質意涵，有的則訴諸抽象內蘊。商標的排版必須考量到尺寸／比例、顏色和登載媒體，並且展現十足的多適性；以尺寸而言，名片和網路橫幅廣告上的商標，只有彈丸大小，但是依然應該清晰易讀，不輸大型廣告看板。說到顏色，商標如果設計得當又簡潔，那以全白、全黑或原色呈現，應該都沒問題，不用怕黑白廣告，或是衝突的色調，會把商標吃掉（如果版面色系與商標原色衝突，為了把對比性和清晰度提到最高，深色背襯要配上白色商標，反之，淺色背襯則要配上黑色商標）。

最後，我還是要重提品牌世界這個網站。它上面有許多大小品牌的商標，清晰度又比產品網站的 72 dpi 來得高。當你沒時間掃描紙本商標時，不妨造訪該網站。

基礎字體排印學

你可以花一輩子鑽研字體排印學，而仍無法窮究這片學海。人們很容易忽略，字體排印是一門自成職涯的學問（所以聰明的廣告商都會雇用字體排印專家，和藝術指導並肩工作，做出奪獎之作）。

基本術語：

- **字形（Type）**：從希臘字「typos」演化而來，原意為「字母造型」（letterform），現在也指字母，以及字母、單字和句子的排列。
- **字體（Typeface）**：相同設計的字母集合（像是巴斯克維爾體〔Baskerville〕、波多尼體〔Bodoni〕、富圖拉體〔Futura〕、泰晤士羅馬體〔Times Roman〕）。
- **字型（Font）**：具有相同尺寸與樣式的同種字體（例如打字機鍵盤上的字母）。
- **正規體（Roman）**：最常見的樣式，字母造型端正。
- **斜體（Italic／oblique）**：使用度僅次於正規體的樣式，字母造型皆向右偏。
- **書寫體（Script）**：以手寫字母造型為基礎的字體（諸如湯普森鵝毛書寫體〔Thomson Quillscript〕）。
- **襯線體（Serif）**：從字母主要筆畫的末端衍生出襯飾短線。這些襯線也稱為「字腳」。
- **無襯線體（Sans Serif）**：去除襯飾短線，或「字腳」（「sans」取自法文，意指「沒有」）。
- **字重（Weight）**：筆畫之粗細，級次有濃體、特粗體、粗體、次粗體、適中體、標準體、細體、特

商標有字母型、文字型和
圖案型，有的表達的是實
質的意涵，有的則訴諸抽
象的內蘊。

避免像素化所需的最低解析度

圖片大小增幅	原圖解析度	解析度減幅	最終解析度
200%（×2）	288 dpi 1200 dpi	÷4 ÷4	72 dpi 300 dpi
150%（×1.5）	216 dpi 900 dpi	÷3 ÷3	72 dpi 300 dpi
125%（×1.25）	180 dpi 750 dpi	÷2.5 ÷2.5	72 dpi 300 dpi
100%（×1）★	72 dpi 300 dpi	÷1 ÷1	72 dpi 300 dpi
50%（×0.5）	72 dpi 300 dpi	不適用 不適用	72 dpi（相當於 288 dpi） 300 dpi（相當於 1200 dpi）

★當圖片維持原來尺寸或是變小時，解析度無須補償

字型解剖。

升部 *ascender*
字型大小 *point size*
cap height 冠高
x-height x字高
top line 頂線
mid line 中央線
baseline 基線
beard line 字鬚線
降部 *descender*

細體和淡體。

- **濃縮體（Condensed）**：字面窄而緊湊的樣式。
- **延長體（Extended）**：字面寬而擴展的樣式。
- **字體家族（Family of type）**：同一字體所有尺寸和樣式的集合。
- **字型大小（Point size）**：量度字母尺寸的標準單位，量度範圍上至字母升部，下至字母降部（請見上圖）。
- **派卡（Pica）**：計算一行字裡字母／空格的水平長度的單位。
- **對齊（Justification）**：文字從左到右的排列方式，可分為靠左、靠右、置中、左右對齊四種方式，而前兩者也可以稱為左邊排齊（flush left）、右邊排齊（flush right）。
- **行距（Lead／Leading）**：內文基線的間距（字體排印以前是用軟性金屬條來隔出行距，而 lead／leading 即有「鉛條」之意）。
- **字母間距調整（Kern／Kerning）**：有些字母的突出之處，會使特定字母組合的間距過寬，這時候就要進行字母間距調整，讓字好讀。比如 V 和 A 皆有突出的襯線，如果未經調整而將兩字母放在一起，看起來會有空格（V A），需要經過調整看起來才是連在一起的（VA）[1]。

標準的打字機使用的是單一單位系統（one-unit system），每個字母和符號所佔空間是一樣的；而數位排版則預先調整字母間距，權變了每個字母所佔空間（雖然有時免不了要進一步微調）。

- **字母間距調整（Letterspacing）**：同樣是拿捏字母間距，增進易讀性，上者調整的是間距有問題的字母組合，而本條目則泛指一個單字裡所有字母間距的排列（小寫字通常不需進行這樣的調整，所以此技法較常見於大寫字）。
- **字距調整（Wordspacing）**：文字間距。縮窄，或放寬，都是為了讓「崎嶇」（未經對齊）的內文更好讀，或是達到左右對齊的效果。

- **間溝（Gutter）**：欄距，或是正文與書背或頁邊的距離。

市面上，關於字體排印和運用的書籍，多達上百，而本書所列的參考書目中，有本《基礎字體排印：設計指南》（*Basic Typography：A Design Manual*），為詹姆士．克雷格（James Craig）所作，有優異的參考價值，我非常推薦。

1譯註：沒有調整過的字母組合，兩者會以襯線／突出部分交接，而可能顯得間距過大；經過調整後，襯線／突出部分會在垂直向度上有所重疊。

字體排印＝品牌、訊息＋調性
字體排印有助於界定品牌的樣貌，傳達正確的訊息，瞄準正確的受眾，強化廣告文案和圖像的調性；簡而言之，就是廣告成敗之所繫。

下面以我見過最為簡單明白的例子，說明字體排印的重要性：

「鮮雞蛋」這三個字如何表達「新鮮」（用手寫，把字漆在農場外面的告示牌上）。還有，「約翰．史密斯。腦科手術醫師」這則簡介要如何表達「專業，可勝任」（用泰晤士新羅馬體，刻在鍍金、高掛的牌區上）。

現在想像上述的字體正好倒過來，「鮮雞蛋」變成用泰晤士新羅馬體，刻在鍍金、高掛的牌區上，而「約翰．史密斯。腦科手術醫師」變成手寫字，漆在農場外的告示牌上——看到這則告示，誰敢找這個男人動腦部手術！

字體排印的基礎課：想像腦科手術
醫師以顏料手寫名字和職稱，而鮮
雞蛋的告示牌則以襯線體印刷。

手寫字★

創作系列廣告時，插畫有時候比攝影更合用。同樣的道理，手寫字有其他電腦庫存字體沒有的個性。史蒂芬・海勒（Steven Heller）和莫寇・伊力克（Mirko Ilic），於《手寫：在數位時代，用字體傳情達意》（Handwritten：Expressive Lettering in the Digital Age）中，以高妙的眼光，細究和推廣手寫字，還從廣告和設計作品中，舉出數百個讓人大開眼界的範例。

這兩位作者（他們的座右銘是「手比像素更強大」），很高明地，歸結出手寫字體的八個創意主軸：

- 「塗寫體」（Scrawl）：不經修飾，帶著污漬，潦潦草草。
- 「銘刻體」（Scratch）：筆劃剛勁，如刮，如切，如鑿。
- 「書寫體」（Script）：華麗的花體字，四處點綴著盤曲的弧線。
- 「針線體」（Stitch）：以針線縫繡的字體。
- 「仿造體」（Simulate）：依樣畫葫蘆的複製品。
- 「立影體」（Shadow）：造型立體，豎立如碑，充滿分量感。
- 「暗示體」（Suggestive）：帶有隱喻，象徵，超現實的字體。
- 「挖苦體」（Sarcastic）：帶有喜感，反諷或戲謔意味的字體。

★ 本節所討論的手寫字，是真的手寫字，跟電腦庫存字體中以手寫感為設計主軸的書寫體，如露西達手寫體（Lucida Handwriting），是不同的。

字體和排印網站

小心新奇的字型，及電腦庫存的字體，還有那些不太專業的字體排印網站。字體的選擇雖是主觀的事，但是多認識設計良好，普遍受到業界敬重的字體，絕對是好事。

無襯線體	半襯線或粗襯線體	襯線體
赫爾維提卡體（Helvetica）	波多尼體（Bodoni）	蓋拉蒙德體（Garamond）
寰宇體（Univers）	羅克偉爾體（Rockwell）	蒙納傑森體（Janson MT）
無襯線史卡拉體（Scala Sans）	可雷爾頓體（Clarendon）	迷你昂體（Minion）
富圖拉體（Futura）	羅提斯半襯線體（Agfa Rotis Semi）	凱斯隆體（Caslon）
州際體（interstate）		世紀校書體（Century Schoolbook）

字體排印 ＝ 廣告概念／表現

有時候，字體排印本身就是廣告概念和表現的主角，其功能不只在傳達標題、文案、字幕的字面意義（備註：電視的字體排印，還能以動態方式呈現）。以字體排印作為概念／表現，通常能讓訊息一目了然，進而成就極為簡練且高明的廣告。我曾在二十年前首次見識這種廣告（至今依然記憶猶新），那是在《面談》（Interview）雜誌上，有篇關於演員克里斯多夫・華肯（Christopher Walken）的報導；黑白照片裡的華肯站在曼哈頓人行道上，準備要過馬路，照片上方的標題直接寫著「CHRISTOPHER WALKEN」，不過他名字裡的「stop」（停）和「walk」（走）分別是紅和綠（神來一筆啊）。

對頁的例子都是手繪初稿，但是完全不減字體排印傳達概念的力道。

....

Exercise：名流就像品牌，讓人聽到他們的名字就會產生情感上的反應，一種清晰而獨特的印象。請你想出十位名人（在世或不在世皆可），然後為每一位選擇一種字體，表達其人格特質，但是你只能用黑色的正規體，大小寫則不限。

....

字體排印的視覺微調

當你運用靠左（或靠右）對齊時，標準的文字域（text box）皆以邊線為準，並不會顧及視覺效果，但字母的形體各異，有時會產生參差感，形成視覺上的瑕疵（以靠左對齊來說，有些字母有垂直邊和邊線交接，像大寫的 B、D、H；有些則是以水平邊，像T、I、Z；有些則是以對角線，如 A、X 和 Y；有些字母是以圓弧，如 C、G、O；還有一些字母是以不規則的弧線，如 J 和 S。當標題較大、較長，而列成數行時，參差感會特別強）。所以，每一行字的第一個字母（如果靠右對齊的話，就是最後一個字母）可能都要往左或往右，形塑視覺上的對齊感。

當然，也有可能字母的排列自然切在同一條直線上，那就沒有必要視覺微調，直接對齊即可，如：

B...
D...
H...

或

$$H_2O$$
$$H_2O$$
$$H_2O$$

（這個聖誕節，對水尊敬些）

(TREAT WATER WITH RESPECT THIS CHRISTMAS)

ingle ells,
ingle ells.

沒有 J&B，聖誕佳節就走味了。

The holidays aren't the same without J&B

當你成為銀髮族時，很有可能失溫而不自知。
連個哆嗦都不打。

一切都開始遲緩。

很快地，你連做頓飯，都嫌太麻煩。烤片土司就好了。
還有，幹嘛要生火呢？你覺得人好端端的。
渾然不覺身體正在變冷。

一切變得更遲緩了。

另一件你沒注意到的事，是你的心智不再靈光。
剛剛有叫煤炭嗎？不記得了。那就算了吧。

一切徹底遲緩下來。

你覺得昏昏欲睡。

連爬上床，都太費力。
在椅子裡打盹就好了
反正都沒差了

銀髮族很有可能死於失溫而不自知

PLAYSOCCER
American Youth Soccer Organization

踢足球

左上 調整字元大小，以表現廣告概念。

客戶：Asian Pals of the Planet 節約用水系列廣告
廣告商：百帝廣告（Batey Ads），新加坡
創作者：Andrew Clarke、Scott Lambert、Antony Redman、Mark Ringer

左下 除卻字母，以表現廣告概念[2]。

客戶：J&B 威士忌。
廣告商：Roy Grace
創作者：Chris Graves、Craig Demeter

2 譯註：將廣告中的兩字還原，即為 Jingle Bells，是耶誕名曲〈鈴兒響叮噹〉的英文名稱。

右上 將字母間距越調越寬，就能有效傳達寒冷的天氣對老年人的影響。

客戶：英國健康教育協會（UK Health Education Council）
廣告商：上奇（Saatchi & Saatchi），倫敦
創作者：Paul Arden、John McGrath

右下 連汽車保險槓的貼紙，都可以展現字體排印的妙思。

客戶：美國青少年足球組織（AYSO／The American Youth Soccer Organization）。

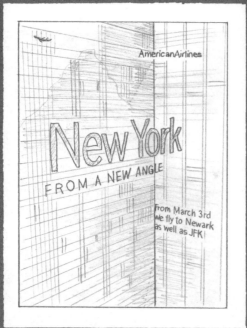

Get
擦
to
眼
Pro
Pro
tennis
網
in
飛
during
在
tournament.
場

ready
亮
see
看
Penn
Penn
balls
球
action
校
today's
賽

MOM

61

字體，以不同的角度排。

客戶：美國航空（American Airlines）
廣告商：DDB，倫敦

以字體排列方式，表現廣告概念。

客戶：賓州拍類運動公司（Penn Racquet Sports）
創作者：Mike Gibbs、John Seymour-Anderson

把兩則廣告倒過來看，廣告訊息就大白了。

客戶：歐蕾（Oil of Olay）
廣告商：上奇（Saatchi & Saatchi），澳洲
創作者：Jay Benjamin、Andy Dilallo

C...

G...

O...

但是，大多時候，字母與邊線銜接的方式是混和的，如：

T...

L...

O...

（在上面這個例子裡，三個字母以各異的方式和邊線銜接，所以勢必要向左或向右微調。要示範這樣的視覺微調，動態媒介會比書更清楚。）

備註：置中對齊有時候也需要微調，特別是當行首或行尾有「多出來」的標點符號（像是，引號、逗號、破折號、冒號或分號等）。

用照片還是插畫？

如果廣告概念要用圖像表達，那就要決定是用照片、插畫，或兩者混搭。大部分的平面廣告都用攝影作品，但是插畫也越來越受人青睞（以電視廣告來說，則是動畫越來越受歡迎）。

你的決定必須以廣告概念為念（而不是甚麼看起來較潮或炫）。一般而言，單純使用攝影作品，必是廣告畫面要呈現真實感；而訴諸插畫，則是需要較為抽象或超現實的風格。很有可能，你大部分的作品都會使用照片，而非插畫；但別把後者拋諸九霄雲外，因為即使不像照片真實，此藝術形式仍然是傳達幽默和情感的利器。

當你選定用照片或插畫時（以電視廣告來說，就是真人演出或動畫），接著就要決定與概念適配的**風格**，這兩種藝術形式都有許多風格可供考量。

我們在第 141 頁討論過精品名牌 Patrick Cox，其系列皮鞋「渴慕者」（Wannabe），就是不適合用攝影作品做廣告的例子；這一系列的廣告最後使用手繪卡通，畫出動物了結自己的生命，完美反映出滑稽的調性，若是用照片，反而會太過寫實，失去幽默的魅力，成為「動保廣告」（相反地，如果動保廣告使用插畫，描繪因為原油外漏而失去性命的海鳥，衝擊的力道就可能會降低，不如照片）。其他使用插畫的知名範例，還有福斯汽車 Polo 系列見於第 29 頁的

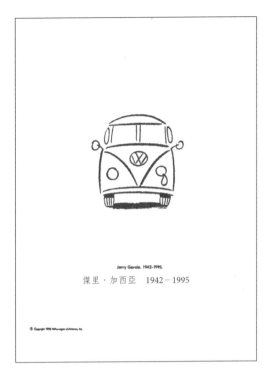

Jerry Garcia. 1942-1995.

傑里·加西亞　1942－1995

插畫跟這則廣告的調性很搭，用照片反而會顯得太過矯揉，無法擦出火花，形塑渾融的整體感（實稿裡，汽車流的眼淚有上色，是很可愛的淡藍）。
—
客戶：福斯汽車（Volkswagen）
廣告商：Arnold Advertising，波士頓
創作者：Alan Pafenbach、Lance Jensen
插畫：Carla Siboldi

〈自保行為〉（Protective Behaviour），第 87 頁的〈武術〉（Martial Arts），以及第 240 頁丹碧絲棉條的〈臉紅了嗎？〉（Embarrassed）；這兩個牌子在各自的同系列廣告也都是使用手繪插畫。

〈眼淚〉，福斯汽車向死之華樂團（Grateful Dead）歌手傑里·加西亞致敬的廣告，如果用攝影作品（搭配製圖軟體畫出的眼淚）表達，絕不像插畫那樣有魅力，呈現出渾然的整體感。

圖庫圖像 vs DIY

在照片和插畫之間做了決定後，你有三種方式可以創造出定稿圖像，我將之列舉於下方：

1. 單純使用現成的圖像（自圖庫、雜誌、產品宣傳冊等地方取材）。

2. 拍攝或繪畫圖像（使用照相機、繪圖軟體或手繪）。

3. 使用既有的圖像，重新加工（使用 Photoshop／Illustrator）。

如果你想要省工、省時，第一個選項顯然最理想，前提是要能找到切合所需的圖像。近年來，圖庫的攝影作品和插畫展現了長足的進展（庸俗、矯揉的圖像，像是男人穿著西裝，手提公事包，於跨欄比賽中競跑，已大幅減少，真是謝天謝地）；過去那些品質低落的圖庫圖像（很諷刺地，常常收在「概念」的類別下），拿來製作怪裡怪氣的的問候卡，或是 1980 年代的年度報告，尚可濫竽充數，但是切不可用在系列廣告中（除非你用它們來諧擬）。

高解析度的圖庫有許多煥發專業風采的圖像，有些與廣告概念只隔一段「雖不中，亦不遠矣」的距離，非常誘人；但請你要把持住，不要使用（正所謂，「失之毫釐，差之千里」）。最後，別只在圖庫網站和圖片集裡打轉，市面上的產品和生活型態雜誌多達上百款，另外還有免費的企業宣傳手冊，皆不乏精美的攝影作品，等著你去掃描。

如果你找不到切合所需的既有圖像，那可能就要嘗試第二個選項，想辦法攝影或繪畫。不過要小心的是，有時數位相機會露出破綻，尤其在人工的燈光下，色彩容易不自然，甚至糊成一團，而且近距離拍攝也有可能失焦。這樣的照片會讓廣告看起來「學生兮兮」，缺乏專業的風采。所以，記得在天然的光源下拍照（窗戶旁照進來的天光就是不錯的光源），把相機拿穩（能用三角架最好），並且把拍照當作實驗，多多嘗試。當然，你也可以用 Photoshop 來解決亮度、對比、顏色和銳利度的問題。

下面是自行拍照的基礎訣竅：

· 當你在組織構圖時，最重要的是讓構圖乾淨、簡潔，以清楚捕抓廣告概念（不要讓畫面過度擁擠，塞進不必要的人或物）。

· 除非你有開闊的攝影室，或是齊全的打光設備，不然盡量用天然光源（參見上面的段落）。

· 先拍幾張取景和剪裁與初稿構圖一樣的照片（然後你再實驗其他的構圖、角度、取景、剪裁，也許能取得更佳的畫面）。

· 拍攝數位相片，存在相機裡，無須甚麼成本；所以當場景「架設」好時，不妨物盡其用，多拍幾個版本。

· 拍攝的景框不妨設寬一點，因為後製時，透過剪裁縮窄景框簡單，拓寬卻不太可能。

· 找到對的拍攝地點。太多學生都在校園，或是自己的起居空間拍照；即使他們想隱藏，地點還是會顯露出來。這樣的破綻會讓人覺你的廣告只是學生作品，所以除非你的廣告概念就是需要這樣的場景，不然多探探更適合的拍攝之地。

· 除非必要，不然別自己動手。最好是能找到學過攝影的行家，以專業的設備，助你一臂之力。

如果上述選項都行不通，你還有第三條路走。如果你要的圖像真的不好找，不好拍，也不好畫，那你可能就要將既有的圖像重組，創造出你要的廣告。這是項大工程，可能好幾個小時都要耗在 Photoshop 上。不過，你大可放手一搏。好的創意總監會知道，廣告製作包含林林總總的工作，讓學生一肩扛起，難免有不夠周全之處（相對地，廣告公司掌握的資源就豐富多了，可以和插畫師、攝影師等專業人才合作。參見〈一人廣告商〉，第 274 頁）。

圖庫網站

如果你沒有辦法取得原版的圖庫書籍／CD，那麼退而求其次的選項就是網路了。下面的圖庫網站說不定就有你要的圖像：

· gettyimages.com（規模最大，旗下還有諸多圖像館。高度推薦）。
· agefotostock.com
· istockphoto.com
· photoalto.us
· shutterstock.com
· bbcmotiongallery.com（只有動態圖像）

網格系統

所有傑出的平面設計，回歸到最基礎的狀態時，都可以見到「網格」的骨架，這本書亦然。要學如何有效使用網格系統，只靠讀幾段相關文字，是無法竟功

的；那要將平面設計從頭學起，加上經年累月的實務經驗，才行。如果想你深入學習，《平面設計中的網格系統》（Grid Systems in Graphic Design），由約瑟夫‧穆勒-布魯克曼（Josef Müller-Brockmann，可說是網格教父）所作，是這個領域的聖經。現在，就由我先來淺述網格。

網格系統可以溯源到 1920 到 1930 年代間的字體排印，不過一直到 1940 年代中期過後，才出現網格輔助付梓的印刷品。那段期間，網格持續進化，是為求取印刷頁面的最大秩序，以及空間運用的最高經濟效益。

所謂的網格，在本質上，其實是數學公式，用以建立頁面的底層結構，將其分割成不同的單位，達成最有秩序的排列。平面設計的網格跟用於建築的，其實並無太大不同；不論平面、建築或工程，擁有精良網格所打下的底層結構，無異於奠定成功的基石。

‧元素較少＝自由較多（對網格的需要相對減少）
‧元素較少＝自由較少（對網格的需要相對增加）

一般而言，版面乾淨、簡單，元素就少；構圖複雜，或層次多重者，元素就多（參見〈外貌〉，第 290 頁）。

訊息若以有邏輯的字體排印呈現，輔以清晰的插畫和照片，不但讀起來比較快，也有助於內容的理解和記憶。這不是我的個人意見，而是科學證明的事實，廣告和平面設計師都應該記得這點。

許多人已經入行，卻仍對網格系統一無所知，無法用這套系統來整理頁面元素，而覺若有所缺；其實只要願意下功夫學習這套簡單的系統，專業能力必定如虎添翼，不但能在頁面上架構出井然的單位，還能迎刃而解其他的設計問題。總地來說，使用網格對齊頁面上的元素，能增進頁面的功能性，讓排列更有理路可循，創造出視覺美感，使閱讀變成享受。

先用經典版面來排版
藝術總監史帝夫‧唐建議年輕的藝術指導，「先把手上有的時間都投入在寫廣告上，接下來，即使你只用最基礎的美編，也能達到效果。」

有個版面的布局，在許多人的心裡佔據著「經典」之位，誕生於 1960 年左右，是現代廣告先驅海爾穆

(VISUAL)
（主視覺）

標題置中
Centered headline.

Body copy in three columns
Body copy in three columns
Body copy in three columns
Body copy in three columns
Body copy in three columns
Body copy a three columns
LOGO 商標

特‧克隆（Helmut Krone）在紐約 DDB 廣告公司時的手筆，其名為福斯版面（VW layout）。此版面以同為經典的奧美版面（Ogilvy layout）為原型，從其三欄布局演進而來，既可付梓於全頁，亦可改編成跨頁的形式。

這個版面乾淨，簡單，邏輯清晰，成為好些其他系列廣告的版型。它的階級序位從最多，次多，排到最少（我們在〈平面廣告〉一章討論過這個概念）；主視覺佔了最大篇幅，其下是置中對齊的標題，再下面是文案（全頁廣告的文案分為三欄，跨頁者則分為四欄或更多），而商標則靠右置底。

你不妨以這個版面的布局作為排版的起點，摸索它固定的版型所帶來的限制及可能。然後，以此為基礎進行其他的排版實驗（參見〈「如何寫就福斯汽車的廣告」〉，第 243 頁）。

一般排版時的考量點
這些考量點包括空間、平衡、情緒、調性、韻律、強度（pitch）、重量、質感和字體排印。

以經典的福斯版面做起點，然後再進行其他的版型實驗。

我可以「破格」排版嗎？可以，廣告和平面設計師都曾在排版時，打破網格系統，而依然獲得大獎。但是你要先確立網格，才能打破網格。

版面設計的連貫性

就像我們在〈系列廣告〉一章所討論的,廣告表現必須要「**同中存異**」,如此累積兩則,甚至三則以上,才能構成一個系列。換句話說,這些廣告表現在概念上,不能過於相像或重複,但是仍須有連貫的**元素**,這樣才能歸於同系列。

這對廣告的版面設計也是同樣的。廣告表現看起來一模一樣,或是迥然相異而毫無關聯,都不是我們要的。那麼,哪些元素要保持連貫,哪些元素又該變換?這些都是你作為藝術指導的權限,而你只要確定同系列廣告表現的版面都有視覺的連結,就可以了。通常這些視覺連結不外乎,一貫的字體、配色,及版面元素(標題、圖像、文案、商標)的排列。除非你有合理的理由(像是為取得視覺平衡),不然,不要隨意更動視覺連結,盡量讓這些元素保持一致。

上述四大版面元素的**大小**,通常都相當一致。舉例來說,如果商標的尺寸在三則廣告表現上都不一樣,不但看起來怪,而且也沒有邏輯可言。相對地,如果系列廣告的標題有三種大小,那很可能是因為三則標題的長度不同,改變字體大小,才能讓它和周遭的留白維持一致的比例;這樣的大小變化,背後就有邏輯(備註:《經濟學人》的廣告海報只用標題,在對視覺一致性要求甚嚴的情況下,也遵循上述的模式。他們的標題佔據階級序位的絕對首位,所以讓人一眼就能看出概念上的區別)。

一旦決定好哪些元素要保持一貫,那你可要好好把持這些座標:不論網格系統內斂或外顯,你都要將這些版面座標當作「準繩」,檢查元素的大小和位置,在每則廣告表現中是否一致;而一旦這些視覺連結有所出入,看上去就是突兀的瑕疵,創意總監一眼就能把它挑出來(參見〈用來檢視排版的提問〉,第 289 頁)。

版面設計的反轉

就像我們在〈基本工具〉所示範的,逆向思考這項工具可用於整個概念發想的過程。而在設計版面和進行美術編輯時,你也可以用逆向思考來激發創意。廣告名人提姆·迪蘭尼(Tim Delaney)的創意夥伴,藝術總監史帝夫·唐就曾說:

「商標通常被放在右下角,你大可將它移到左上角。產品照片通常所佔版面較小,你大可把它放大。與其讓廣告標題一如往常大於其他文案,勇敢地反其道而行吧。這樣是離經叛道沒錯,但因為如此而出奇制勝的頻率之高,恆常帶給我驚喜。」

如前所述,只要反其道而行的背後有邏輯(也就是俗諺所說的,「瘋狂中有理性」),再加上網格系統和相當的一致性,系列廣告的表現就能拼湊出一個完整的觀點。

(再次強調)不要跟風

廣告概念之發想最忌隨波逐流,概念執行和美術編輯亦同。你甚至可以讓廣告**看起來**不像廣告(參見〈先用經典版面來排版〉,第 285 頁)。即使在小元素上面做點變化,也能讓廣告散發異彩,進而鶴立雞群。

相信你的感覺

讓我們回到接近本書開頭之處。那裡有張淺顯易懂的圖示,顯示出要發揮創造力,除了要懂工具,也要運用直覺和感覺(另外兩個要素則是才華和堅持)。後者在進行美術編輯和版面設計時,尤其重要;這個階段比概念發想更為主觀,或許可能性也更無限量。你如果覺得有不對勁的地方,大可放手去修改它;反之,守成即可。你要相信你的感覺、主觀看法和品味。這些資產有的與生俱來,有的是隨年歲和經驗而增長。

保留版面的演進過程,比較異同

平面廣告的最終電腦排版階段,通常都要花費很多時間和精神才能竟功,是個不斷下決定的漫長過程。只存取一頁版面,在上面不斷琢磨,是學生常犯的錯誤。如果你在那個版面上投注了數個小時,最後覺得不滿意,難道又要捲土重來?或者你想起之前的一個版本不錯,卻沒有存檔;又或者修改後,覺得還是原來的版本好,那怎麼辦?總總情況,都會讓你的工作陷入無謂的迴圈。

為了讓這個階段更順暢,還有做決定更簡單,嚴守這條紀律:**一個版本=一頁=一個版面**(如果是系列廣告,那三則表現,就要存成三頁版面)。還有,別把一個版本存成不同的檔案,那容易造成混淆。有一種桌上排版程式叫做垮克(Quark),它有種功能叫「連曬」(step and repeat),能複製你指定的頁面,並將不同的頁面並置。這個好用的工具能展現版面演化的進程(這是你埋頭修改一個版面所看不到的),讓你輕鬆、快速地比較各版的布局、尺寸、配色、字體、剪裁及取景,幫你保留不想更改的元素

（像是品牌標語、文案和商標的位置等等），進而節省許多排版的時間。等到你排出喜歡的版面後，你就可用 Photoshop 或 Illustrator，繼續琢磨圖像或其他重要元素（參見〈該用哪個軟體？〉，288 頁）。

備註：從教學的角度來說，單看學生的完成稿，其實很難評估他到底花了多少時間和精神（嘗試了多少版本），畢竟那只顯示了一個版本／一頁／一個版面，可能是五個小時的結晶，也可能只花五分鐘。反之，如果學生也能交出演進過程中的未定稿，觀者必然比較好判斷創作者所下功夫之多寡（參見〈從概念發想到執行：創作過程報告〉，第 290 頁）。

配色

一個懂得打扮的人必然懂得找到適合自己的衣服，還有配色，而此兩者也是內行的藝術指導所具備的本領。哪些顏色可以和品牌人格相配？哪些顏色能相得益彰，同時又能襯托產品的外貌和質感？哪些顏色能反應出廣告概念和調性？上述的功能皆為廣告配色所必備。你可以用傳統的配色環作為參考，其上所展示的對比色都有互相烘托的效果。

許多產品都透過反覆使用一種顏色或配色，構成強烈的視覺元素，藉此輔助品牌之建立。也許你的品牌也可以如法炮製，就像每個國家或是運動比賽的隊伍都有一種「專屬」的顏色或配色那樣。

柯達＝鮮黃
優比速（UPS）＝巧克力棕

有些時候，產品商標或包裝的用色，也可以構成建立品牌的視覺元素。

《經濟學人》＝紅和白
Tiffany 珠寶＝Tiffany 藍
《金融時報》（The Financial Times）＝淡粉紅

另外，也有以顏色命名產品和品牌者，這時候用色就很容易預期。

橘電信＝鮮豔的橘搭配純白
美國運通藍卡（Amex Blue）＝藍色（系）

備註：學生在幫定稿選擇顏色時，很容易犯色調（tone）對比性太弱的錯誤。就一般的原則來說，當廣告使用雙色（一者用於背景，一者用於前景），特別是字體／文本上色時，用色一定要有足夠的對比性。不然，廣告會很難讀，如果再加上字體小，那更考驗讀者的眼力了。你還是可以使用同色系的顏色（如海軍藍和淡藍），也可以使用同一個顏色，以深淺做別

（比如 100%的藍和 50%的藍），只要對比夠強，能凸顯廣告訊息即可。

色調的對比性是否夠強，取決你實際選擇的顏色，但是也有通則可以參考：

淺色調＋淺色調＝不易閱覽
中色調＋中色調＝不易閱覽
深色調＋深色調＝不易閱覽

淺色調＋中色調＝較易閱覽
中色調＋深色調＝較易閱覽

淺色調＋深色調＝最易閱覽

如果你的版面需要第三種顏色，用最極端的白或黑可能最適切（特別有助於閱覽較小的文字）；相反地，版面上有些區塊，可能不需要那樣強烈的對比（比如背景如果用雙色，此兩者就無須對比）。這些你都可以多做嘗試。

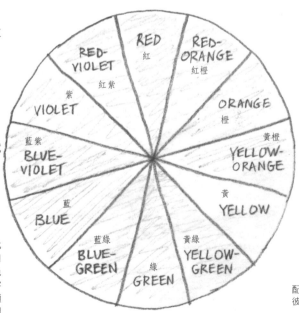

配色環上的對比色是彼此的最佳襯色。

用色

在你選擇配色之前，先考量這兩件事：

· 你的設計最終要發表於何種媒體？（平面、電視、線上或跨媒體）
· 你的設計最終會以何種尺幅發表？（小尺幅的平面媒體有報章雜誌，大尺幅的平面媒體有廣告看板，而電視和線上媒體皆屬固定尺幅）

不同的媒體和廣告尺幅，對用色和解析度有不同的講究，是必須要考量的。

▍平面

大部分的印刷廠都希望作品交到他們手上時，是四分色模式（CMYK）。有些數位印刷軟體會直接校正檔案，將三原色光模式（RGB）轉成四分色模式，使檔案裡的作品顏色和你在螢幕上看到的（盡可能）相符；而其中的變數取決於印刷成品的大小，還有印刷機器的種類。你要和印刷廠談好，確認作品是以正確的格式、尺幅和顏色模式輸出，以獲最佳結果。另外，記得跟印刷廠要求「打樣」（proof），然後挑出需要修正的瑕疵，像是色差，然後再印刷成品。

▍電視

雖然電視固定使用三原色光模式來進行播放，但是世界各地的色彩編碼格式卻不盡相同，其中主要三者是，逐行倒相（PAL）、美國國家電視系統委員會（NTSC）和塞康制（SECAM）。因為格式眾多，在你建立數位檔案前，最好先跟後製單位聯絡確認。

▍術語暨定義

· **CMYK**（四分色模式，青色〔Cyan〕、洋紅〔Magenta〕、黃〔Yellow〕和黑〔Black〕）
· **RGB**（三原色光模式，紅〔Red〕、綠〔Green〕、藍〔Blue〕）
· **PMS**（彩通配色系統，Pantone Matching System）U＝Uncoated／matte（無亮面），C＝Coated／gloss（亮面）
· **PAL**（逐行倒相，Phase Alternating Line）
· **NTSC**（美國國家電視系統委員會，National Television System Committee）
· **SECAM**（塞康制，Séquentiel couleur à mémoire，法文，即「照順序傳送色彩與存儲」）。

▍線上

不管內容為何，線上作品須以三原色光模式呈現，解析度也須定為 72 dpi；這些都是制式規格。尺寸大小一般也要預先決定，如果沒有明確的尺寸，你可以和上傳端聯繫確認。

該用哪個軟體？

雖然現在，軟體功用傾向多合一，一款就能滿足諸多設計領域之需，但是大多的設計師在工作時，還是馭使一種以上的軟體；這是因為有些程式具備獨特功能，是為處理專門任務而設計。當你需要處理多項專門任務時，可能就需要交叉使用多種軟體。Adobe 的家族產品在生產之初，就蘊藏了交叉使用的概念。而不論你操作哪種軟體，不論軟體生產者是誰，只要使用通用檔案格式，那開啟檔案應該就不成問題。

· **Photoshop★**：光柵（Raster）圖像程式，最適合用來做圖像編輯。
· **Illustrator★**：向量繪圖程式，主要用於繪圖及平面設計，文字輸入有限。
· **InDesign★**：桌上排版程式，主要用作字體排印及編輯文字版面。
· **Acrobat★**：處理 pdf（可攜式文件格式，Portable Document Format）的標準軟體，世界各地都通用。
· **After Effects★**：數位動態圖形製作暨合成軟體，用於影片和後製。
· **Premiere Pro★**：影片剪輯程式，以時間軸為核心工具，與其他平面設計和建構網頁的程式，一同收錄於 Adobe 創意雲套裝軟體中。
· **Keynote**：簡報製作軟體（蘋果版的 PowerPoint）。
· **Final Cut Pro**：非線性剪輯系統，用以編輯多媒體檔／影片檔，適用許多數位格式（蘋果的 iMovie 則推薦初學者使用）。
· **HTML（超文字標示語言，HyperText Markup Language）**：製作網頁的主要程式語言，可組織文字訊息的結構，將文字呈現為標題、段落或清單等形式，也能嵌入互動設計、圖像或其他物件。
· **CSS（層疊樣式表，Cascading Style Sheets）**：為 HTML 添加樣式的電腦語言。

★皆為 Adobe 所生產。

常見的檔案格式

· **jpeg（或 jpg）**：用來壓縮照片影像的常見方法。

JPEG 是 Joint Photographic Experts Group 的縮寫，意為「聯合照片影像專家小組」。該團隊就是此壓縮法的創造者。

- **tiff**：儲存圖像檔案的格式。許多使用者都喜歡用它來儲存高彩度圖像，照片和向量（線性）繪圖皆可存成此格式。
- **pdf（可攜式文件格式，Portable Document Format）**：廣為世界各地所接受，是流通文件所採用的標準格式。這類檔案能將 2D 資料完整封存（如果搭配 Acrobat 3D，也能內嵌 3D 資料），內文、字型、照片和 2D 向量圖像皆能存錄，其功能就像是幫資料照快照。
- **indd**：InDesign 檔案的副檔名。
- **ai**：Illustrator 檔案的副檔名。
- **psd**：Photoshop 檔案的副檔名。
- **doc**：Microsoft Word 檔案的副檔名。
- **swf**：俗稱「Flash 動畫」或「Flash 小遊戲」的檔案的副檔名。
- **flv**：Flash 影片的副檔名。
- **fla**：低階 Flash 檔案的副檔名。
- **gif**：GIF 動畫的副檔名。
- **png**：PNG 動畫的副檔名。
- **key**：Keynote 簡報檔的副檔名。
- **ppt**：PowerPoint 簡報檔的副檔名。
- **mov**：QuickTime 影片檔的副檔名。
- **wav**：WAVE 聲音檔的副檔名。

輸出尺寸和比例規格
印刷海報和刊物時，尤須再三確認版面的尺寸／比例規格（參見第 59 頁的「常見海報廣告比例」與「常見刊物廣告尺寸」兩表格）。

巧用雙手
藝術家以雙手創造，是其天職。藝術指導也要能將雙手用得巧妙；這意味著要能駕馭電腦，但也不能一味依靠。

電腦和應用軟體讓設計和製作變得省力，但有時候用反璞歸真的美術手法來解決問題，效果還是最快、最好。舉例來說，有個學生想要在廣告上製造出撕紙的效果，用 Photoshop 和廣告捉對廝殺好幾個小時，後來才發現直接把紙撕開，再掃描，完美的效果自然手到擒來。

還有位同學，幫拼字桌遊做廣告，想要剪裁拼字板和木頭字母方塊的圖像，作為主視覺，並且拼出標題。

他沒有替拼字板拍照，也沒有將字母方塊分別掃描，反而直接用圖釘把所有的字母固定，然後一次掃描到位。這樣做出來的視覺效果極好，木頭的紋理和拼字板的細節都歷歷在目（照片呈現不出來），連陰影都極為自然（即使是 Photoshop 的能手也要花許多時間才能仿造）。

將廣告貼上展示板
當你參加校內廣告比賽，或是向客戶做簡報，有時會需要將廣告貼在展示板上，並幫它修邊。所以，最好能學習使用美工刀和噴膠，好讓你的廣告看起來俐俐落落，傳達出你很用心的印象，博得觀者的青睞。

其實，這份活，只要多點練習，就能上手。記得檢查刀鋒是否銳利；切割墊要準備好；刀鋒要向朝自己，垂直切割；這些都是使用美工刀的基本要則。

用來檢視排版的提問
每個版面都有無限的排法，可能會讓人窮於推演。其實，你只要問對問題，就可以掌握要領：

▌1. 歷史
搜尋該品牌之前的廣告。有沒有哪些布局，及品牌特徵（如字體排印、用色等細節）應該要保留？還是現在是汰舊布新的機會？品牌的連貫性，對廣告商和平面設計師來說，是考量的要點；對學生和廣告設計師來說，則不一定要受它束縛。另外，品牌的一致性和系列廣告的一致性並不相同，這我們在第 286 頁〈版面設計的連貫性〉有提過。

▌2. 階級序位（「最多一次多一最少」排列法）
當有人唸廣告給你聽時，你希望先聽到甚麼？圖像／標題／文案／品牌標語／商標，這五者重要性的排序為何？何者應該佔據最大版面，最被彰顯？另外，你的排序還要能反映廣告概念的**調性**。

▌3. 蒐集
蒐集你身邊的視覺素材，像是不尋常的字體、配色，以備溝通概念之需。無須拘泥這些視覺素材的來源，唱片封面、攝影作品、漫畫、片頭設計，乃至街頭塗鴉，任何尚未見於廣告者，皆可蒐集。日後創作廣告時，只要跟產品和廣告概念相關，這些視覺素材就可派上用場。所以記得，當你觀賞、閱讀時，問問自己，「這個視覺材料可以用在廣告創作上嗎？」

▍4.外貌

版面的整體布局是走極簡風路線，而呈現出「乾淨」的外貌？還是走層次風，而看起來像「拼貼」？抑或是介於兩者之間？「乾淨」意味著視覺元素較少，用色較素；而「拼貼」則意味元素較多，色彩比較繽紛，質感可能層層加疊（參見對頁）。如果你要拼貼，可以將有趣（又切題）的視覺素材、質感、手工藝品、物件和資料都收進廣告，當作布局的一部分。然而，不論你是要乾淨或拼貼，或是綜合兩者，**版面看來都必須趣味滿點**（舉例來說，如果你要告訴受眾，某位知名球員曾為哪些球隊出征，與其單純列出球隊名字，你可以列出其「球員卡」，增加視覺趣味）。話說回來，有趣的廣告，一定始於有趣的概念，這點是不變的。

▍5.品牌化

是否已妥善利用視覺元素，達到品牌化的目的？是不是還有甚麼妙招可以讓**品牌**一目瞭然？也許產品上的字體，商標的顏色，或包裝上的元素，還有可以利用的空間？（像是《經濟學人》的封面就有醒目的「紅底白字」，即使隔著一段距離，也能躍然消費者面前）另外，記得留心競爭品牌用以品牌化的視覺元素（參見後面的〈配色〉）。

▍6.商標

商標要用甚麼尺寸？應該要用白底黑字，還是黑底白字？直接使用商標，還是採用簡化版本（像是Nike，有時就只用「勾號」）。是不是有甚麼有趣的視覺圖像可以強化或是取代商標（像是用警徽取代紐約市警察局〔NYPD〕）。品牌世界這個網站有許多知名品牌的商標，從這上面下載不會有像素化的問題。不然，你也可以掃描廣告、手冊、包裝等書面資料，或是以繪圖軟體 Illustrator 重製商標。

▍7.尺寸規格

廣告的尺寸規格影響版面布局和藝術指導甚多（學生作品的尺寸規格可由你自選）。哪種尺寸規格最有助於廣告發揮功效？是看板？風景型的跨頁廣告？或是肖像型的全頁廣告？記得把這些尺寸規格抓準。

▍8.圖像

如果廣告要使用圖像，那是照片或插畫？是何種風格或類型？取自圖庫或自產？黑白或彩色？是採用原圖片，還是有所調整（是否改變亮度／對比度、色階、顏色、飽和度？是否使用濾鏡或圖層效果）？廣告圖像該如何剪裁？該佔多少版面（參見前面的〈階級序

位〕）？

▍9.字體（標題、文案和品標）

要選襯線體或無襯線體，還是其他字體？字體要用幾種？（通常寡勝於多）。樣式和字重要用幾種？是要用原始字體或變體，抑或是自己設計？又要用哪種方式對齊？字體是否能在視覺上予人美的享受？與品牌人格、廣告概念和調性是否相符？與版面和目標受眾是否契合？可以登載於多種媒體嗎？字體本身的易讀性如何？放在整體版面中時（考量字體大小、放置位置和背景），是否依然好讀？

▍10.配色

版面要上幾種顏色？這些顏色是否搭配？與其他元素是否相得益彰？這些顏色是否切題／恰當？（可別忘記你也可以用單色，取其深淺互相搭配，如 70%的黑和 30%的黑）。

▍11.調性

版面的**視覺調性**應該跟文案的**說話調性**相符。你要塑造的是宏亮、急迫、直接或大膽的調性？或是安靜、體貼、婉轉或溫柔的？上方提到版面的外貌、品牌化、圖像、字體和配色，全都是調性的組成要素。

▍12.最終的考驗

廣告的定稿是否具有即刻的衝擊力（概念和執行是否夠力）？是否有記憶點？能否讓人記得產品（品牌化的功夫是否下足）？是否切中品牌內蘊，適合目標受眾？

備註：排版時，多多實驗是好，相信自己的直觀感受也很重要。你可以先問自己上方所列的提問，如果能因此刺激奇思妙想，開闢蹊徑，通達更好的解決方案，那你當然要放手去幹！

從概念發想到執行：創作過程報告

創作過程報告（creative process report，CPR）是按照時間排序的工作誌，從最初發想系列廣告（創作起始），到最終排定版面（創作結尾），總輯了創作中的諸多心血和進程。你做的嘗試越多，創作過程報告就會越紮實。

一份創作過程報告的內容可以概括：

· 策略陳述／創意彙報
· 發想筆記、速寫、迷你稿和排版草稿
· 大尺幅的手繪版面

・列舉出至少三種曾經嘗試過的字體
・列舉出曾經嘗試過的用色／配色
・參考資料（圖像類和其他）
・掃描和拍攝的資料與照片
・電腦排版歷經的各階段，及過程中的取決
・電腦排版定稿後的全彩成品（每則廣告表現都要有一份）
・結論（至少兩百字）要敘說每版排版背後藝術指導／平面設計的考量，讓人了解你為什麼選擇這個商標、字型、用色、圖像、品標，如何讓「視覺調性反映文字調性」，為什麼選擇發表成某類型的平面廣告而非其他。

Exercise：下次你創作廣告時，把過程中的所有嘗試都留存彙集起來（從概念發想到最終排版），製作成我所謂的「創作過程報告」。老師審評學生習作和給分時，這份報告是很好的參考。

這則廣告呈現出多重質感、層次，具有拼貼的外貌，增益了廣告訊息的真實感，且讓觀者更能感受護理工作的現場（廣告標題：你可以幫忙把嬰孩身上的蟑螂清掉嗎？）。

——

客戶：英國衛生署（Department of Health）／中央資訊處（Central Office of Information）
廣告商：上奇（Saatchi & Saatchi），倫敦
創作者：Colin Jones、John Messum、Mike McKenna
插畫：Jean Koeppel

雖然是初稿，這則平面系列廣告仍展現了版面設計、插畫、攝影、字體排印天衣無縫的結合。

客戶：水石書店
（Waterstone's）
廣告商：BDDP GGT，倫敦
創作者：Paul Belford、Nigel Roberts

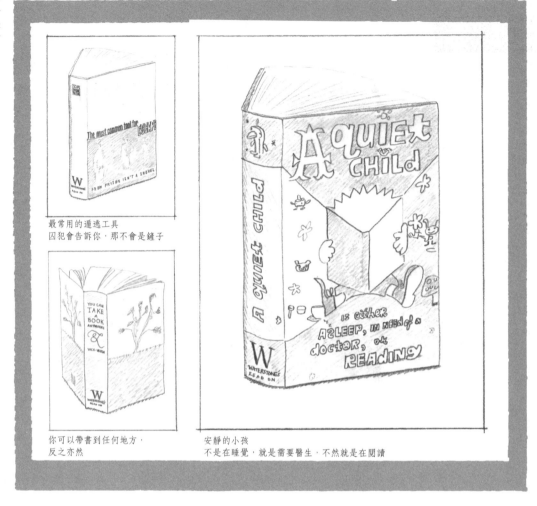

最常用的逃逃工具
囚犯會告訴你，那不會是鏟子

你可以帶書到任何地方，
反之亦然

安靜的小孩
不是在睡覺，就是需要醫生，不然就是在閱讀

版面設計的力量

如果我只能選擇一個平面系列廣告，作為概念執行的典範（將版面設計、插畫、攝影、字體排印完美結合），同時還具備絕佳的廣告策略和概念，那一定是 BDDP GGT 的保羅・貝爾福（Paul Belford）和奈傑・羅伯茲（Nigel Roberts）的手筆，水石書店的系列廣告（我很驚訝這一系列廣告居然成了 D&AD 金獎的遺珠）。該系列將版面上的所有元素有機連結，讓產品成為主角，位居廣告的核心和前線，成就了一加一大於二的效果。

Exercise：幫老化的廣告做拉皮。找個有標題，有圖像，且概念極佳，但表現過時的平面廣告（提示：翻翻 1980 年代的得獎年鑑）。然後施以全新的藝術指導，改造其布局、階級序位、字體排印、配色等元素（如果該廣告的圖像是特定照片，你可以用 Photoshop／Illustrator 編修它，或以類似的圖庫圖片代替）。你可以參考第 136 頁的勞斯萊斯廣告〈鐘〉，對照其新舊版本的變化。

15

簡報與成交密技

Presenting and Selling Your Work

創造出絕佳的廣告概念，代表你已經打完上半場的仗；而下半場的仗一開始，則須先掌握簡報訣竅，把概念賣給客戶，如此才能進入最後的執行階段。如果你是學生，那意味著你要在指導老師和同學面前報告，把他們當成創意總監和客戶。

即使你手上握有史上最佳廣告概念，半吊子的簡報技巧還是有可能使它「滯銷」。就像湯姆‧摩那漢所說：

> 「如果廣告原創性經常妥協而大打折扣，也許那不是概念的品質不好，也不是廣告表現差，而是你缺乏能力，讓其他人也看見概念的璀璨光華。」

不論你是否是天生的銷售好手，都可以運用一些小訣竅和工具，來促銷你的作品。這些方法中，有的是一般銷售技巧，有的則專門為賣出廣告而用。要掌握這些簡報的祕訣很簡單，不過是熟能生巧罷了。

打開嗓門

這是第一要則。不是每個人都是天生的演員，但是每個人都可以打開嗓門，把聲量提高（打仗時，說「發射」，絕對不會是喃喃細語）。

當人們在接收簡報訊息時，他們會想要好好地聽。如果還要花額外的力氣弄清楚你說的話，那絕對會導致分心，干擾他們理解簡報焦點，也就是你的作品。

保持眼神接觸

這是流傳最久的工作面試技巧。別忘記，你在推銷創作的同時，也是在推銷自己。另外，客戶的眼神透露出他的觀感，也是很好的觀察點。

相信自己的心血

如果你無法相信自己的心血結晶，那其他人又怎會買單？如果你的語氣不夠堅定，那肯定會在他人心中撒下疑慮的種子。

學會接受批評

事實是，每則廣告都是主觀的創作，所以必有可以評論之處。你要事先預備，猜想會有哪些批評，然後冷靜地以專業回應。畢竟，對自己的心血抱持充足的信心，是發揮說服力的不二法門。另外，別把客戶的批評，當成針對你個人的攻擊，他們就是喜歡對你的作品品頭論足，這本是他們的工作和權力。如果你要為作品辯護，那可要以客觀的角度俯瞰全局，慎選戰線；在小地方（對廣告概念影響甚小的點）讓步，在大的地方據理力爭。如果你必須犧牲概念要素，那還不如另行發想，重新博取每個人的認同。

熱情 vs 過度自信

對自己的概念充滿熱情是一回事，過度自信又是另外一回事。當你過度自信時，很容易產生不切實際的期待，像是在簡報剛開始時，就脫口說出，「你一定會愛上這個概念！」像這樣的話，千萬不要說。類似的假設，千萬不要做。畢竟，廣告概念是創作者的主觀，品味更是每個人都不同。更重要的是，人們（特別是客戶和創意總監）喜歡自主決定；若非如此，怎能彰顯其「無可挑剔」的品味。簡言之，推銷的祕訣就在於把客戶不喜之處縮到最小，把其欣賞之處放到最大。

向你的上司簡報

你的上司可能是資深的文案寫手／藝術總監，創意組長／總監，或執行創意總監。你的目標是在向客戶簡報前，取得公司各層級創意人的認可。

每位創意總監都是獨特的，有的會要你做完整的簡報，有的只要你簡短介紹，有的要你把作品放到他的辦公桌上，或者乾脆寄電郵，甚至傳真（這樣你就沒有為作品辯護的機會）。

如果你的上司要向客戶簡報，同時呈現你的和他們的作品，但卻沒有要你出席，那你可要小心了。他們不

太會讓自己的作品被打槍，卻讓你的作品出線。在這樣的情況下，你至少要提出參與簡報會議的意願。

向專案部同仁簡報

你對自己作品的理解，是旁人（像是專案部同仁）很難企及的。所以不要期待他人以相同的方式呈現你的作品，除非你向他們細緻地簡報過。雖然簡報理當是專案部的專長，但你還是可以提出建言。盡職的專案部同仁會問你許多問題，盡量把廣告策略、概念、腳本、標題、主視覺和文案，都弄得跟你一樣瞭若指掌。反過來說，創意人也很難像專案部那樣了解客戶，所以如果是你簡報，記得要打探客戶特有的堅持或是偏好，確認創意彙報在這些資訊上是否有所遺漏。

有些專案部同仁會過於關注客戶的喜惡，一下就開始揣測客戶的想法。這些人指望輕鬆成交，不會挑戰客戶，也不想讓公司背上交易失敗的不光彩。雖然這也是可以理解的事，卻也會構成危害（甚至造成概念永遠到達不了客戶那端）。當專案部同仁充滿自信與才幹時，他們會展現出一旦相信你的作品，那就有把握賣出的態度。

向客戶簡報

向客戶簡報，是重中之重，一定要幹得「漂亮」。每間公司的運作方式有別，有時候會派你上場簡報，而非創意總監或專案部同仁。通常簡報會分成幾個部分，由不同的講者分工，可能先約略的介紹客戶／廣告商的出席者，然後再闡述廣告策略，最後再呈現作品。有的廣告公司和客戶偏好讓創意團隊呈現作品（他們相信沒有人比創作者更了解作品的說法），有的則喜歡讓專案企劃／經理報告（因為他們和客戶的關係較親近），刻意和「易感、不可預測的創意人」保持距離。

向決策者簡報

向客戶簡報挑戰最大，主要是因為客戶代表很少只有一人。越多人參與決策過程（包含廣告商內部人員），那意見勢必越多。

其中有負面又迂腐之輩，專門雞蛋裡挑骨頭，當然也有能縱觀大局者。客戶代表越多，與你進行攻防戰的管理階層就越繁複。比較理想的狀態是，你能夠**親自**對頂端的決策者簡報（而非透過傳真、電話或電郵）；如果無法做到這點，那你要盡力確認聽取簡報的人能了解你的概念，有信心他們能以相同的方式向

他們的上司報告（很遺憾，接下的事就不在你的掌握中了，畢竟客戶端的內部會議，不是你能置喙的）。

大多數的客戶都有份口袋清單，上面預設了好廣告的要素。常見的客戶信念或成見包括：「得獎無助於品牌暢銷」、「用證言替產品背書一定見效」、以及「廣告影片沒有聲效應該也要能發揮作用」。再加上，每位客戶代表都有自己的想法和盤算要顧，有自己的上司要取悅。這也就是說，給予評論，加以改變，在所難免，那幾乎是人性。不論改變多麼微小，都會被評論者視為功績，給予他們意義感，還有影響力在握的滿足，讓他們在這個廣告案上留下手印。還有一些決策者，如果不做一點變動，就會覺得渾身不對勁（希區考克就喜歡在每場戲開拍之前，在燈光上做一些微小、沒有必要的調整，且以此聞名。他的燈光師為此，總是故意讓某些燈光錯位，好讓希區考克調整）。不論客戶建議變動的動機為何，那都意味著你要以聰明才智回應。所以放手去幹吧！

吸引正面反應，排除負面回饋

在你呈現作品之前，有些好用的工具能幫助你，大大增加獲得正面反應的機會（甚至遠超出你期待），排除負面回饋的突襲（那些讓人不快的驚奇），一如強尼．默瑟（Johnny Mercer）所唱的老歌，「讓正面的明朗，讓負面的消散，將肯定的握在手上，同時別招惹曖昧先生。」

要做到這點，那就要將客戶的焦點，往對你有利的方向轉。如果你感覺到廣告概念中有些元素會踩到客戶的地雷，那你要在解說創作的根本想法時，就預先提出辯護；這樣能引導客戶的期待轉向，減少突發的負面回饋。相同地，如果你認為客戶的見解無助於廣告生效，那你也要提出充分的理由；這樣才能排除不必要的期待。舉例來說，如果客戶希望廣告展示出他們全系列的產品，那你就要辯論說，這樣會對消費者造成訊息超載，還會模糊廣告焦點。如果他們一開始不同意，至少你已經傳達你的立場，為可能的交鋒做好準備。等到成果展現（達到他們的期待），他們就比較能認同你的觀點，改變他們的看法。

以吸引正面反應來說，如果客戶有設定「指定項目」，而其中有你認同者，你可以做些筆記，並在面對客戶時直接說，「我們百分之百贊同使用……之必要性」。這些項目可能是客戶不可褻瀆的品牌標語，或是特殊類型的音樂；不論該項目是甚麼，你都可以吹捧該項目之重要。如果可能，你還可以提高客戶的

期待，然後滿足他們。這樣有助於正面反應的聲勢，超過負面反應。

任何介於正負反應間的簡報內容（也就是所謂的「曖昧先生」），都不是重點；如果大家都沒甚麼意見，那就不要在那上面花太多功夫，繼續簡報下面的內容。

詳細解釋，留意點頭的跡象

簡報不只是站起來，秀作品給客戶看。你可以在開場時，就向客戶詳細解說創作的根本想法，也就是創意彙報／策略陳述過渡至廣告概念的思維過程。他們理解和同意這些想法的程度，都會表現於點頭。點頭是有人同意你的論點時，除了眼神接觸和臉部表情之外，最為清楚、自然的身體語言，八成可以解讀成「正面反應」。如果你能在呈現廣告概念前，讓客戶點頭不斷，那是再好不過的。

那如何在呈現廣告概念後，持續讓客戶點頭呢？假設你成功地將客戶的焦點往對你有利的方向轉，那剩下的就要看你呈現作品的**功力**了；如果你在開場和闡述概念時，讓客戶頻頻點頭，那交易就完成了一半（剩下的一半是對廣告本身的期待），接下來的作品呈現也會輕易許多。

呈現作品

當你開完場，也詳細解說創作的根本想法後，接下來呈現作品的時候就到了。下面的小祕訣都很簡單，卻能幫助你精緻呈現系列廣告：

1. 用一針見血的方式闡釋系列廣告概念，接著你可以說，「這個概念可以用這句品牌標語來總括」。這時候你再讓新品牌標語隆重登場，清楚展現在螢幕或簡報板上。注意，如果這時客戶點頭頻繁，你大可繼續秀出廣告（現在已經成交了一半）；但如果點頭頻率不高，那就只好讓備用的品牌標語上場。記得要在沒招可出時，才走這一步；因為走這一步，會讓你顯得缺乏信心。如果你想要的話，品牌標語倒是可以持續展示；這會幫助客戶理解廣告概念和表現之間的關聯。

2. 如果你呈現的是平面系列廣告，每則廣告表現的展示都要分開。如果你一次展示三則廣告表現，聽眾的眼睛（還有心思）會過於忙碌，在你解釋最關鍵的重點時，很可能會失去聽眾的注意力。所以當你要簡報下一則廣告表現時，記得把上一

則換下來（螢幕或簡報板上，只要呈現當前簡報的廣告表現即可，以便聽眾聚焦，避免思緒散漫）。如果你呈現的是電視廣告腳本，不妨讓關鍵景框分別上場，井然有序地輪番展示。

3. 所有的廣告表現都簡報過後，可以全部一起呈現。

4. 結論時，可以扼要闡述自己對作品的觀點，說明你為什麼相信廣告會生效。

5. 請客戶給你回饋，並進行討論。

神祕的道具

「神祕道具」（mysterious prop，MP）搭配作品的呈現登場，是撩撥客戶的好奇心，誘發其興趣的利器。你可以把道具★放在旁邊，故作淡定，吸引聽眾的注意力於無形。如果他們喜歡這項道具，開始與之互動，那客戶的興趣就已被你勾起；而這也代表，你離賣出廣告又近了一步。

為了示範神祕道具的功效，讓我們舉法庭現場為例，把陪審團當作客戶代表。假設律師要展現一處刀傷的致命性，那麼哪種方法最為有效：是單純形容謀殺工具給陪審團聽，還是使用那把血淋淋的十吋匕首，實際重現謀殺現場發生的點滴？

所以，如果你想到甚麼道具，能像掛在驢子面前的紅蘿蔔，起撩撥之效，助你成交，那麼不論它是與系列廣告概念相關，或是反映了某則廣告表現概念，不妨大膽地使用它。但是道具不宜雜，數量越少越好，而且不能將梗洩露光，所以使用也講究時機（在絲綢切口〔Silk Cut〕菸草商，和其長壽的系列廣告概念相見歡前，廣告商使用了兩個道具，一為剪刀，二為綾羅綢緞，體現「紫色絲綢被剪破」的點子，藉此成功推銷出廣告）。

★所謂的「道具」，可以是人，也可以是物。你可以向辦公室借用適當的人才，以他的資歷或技能來凸顯廣告概念。

1980 年代晚期，有間英國廣告商為抗痘軟膏，創造了一系列幽默的電視廣告；每則廣告影片都讓年輕的女主角在與人交際時，頭頂水桶（藉此凸顯滿臉面皰時，那種不想讓人見著的心情）。這個廣告概念不好賣，特別當客戶是保守的大藥廠。所以（據說），廣告商在首次簡報概念時，居然將水桶帶進會議場，而

且還將之放在客戶頭上。此舉賦予整場簡報和概念生命力，讓客戶更能理解他們的目標受眾，更重要的是，客戶也藉此涉入了廣告概念。

重點提示卡

顧名思義，重點提示卡上記的都是簡報的重點／提醒，藉此喚醒你對簡報內容的記憶，幫助你掌握簡報的進程。當簡報時間較長時，這些卡特別有用，能幫助你架構出鬆散的簡報結構，預留即席演說的空間，比用逐字稿簡報更為靈活。

你也可以將這些摘要收入你的 PPT，或其他投影檔案中。我們都是過來人，知道簡報最怕冗長，資料成山更是讓人難以招架，所以記得，忠於你的**重點**。

電視和廣播廣告腳本

電視和廣播廣告擁有激動人心的力量，廣為受眾所接受，可說是各媒體廣告之首（但是製作成本也最高）。所以，當你簡報這兩種媒體的廣告腳本時，不要只是呆板地誦讀，想辦法**讓廣告情節活過來**。對於許多客戶來說，即便是所謂的宣傳／行銷經理，和廣告商見面常是他們工作最有趣的一環；所以別讓他們乘興而來，卻沒有談助可以帶回，和同事分享。

記得文字或故事腳本要先排練過，分配好誰負責對話、旁白。在簡報現場演繹腳本會比實際廣告慢，所以每則廣告演繹一次，就應足夠傳達概念了。

當你呈現電視廣告的定剪或粗剪時，記得預先設定成連播三次，每次播放間隔一秒。這可以幫助客戶在批評指教前，充分吸收廣告訊息，降低膝反射式的回應。

....

Exercise：從得獎廣告年鑑中，挑選出兩則電視廣告腳本（各自宣傳不同的產品）。假設兩則都是你寫的，要在客戶面前呈現。請為每則廣告策畫一場精彩的簡報。

....

互動廣告

互動廣告能用故事腳本或數位動畫呈現，端看客戶偏好、概念和表現類型、廣告案完成期限，以及該簡報是第幾「回合」而定。

清楚自己能做到甚麼

簡報忌諱天花亂墜，尤其如果你臉皮薄的話，那就更不要膨風。實力要靠行動展現，而不是演出來的。

概念表現和情緒板

「概念表現」（adcept）介於廣告概念和廣告表現之間，為單一或連串的預製圖像組成，用來概括目前的廣告概念及接下來的發展取向。以電視廣告簡報來說，概念表現可以是一段影片，也可以是廣告商屬意的演員／代言人。廣告商可以先拿概念表現來「賣」，如果客戶屬意要「買」，再投入製作真正的系列廣告；而如果客戶「不買」，廣告商也不至於落入無法回收廣告製作成本的窘境。

「情緒板」與概念表現相似，但通常使用的圖像和剪貼更多，以此傳達出廣告的整體感覺、輪廓、或調性，甚至是目標受眾的類型。

不論你是使用概念表現或情緒板，記得向客戶解釋這些都不是最終成品，而是概括性的概念和印象。不然的話，他們誤以為你秀的圖像就是廣告，而意欲採用，那就不妙了。一般來說，除非你先向客戶說明，否則他們比較會期待看到廣告概念，而非概念表現。

還有，現在客戶都要求速成，系列廣告的工作期限都超短，所以在第一輪的簡報會議上，用來呈現初始概念的概念表現已較少為人使用。其實，在科技的「推波助瀾」下，初始概念正慢慢地消失於檯面上，取而代之的是以廉價的圖庫圖像合成的偽完稿。那些圖庫圖像即賣即用，甚少加工，效果難比聘雇的攝影師或插畫師的手筆。

作品越安全，就越好賣

這點在向客戶簡報時，特別真實（希望你永遠都不會在提倡安全作品的公司工作）。換句話說，作品越勇敢，就越難賣。絕佳的鉅作會讓人望而生畏，特別容易嚇到客戶，而大多數的廣告商都害怕失去客戶；這也是那麼多廣告都走安全路線，而平凡易測的原因。當然，這也不能怪客戶；畢竟，他們花了大把鈔票，冒著失去甚多的風險。要扭轉這樣的情況，廣告商必須願意教育客戶，讓他們了解唯有創意獨具的廣告，才能達成彼此共同的目標（建立品牌、賺大錢和贏得大獎）；而他們越了解這點，就越能欣賞開創性的作品。

自己動手賣

學生的作品基本上都是履歷，你只須端出最好的廣告概念和表現即可。在現實的世界裡，你要先向客戶簡報，把作品賣出去，才能將概念付諸製作。不過，如果你覺得自己的作品集裡，有客戶會青睞的概念（應該要登載），那你也可以直接聯絡客戶。沒有甚麼好怕的。有些客戶會和廣告商訂立排他性合同，但是也有還沒綁約的（政府、公共服務機關和慈善機構通常都會和多間廣告商合作）。還有，有些較小的廠商可能沒辦法和大廣告公司合作，但雇用自由接案者卻沒問題。

如前所述，你在呈現作品時，要把概念成形的前因後果說清楚，然後再解釋這個概念為什麼適合他們家的品牌，如何能提升品牌知名度，進而幫他們賺進（或是募到）現金。告訴客戶作品會得廣告大獎，反而會讓他們覺得自己是局外人；你要做的是，讓客戶覺得自己是廣告的推手，廣告的擁有者。

最後，在酬勞尚未談定之前，不要交出任何作品（大部分的慈善機構都會希望你做功德，無償工作，除非你是他們的員工）。如果對方願意支付酬勞，記得在電子郵件中留存詳細金額。

....

Exercise：去參加單口喜劇工作坊。你可以單獨報名或是和同學一起（芝加哥廣告學校〔Chicago Ad School〕就有開授這樣的課程）。

....

16

學生作品集
The Student Book

作品集

對於以廣告職涯為志願的人來說,學生作品集
(student book)可能是這輩子最重要的著作;因為
那可能是他的第一本書,而且也很可能是他專業職
涯的發射器。

一本絕佳作品集的內容,必然包含三大領域(這對
學生和專業人士的作品集來說,都一樣):

1.個人創作
在學生作品集裡,個人創作的**品質**最重要。創意總
監(及其他職位的創意人)閱覽作品集的時間和耐
心,似乎越來越壓縮,而這也是學生作品集越見簡
短的主因。過去曾有段時間,作品集必須收錄十五
支廣告案,才能達到標準;現在,八到十支就已經
足夠。不過,內容仍須涵蓋:

· 平面系列廣告三到四支(廣告表現九到十二則)
· 互動系列廣告二到三支(包括網站〔或行動版網
  站〕、手機應用程式、標準橫幅廣告〔或豐富媒
  體橫幅廣告〕,以及社群媒體行銷概念若干)★
· 其中一支系列廣告(廣告表現三則),需搭配廣
  告文案(以文案寫手為志願者,兩支是基本標
  竿)
· 單一廣告一至兩則(廣告表現一至兩則)
· 電視或廣播廣告一則(廣告表現一則)★★
· 綜合／多媒體系列廣告一支(廣告表現約為十
  則),涵蓋平面、環境、直郵、網站〔或行動版
  網站〕、手機應用程式,以及社群媒體行銷概念
  若干

★互動行銷概念若是要表現為橫幅廣告,或是其他數位形式,
可以製作成故事腳本,呈現於作品集,或是動態表現,登載於
網站上。

★★在美國,電視廣告概念應當以完成品的方式呈現,而非冗
長的故事腳本。

(很遺憾,以作品集的標準而言,業界對創作件數的
要求,可能只會越來越少)。

2.自我推薦
下列的自我推薦內容皆須展現一貫的設計(包括字體
排印與配色):

· **個人標識:**作為自由接案的藝術指導或是文案寫
  手,你的名字就是品牌。所以用「文字型態」的
  標識通常是最為恰當的(也就是以設計精良的字
  體,呈現你的全名)。但是,你若想設計「字母
  型態」(也就是取名字的首字母),或是「圖像
  型態」(以名字和職稱來設計)的標識,甚至把
  這些型態綜合起來,也沒有甚麼不可。

你的個人標識需用於所有自我推薦的文件,所以在確
定使用之前,不妨先以大小字型、黑白配色試驗是否
易讀。

· **履歷:**初級藝術指導／文案寫手的履歷所需包
  含的內容有,「名字和應徵職稱」、「聯絡資
  訊」、「教育程度」、「工作經驗」、「得獎紀
  錄」(學生賽和業界賽)、「電腦技能／打字能
  力」,及「興趣」(或可省略)。

履歷的長度應以單頁 A4(美規為 8.5 × 11 英吋)
為限,這樣方便快速瀏覽履歷,除卻使用釘書機的必
要,降低頁面散失的風險。

履歷的版面設計應該以簡單明瞭為上,關鍵在於先決
定訊息的階級序位,然後再加以設計(這跟排列平面
廣告版面,是一樣的)。還有,記得使用網格系統,
並且在必要時調整字體大小和字重。

· **名片:**名片設計應該要與作品集的整體風格同調,
  如出一轍;這意味著使用一貫的字體、布局、色
  調等元素。既然你就是品牌,那麼作品集當然就
  是為你宣傳的綜合系列廣告,若以一貫的風格經
  營,更能凸顯你的專業。

- **重點回顧**：忙碌的招聘人員在看過你的作品集後，如果能有份重點回顧的資料可參考，那是再好不過了。一般，每份重點回顧資料都會從作品集的系列和單一廣告中，節選三至六則廣告表現。盡可能地將這些資料濃縮在單頁 A4，或者你也可以為個別應徵而特製，將重點回顧濃縮得更精簡。

- **作品預覽（A4 單面或者更長）**：除了重點回顧，你也可以摘要自己的作品，將之存為 PDF 檔，在與忙碌的創意總監談前寄出，方便他們預覽你的作品。你還可以針對個別廣告商，挑選他們可能會有興趣的作品，用方便的 JPEG 照片格式來摘要。

- **網站／網址**：不論你是要自由接案，還是在廣告商謀職，網站都是必要的自我宣傳。你的網站當然要引人入勝，但是也要兼顧便於瀏覽。架設個人網站的優點是顯而易見的——點擊網站連結，比閱讀印刷紙本，來得迅速省力，而且寄送上，也比較省錢。但是，就平面廣告而言，一定會有人想要觀閱紙本，所以要預先印出來。

▌3.作品集的呈現
作品的**包裝和組合排列**也是你表現自我的媒介。下面這些元素都是考量的重點：

- **呈現形式**：印刷紙本、作品幻燈秀（showreel）、數位檔案和網站。這四種形式最好都能備齊，以供招聘人員觀看。

- **作品盒種類**：你可以使用傳統的塑膠作品盒，也可以選擇金屬或是客製化作品盒，適時搭配封套、裱框以烘托作品質感。記得要買專業的作品盒，禁得起碰撞摔壓，這樣才能真正保護你的作品。另外，你不妨貨比三家，多方物色製藝精良且物超所值者。

- **作品集的數量／尺寸**：作品集基本上只要有一本即可，但是你可以另外預備一些迷你作品集，提供給前幾志願的廣告商（如果你想要他們歸還，也可以註明）。現今，作品集趨向縮減作品數量，而且尺寸也越來越小；不過，平面作品不好縮得太小，如果文字難以辨讀，那反而弄巧成拙！

- **作品排序**：作品集的頭尾都要排你的最佳力作（最理想的情況是，中段也要安插強棒，讓人驚豔）。

下面的這些元素倒是可以隨著不同的系列廣告／廣告表現而更迭：

- **調性**：嚴肅、幽默、平調、嚴肅、幽默……

- **藝術指導風格**：純文字、純圖像、標題加圖像；或彩色攝影、黑白攝影、插畫。

- **產品／服務類型**：奢侈服務、一次性用品、主流產品、專才線上服務、非營利服務……

百尺竿頭，更進一步
還記得伏爾泰（Voltaire）的這句名言吧，「好是出類拔萃的敵人」（這句話後為傳奇的比爾·博納奇改寫，應用在廣告上）。

打造作品集（或是你的「著作」），有條金科玉律，那就是**永遠不要停止琢磨**。

任何一本書都應該不斷進化，但內容卻不能無限擴張。當你要為系列廣告選出最佳的廣告表現時，必須是個嚴厲的編輯；同樣地，當你要選出最佳系列廣告，收錄進作品集時，也必須有所取捨。你可以參考熱門夜店的收客妙法，「一個進，一個出」；也就是在你加入新的系列廣告時，連帶淘汰相對遜色的。當然，這也意味著新的系列廣告，必須優於作品集中最弱的一環。總地來說，質勝過量：與其收錄三強一弱的系列廣告，不如每篇作品都是強棒出擊，不然，遜色的作品只會降低作品集的力道。這也就是說，在一開始，就不該只為填滿作品集，而濫竽充數。

你也可以單純為了砥礪心智，而在作品集上持續下功夫。畢竟，創意人的工作就是**持續創造**。作品集若是沒有活水補充，就只能充滿陳舊的作品；這樣反而會在你求職時拖累你，讓你看起來像是江郎才盡。再說，你在呈現作品集時，必須表現出熱情。當然，有些人談起自己的舊作，總能滔滔不絕，但我自己是沒有這項本事，除非那是我特別引以為豪的作品；人們通常會在談論自己的新作時特別興奮，而這也能讓聽者感受到你戮力創新，追求卓越，而不是靠著舊作得過且過。

新鮮的廣告策略
- 尋找不同的廣告主張／效益。參考對手品牌的廣告，然後走出一條不一樣的路。問問自己，「能不能幫產品找到另一種定位？」

- 挑戰既有觀點和調性。舉例來說，大部分鼓勵人們立遺囑的宣傳都是嚴肅蒼涼的，不然就是以未立遺囑的後果來勸導。為什麼不試試輕鬆愉快的調性呢？或是來點幽默又何妨？

- 為品牌開創全新市場。倫敦的 HHCL 廣告商在策略上動腦筋，將沖杯泡麵（Pot Noodles）的目標受眾從原本的勞工，轉變成家庭主婦和學生，乃至普遍的年輕市場。

- 取最顯而易見的廣告主張，搭配最顛覆性的廣告概念。我們身邊有許多品牌都採用合理清晰的主張，卻沒有將之完全開發。舉例來說，「閃亮（Brillo）清潔刷是最強力的清潔刷」，就是非常直接的產品效益，不要躲避它。廣告主張愈是平淡、無聊、淺顯，越需要絕佳概念來攻佔市場。

- 有些產品或服務標榜「最高級」的產品效益（像是最快、最堅固、最強力、最耐久等等），常被視為容易行銷的品牌，在處理時要多留意。

- 跳出頁面或電視螢幕來思考。也許你的廣告策略可以奠基於全新型態的環境媒體（參見〈環境廣告〉一章）。

學生習作
為了展示創意的廣度，你的作品集理當呈現出創作的橫剖面，讓觀者能看見不同的調性、藝術指導手法和產品類型。也就是說，你要懂得「見縫插針」，呈現出完滿多元的創作面貌。如果作品集裡有兩件以上相似度過高的作品，這些作品必定會抵消彼此的力道。

在為作品集挑選產品／服務時，你的選擇越獨到，作品集就越特出，你也會因此而顯得與眾不同（我知道獨特性很難分等級，因為獨特與平庸之間本無灰色地帶，但你懂我的意思）。

如果你是學生，不要依賴老師指派的習作。要培養習慣，自發地物色你想為它做廣告的產品和服務。留意四周，逛逛網路，探索超市和精華地段的商店，然後發想原創的廣告案；這是職業廣告人所沒有的奢侈餘裕。還有，你也可以顛倒創作程序，先發想出絕佳的廣告概念，再擬定廣告策略，最後才物色適合的產品。畢竟，一旦進入廣告商工作，你就會受到廣告案的約束，失去學生所擁有的自由。也因如此，很多人認為學生作品集若比市面上的廣告出色，也只是剛好而已。

話說回來，有些產品類型是**不值得**你下工夫的（易於發想、俗套、學生味重、華而不實，或默默無聞者）：

- 保險套
- 便利貼
- 螢光筆
- 婚介服務
- 大屠殺紀念博物館和主流慈善機構
- 科技通才會懂的奇怪小玩意
- 辦公室玩具
- 聖經

另外，少碰為妙的，還有新推出的陌生產品。你不妨將目光轉向大眾熟悉的產品和服務，還有那些已站穩腳步，卻從未做過廣告的品牌。

不過，有些品牌的廣告早已獲得大獎肯定，甚至名聞遐邇，那反而不是好目標。你替這些品牌發想的作品，一定會被拿來與得獎廣告比較；除非你的手筆更勝一籌，不然還是不要交鋒為妙。市面上，用得上出人意表好廣告的品牌多的是；你大可節省力氣，別在不需要廣告的產品上琢磨。

下面這些產業和產品倒 是**值得**你多下工夫（它們沒有專利，有的無趣，有的講究平實耐用……但在現代生活佔有一席之地）：

- 航空公司
- 銀行
- 汽車
- 汽車經銷商
- 啤酒
- 速食連鎖店
- 衛生棉
- 麵包
- 加油站
- 報紙
- 流行
- 醫療
- 保險公司
- 電信業者
- 競選廣告

特易購家庭保險

Moving home.
Exciting.
Moving home insurance.
Unexciting.
We'll give you a 20% discount online.*
Exciting-ish?

TESCO | Every Little helps

這則廣告擺明調侃搬家保險的無趣。

客戶：特易購（Tesco）
廣告商：Lowe，倫敦
創作者：Jason Lawes、Sam Cartmell

搬家。

興高采烈。

搬家保險。

興趣缺缺。

我們會提供八折的線上優惠。

有點興奮了嗎？

特易購　省一元也是省

PAY HALF NOW AND NOTHING LATER.

A range of five fitted kitchens with every unit at half price.

TEXAS

一半付完，無須再付。　五件式系統廚具，所有組件均半價。

這則廚具廣告使用諧擬手法，換一種方式說「下殺五折」或「開銷省一半」。

客戶：德州家具（Texas Home Care）
廣告商：Leagas Delaney，倫敦
創作者：Gary Marshall、Paul Marshall

另外還有些特定的廣告案（參見第 301 頁），比如：

· 百貨公司特價促銷
· 金融交易（financial deals），像是低利率貸款、零利率分期
· 其他交易，像是買一送一、免費加贈天窗

就通則來說，精彩的銀行系列廣告只要一支，就能抵過五支精彩的便利貼系列廣告。還有，如前所述，不要浪費時間去救扶不起的廣告概念（除非你真的很想磨練自己的電腦技能）。

媒體類型要周到

要讓作品集的力道衝至最高，不妨將廣告概念擴充至平面媒體以外。你若能做出**橫跨各種媒體**的系列廣告，等同向廣告商證明自己有能力擘劃**超大格局**的廣告（參見〈綜合廣告〉一章）。在職場的現實裡，大格局的綜合系列廣告確實能博得不少雇主的青睞，許多廣告案就是這樣贏來的。

產品暨服務類別

你的學生作品集，應要與業內頂尖廣告商的作品呼應；而通常這些廣告商行銷的產品與服務，都有既定的類別。坎城國際廣告獎是現今規模最大的廣告獎，我在下面列出官方新聞稿指定的競賽類別。如果你在尋找廣告的對象時，陷入泥淖，不妨參考這張詳盡的清單，然後再依獎別，找出相應的品牌（如前所述，某些獎別的產品／品牌比較容易發想廣告概念，自當避開）。

▋鹹香類食物
肉、魚、海鮮、湯品、熟食、蔬果、米飯、義大利麵、披薩、醬料、美乃滋、醋、油、香料、香草、預煮餐、嬰兒食品和奶粉、奶油、牛油、起司、蛋、牛奶、人造奶油和麵包塗料。

▋甜食
巧克力、糖果、口香糖、洋芋片、零嘴、堅果和水果乾、蛋糕、司康、餅乾、砂糖、果醬、蜂蜜、花生醬、糖漿、甜或鹹的點心棒、麵包、黑麥薄餅（crispbread）、麵粉、烘焙素材、早餐穀片、優格和乳酸菌飲料、甜點、冰淇淋和調味牛奶。

▋酒精類飲料
啤酒（包括無酒精啤酒）、拉格、蘋果酒、波普甜酒（alcopops）、紅酒、白酒、香檳、烈酒、加度葡萄酒。

▋無酒精飲料
咖啡、茶、巧克力和麥芽飲品、氣泡與非氣泡飲料、水果和蔬菜汁、礦泉水。

▋家用品
清潔劑、清潔用具、鞋油、空氣清新劑、殺蟲劑、鋁箔、保鮮膜、盛食盒、拉鍊袋、燈泡、電池（不包括汽車電池）、油漆、亮光和護木漆、黏著劑。

▋家用電器與家具
室內和庭院家具、洗衣機、乾衣機、烹飪用具、餐具、玻璃器皿、寢具和桌巾、澡盆、蓮蓬頭和馬桶、裝潢家飾、牆壁和地板面料、門窗、暖氣、冷氣、燈具、時鐘、居家安全防護用品、煙霧感應器、家用五金、園藝工具。

▋美容化妝用品
化妝品、皮膚和指甲保養用品、香水、古龍水與鬍後水、體香劑暨體香噴霧、洗髮精和潤髮乳、髮膠、慕斯及造型噴霧、染髮劑、肥皂、淋浴和沐浴用品、防曬與助曬產品。

▋盥洗用品和成藥
非處方藥劑暨藥錠（OTC medicines and tablets）、維他命和草藥、營養補給產品、防蟲液、OK繃、皮膚藥、生髮液、保險套、驗孕產品、其他藥品、髮刷、髮梳、假髮、牙膏、牙刷、漱口水、衛生紙、衛生棉暨棉條、面紙、尿布、剃刀和刮鬍用品、除毛產品。

▋衣服、鞋類和配飾
便服和禮服、睡衣和內衣褲、緊身褲和絲襪、鞋類、運動服飾、服飾布料和縫紉材料、珠寶、手錶、行李、手提包、流行品牌暨設計師聯名太陽眼鏡和鏡框。

▋雜項
寵物飼料和寵物護理產品、禮品和問候卡、鋼筆和個人文具、菸草暨相關產品。

▋汽車
包括吉普車和四輪傳動系統。

▋其他汽機車及相關用品與服務
發財車、箱型客貨兩用車、大貨車、摩托車、輪胎、備用零件、汽車配件（包含高傳真音響）、加油站、

石油和其他用油、道路救援服務、汽車經銷、貸款與租賃。

■ 家用電子和視聽產品
電視、錄放影機、空白錄音和錄影帶、照相機、攝影機、膠捲、高傳真音響、隨身聽、CD 播放機和 MD、iPod、家用電腦、DVD 播放機、個人電話裝置（包括行動電話和 BB Call）。

■ 零售店
百貨公司及專賣店（如宜家家具）、商店卡（store cards）、超市、DIY 手工藝品店、藥局、眼鏡行、美髮店、美容院、洗衣店、房地產仲介、照片沖印館、電視、錄影帶及光碟出租店、郵購公司和產品型錄。

■ 餐廳和速食店

■ 旅遊、觀光和運輸
航空公司、火車和客運公司、渡輪與郵輪航線、旅行社、觀光局、旅館、渡假村、城市暨國家觀光推廣、包車服務、旅遊通行票（travel pass）。

■ 休閒娛樂
休閒暨主題樂園、體育館、健康飲食暨養生俱樂部、運動賽事、音樂祭、交響樂、管弦樂器、展覽和表演秀、夜總會、酒吧、藝廊、電影院和劇場、運動用具、腳踏車、遊艇、房車、玩具、桌遊、電腦遊戲、PlayStation、Xbox、Game Boy 等、彩券、博弈、高爾夫球與鄉村俱樂部。

■ 出版和媒體
報紙、雜誌、書籍、唱片、卡帶、光碟、電視和廣播公司、聯播網與各類節目、百科全書、函授課程。

■ 銀行、投資、保險業務
銀行、信用卡、民間互助會、活存和儲蓄帳戶、抵押和貸款、投資公司、個人、健康及房屋保險、汽車保險、退休金暨退休規劃、房地產開發和道路建設、房地產投資。

■ 企業設備和工商服務
商務電腦和軟體、影印機、傳真機、商務電話設備、辦公室家具和文具、快遞服務、人力派遣公司、辦公室清潔服務。

■ 廣告和媒體
廣告代理商、製片公司、廣告使用（use of advertising）、廣告效益評估、網站設計、廣告獎。

■ 其他企業對企業
行業刊物，諸如農業、工業、航空業雜誌上的廣告。

■ 醫療保健服務和處方用藥
個人保健和私人診所、齒科、眼科及其他科別醫療服務、處方用藥、醫院與牙醫診所設備、精神醫師、性治療師、整形外科醫師、隱形眼鏡、助聽器。

■ 商業公眾服務
電信服務、網路供應商、黃頁暨各類電話簿、郵政服務、水、電及天然氣公司、私立學校與大學。

■ 企業形象
企業形象廣告（不以產品為廣告基軸者）、競賽和其他活動贊助、年節問候、企業合併、電視節目贊助、企業喬遷和股票上市。

■ 公共衛生與安全
拒吸二手菸、反毒、酒駕警告、行路安全、健康暨衛生觀念、愛滋病防治。

■ 公眾議題暨訊息
政治與宗教訊息、工會與協會訊息、政府與軍隊的人才招募、國民義務教育、環保議題、少數族群與身心障礙者相關議題、性別平權。

■ 慈善募款與呼籲
慈善機構、慈善專款、義工招募、紅十字會、器官與血液捐贈。

....

Exercise：以一個禮拜為期，打造一本全新的作品集（廣告表現以手繪即可）★，最好能小組進行，製作出七支平面系列廣告，然後從中選出最佳的前五名。指導老師請注意：這個作業可以找有聲譽的廣告商合作，讓他們制定廣告案，並且評論學生交出的作品。同時，你還可以幫優勝組的學生爭取實習／建教派工的機會，作為激勵學生全力以赴的誘因。

★有些廣告學校不會要求學生在畢業前交出作品集（課堂上也沒有廣告習作），這時指導老師不妨多給學生一週的時間。

....

應徵工作

▌職務名稱

如果文案寫作是你主要應徵的職務，那你可以在職務名稱的欄位寫下文案寫手／藝術指導；若是相反，則可填入藝術指導／文案寫手。

剛入行的前五年，職務名稱前面不妨加上「初階」（或者不加也可以），只是**千萬不要**大剌剌地寫「創意指導」，除非你真的在創意團隊裡或接廣告案時，擔任過此職位。

▌合約效期

合約效期基本上分兩種，一者為「長久」，一者為「臨時」。臨時工作為期短至幾個小時，長至幾個月（也有可能更長），帶有「自由接案」的性質。長久雇用的職務，則是俗稱的「正職」。「兼職」則可能為長久雇用，也可能是臨時雇用。有些職務甚至以「臨時至長久」來界定效期，這意味著如果公司喜歡你，就**可能**聘你為正職員工（但是你不要太過指望這點，因為持續雇用自由接案者，可為公司省卻員工健保或勞保等福利支出，比較划算）。

▌履歷投向

廣告商可依專攻媒體，分為線下、線上、或全線／全套／多媒體。「線下」廣告商專攻直效行銷和相關媒體；「線上」則專攻傳統的非直效媒體，諸如平面、電視和廣播等等；而「全線」則代理上述所有媒體的廣告，同時也涵蓋互動媒體。另外，你也要弄清楚，應徵公司的自我定位，是廣告代理商、設計公司、廣告兼設計公司，還是行銷公司。不論該公司屬於哪種類型，記得觀察他們網站的品質（當然，還有他們作品的水準），在你與之進一步接洽前。

▌廣告商規模

廠商規模取決於員工數、廣告案和營業額。雖然沒有兩間廣告商是一樣的，但是規模對企業文化（包括員工的工作態度、廣告的品質、公司對待員工的方式等等）具有決定性的影響，這點倒是不太會變。需要注意的是，廣告商規模較小，不代表你不會遇到「辦公室政治」；不是有人說過，「三人同室而處，必有政治」。

▌公司地點

隨著廣告持續全球化，你越來越難看到出品自特定國家／州／城市的廣告。所以在你決定為工作搬去你中意的廣告商所在地前，不妨看看各地廣告商出品的廣告都是哪些類型（你可以從近期的得獎廣告集、廣告刊物，還有網站著手搜尋）。或者乾脆直接詢問有親身經驗的人，你所發掘的資訊可能會為你帶來驚喜，也可能帶來驚愕。

▌實際接觸

- **「陌生開發」（cold calling）**：自己透過電子或實體郵件，或是電話搜尋潛在雇主。這個動作是尋找工作時的必要之惡，需要你鼓起幹勁和厚臉皮。你可以把它想成一場「平均律」的遊戲，鍥而不捨終會有成果。另外，你也可以多翻閱得獎廣告集，找出你仰慕的作品，然後寄封簡單的信給作者，這也是一種陌生開發。

- **後續聯絡**：不要害怕打擾那些可能成為你老闆的人（但是打擾要合理）。廣告人是非常忙碌的，通常都需要你的追查與提醒，才能給你確切的答案。

- **私人人脈（家人、朋友等等）**：在廣告界，私人人脈往往能發揮極大的作用。廣告界的工作甚少，往往是因為早在職缺公布之前，就有人推薦或是雇用了朋友或表親。

- **人力資源部和招募人員**：這個部門和其工作人員，在美國比較常見（大型的廣告商尤甚），歐洲倒是比較少見。理論上，人力資源部的招募人員可以「拔除」劣質的作品集，然後把優秀的呈給創意總監／團隊。這個部分可為廣告商節省不少精力和時間，但對求職者而言，卻可能是非常挫折的關卡，因為招募人員幾乎總是在揣測創意總監用人的偏好，及其現階段的需求。而且，就如我們所知道的，廣告是非常主觀的。所以，如果你有門道，可以完全避開人力資源部，那你當然要動用（但是要小心，這些人在公司裡，常握有不小的權力）。

- **創意總監、創意團隊及創意人**：如果面談人員能任你選擇，那與位在頂端的執行創意總監會面自是首選，創意團隊的領頭次之，資深的創意團隊成員又次之。其實，只要後兩者中意你的作品集，一定會將它傳到執行創意總監手中。如果和你會面的是創意人，請確認他／她是「對的那一半」（取決於你是文案寫手或藝術指導）。

- **獵人頭和人力派遣公司**：就像廣告商有好有壞，獵人頭和人力派遣公司也有好有壞。有人引薦自然是好事，但是媒合者最好能理解廣告的創意面，同時精於服務職場新鮮人（有些媒合者只擅長媒合資深工作者）。如果幫你媒合的公司都推銷不出你的作品集，那你不妨再去找別的獵人頭公司合作。有些媒合者會製造法律約束的假象，讓你覺得只能和他們合作；不要被唬了，你是自由之身，而且重點是你需要工作。最後，如果你是臨時或兼職的創意人，除非真的必要，別向人頭獵人洩露你過去和現在服務的公司。如果你說了，隔天公司收發處若是收到一疊作品集，那你也別太驚訝。要是有人頭獵人問你在哪工作，你大可回覆公司喜歡自行物色人才，你受到交代不便透露任何訊息。

遞交作品集

如果有人向你索閱「實體作品集」，記得要告訴他們「歸還日期」，不然作品集只會被晾在一旁，連著幾個禮拜無人聞問。還有，為了防止作品集內的資料遺失，記得要用堅固、封閉式的作品盒，同時貼上清楚的標示。

「創意」郵件和噱頭

如果沒有絕佳的廣告概念，那也不用在郵件上搞「創意」和噱頭。一般而言，創意指導和招募人員都不會買這些伎倆的單，甚至會覺得它們惱人又做作。不過，有些小地方是可以動點心思，以利自我推薦，像是好好設計作品預覽／重點回顧或是迷你作品集（可以是實體或電子郵件，也可以是 PDF）。只要這些自薦夠精彩，為面試開啟契機，該是綽綽有餘。

作品集基本的「要」與「不要」

- **要**備妥電腦處理好的廣告完稿，完稿要展現優良的字體排印，還有品牌化視覺元素，清晰地傳遞出廣告訊息。另外，廣告的產品和服務要多元豐富。
- **要**確定海報和刊物廣告的尺寸與比例與業界相符。
- **要**把名字和聯絡方式清楚地置於作品集封面、作品幻燈秀等自薦資料上。
- 面談之後，記得**要**發送簡短的感謝信（最好能手寫，不然電郵也可以）。
- 作品集裡面**千萬不要**有像素化圖像（照片、插畫、或商標都不能有粒子）。
- **不要**用分開的紙張呈現跨頁廣告，這樣活頁夾的扣環會從廣告中間鑽出。

- **不要**把每支系列廣告做得規規矩矩，毫無驚奇。

回應主觀的回饋

在廣告界，每個人都有自己的意見。有些人可能對你的作品集／系列廣告嗤之以鼻，有些人卻會愛不釋手，而這兩種觀點都有存在的價值。事實上，要愛不愛，要恨不恨的漠然，對你反而無用。如果你想從人們觀感中化約出最大共識，不妨持續秀作品給你尊敬的業界前輩看，聽聽他們怎麼說，然後決定哪項建議受用，並將之付諸實行。**當作品集贏得多數人的喜歡**，你就知道自己交出了漂亮的成績單（若是作品集中的每件作品都贏得金鉛筆獎，那也是堅實的背書。備註：有些人頭獵人會特別留意你是否得過獎，並且因此產生先入為主的觀點）。

業界實習

有些學校相信只要做出精采的作品集，就足以謀得第一份工作；但是，很遺憾，精采的作品集並非絕對的保證。畢竟，人們雇用的不是作品集，而是創作者……一個**充滿企圖心**的創作者。也因為如此，我鼓勵學生積極爭取到業界實習的機會，這對他們絕對有利。事實上，我發現，那些率先獲得「像樣」工作的畢業生，絕大多數都已累積了一、兩次實習的本錢。

備註：有些學校會在學年中指派實習機會給「合適」的學生。

實習的好處

- 豐富你的履歷，並且增加獲聘機會
- 讓你體驗廣告業界的現實（包括廣告公司的運作、廣告人的風格等）
- 趁早探索自己是否適合吃廣告這行飯
- 趁早探索自己是否適合在創意部工作
- 比較容易謀得（與支付全職薪資的長久職位比起來）

關於實習的其他建議

- 越早開始實習越好（也就是大學第一年）。
- 聯絡所有類型的廣告商（先和大型的廣告商聯繫，他們通常都已建立完善的實習制度，訓練了不少實習生。接著再和獲獎廣告商聯繫，大型、小型皆可嘗試。最後，再聯絡那些沒沒無聞的小型廣告商）。
- 每間廣告商對應實習生的窗口要確切掌握。
- 先寄出履歷，讓對方認識你，知道你是廣告系的學生，修過哪些課，為什麼想在他們公司實習等相關資訊。

- 詢問他們要不要看你的平面作品（要幾份？該以甚麼格式寄出？）。
- 查查看學校是否有輔導學生實習的部門。
- 有些學校會將職場學習採計為「學分」，你可以打聽看看你的學校是否有這樣的機制。
- 雞蛋不要都放在同個籃子。記得找不同類型的廣告商實習（參見〈履歷投向〉，第 304 頁）。
- 實習經驗可能因不同的公司而異（所以不要因為一次糟糕的實習經驗，就裹步不前）。
- 為了避免無謂的尷尬，你不妨先問好實習是否有給薪？如果有，那是多少？又或者公司只付車馬費？
- 不要實習超過兩、三個禮拜，尤其如果他們只支付你實習「薪資」。
- 履歷中的工作經驗，可以摻雜假日打工及其他領域的兼職經驗（越獨特越好）。
- 進入公司實習後，你要比任何創意部的員工，都更認真地工作！

備註：在美國，實習生履歷的「工作經驗」，可以含括所有職務和工作經驗；但在英國，只能含括實習和建教派工的經驗。

學生廣告競賽

廣告業裡，求職的競爭素來激烈；所以我認為，廣告學校應多多鼓勵他們的學生參加廣告獎比賽，藉此加強學生的信心，為其履歷增色，同時為學校爭取榮譽。如前所述，有些指導教授認為時間還是花在將學生作品集準備得盡善盡美，較穩妥。這也是不錯的建議，但是很遺憾，廣告人不是個個都慧眼識珠，有時還是需要廣告獎來擦亮眼睛，「證實」才華的存在。這些廣告競賽通常都能選出最頂尖的作品，但如果你沒得獎，照樣可以把參賽作品收入作品集裡。不論輸贏，一場全國性（或國際性）的競賽，不但會讓學生體認到教室外面的世界，而且也能讓學生練習在嚴格的截止日期前完成作品。

學生廣告競賽和獎項有許多，但是你要以那些頂尖的、最負盛名的賽事為目標。這些賽事包括：

指定廣告案

金鉛筆獎大專院校賽（One Show College Competition）

英國設計與藝術指導學會全球學生獎（British D&AD Global Student Awards）

美國廣告協會全國學生廣告競賽（AAF's National Student Advertising Competition）

自選作品

四分色雜誌學生獎（CMYK magazine）★

傳達設計出版社新星年鑑（Graphis New Talent Annual）

路瑟國際創意誌年度學生獎（Lürzer's International Archive）

美國廣告獎學生賽（Student ADDY Awards，分地方性、區域性和全國性）★

紐約藝術指導協會年度獎（Art Director's Club of New York）

★參賽者大多來自美國的大專院校。

即使你的作品只是入圍決選，也會被印在上述刊物中，給全世界看。每個賽事的參賽費各自不同，有些賽事還會頒發獎金（我建議所有的指導老師，將競賽廣告案當成習作，一定要算學期分數，且要指派給所有學生〔不要只將作業派給你「最強」的學生，不然會錯過黑馬帶給你的驚喜〕。這會提升參賽作品的數量——以及質量——因為學生作品一多，一些較為常見、重複的點子便會立馬現形，這些點子在評審過程裡，也難逃淘汰的命運，要是真的寄出，只會浪費時間、精神和金錢。然而，即使在最有利的情況下，參賽都有運氣的成分；越新鮮，越出人意料的作品，就越容易脫穎而出。還有，如果學校不願支付學生參賽費，看看是不是能把這項支出算進學分費裡面。如果還是不行，把學生作品集結起來，透過可信賴的快遞公司統一寄出，這樣就能讓全班分擔費用，替學生省錢）。

廣泛閱讀，蒐集資料

開始留意那些作品讓你驚豔的廣告商和創意人，把他們的名字記下來。在你和他們聯絡時，一定要提及你

的仰慕。要知道，恭維能使鬼推磨。

另外，你也要繼續閱讀業界刊物和網站，追蹤業界的新聞（像是誰贏得或失去了甚麼廣告案）。

■ 美國求職網站
下面的五個求職網站比較大型、好用（其中有的還列出海外工作），但是其他求職網站也不要輕易放過，特別是有些廣告商的網站會列出職缺和實習機會：

創意熱求職網（creativehotlist.com）
搶手人力銀行（hotjobs.com）
克雷格清單（craigslist.com）
紐約時報（nytimes.com）
克拉普創意、設計與科技人才網（krop.com）

■ 雜誌（另註原出品國）
《創造力》（Creativity，美國）
《廣告週》（Adweek，美國）
《廣告年代》（Advertising Age，美國）
《四分色》（CMYK，美國）
《聚焦》（Shots，英國）
《廣告報告》（Boards，加拿大）
《商業藝術評論》（Creative Review，英國）
《系列廣告》（Campaign，英國）
《平面藝術》（Print，美國）

■ 得獎作品年鑑與幻燈秀
金鉛筆（One Show）
藝術指導協會（Art Directors Club，紐約）
英國設計與藝術指導學會（British D&AD）
英國設計與藝術指導學會學生獎（D&AD Student Annual）
坎城國際廣告祭（Cannes International Advertising Festival）
傳達藝術雜誌廣告獎（Communication Arts—Advertising）
傳達藝術雜誌設計獎（Communication Arts—Design）
傳達藝術雜誌互動獎（Communication Arts—Interactive）
克里奧國際廣告獎（Clios）
路瑟國際創意誌（Lürzer's International Archive）
美國平面藝術協會（AIGA）
系列廣告雜誌大獎刊物類（Campaign Big Award, Press，三月下旬）

系列廣告雜誌大獎海報類（Campaign Big Award, Posters，十月中）
傳達設計出版社（Graphis）
艾菲獎（Effie Awards）

■ 相關網站
美國廣告商協會（aaaa.org）
廣告年代雜誌（adage.com）
金鉛筆（adcglobal.org／oneclub.org）
創意雜誌（adcritic.com）
廣告論壇業界指南（adforum.com）
廣告怪人（adfreak.com，廣告週雜誌網站的子目錄）
廣告犀評（adrants.com）
廣告世界社群網站（adsoftheworld.com）
廣告週雜誌（adweek.com）
美國平面藝術協會（aiga.org）
橫幅廣告部落格（bannerblog.com.au）
最佳廣告週評（bestadsontv.com）
廣告報告雜誌（boardsmag.com）
品牌世界（brandsoftheworld.com，可下載商標）
系列廣告雜誌（campaignlive.com）
坎城國際廣告祭（canneslions.com）
克里奧國際廣告獎（clioawards.com）
四分色雜誌（cmykmag.com）
傳達藝術雜誌（commarts.com）
英國設計與藝術指導學會（dandad.co.uk）
設計資源轉介網站（designeducation.ca）
艾菲獎（effie.org）
傳達設計出版社（graphis.com）
商標網（logotypes.ru，可下載商標）
商業藝術評論雜誌（mad.co.uk）
平面藝術雜誌（printmag.com）
聚焦雜誌（shots.net）

■ 再說一次：請設定高遠的目標
我在這本書的開頭曾經說過，我現在再說一次：學生作品集的品質必須開高走高，你必須以比好更好為目標。如果你真心要進入頂尖廣告商的創意部門，獲得在那工作的門票，那你的目標就是要做出曠世傑作，比市面上那些獲大獎肯定的作品更出色。你無須應付客戶，也不必受限於公司政策和顧慮，擁有一般廣告人所沒有的優勢，更能勇往直前地達陣。

加油！

17

結論
Conclusion

1 譯註：邊間辦公室
（corner office）的窗
戶朝兩面開，視野較一
般辦公室更為明亮寬
闊，通常為最資深主管
所用，所以也用來指稱
頂級管理階層的職位，
可說是權力和地位的象
徵。

2 譯註：超級盃是美國
國家美式足球聯盟的年
度冠軍賽，有些球迷視
其為非官方的「國定假
日」，稱之為「超級盃
星期天」。因為萬眾矚
目，其轉播的空檔都是
廣告的黃金時段。

3 譯註：日落侯爵飯
店（Sunset Marquis
Hotel）位於落杉磯郡的
西好萊塢，風格極其豪
華，常為影視名流所光
顧，U2 樂團、滾石樂
團（Rolling Stones）、
羅比・威廉斯（Robbie
Williams）都曾是其酒吧
的座上賓。

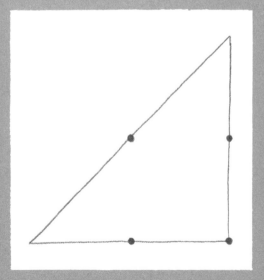

四點連線測驗的解答
（參見第 14 頁）。

我借用湯姆・摩那漢的「四十件事物」，來為這本書
做結。這四十件事物，最先出現在 1999 年《傳達藝
術》（Communication Arts）的四十週年紀念版中。
這份清單所列的科技項目，或許可以與時俱進更新，
但是其整體訊息和觀點，依然經得起時間考驗。

四十件不是概念的事物

精采的影片
到海邊拍攝結尾
照片編輯軟體 Photoshop
邊間辦公室[1]
龐大的預算
讓人驚艷的照片
六十秒版本
酷斃的配樂
數位加工
一如 Goodby
名流秀才藝
金鉛筆
可圈可點的運鏡
美輪美奐的燈光
多加一顆鏡頭
念起來很長、聽起來很嚇人的職銜
全新的蘋果 G3 個人電腦
沒有上線的版本
你最愛用的寵物店賒購帳戶
學生時代的廣告習作
量身訂做的字型
將商標變小
絕妙的插畫
黏土動畫軟體 Claymation
公眾利益
版面設計軟體 QuarkXPress
六十七秒版本
登上超級盃[2]
一時之選的製片團隊
版面校調
超炫標題
賞心悅目的設計
專屬音樂
導演剪輯版
校樣上的寬飾邊
第十八種用色
著名的導演
日落侯爵飯店裡的酒吧[3]
混編三十四號
到紐西蘭拍攝

四十件在過去四十年間，一次都不曾被做成概念的事物

精采的影片
到海邊拍攝結尾
照片編輯軟體 Photoshop
邊間辦公室
龐大的預算
讓人驚豔的照片
六十秒版本
酷斃的配樂
數位加工
一如 Goodby
名流秀才藝
金鉛筆
可圈可點的運鏡
美輪美奐的燈光
多加一顆鏡頭
念起來很長、聽起來很嚇人的職銜
全新的蘋果 G3 個人電腦
沒有上線的版本
你最愛用的寵物店賒購帳戶
學生時代的廣告習作
量身訂做的字型
將商標變小
絕妙的插畫
黏土動畫軟體 Claymation
公眾利益
版面設計軟體 QuarkXPress
六十七秒版本
登上超級盃
一時之選的製片團隊
版面校調
超炫標題
賞心悅目的設計
專屬音樂
導演剪輯版
校樣上的寬飾邊
第十八種用色
著名的導演
日落侯爵飯店裡的酒吧
混編三十四號
到紐西蘭拍攝

四十件能讓好概念變為現實的事物，也許……

精采的影片
到海邊拍攝結尾
照片編輯軟體 Photoshop
邊間辦公室
龐大的預算
讓人驚豔的照片
六十秒版本
酷斃的配樂
數位加工
一如 Goodby
名流秀才藝
金鉛筆
可圈可點的運鏡
美輪美奐的燈光
多加一顆鏡頭
念起來很長、聽起來很嚇人的職銜
全新的蘋果 G3 個人電腦
沒有上線的版本
你最愛用的寵物店賒購帳戶
學生時代的廣告習作
量身訂做的字型
將商標變小
絕妙的插畫
黏土動畫軟體 Claymation
公眾利益
版面設計軟體 QuarkXPress
六十七秒版本
登上超級盃
一時之選的製片團隊
版面校調
超炫標題
賞心悅目的設計
專屬音樂
導演剪輯版
校樣上的寬飾邊
第十八種用色
著名的導演
日落侯爵飯店裡的酒吧
混編三十四號
到紐西蘭拍攝

四十件如果不謹慎以對，反而會耽誤好概念的事物

精采的影片
到海邊拍攝結尾
照片編輯軟體 Photoshop
邊間辦公室
龐大的預算
讓人驚豔的照片
六十秒版本
酷斃的配樂
數位加工
一如 Goodby
名流秀才藝
金鉛筆
可圈可點的運鏡
美輪美奐的燈光
多加一顆鏡頭
念起來很長、聽起來很嚇人的職銜
全新的蘋果 G3 個人電腦
沒有上線的版本
你最愛用的寵物店賒購帳戶
學生時代的廣告習作
量身訂做的字型
將商標變小
絕妙的插畫
黏土動畫軟體 Claymation
公眾利益
版面設計軟體 QuarkXPress
六十七秒版本
登上超級盃
一時之選的製片團隊
版面校調
超炫標題
賞心悅目的設計
專屬音樂
導演剪輯版
校樣上的寬飾邊
第十八種用色
著名的導演
日落侯爵飯店裡的酒吧
混編三十四號
到紐西蘭拍攝

四十件無法讓糟糕概念起死回生的事物

精采的影片
到海邊拍攝結尾
照片編輯軟體 Photoshop
邊間辦公室
龐大的預算
讓人驚豔的照片
六十秒版本
酷斃的配樂
數位加工
一如 Goodby
名流秀才藝
金鉛筆
可圈可點的運鏡
美輪美奐的燈光
多加一顆鏡頭
念起來很長、聽起來很嚇人的職銜
全新的蘋果 G3 個人電腦
沒有上線的版本
你最愛用的寵物店賒購帳戶
學生時代的廣告習作
量身訂做的字型
將商標變小
絕妙的插畫
黏土動畫軟體 Claymation
公眾利益
版面設計軟體 QuarkXPress
六十七秒版本
登上超級盃
一時之選的製片團隊
版面校調
超炫標題
賞心悅目的設計
專屬音樂
導演剪輯版
校樣上的寬飾邊
第十八種用色
著名的導演
日落侯爵飯店裡的酒吧
混編三十四號
到紐西蘭拍攝

四十件讓創意人興奮，但忘記核心概念很糟糕的事物

精采的影片
到海邊拍攝結尾
照片編輯軟體 Photoshop
邊間辦公室
龐大的預算
讓人驚豔的照片
六十秒版本
酷斃的配樂
數位加工
一如 Goodby
名流秀才藝
金鉛筆
可圈可點的運鏡
美輪美奐的燈光
多加一顆鏡頭
念起來很長、聽起來很嚇人的職銜
全新的蘋果 G3 個人電腦
沒有上線的版本
你最愛用的寵物店賒購帳戶
學生時代的廣告習作
量身訂做的字型
將商標變小
絕妙的插畫
黏土動畫軟體 Claymation
公眾利益
版面設計軟體 QuarkXPress
六十七秒版本
登上超級盃
一時之選的製片團隊
版面校調
超炫標題
賞心悅目的設計
專屬音樂
導演剪輯版
校樣上的寬飾邊
第十八種用色
著名的導演
日落侯爵飯店裡的酒吧
混編三十四號
到紐西蘭拍攝

四十件讓創意人廢寢忘食，不顧核心概念尚未下足功夫的事物

精采的影片
到海邊拍攝結尾
照片編輯軟體 Photoshop
邊間辦公室
龐大的預算
讓人驚豔的照片
六十秒版本
酷斃的配樂
數位加工
一如 Goodby
名流秀才藝
金鉛筆
可圈可點的運鏡
美輪美奐的燈光
多加一顆鏡頭
念起來很長、聽起來很嚇人的職銜
全新的蘋果 G3 個人電腦
沒有上線的版本
你最愛用的寵物店賒購帳戶
學生時代的廣告習作
量身訂做的字型
將商標變小
絕妙的插畫
黏土動畫軟體 Claymation
公眾利益
版面設計軟體 QuarkXPress
六十七秒版本
登上超級盃
一時之選的製片團隊
版面校調
超炫標題
賞心悅目的設計
專屬音樂
導演剪輯版
校樣上的寬飾邊
第十八種用色
著名的導演
日落侯爵飯店裡的酒吧
混編三十四號
到紐西蘭拍攝

四十件所費不貲，遠大於花在好概念的事物

精采的影片
到海邊拍攝結尾
照片編輯軟體 Photoshop
邊間辦公室
龐大的預算
讓人驚豔的照片
六十秒版本
酷斃的配樂
數位加工
一如 Goodby
名流秀才藝
金鉛筆
可圈可點的運鏡
美輪美奐的燈光
多加一顆鏡頭
念起來很長、聽起來很嚇人的職銜
全新的蘋果 G3 個人電腦
沒有上線的版本
你最愛用的寵物店賒購帳戶
學生時代的廣告習作
量身訂做的字型
將商標變小
絕妙的插畫
黏土動畫軟體 Claymation
公眾利益
版面設計軟體 QuarkXPress
六十七秒版本
登上超級盃
一時之選的製片團隊
版面校調
超炫標題
賞心悅目的設計
專屬音樂
導演剪輯版
校樣上的寬飾邊
第十八種用色
著名的導演
日落侯爵飯店裡的酒吧
混編三十四號
到紐西蘭拍攝

四十件如果運用得當，就能助好概念發光的事物

精采的影片
到海邊拍攝結尾
照片編輯軟體 Photoshop
邊間辦公室
龐大的預算
讓人驚豔的照片
六十秒版本
酷斃的配樂
數位加工
一如 Goodby
名流秀才藝
金鉛筆
可圈可點的運鏡
美輪美奐的燈光
多加一顆鏡頭
念起來很長、聽起來很嚇人的職銜
全新的蘋果 G3 個人電腦
沒有上線的版本
你最愛用的寵物店賒購帳戶
學生時代的廣告習作
量身訂做的字型
將商標變小
絕妙的插畫
黏土動畫軟體 Claymation
公眾利益
版面設計軟體 QuarkXPress
六十七秒版本
登上超級盃
一時之選的製片團隊
版面校調
超炫標題
賞心悅目的設計
專屬音樂
導演剪輯版
校樣上的寬飾邊
第十八種用色
著名的導演
日落侯爵飯店裡的酒吧
混編三十四號
到紐西蘭拍攝

四十件在過去四十年間，未曾為真正高明的廣告人所倚賴，用以建立事業版圖的事物

精采的影片
到海邊拍攝結尾
照片編輯軟體 Photoshop
邊間辦公室
龐大的預算
讓人驚豔的照片
六十秒版本
酷斃的配樂
數位加工
一如 Goodby
名流秀才藝
金鉛筆
可圈可點的運鏡
美輪美奐的燈光
多加一顆鏡頭
念起來很長、聽起來很嚇人的職銜
全新的蘋果 G3 個人電腦
沒有上線的版本
你最愛用的寵物店賒購帳戶
學生時代的廣告習作
量身訂做的字型
將商標變小
絕妙的插畫
黏土動畫軟體 Claymation
公眾利益
版面設計軟體 QuarkXPress
六十七秒版本
登上超級盃
一時之選的製片團隊
版面校調
超炫標題
賞心悅目的設計
專屬音樂
導演剪輯版
校樣上的寬飾邊
第十八種用色
著名的導演
日落侯爵飯店裡的酒吧
混編三十四號
到紐西蘭拍攝

廣告用語小辭典

（按英文首字母排序）

十中選一（1-in-10 tool） 別名平均律（發想的概念越多，想到好概念的機率就越高）。

線上（Above the line） 用以指稱傳統的非直效廣告，諸如平面、電視和廣播廣告。參見線下（Below the line）和全線（Through the line）兩詞條。

專案人員（Account person） 在廣告業裡，專案人員負責與客戶接洽，以及廣告案的管理，是廣告代理商和客戶之間的橋樑，別稱為專案經理（Project Manager）。

廣告（Ad） advertisement 和 advert 的縮寫，指的就是廣告業者（備註：英美的廣告業者，偏好使用 ad 或 advertisement，advert 較多是消費者在用的）。

概念表現（Adcept） 不是概念，也不是廣告，而是由單一或連串的預圖圖像所組成，用來概括目前的廣告概念及其接下來的發展取向。參見情緒板（Mood boards）詞條。

押聲（Alliteration） 指的是接連使用同一字母或聲母開頭的單字，例如「sing a song of sixpence」（唱一首六便士的歌），即押「s」聲。

另類標題（Alternative headline） 不依循撰文形式單句呈現，另類標題可以是兩句或多句話、一連串不成句的字彙、整理成資訊的表格，也可以是事實和數據、一連串的問與答，或一連串的英文字母和數字。

環境媒體（Ambient media） 這種新型態的廣告模式專走出奇制勝的路線，巧用生活環境作為廣告媒介，時以創新手法運用傳統媒體，甚或自創全新媒體，也採用為雷達下、另類、或非傳統媒體。參見游擊廣告（Guerrilla）詞條。

類比和視覺隱喻（Analogy and visual metaphor） 此兩者都以一來事代表另外一事；前者將兩樁事物相似之處相互比較，藉此解釋事理，例如人的心臟和泵浦；後者則是借引喻彼，用以譬喻的事物必是另有所指，不能照字面解釋，例如「我的老闆是一條蛇」。運用於廣告圖像時，類比和視覺隱喻都以視覺元素來進行象徵，例如以紅色象徵憤怒，狗象徵忠心，與視覺明喻大為不同（參見視覺明喻〔Visual simile〕詞條）。

橫幅式廣告（Banner） 主要分為兩種：第一種是專門吸引注意力的「揮旗手」，提供「登陸頁面」（landing site）或應用程式的快速連結；第二種則更具互動性（像是惠普〔Hewlett-Packard〕的橫幅式系列廣告〈發明〉〔Invent〕）。

線下（Below the line） 用以指稱直效／直郵廣告。參見全線（Through the line）詞條。

二元簡報（Binary briefing） 二元非黑即白、非一即零；以此邏輯推演廣告策略走向，即為二元簡報法。比如，產品廣告或以提高市佔率為策略，或以擴大市場為策略，不能兩者兼行。

部落格（Blog） 其英文名稱由「網路日誌」（web log）濃縮而來，其上的每篇日誌刊登皆依最新排到最舊。「部落格」也可以當動詞用，意思是經營部落格，為其添加內容。有些業餘的部落格最後開花結果，變成極具影響力的布告欄，引來品牌的青睞和合作。

借利（Borrowed interest） 運用名聲響亮的人或事物來襯產品或服務，隸屬證言背書型廣告的分支。這種廣告如果表現不出產品和背書者之間的關聯性，通常概念也會缺乏實質，這時候借利就會變成「揩油」。

品牌（Brand） 讓產品從同類中脫穎而出的名字，等同產品的身分。這個身分的功能遠遠大過理性的產品識別，也大過廣告或推銷產品的手法；它超越產品的物理特性，甚至被譽為產品基因。一個品牌底下可能有一或多個副品牌。

品牌忠誠度（Brand loyalty） 顧客對品牌所懷抱的信賴感，也是他選擇購買該家商品，而非另一家的原因。這樣的忠誠度可能一輩子不斷，甚至流傳好幾個世代。

品牌化（Branding） （1）以精心設計的質感、樣貌和調性，反映品牌的內蘊。（2）執行概念，創造／再創造品牌的過程。備註：以視覺元素重構品牌（visual branding）只是品牌化的一環。

行動呼籲（Call-to-action） 這些廣告文字告訴閱聽眾要採取甚麼行動，才能下單、捐款或獲取更多資訊。行動呼籲通常會附上電話號碼或網址，有時也會提供兩者。

系列廣告（Campaign） 以同一個概念製成的同系列廣告，也就是由一個概念發展出來的多重廣告表現；其數至少為三，通常都要更多。系列廣告的概念格局要大，每則廣告表現都必須同中存異。備註：有很多人都會將「廣告表現」（execution）和「系列廣告」（campaign）混為一談。

唯讀記憶光碟（CD-ROMs，Compact Disc Read-Only Memory） 透過電腦來讀取資料的光碟。

經典版面（Classic layout） 誕生於1960年左右，乃由現代廣告先驅海爾穆特・克羅內（Helmut Krone）服務於紐約 DDB 廣告公司時首創，別名福斯版面（VW layout）。此平面版面以同為經典的奧美版面（Ogilvy layout）為原型，從其三欄布局演進而來，既可付梓於全

頁，亦可改編成跨頁形式。

俗套（Cliché） 太過常用而淪為窠臼的詞句、概念、圖像及視覺元素。

客戶（Client） 委託廣告商製作廣告的公司、組織或個人。

四分色模式（CMYK） 印刷使用的顏色系統。C 代表青色（Cyan），M 代表洋紅（Magenta），Y 代表黃（Yellow），K 代表黑（Black）；此四色以不同百分比混和，即可調成各種顏色。參見三原色光模式（RGB）詞條。

配色（Color palette） 廣告選用的顏色。許多產品都透過反覆使用一種顏色或配色，構成強烈的視覺元素，藉此輔助品牌的建立。

競爭對手（Competition） 同一市場中的同類產品。

同台競爭型廣告（Competitive advertising） 直接將產品與競爭對手比較，手法可以露骨，也可以含蓄，也稱為互相比較型廣告。

廣告概念（Concept） 從廣告策略衍生而出，是系列廣告要傳達的核心想法或論點。有時也稱為系列廣告的中心思想（campaign thought）。

連環廣告（Consecutive〔sequential〕ads） 這類廣告以組為單位運作，尺寸可大可小，但必須一致，最常見的尺寸是 1/4 或 1/2 頁。連環廣告不只是「串在一起的系列廣告」，其排列順序通常別有用意，要看到最後一則才能了解裡面的梗，產品有時也會在最後才揭曉，所以要連起來看，才能發揮功效。

反差與矛盾（Contrast and contradiction） 廣告標題與圖像相對照，產生反差或是矛盾感，進而製造出張力或出人意表的效果，恰與標題重複圖像相反（參見標題重複圖像〔Headline repeating visual〕詞條）。

對比二位組（Contrasting pair） 使用對比的修辭，像是英國愛顧商城（Argos）的品牌標語「家喻戶曉的大牌子，沒人聽過的好價錢」，地球之友（Friends of the Earth）的「遠矚全球，在地行動」。使用對比二位組的標題通常蘊藏了「反轉」的玄機（在〈平面廣告〉一章有詳述），前半部引導讀者往某個方向思考，後半部卻完全反其道而行，常常讓人出乎意料，而瓦解心防，正是其魅力所在。

文案（Copy） 廣告裡的文字通稱為文案，其中短文案（或短體文案）包含標題、副標題和品牌標語，而長文案指的則是廣告文案／廣告內文，也可用來稱任何經過設計、長度可觀的文案。

創意（Creative） （1）一般指運用和展現想像的能力。（2）在廣告公司創意部門工作的人可稱為創意人。（3）

在美國，廣告也稱為創意作品。

創作進程（Creative process） 構思廣告的進程，也就是先擬策略，後發想概念，最後再加以執行。

剪裁和取景（Cropping and framing） 藝術指導用來布局廣告畫面的手法。剪裁決定畫面的局部大小，取景則是擺放圖像的方式；兩者都以精簡為貴，也是一種「刪減法」。

插科（Cut back） 多用於電視或廣播廣告，在結尾的旁白或字幕跑完後，重新接回廣告劇情，長度不超過一秒。

一示見真章型廣告（Demonstration ad） 這類型的廣告聚焦於「展示」產品的效益，是一種真槍實彈的「展演」。用一種新穎且高明的方法，展示產品的效益，最是引人入勝，其溝通力道也最直接；消費者看了廣告，就明白產品有多好用（備註：不要把一示見真章型廣告和那些俗氣的資訊式廣告〔infomercials〕搞混了，後者賣的都是說不出所以然或派不上用場的發明）。

直接圖像（Direct visual） 與廣告標題具有直接關聯的圖像，可說是比間接圖像更為重要，因為前者與廣告標題脣齒相依，缺少任何一者就難以完整地溝通概念。參見間接圖像（Indirect visual）詞條。

不要用說的，秀出來（Don't tell, show） 一張圖勝過千言萬語，這是流傳已久的創作手法。參見內心劇場（Theater of the mind）詞條。

不寫，借用也行（Don't write, borrow） 有時候借用他人的文字，效果更強於自行生新的廣告稿（前提是借用的文字要切題）。這手法運用在任何媒體上，都行得通。

詞義雙關（Double meaning） 詞義雙關常見於廣告標題和品牌標語，主要以同一字眼傳達出雙重意涵的語言機關，比諧音雙關來得更為高明而且自然，例子有英國競選廣告的標題，「勞工已然停擺」（Labour isn't working，既指失業率居高不下，導致勞工停擺，也指英國工黨〔Labour Party〕運作失能）。

雙重主張（Double proposition） 同時宣揚兩種產品效益，如美樂啤酒力特系列（Miller Lite）的「滋味好，且不脹胃」。不過，除非客戶堅持，或者這是唯一合乎邏輯的策略，不然還是避免使用為上。

誇張法（Exaggeration） 這項工具以真實為依據，誇張產品的效益，進而成就廣告。

廣告表現（Execution） 單則廣告，常衍發自系列廣告概念，是為概念執行後的結果。備註：在英文裡，Execution 也指概念的「執行」，像是平面廣告的版面設計，或是電視廣告的拍攝，所以

312

有人説「執行很糟糕」時，意即視覺效果不彰。

檔案格式（File type）電腦的檔案格式，以副檔名區分，例如「.jpg」、「.pdf」等等。

大眾化產品（Generic product）看上去沒有獨家賣點的產品或服務，也就是説，這樣的產品或服務至少會在市場上遭遇一位競爭對手，亦稱為同位產品（parity product）。

動名詞（Gerunds）動詞的名詞化。使用太多動名詞，不但會讓句子看起來複雜，而且還會讓文氣窒礙。

網格（Grid）在本質上，網格其實是數學公式，用以建立頁面的底層結構，將其分割成不同的單位，達成最有秩序的排列。平面設計的網格與用於建築的，其實並無太大不同。

網格系統（Grid system）網格的排列與設計。

游擊廣告（Guerrilla）環境或另類廣告中極具戲劇張力的形式，常會牽涉到特效、道具和真人，也被視為游擊行銷或策略的一部分。

手繪版面（Hand-drawn layouts）付諸紙筆的概念或版面（與電腦排版或繪圖相對而言），隨其大小和完成度也稱為迷你稿、薄棉稿、初稿和色稿。

標題引介圖像（Headline introducing visual）以標題引介圖像，然後透過圖像來揭露廣告概念或是梗。如果這樣的揭露出人意表，那就能在標題和圖像間，營造出引人入勝的張力。

標題重複圖像（Headline repeating visual）標題傳達的訊息，有部分或全部，與廣告圖像重複；這是初學廣告的學生最常犯的錯誤。雖然有些情況確實需要標題重複圖像，但這種機會少之又少。這種手法也被戲稱為「看斑斑跑步」或「看珍珍跑步」。

標題裡的反轉（Headline twist）單口喜劇演員和劇作家常用的手法，用在廣告上也一樣能產生幽默或嚴肅的效果。反轉通常將讀者或聽眾的想像引往一個方向，最後來個「急轉彎」的結尾，把想像拉往出乎意料的方向。

階級序位（Hierarchy）一則平面廣告所能涵容的元素，至多為六：標題、副標、圖像、文案、品牌標語和商標。階級序位就是透過藝術指導的編排（也就是調整各項元素的大小和位置），表現出此六者重要性的順序，亦稱為「最多−次多−最少」排列法。

點子（Idea）參見廣告概念（Concept）。

間接圖像（Indirect visual）間接圖像與廣告標題只有間接的關聯，通常以美

術指導為表現主力，或者採用背景式圖像，只求增添某種氛圍、感覺或印象（而非概念之傳達）。參見直接圖像（Direct visual）詞條。

綜合（Integrated）一個概念以多種媒體或溝通形式（可能是廣告，也可能是設計，抑或兩者）呈現，其格局之大器，無須拘泥於單一的創意領域。可與之互換的字眼尚有：多媒體、多平台、複合媒體、360° 品牌化、全線、創新行銷（如環境廣告）和跨管道。

互動（Interactive）泛指所有數位創作的廣告（和數位廣播或數位電視上播出的廣告是不同的概念），需要觀眾付出即刻和持續的行動，才能將訊息完整地傳達。雖然提到互動廣告，一般指的都是網路廣告，不過其他使用創新媒體者，如環境和游擊廣告，也在互動廣告的範疇裡。同義字還有「數位」和「新興」。

侵擾式廣告手法（Interruptive methods）為達廣告目的，打斷消費者網路活動者。橫幅式廣告、彈出式廣告和整頁覆蓋式動畫皆走此路線。

插入式廣告（Interstitials）以另開瀏覽視窗的形式，出現於網頁下載的空檔。

隱形的線（Invisible thread）這條假想的「線」能助文案的文氣行雲流水，在句子和句子、段落和段落間穿梭，使之天衣無縫地接合。

對你的寶貝下重手（Kill your babies）這句話提醒創意人不要執著於自己寶愛的點子，尤其如果沒廣告效果可言。

保持簡單，笨蛋（KISS（Keep It Simple, Stupid））評量廣告概念的金科玉律。

正當和非正當（Legitimate and illegitimate）正當的線上廣告手法有：搜尋引擎（search-engine advertising）、桌面廣告（desktop advertising）、線上黃頁（online advertising directories）、廣告聯播網（advertising networks）和許可式電子郵件廣告（opt-in email advertising）。非正當的廣告手法則有濫發電郵廣告（就跟濫發的直郵廣告一樣，都是垃圾郵件）。

連接詞／連結用語（Linking words／phrases）文章的「過渡」裝置，在念頭之間搭起橋樑，綴銜句子和句子、段落和段落，使得文氣通順流暢，像是所以、然而、事實上等等。

三位組（List of three）文案中常用的技巧，尤其在成雙的詞彙、事例或語句略顯單薄，增加至四位組又嫌太多時。三位組能賦予文句韻律與平衡感，並且完足語氣，因此也有人將之稱為「神奇三位組」（The Magic Three）。參見三位組圖像（Visual threes）詞條。

商標（Logos）也被視為商品的「身分證」，其基本類型有三種：字母型、文字型和圖案型；其中有些表達的是實質意涵，有些則訴諸抽象內蘊。

指定項目（指定置入／摒除）（Mandatories（inclusions／exclusions））指定置入／摒除於廣告表現的項目，通常以清單形式列於創意簡報的結尾。

行銷（Marketing）將產品或服務置於市場的過程。有人也會用「行銷組合」（marketing mix）的四大組成，即產品、價位、通路和促銷（product、price、place 和 promotion，俗稱4P），來敘述這個過程。

媒體（Media）在本書泛指各類廣告媒體（像是電視、平面、廣播等），常以傳統／非傳統、網路／非網路、數位／非數位為分類的範疇。

情緒版（Mood boards）與概念表現相似，但通常使用的圖像和剪貼更多，以此傳達出廣告的整體感覺、輪廓、或調性，甚至是目標受眾的類型。參見概念表現（Adcept）詞條。

助記符（Mnemonic）用於輔助記憶的符號，可以訴諸視覺，也可以訴諸聽覺。廣告中常常加以運用，好讓產品或系列廣告在消費者的記憶中駐留。

多位組圖像（Multiple visuals）以多元的圖像呈現廣告概念，延遲破梗的時間；或重複相似圖像，傳達產品訊息。

神祕道具（Mysterious prop）在向客戶簡報時使用，搭配廣告作品登場，藉此撩撥客戶的好奇心，誘發其興趣。

新興媒體（New media）（1）數位或互動媒體。（2）任何前所未創、未被界定的媒體（數位或非數位）。

點頭跡象（Nod factor）當聆聽者（客戶）同意你的（簡報者的）想法時，形諸於外的身體語言。

單一景框（One frame）這是個很有用的創作工具，能力保廣告概念的簡單，可説是一種刪減法：只要將關鍵景框的數量限定為一（二和三也可以），將廣告概念濃縮在這個分鏡裡，就好像海報廣告那樣，即使最後成品使用更多分鏡來鋪陳故事，溝通的力道還是會因此增強。

單一廣告（One-shot）單打廣告表現，因概念的格局較小，難有延伸，無以發展成系列廣告，也可以稱為一次性廣告〔one-off〕。

逆向思考（Opposite tool）反向操作廣告策略、概念、標題、圖像、品牌標語和藝術指導，藉此創作出讓人耳目一新的廣告。

放一晚，試試看（Overnight test）先

將概念放著，靜置一段時間再回過頭來，用嶄新的眼光繼續創作。

同位產品（Parity product）市場上地位相等的產品，有一至多個競爭對手，也被稱為大眾化產品（generic product）。

像素化（Pixilation）解析度（DPI／PPI，每英吋的點陣／像素數）會因螢幕顯像大小或印刷輸出尺寸而變化，若設定得不夠高，就會產生「塊狀」，使圖像品質變低，是為像素化。就電腦螢幕來説，72 dpi 就夠清晰了，而以印刷來説，圖像至少要存成 300 dpi 才夠。

彩通配色系統（PMS，Pantone Matching System）世界通行的顏色系統，為各類設計工作者所用（備註：U＝Uncoated／matte〔無亮面〕，C＝Coated／gloss〔亮面〕）。

後製（Post-production）這段期間，導演、剪接和廣告創意團隊會在工作室坐下來會談，針對拍攝的廣告影片進行討論和剪輯。

海報廣告（Posters）看板和其他類型的屋外廣告，包括交通型（見於公車／輕軌候車亭、車廂內外、月台）、立牌型（三聯式、燈箱式）、車體包覆型、建築型、超大型和特殊型。

前製會議（Pre-production meetings，PPM）在正式開拍前所舉行的會議。第一次會議通常由導演、製片公司的製作人，以及廣告商製管部和創意部的團隊參與討論。議程中討論的項目包括文字腳本、導演分鏡、演員、服裝、拍攝地點等細節，而幾次會談後的結論必須另行告知客戶（有時候客戶會要求再開一場前製會議，除了派出己方代表，還會要求廣告商的專案部人員／專案經理加入討論）。

刊物廣告（Press）報章雜誌上的廣告（備註：以設計來説，「平面」這個詞也指行銷推廣品〔collateral material〕、宣傳小冊、直郵廣告、年報等刊物）。

平面廣告（Print）在這本書裡，平面廣告指的是海報和刊物廣告，但有時候也專指海報廣告。

企業目標（Problem to solve）策略陳述中所列出的廣告目標，通常也呼應產品在行銷上遭遇的問題。

產品／服務（Product／service）客戶請代理商廣告的產品或服務。許多時候，業界會只用「產品」來指稱產品或服務；這可能跟目標受眾的設定，乃至產品的使用、包裝、通路、甚或廣告方式有關。

廣告主張（Proposition）也被稱為廣告承諾或效益。參見專一主張（single-minded proposition）。

畫報廣告（Proster）新興的字彙，意

指刊物和海報兩種廣告的混和體，反映出時興的作風：刊物／海報廣告傾向以圖像主導，文案已然式微，甚至連影都見不到。

標點符號（Punctuation） 量度使用，能為文案增添變化，形塑質感。冒號、分號、括號、引號及刪節號都是常見的標點符號。

得寸進尺（Push it） 創意指導和大學教授常把這句話掛在嘴邊，意思就是要你調整，再琢磨，精進你的廣告概念（或標題、圖像、文案等等）。

刪減法（Reductionism） 在溝通有效的前提下，將廣告元素減至最低的手法，也稱為零脂肪廣告（fat-free advertising）。

三原色光模式（RGB） 電視和數位媒體所使用的顏色系統，以紅〔Red〕、綠〔Green〕、藍〔Blue〕為母色，再以不同的百分比混和，即可調成各種顏色。參見四分色模式（CMYK）詞條。

玫瑰裁判（ROSE REFS） 文案寫作有八大要訣：研究（Research）、組織（Organize）、形塑（Shape）、編修（Edit）、重寫（Rewrite）、再編修（Edit）、最終微調（Finesse）和唸誦（Speak），取其八步驟的英文字首，加以濃縮，便得此助記口訣。

同樣的廣告跳針三次（Same ad three times） 係指系列廣告中的廣告表現異質性不足，看起來差別不大，也叫作「跳針症候群」。因為灰色地帶的存在，有時候很難說出到底是甚麼讓系列廣告患上跳針症候群。

自我推薦（Self-promotion） 個人或代理商用來爭取案源，為自己所做的廣告。對於廣告系的學生而言，自我推薦的內容包括履歷、網站和重點回顧（leave behind）。

專一主張（Single-minded proposition，SMP） 產品或服務所主張或承諾消費者的唯一效益，別稱專一承諾或效益。小心別和後面的獨家賣點（USP）搞混。

快傳它（SLIP IT） 有點俗套，但很好用的廣告評量清單，由微笑（smile）、歡笑（laugh）、知會（inform）、觸撥（provoke）、涉入（involve）、思考（think）的英文字首組成。

音效（Sound effects，SFX） 任何不是說話的聲音，皆可稱為音效。音效若是使用音樂，可能播放的是原奏（或翻奏）作品，也可能另外量身訂做混曲；若是不播放音樂，那就不外乎是廣告情境裡的自然聲響。另外，還有種音效叫做「底串」（under and throughout），用以充襯旁白和其他音效的「襯底」，「貫串」整則廣告。

電視廣告（Spot） 有可能是系列廣告中的一則，也有可能是單一廣告。

圖庫圖像（Stock imagery） 集結成冊，或儲存於網站的既有照片或插畫，與為廣告案所製作的特定圖像相對。

廣告策略（Strategy） 整體的行銷或銷售方式。廣告概念背後的思維。廣告策略（或稱策略思路）的成形奠基於產品主張／效益、產品應用範圍、市場的背景資料和目標受眾的喜好等要素。每個廣告策略都該具備與眾不同的特色（不論小或大），走出與競爭對手不同的路線。廣告策略應彙整為策略陳述（strategy statement），也就是創意彙報；反過來說，策略陳述的彙整亦是推演廣告策略的必要進程。

廣告副標（Sub-headline／subhead） 跟在主標後面，以完整或解釋廣告概念，或追加有用的訊息（許多文案第一句話發揮的功用也是如此）。

字幕（Super） 字幕是疊加在螢幕上的字體／文本（英文 super 是疊加〔superimposed〕這個單字的簡寫）。

主張論據（Support points） 支持廣告主張的具體理由或事實（通常一到五個）。每個論據都可能是系列廣告概念的跳板。

市場演繹（Supposition） 策略陳述中的一節，扼要列出產品和市場的背景資訊。

象徵（Symbol） 象徵是一種視覺隱喻，借用一項事物代表另一項事物（基本的例子像是紅色＝怒氣，狗狗＝忠心，獵豹＝速度）。象徵是一種速記，以圖像將概念簡化，在平面媒體上特別好用。

「空降」產品（"Tacked on" product） 有些浮泛的廣告概念可應用在許多產品上，而套用這種萬用概念的產品，看起來就會像「空降」在廣告裡。

品牌標語（Tagline） 表達系列廣告概念的一句話，有時直指產品主張／效益，而通常品牌、概念和主張是緊密相連的。這常是閱覽廣告時，讀到的最後一句話。絕佳品標的前面通常都有一個「隱形」的等號，因為它總括了廣告傳達的訊息。你可以先擬一個初版品牌標語，在創作時使用，最後再拍板底定最終版。別稱有束帶標語（strapline，英國稱法）、主題標語（theme line）、廣告標語（slogan）、或廣告結語（endline／pay-off）。

受眾（Target） 別稱目標閱聽眾（target audience）、目標群眾（target group）、目標市場（target market），換句話說，就是廣告所瞄準的顧客群。預設的受眾越特定，廣告發揮的功效也會越大。

前導性系列廣告（Teaser campaign） 與系列廣告不同，其意旨在撩撥消費者的心弦，同時隨著每則廣告表現的推出，引發越來越強的好奇心，直到最終階段的「謎底揭曉」，方才呈現出「拼圖」的最後一塊。

證言背書型廣告（Testimonials） 這類廣告延請沒沒無名的路人，或家喻戶曉的人物，分享他們正面的使用者經驗。

內心劇場（Theater of the mind） 廣播比其他媒體更能催動想像力（對廣告創作者和聽眾來說皆是如此），形塑出「內心劇場」或是「內心圖像」。

全線（Through the line） 橫跨多媒體，包辦線上與線下，以及互動行銷。冠以全線之名的廣告代理商，通常會將自己的業務定位為整套服務（full service）。

時間長度（Time length） 電視或廣播廣告的長度（以秒計算）。三十秒的廣告通常簡寫為「30"」或「:30」。

調性（Tone of voice） 廣告文字所傳達出的語調（藝術指導的視覺風格也會反映調性）。調性取決於產品／品牌和目標群眾。系列廣告一旦決定調性，就必須貫徹到底。

連環電視廣告（Topping and tailing） 有時候一支電視廣告會分成上下兩部（長度不限），上部起頭（topping），下部收尾（tailing），兩者在同一個廣告時段裡穿插播放。

傳統廣告（Traditional advertising） 平面、電視和廣播三大媒體。參見線上（Above the line）。

真實主義（Truisms） 真實主義聚焦於人生的真實情態，與人息息相關。這些「人類的現實」有血有肉，與那些統計出來的數字資料（雖然寫廣告時，數字有時很好用）截然不同。運用這些真實作為廣告的底蘊，有助於成功販售產品，因為它們（i）簡單，（ii）叫人難以否認。

字形（Type） 從希臘字「typos」演化而來，原意為「字母造型」（letterform），現在也指字母，以及字母、單字和句子的排列及呈現。字體（typeface）則是相同設計的字母集合（像是巴斯克維爾體〔Baskerville〕、波多尼體〔Bodoni〕、富屈拉體〔Futura〕、泰晤士羅馬體〔Times Roman〕。參見〈版面設計〉一章裡的字體排印學專有名詞表。

獨家賣點（Unique selling proposition，USP） 為少數產品所佔有，而同類產品尚未宣稱，或根本沒有的產品效益或承諾。別和專一主張（single-minded proposition，SMP）搞混了。

多元主張（Variety proposition） 這類產品蘊藏多種效益，能滿足男女老少。雖然打破「專一效益」的原則，但還是有搞定的方法。

小場景（Vignette） 戲劇或電影裡的小場景。電視廣告必須以小得多的篇幅說一個故事，而一個（或是一連串）小場景可以涵蓋幾分鐘、幾星期、幾年，甚至是幾世紀的跨幅，大大節省敘述的篇長，是非常實用而常見的拍攝手法。

瘋傳效應（Viral effect） 數位版的「有口皆碑」。網路讓網頁連結和檔案資料的傳遞變得輕而易舉，所以大凡線上廣告都具有廣為流傳的潛能；這樣的效應，無異於免費打廣告。

病毒行銷影片和病毒行銷廣告（Viral films and viral commercials） 兩者都是專門製作用在網路媒體上，差別只在時間長度，也可通稱為網路影片（webisodes）。

視覺明喻（Visual simile） 以物擬物（在平面廣告中，所擬之物，通常都跟廣告主張或產品本身相關），其「相似度」常是精心剪裁或是特殊取角的結果，藉此創造出神似的形體和外貌。

圖像化（Visualization） 觀看的藝術，重點在於取得新鮮又獨到的視角。

三位組圖像（Visual threes） 圖像版的「三位組」。圖像的數量，有時兩個或四個會太對稱而不自然，五個又過多，所以取三個。

圖像反轉（Visual twist） 將意象和概念翻轉出別具的新意，有時是用逆向思考這個手法達成，與雙關圖不一樣。

二位組圖像（Visual twos） 又稱雙重圖像（double visuals），時常搭配「使用前／使用後」（「有使用／沒使用」）廣告策略；這時候就用不到三個圖像，因為廣告的梗在第二個圖像揭露。

旁白（Voice over，VO 或 V／O） 電視和廣播廣告的幕後配音，可以由廣告聲優或廣告演員來配，也可以另聘人選來配。旁白不能被其他音效遮掩。男旁白為 MVO，而女旁白為 FVO。

網站和微網站（Websites and microsites） 前者是品牌的主網站，後者（亦稱為迷你網站〔mini sites〕）則是單獨為一則品牌訊息，或是一支系列廣告所架設。網站與微網站是各自分開的。

留白（White space） 廣告刻意留存的負空間，通常圍繞在標題或圖像四周。負空間的多寡會直接影響到廣告訊息的閱讀，甚至是調性。

雙關語（Word puns） 可分為諧音雙關和詞義雙關，其中諧音雙關較為矯揉而不可取（比如，「罩」過來，「罩」過來，上課很無聊嗎，那來談談小確「性」吧）。

314

Bibliography 參考書目

Books

Aitchison, Jim, *Cutting Edge Advertising*, Singapore, 2004

The Art Directors Club, Inc., *Mad Ave: Award-Winning Advertising of the 20th Century*, New York, 2000

Burtenshaw, Ken, Mahon, Nik, and Barfoot, Caroline, *The Fundamentals of Creative Advertising*, London, 2006

Craig, James, *Basic Typography: A Design Manual*, New York, 1990

Day, Barry, *100 Greatest Advertisements*, London, 1978

The Design and Art Directors Association of the United Kingdom 1995, *The Copy Book: How 32 of the World's Best Advertising Writers Write Their Advertising*, London, 2000

The Design and Art Directors Association of the United Kingdom 1996, *The Art Direction Book: How 28 of the World's Best Creatives Art Direct Their Advertising*, London, 1996

Dobrow, Larry, *When Advertising Tried Harder*, New York, 1984

Felton, George, *Advertising: Concept and Copy*, New York, 2006

Ford, Rob and Wiedemann, Julius (eds), *Guidelines for Online Success*, London and Los Angeles, 2008

Ford, Rob and Wiedemann, Julius (eds), *The Internet Case Study Book*, Los Angeles, 2010

Heller, Steven, and Ilic, Mirko, *Handwritten: Expressive Lettering in the Digital Age*, New York, 2004

Himpe, Tom, *Advertising Next: 150 Winning Campaigns for the New Communications Age*, London and San Francisco, 2008

Iezzi, Teressa, *The Idea Writers: Copywriting in a New Media and Marketing Era*, New York, 2010

Jewler, A. Jerome, and Drewniany, Bonnie L., *Creative Strategy in Advertising*, USA, 2005

Johnson, Michael, *Problem Solved: A Primer in Design and Communication*, New York, 2002

Monahan, Tom, *The Do-It-Yourself Lobotomy: Open Your Mind to Greater Creative Thinking*, New York, 2002

Müller-Brockmann, Josef, *Grid Systems in Graphic Design*, Switzerland, 1996.

Myerson, Jeremy, and Vickers, Graham, *Rewind: Forty Years of Design and Advertising*, London and New York, 2002

Olins, Wally, *On Brand*, London, 2004

Pricken, Mario, *Creative Advertising: Ideas and Techniques from the World's Best Campaigns*, London, 2002

The Radio Advertising Bureau, *The Radio Advertising Hall of Fame*, London, 2000

Robinson, Mark, *100 Greatest TV Ads*, London, 2000

Sullivan, Luke, *Hey Whipple, Squeeze This: A Guide to Creating Great Ads*, New Jersey, 2003 and 2012

Williams, Eliza, *This is Advertising*, London, 2010

Magazines, Journals, and Brochures

Campaign, *Campaign Hall of Fame: The 100 Best British Ads of the Century*, London, 1999

Cosmopolos, Stavros, *Make the Layouts Rough and the Ideas Fancy*, 1983

Google, *Think Quarterly: The Creativity Issue*, Palo Alto, 2012, www.thinkwithgoogle.com/quarterly

The One Club, *One. A Magazine: Best of the Past Ten Years*, vol. 7, issue 4, New York, Spring 2004

The One Club, *One. A Magazine: 2007 One Show*, vol. 11, issue 1, New York, Summer 2007

Articles

Cannes International Advertising Festival, *2007 Awards Categories*, 2006, www.canneslions.com

Carter, Earl, "The Spearhead of Branding," *AdSlogans*, 2001, www.adslogans.co.uk

Communication Arts, "Integrated Campaigns," *Communication Arts Advertising Annual*, vol. 47, no. 7, December 2005

Copyopolis, "How to Write an Amazing Website," *Create Magazine*, March–April 2007

Cullingham, Tony, "Binary Briefing," 1995–96 (unpublished)

Cullingham, Tony, "Radio: Communication Characteristics," 1995–96 (unpublished)

Cullingham, Tony, "Six Copywriting Rules," 1995–96 (unpublished)

D&AD, *2007 Awards Categories*, London, 2006, www.dandad.org

Green, Harriet, "The End of the End Line," *Campaign*, London, June 12 1998

Hudder, Tom, "Critique," *CMYK*, no. 27, p. 19, Fall 2004

Jaffe, Joseph, "The History of the Banner," *i-Intelligence*, November 2004

Marcantonio, Alfredo, "How I Write My Copy," 1995–96 (unpublished)

Monahan, Tom, "40 Things," Communication Arts, *Communication Arts Advertising Annual*, vol. 41, no. 1, March–April 1999

Rosenthal, Steven, and Vitale, Frank, "The New iRake," *Jest*, vol. 2, issue 6, pp. 32–33, 2003

Tishgart, Sierra, *New York magazine: Treats: The Oreo Boom*, New York, September 2015

Williams, Eliza, "Writing Returns," *Creative Review*, March 2006

Index 附錄

Figures in *italic* refer to pages on which illustrations appear

Agencies

Clients and Brands

Names and Topics

Notes

. . . .

ALTOIDS is a registered trademark of Callard & Bowser. This trademark is being used with their kind permission.

MATCHBOX and associated trademarks and trade dress are owned by, and used under license from Mattel, Inc. © 2008 Mattel, Inc. All Rights Reserved. Mattel makes no representation as to the authenticity of the materials obtained herein. The author assumes full responsibility for facts and information about Mattel contained in this book. All opinions expressed are those of the author and not of Mattel, Inc.

The MCDONALD'S ads in this book are used with the permission of McDonald's Restaurants Limited.

PEDIGREE®, DOGS RULE® and other insignia are trademarks of Mars, Incorporated and its affiliates. These trademarks are used with permission. © Mars, Inc. 2008

廣告行銷自學聖經

作者　　　　彼得 · 貝瑞 Pete Barry
譯者　　　　劉翰雲

封面設計　　萬勝安
內頁構成　　詹淑娟
文字編輯　　劉鈞倫
企畫執編　　葛雅茜
校對　　　　柯欣妤

行銷企劃　　郭其彬、王綬晨、邱紹溢、陳雅雯、王瑀
總編輯　　　葛雅茜
發行人　　　蘇拾平

出版　　　　原點出版 Uni-Books
　　　　　　Facebook: Uni-Books 原點出版
　　　　　　Email: uni-books@andbook.com.tw
　　　　　　台北市 10544 松山區復興北路 333 號 11 樓之 4
　　　　　　電話：（02）2718-2001　傳真：（02）2719-1308
發行　　　　大雁文化事業股份有限公司
　　　　　　台北市 10544 松山區復興北路 333 號 11 樓之 4
　　　　　　24 小時傳真服務 （02）2718-1258
　　　　　　讀者服務信箱 Email: andbooks@andbooks.com.tw
　　　　　　劃撥帳號：19983379
　　　　　　戶名：大雁文化事業股份有限公司

初版一刷　　2019 年 8 月
二版 3 刷　　2021 年 10 月
定價　　　　660 元

國家圖書館出版品預行編目 (CIP) 資料

廣告行銷自學聖經 / 彼得 · 貝瑞 (Pete
Barry) 著；劉翰雲譯 . -- 初版 . -- 臺北
市：原點出版：大雁文化發行, 2019.08
324 面；19 × 23 公分
譯自：The Advertising Concept Book:
Think Now, Design Later
ISBN 978-957-9072-48-9(平裝)

1. 廣告管理 2. 行銷管理

497　　　　　　　　　108009692